全国高职高专教育“十二五”规划教材

高等数学

杨伏香　高喜花　主编

黄河水利出版社
·郑州·

内 容 提 要

本书是根据教育部颁发的《高职高专教育高等数学课程教学基本要求》的要求，参考全国成人高等学校专科起点本科班招生复习考试大纲，组织多年从事高职教育的教师编写的新教材。主要内容包括函数、极限与连续、一元函数和多元函数微积分、微分方程、向量代数与空间解析几何、无穷级数等。

本书为项目式教材，每个项目含有若干个任务，设有"看一看"、"学一学"、"想一想"、"试一试"、"做一做"等内容，每个项目后面都有相应的项目练习和"读一读"等阅读材料。在"试一试"、"做一做"及项目练习中，突出强调基础知识的运用和基本技能的训练，并配有与专业课有关的数学知识。

本书贴近生活、贴近专业、贴近应用，深入浅出、通俗易懂，主要适用于工科类高职高专各专业，也可作为专升本考试的辅导教材。

图书在版编目(CIP)数据

高等数学/杨伏香，高喜花主编. —郑州：黄河水利出版社，2013.8

全国高职高专教育"十二五"规划教材

ISBN 978-7-5509-0529-0

Ⅰ.①高… Ⅱ.①杨… ②高… Ⅲ.①高等数学-高等职业教育-教材 Ⅳ.①O13

中国版本图书馆 CIP 数据核字(2013)第 197578 号

组稿编辑：简　群　电话：0371-66026749　E-mail：w_jq001@163.com

出 版 社：黄河水利出版社

地址：河南省郑州市顺河路黄委会综合楼 14 层　　邮政编码：450003

发行单位：黄河水利出版社

发行部电话：0371-66026940、66020550、66028024、66022620(传真)

E-mail：hhslcbs@126.com

承印单位：郑州海华印务有限公司

开本：787 mm×1 092 mm　1/16

印张：22

字数：508 千字　　印数：1—3 000

版次：2013 年 8 月第 1 版　　印次：2013 年 8 月第 1 次印刷

定价：43.80 元

前　言

本教材认真贯彻落实教育部颁发的《高职高专教育高等数学课程教学基本要求》，依据高等职业学校数学课程标准，由多年从事中、高职数学教学工作的经验丰富的教师编写，适合于三年高职和五年一贯制高职学生使用.

本教材编写的指导思想如下：

1. 与当前教育教学改革相结合. 高等职业学校正在进行着全面的教学改革，除了要把现代多媒体引入到课堂教学中，更重要的是实施了"行为导向式"教学模式，其目的是让学生学会主动学习，培养学生的探究能力和合作学习的能力. 在编写教材过程中，我们尽可能地汲取国内外数学教材编写的先进思想和方法，走创新之路，使新的教材符合新的教学模式.

2. 以学生为本. 在教材的编写过程中，做好与基础教育的衔接，使不同层次的学生都能顺利地从高中生或中职生角色转变为高职生角色. 遵循学生的认知规律，贯彻由易到难、从实际到理论的原则，突出培养学生的应用意识和创新能力.

3. 注重教材的应用性. 本教材的内容涉及学生日常生活和专业需要多方面的知识，在培养学生的数学思维、计算等能力的同时，为学生学习专业课提供必备的数学知识.

本教材的主要特色如下：

1. 和高中或中职数学知识紧密衔接. 从高职学生的实际出发，把高中或中职阶段删减或淡化了的，而在高职教学中一定要用到的最基本的数学知识编写成一篇，巩固学生的基础知识储备，减轻学生学习新知识的压力和恐惧感，增强学生学习的自信心.

2. 寓教学目标、教学方法于教材之中. 本教材为项目式教材，注重培养学生的自学能力. 根据大纲的要求把教学内容分篇编排，每篇中设有若干项目，每个项目设置了若干任务，重视学生的认知过程和探索过程，学生可以按照任务进行自主学习.

3. 与学生的生活实际和专业需要相结合，突出职业性. 从生活中的实际问题引入，在现实世界中寻找数学题材，在训练题的设计上与生活实际相结合，尤其是与专业课的需要相结合，使学生能用所学知识解决实际生活中的问题或专业问题，体验数学的强大用途.

4. 符合高职学生的认知特点. 教材在每个教学任务中，设置了"看一看"、"学一学"、"试一试"、"做一做"、"想一想"等内容，按学生的认知规律进行知识的编写，由学生熟悉的简单问题或事例引入，使学生易于接受新知识，同时培养学生的思维能力. 教材中还设置有"读一读"版块，介绍一些趣味性的数学知识、数学发展史、数学知识的应用等，不仅增加了教材的趣味性，而且可激发学生学习数学的兴趣.

5. 注重培养学生的动手实践能力. 在教材内容的安排上，切实落实《高职高专教育高等数学课程教学基本要求》中提出的对学生认知和能力培养的要求，提升学生参与数学教学的实践活动.

6. 加强教材的可读性. 教材内容浅显易懂，语言叙述简洁准确，数学符号的使用严格按照国家规定的技术标准.

本教材主要内容包括函数、极限与连续、导数与微分、导数的应用、不定积分、定积分及其应用、向量代数与空间解析几何、多元函数微分、多元函数积分、微分方程及其解法、无穷级数等,约需 140 学时. 教材中加"*"号的内容为选学内容,供教师选讲或学生选学.

本教材由河南水利与环境职业学院杨伏香和高喜花主编,具体编写人员和分工如下:第一篇、第九篇由高喜花编写,第二篇、第四篇由杨瑞云编写,第三篇由杨丽敏编写,第五篇、第六篇由高广伟编写,第七篇、第八篇由杨伏香编写,第十篇、第十一篇由宋红宾编写.

尽管我们在编写本教材时已尽了最大努力,但由于水平和时间有限,教材中难免存在不足之处,敬请各位读者在使用过程中提出宝贵的意见和建议并反馈给我们,以便修订和改进.

编　者

2013 年 5 月

目　录

第一篇　函　数

函数主要研究变量之间的关系，本篇从函数概念入手，介绍函数的表示方法，探讨函数的常见性质，并引入复合函数和初等函数的概念.

学习目标

◇ 会求函数的定义域和函数值，会作出简单的函数图像，会判断两个函数是否相同.
◇ 知道什么是分段函数，会作出简单的分段函数的图像.
◇ 会根据定义判断函数的单调性和奇偶性.
◇ 会求一些简单的周期函数的周期，知道什么是有界函数.
◇ 理解反函数的概念，会求反函数.
◇ 掌握常见的基本初等函数的图像和性质.
◇ 会进行函数的复合运算，并能写出函数的复合过程.
◇ 知道什么是初等函数.

项目一　函数的概念

任务一　认识函数的有关概念

看一看

现实世界中存在着许多变量，在研究某一问题时，往往同时遇到几个变量，这些变量通常不是孤立的，而是按照一定规律相互依赖，如正方形的面积依赖于其边长，匀速行驶的汽车驶过的距离依赖于行驶的时间等，这种规律反映在数学上就是变量间的函数关系.

学一学

设有两个变量 x 和 y，集合 D 是一个非空的集合，如果对于集合 D 中的每一个 x 的值，按照一定的对应法则 f，变量 y 有唯一确定的值与之对应，那么 y 叫做 x 的**函数**，记作

$$y=f(x)\ ,x\in D.$$

其中，x 叫自变量，x 的取值范围 D 叫做函数的**定义域**，和 x 对应的 y 的值叫做**函数值**，函数值的集合叫做函数的**值域**.

有时在同一个问题中会遇到多个函数，为了区别它们的不同，就用不同的字母来表示，如 $y=g(x)$，$y=\varphi(x)$，$y=F(x)$ 等.

表示函数的方法通常有三种：公式法（解析法）、表格法和图像法. 本书所讨论的函数

常用公式法表示.

想一想

你能否举出一个现实生活中用到的函数的例子,并指明哪个量是自变量,定义域是什么? 如何根据自变量的值求函数值?

任务二　学会求函数的定义域和函数值

学一学

在实际问题中,函数的定义域是使实际问题有意义的自变量的取值范围;对于抽象的函数,不需要考虑函数的实际意义,函数的定义域是使函数表达式有意义的自变量的取值范围.

通常求函数的定义域应注意以下几点:

(1) 整式函数的定义域为$(-\infty,+\infty)$;

(2) 分式函数的分母不能等于零;

(3) 偶次根式的被开方式必须大于等于零;

(4) 对数的真数大于零;

(5) 正切符号后面的式子不等于 $k\pi+\frac{\pi}{2},k\in\mathbf{Z}$,余切符号后面的式子不等于 $k\pi$,$k\in\mathbf{Z}$;

(6) 反正弦和反余弦符号后面的式子绝对值不大于1;

(7) 如果函数表达式中含有上述几种函数,则应取各部分自变量取值的交集.

有一口诀是这样说的:"分式分母不为零,偶次根下负不行,零和负数无对数,整式、奇次根全行,正切函数角不直,余切函数角不平,反正反余都一样,符号后面不大1,其余函数是实集,多种情况求交集."

试一试

例1　求下列函数的定义域:

(1) $y=\frac{1}{x-5}$;　　(2) $y=\sqrt{x+3}$;　　(3) $y=\frac{1}{x-3}+\sqrt{x-2}$.

解　(1) 要使$\frac{1}{x-5}$有意义,必须使分母 $x-5\neq0$,即 $x\neq5$,所以函数 $y=\frac{1}{x-5}$的定义域为$(-\infty,5)\cup(5,+\infty)$.

(2) 要使$\sqrt{x+3}$有意义,必须使被开方式 $x+3\geqslant0$,即 $x\geqslant-3$,所以函数 $y=\sqrt{x+3}$ 的定义域为$[-3,+\infty)$.

(3) 要使$\frac{1}{x-3}+\sqrt{x-2}$有意义,必须使 $x-3\neq0$ 与 $x-2\geqslant0$ 同时成立,即 $x\geqslant2$ 且 $x\neq3$,所以函数 $y=\frac{1}{x-3}+\sqrt{x-2}$ 的定义域为$[2,3)\cup(3,+\infty)$.

做一做

求下列函数的定义域：

(1) $y=\dfrac{1}{x+2}$；　　(2) $y=\sqrt{x-4}$；

(3) $y=\dfrac{1}{x+2}+\sqrt{x-4}$；　　(4) $y=\log_2(2x+3)$.

学一学

函数表示了两个变量之间的一种对应法则，这个法则通常用字母 f 来表示. $f(x)$ 不是 f 乘 x，而是一种"程序". 例如，对于 $y=f(x)=3x^2+2x+1$，f 表示运算程序 $3\times\square^2+2\times\square+1$，在进行运算的时候把方框换成 x 的值或式子，则运算的结果就是对应的函数 y 的值，如 $f(4)=3\times4^2+2\times4+1=57$.

注意：当 $x=4$ 时，函数值可以记作 $f(4)$，也可记作 $y|_{x=4}$ 或 $f(x)|_{x=4}$.

试一试

例 2　设 $f(x)=2x^2-3x-1$，求 $f(-2)$，$f(5)$，$f(a)$，$f(x+1)$.

解　$f(-2)=2\times(-2)^2-3\times(-2)-1=13$；

$f(5)=2\times5^2-3\times5-1=34$；

$f(a)=2a^2-3a-1$；

$f(x+1)=2(x+1)^2-3(x+1)-1=2x^2+x-2$.

做一做

1. 设 $f(x)=\sqrt{2x+3}$，求 $f(-1)$，$f(2)$，$f(a^2)$，$f(x+1)$.
2. 设 $y=1-x+x^2$，求 $y|_{x=1}$ 和 $y|_{x=-3}$.

学一学

函数有两个要素：定义域和对应法则. 两个要素完全相同的两个函数就是相同的函数，否则就是不同的函数. 所以，对于两个函数来说，如果它们的定义域和对应法则分别相同，则它们表示同一个函数，而与它们所用的字母是否相同没有关系.

试一试

例 3　下列各对函数是否相同？为什么？

(1) $y=1$ 与 $y=\dfrac{x}{x}$；　　(2) $y=x$ 与 $y=\sqrt{x^2}$；

(3) $y=|x|$ 与 $y=\sqrt{x^2}$.

解　(1) 函数 $y=1$ 的定义域为 $(-\infty,+\infty)$，而 $y=\dfrac{x}{x}$ 的定义域为 $(-\infty,0)\cup$

$(0,+\infty)$,所以不是同一函数.

(2) 两个函数的定义域都是$(-\infty,+\infty)$,但对应法则不同,所以不是同一函数.

(3) 两个函数的定义域与对应法则都相同,所以是同一函数.

做一做

下列各对函数是否相同? 为什么?

(1) $y=\ln x^2$ 与 $y=2\ln x$;　　(2) $y=x+1$ 与 $y=\sqrt{(x+1)^2}$.

任务三　认识分段函数

学一学

为了更好地推动节能减排政策的实施,多个城市实行了阶梯电价,用电量不同则收费标准不同,在计算电费时要用到不同的公式,但用电量和电费之间的关系还是一个函数关系. 在实际生活中,这样的例子有很多,像这种在自变量不同的取值范围内,用不同的式子来表示的函数叫做**分段函数**.

在实际问题中,分段函数的定义域就是使实际问题有意义的自变量的取值范围,在抽象的分段函数中,定义域是各部分自变量取值的并集.

分段函数是一个函数,而不是多个函数,因此一个自变量的值只对应一个函数值,在计算分段函数的函数值时,根据自变量的值所处的范围,把自变量的值代入到相应的表达式中进行计算.

试一试

例 4　已知函数 $f(x)=\begin{cases}x-1, & -1\leqslant x<0,\\ 0, & x=0,\\ x+1, & x>0,\end{cases}$

(1) 写出函数的定义域;

(2) 计算 $f(-1)$, $f(-\frac{1}{2})$, $f(0)$ 和 $f(3)$;

(3) 作出函数图像.

解　(1) 函数的定义域是$[-1,+\infty)$.

(2) 因为$-1\in[-1,0)$,所以$f(-1)=-1-1=-2$;

同理可得, $f(-\frac{1}{2})=-\frac{1}{2}-1=-\frac{3}{2}$, $f(0)=0$, $f(3)=3+1=4$.

(3) 在同一直角坐标系中,作出三部分图像. 当$-1\leqslant x<0$ 时,图像是过点$(-1,-2)$和$(0,-1)$的一条线段,不包含右端点;当 $x=0$ 时, $y=0$,对应的图像是点$(0,0)$;当$x>0$ 时,图像是过点$(0,1)$和$(1,2)$的一条射线,不包含左端点(见图 1-1).

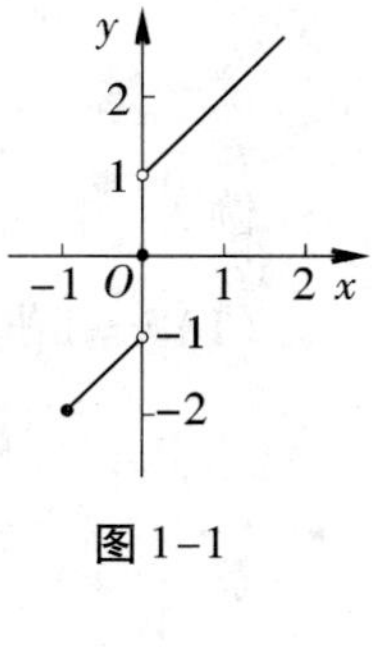

图 1-1

做一做

已知函数$f(x)=\begin{cases}1-2x, & -2\leqslant x<0,\\ 1, & x=0,\\ 2x+1, & x>0,\end{cases}$

（1）写出函数的定义域；

（2）计算$f(-2)$，$f(-1)$，$f(0)$和$f(2)$；

（3）作出函数图像.

试一试

例5 自2012年7月1日起，河南省正式执行阶梯电价，第一档电量标准为每户每月180 kWh，每千瓦时0.56元；第二档电量标准为每户每月180～260 kWh，每千瓦时0.61元；第三档电量为每户每月260 kWh以上，每千瓦时0.86元. 如果按月计费，试列出某户居民家中某个月的用电量和应交电费之间的函数关系. 如果某户居民家中某个月用电270 kWh，问应交纳多少元的电费？

解 设某户居民家中某个月用电量为x kWh，应交纳电费y元.

当$0\leqslant x\leqslant 180$时，$y=0.56x$；

当$180<x\leqslant 260$时，$y=0.56\times 180+(x-180)\times 0.61=0.61x-9$；

当$x>260$时，$y=0.56\times 180+(260-180)\times 0.61+(x-260)\times 0.86=0.86x-74$.

因此，某户居民家中某个月用电量x kWh和应交电费y元之间的函数关系为

$$y=f(x)=\begin{cases}0.56x, & 0\leqslant x\leqslant 180,\\ 0.61x-9, & 180<x\leqslant 260,\\ 0.86x-74, & 260<x<+\infty.\end{cases}$$

$f(270)=0.86\times 270-74=158.2$，即如果某户居民家中某个月用电270 kWh，应交纳158.2元的电费.

做一做

自2012年7月1日起，北京市开始实行阶梯电价，按年度结算的方式，一户居民全年用电不超过2 880 kWh，执行第一档电价标准，电价为0.48元/kWh；全年用电在2 881 kWh至4 800 kWh之间，执行第二档电价标准，电价比第一档提高0.05元/kWh；全年用电超过4 800 kWh，执行第三档电价标准，电价比第一档提高0.3元/kWh. 试列出某户居民家中2015年的用电量和应交电费之间的函数关系. 如果某户居民家中2015年用电4 000 kWh，问应交纳多少元的电费？

项目练习 1.1

1. 求下列函数的定义域：

(1) $y=\frac{3}{2x+5}$; (2) $y=\sqrt{3x-1}$;

(3) $y=\log_2(2x-1)$; (4) $y=\frac{\sqrt{1-x}}{x+1}$;

(5) $y=\sqrt{x-1}+\ln(x-3)$; (6) $y=\arcsin(x+1)$;

(7) $y=\tan\left(x-\frac{\pi}{3}\right)$; (8) $y=\sqrt{1+2x}-\arccos(1+x)$.

2. 设$f(x)=\sqrt{2+x^2}$,求$f(-2)$,$f(0)$,$f(2)$,$f(a)$,$f(x-1)$.

3. 设$f(x)=x^3-2x+3$,求$f(-1)$,$f(0)$,$f(1)$,$f(x+1)$.

4. 下列各对函数是否相同?为什么?

(1) $y=\sqrt[3]{x^4-x^3}$与$y=x\sqrt[3]{x-1}$; (2) $y=x-1$与$y=\frac{x^2-1}{x+1}$;

(3) $y=\sqrt{1-\cos^2 x}$与$y=\sin x$.

5. 已知$f(x)=\begin{cases}2x+1, & x\leqslant 0,\\ 3-x^2, & 0<x\leqslant 2,\end{cases}$求出函数的定义域,作出其图像,并求$f(-2)$,$f(0)$,$f(1)$,$f(2)$.

6. 已知$f(x)=\begin{cases}x^2, & 0\leqslant x<1,\\ 0, & x=1,\\ 1-x, & 1<x\leqslant 2,\end{cases}$求出函数的定义域,作出其图像,并求$f(0)$,$f(1)$,$f\left(\frac{5}{4}\right)$,$f\left(\frac{1}{2}\right)$.

项目二　函数的性质

任务一　学习函数的单调性

看一看

观察图1-2中两个图像的特征,当自变量x的值增大时,函数y的值如何变化?

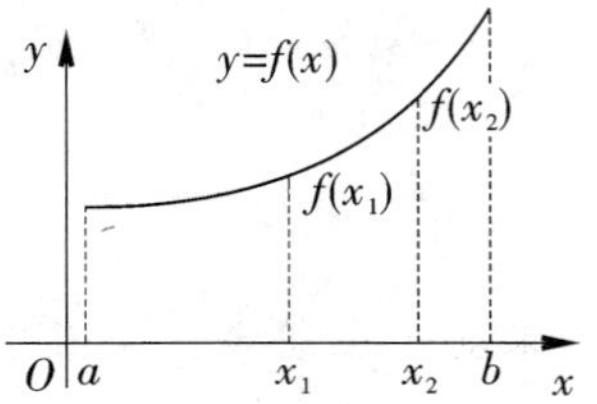

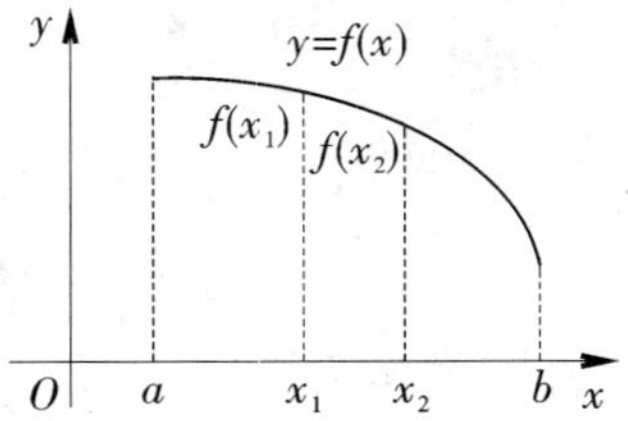

图1-2

学一学

设函数 $y=f(x)$ 在区间 (a,b) 内有定义，如果对于 (a,b) 内的任意两点 x_1 和 x_2，当 $x_1<x_2$ 时，有 $f(x_1)<f(x_2)$，则称函数 $y=f(x)$ 在 (a,b) 内是**单调增加的**，简称为**增函数**，区间 (a,b) 叫函数 $y=f(x)$ 的**单调增加区间**；如果当 $x_1<x_2$ 时，有 $f(x_1)>f(x_2)$，则称函数 $y=f(x)$ 在 (a,b) 内是**单调减少的**，简称为**减函数**，区间 (a,b) 叫函数 $y=f(x)$ 的**单调减少区间**.

增函数和减函数统称为**单调函数**. 如图 1–2 所示，增函数的图像从左向右看是一条上升的曲线，减函数的图像从左向右看是一条下降的曲线.

函数的单调性与所考察的区间有关，若函数在其定义域的一部分区间内是单调增加的，而在另一部分区间内是单调减少的，这时函数在整个定义域内不是单调的.

想一想

函数 $y=x^2$ 在区间 $(0,+\infty)$ 内的单调性如何？在区间 $(-\infty,0)$ 内的单调性如何？在定义域 $(-\infty,+\infty)$ 内是单调函数吗？

做一做

讨论函数 $y=3-2x^2$ 的单调性.

任务二　学习函数的奇偶性

看一看

观察图 1–3 中两个图像的特征，它们分别是如何对称的？

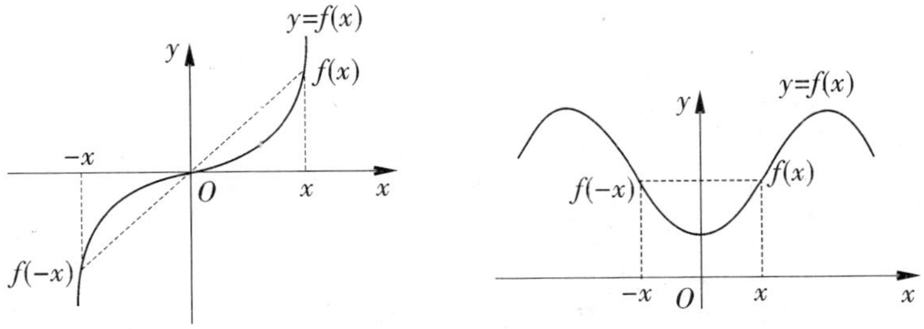

图 1–3

学一学

设函数 $y=f(x)$ 的定义域 D 关于原点对称，如果对于任意 $x\in D$，都有 $f(-x)=-f(x)$，则称函数 $y=f(x)$ 是**奇函数**；如果对于任意 $x\in D$，都有 $f(-x)=f(x)$，则称函数 $y=f(x)$ 是**偶函数**；否则称函数 $y=f(x)$ 为**非奇非偶函数**.

奇函数的图像关于原点对称,偶函数的图像关于 y 轴对称,如图 1-3 所示.

一般地,对于整式函数,若自变量 x 的次数全是奇数,则它是奇函数;若自变量 x 的次数全是偶数(常数项看成 x 的偶次幂),则它是偶函数. 如函数 $f(x)=2x^3-x$ 是奇函数,函数 $f(x)=2x^4+x^2-1$ 是偶函数,函数 $f(x)=x^4+x+2$ 是非奇非偶函数.

三角函数中,函数 $y=\sin x$ 和 $y=\tan x$ 是奇函数,而 $y=\cos x$ 是偶函数. 反三角函数中,函数 $y=\arcsin x$ 和 $y=\arctan x$ 是奇函数.

容易验证,两个奇函数或两个偶函数之积(商)都是偶函数,而奇函数与偶函数之积(商)是奇函数.

想一想

根据上面所述,你能举一些函数,并说明它们的奇偶性吗?

试一试

例 1 讨论下列函数的奇偶性:

(1) $y=\sin x+\cos x$;　　(2) $y=\lg\left(x+\sqrt{x^2+1}\right)$.

解 (1) 函数的定义域是 $(-\infty,+\infty)$,关于原点对称. 因为

$$f(-x)=\sin(-x)+\cos(-x)=-\sin x+\cos x,$$

$$f(-x)\neq -f(x) \text{ 且 } f(-x)\neq f(x),$$

所以函数 $y=\sin x+\cos x$ 是非奇非偶函数.

(2) 函数的定义域是 $(-\infty,+\infty)$,关于原点对称. 因为

$$f(-x)=\lg\left[-x+\sqrt{(-x)^2+1}\right]=\lg\frac{\left(-x+\sqrt{x^2+1}\right)\left(x+\sqrt{x^2+1}\right)}{x+\sqrt{x^2+1}}=\lg\frac{1}{x+\sqrt{x^2+1}}$$

$$=-\lg\left(x+\sqrt{x^2+1}\right)=-f(x),$$

所以函数 $y=\lg\left(x+\sqrt{x^2+1}\right)$ 是奇函数.

做一做

判断下列函数的奇偶性:

(1) $y=x^5-2x^3-4$;　　(2) $y=-3x^2+3$;

(3) $y=x\sin x$;　　(4) $y=x-x^3$.

任务三　认识函数的有界性

学一学

设函数 $y=f(x)$ 在区间 (a,b) 内有定义,如果存在一个正数 M,使得对于 (a,b) 内的所有 x,都有

$$|f(x)|\leqslant M,$$

则称函数 $y=f(x)$ 在区间 (a,b) 内是**有界的**. 如果这样的正数 M 不存在,则称函数 $y=f(x)$

在区间(a,b)内是**无界的**. 上述定义也适用于闭区间的情形.

例如,因为对于任意 $x\in(-\infty,+\infty)$,都有 $|\sin x|\leqslant 1$,所以 $y=\sin x$ 在$(-\infty,+\infty)$内是有界的,这时的 $M=1$. 而函数 $y=\frac{1}{x}$在区间$(0,+\infty)$内是无界的,因为不存在这样的正数 M,使得$\left|\frac{1}{x}\right|\leqslant M$ 对于$(0,+\infty)$内的所有 x 都成立.

常见的有界函数有正弦型函数、余弦型函数和反三角函数.

如果函数$f(x)$在区间(a,b)内有界,那么它在区间(a,b)内的图像必然介于两条平行线 $y=\pm M$ 之间,如图 1-4所示.

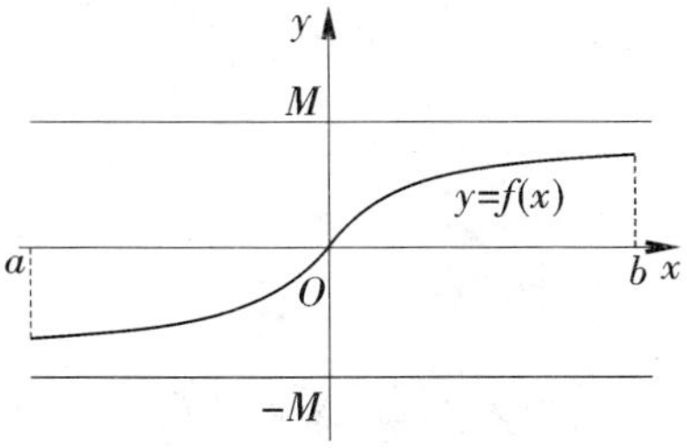

图 1-4

想一想

函数 $y=x^2$ 在其定义域内有界吗? 在区间$(-2,3)$内有界吗? 在区间$[2,+\infty)$内有界吗?

任务四　学习函数的周期性

学一学

设函数 $y=f(x)$的定义域为 D,如果存在一个常数 $T(T\neq 0)$,使得对于任意的 $x\in D$,都有 $x+T\in D$,且

$$f(x+T)=f(x),$$

则称 $y=f(x)$是**周期函数**, T 称为函数的**周期**.

如果函数 $y=f(x)$的周期为 T,那么 T 的整数倍都是它的周期,通常我们把周期函数的最小正周期简称为**周期**.

例如,函数 $y=\sin x$ 和 $y=\cos x$ 都是以 2π 为周期的周期函数. 函数 $y=\tan x$ 和 $y=\cot x$ 都是以 π 为周期的周期函数.

想一想

图 1-5 中的函数是周期函数吗? 如果是,它的周期是多少?

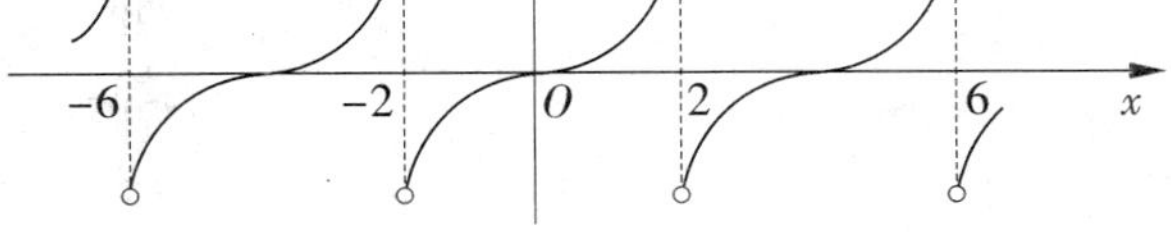

图 1-5

试一试

例 2　求下列函数的周期：

（1）$y=\sin4x+\tan3x$；　　　　（2）$y=2-\sin x\cos x$.

解　（1）$\sin4x$ 的周期 $T_1=\frac{2\pi}{4}=\frac{\pi}{2}$，$\tan3x$ 的周期 $T_2=\frac{\pi}{3}$，T_1 和 T_2 的最小公倍数是 π，所以函数 $y=\sin4x+\tan3x$ 的周期 $T=\pi$.

（2）$y=2-\sin x\cos x=2-\frac{1}{2}\sin2x$，周期 $T=\frac{2\pi}{2}=\pi$.

做一做

下列函数是否为周期函数？如果是周期函数，指出其周期：

（1）$y=x\sin4x$；　　　　（2）$y=\sin3x+\tan\frac{1}{2}x$.

任务五　认识反函数

学一学

设函数 $y=f(x)$ 的定义域是集合 D，值域是 M，若对于 M 中的任一 y 值，都有唯一的 $x\in D$，使得 $f(x)=y$，则 x 也是 y 的函数，称它为 $y=f(x)$ 的**反函数**，记作 $x=f^{-1}(y)$.

由定义可知，反函数 $x=f^{-1}(y)$ 的定义域是函数 $y=f(x)$ 的值域，而反函数 $x=f^{-1}(y)$ 的值域是函数 $y=f(x)$ 的定义域.

习惯上，常用 x 表示自变量，用 y 表示函数，因此，经常把反函数 $x=f^{-1}(y)$ 记作 $y=f^{-1}(x)$.

函数 $y=f(x)$ 和它的反函数 $y=f^{-1}(x)$ 有如下的关系：

（1）**相反**，$y=f^{-1}(x)$ 的定义域和值域分别是 $y=f(x)$ 的值域和定义域；

（2）**相同**，两个互为反函数在各自的定义域内具有相同的单调性；

（3）**对称**，两个互为反函数的图像关于直线 $y=x$ 对称.

求反函数的步骤如下：

（1）**反解**，从 $y=f(x)$ 中解出 x，得 $x=f^{-1}(y)$；

（2）**换元**，将 $x=f^{-1}(y)$ 中的 x 和 y 互换，即得 $y=f^{-1}(x)$；

（3）**定义域**，写出 $y=f^{-1}(x)$ 的定义域（即原函数 $y=f(x)$ 的值域）.

由反函数知识可以总结出以下口诀：两个互为反函数，单调性质都相同；图像互为轴对称，$y=x$ 是对称轴；求解非常有规律，反解换元定义域；反函数的定义域，原来函数的值域.

试一试

例 3　求函数 $y=2x+3$ 的反函数.

解 解出 x 得 $$x=\frac{1}{2}(y-3),$$

将 x,y 分别换为 y,x,得 $$y=\frac{1}{2}(x-3),$$

所以,函数 $y=2x+3$ 的反函数为 $$y=\frac{1}{2}(x-3),\ x\in\mathbf{R}.$$

想一想

任何一个函数都有反函数吗？如果不是,请举例说明. 如果一个函数有反函数,那么它的反函数唯一吗？

做一做

求下列函数的反函数,并在同一坐标系内作出原函数和它的反函数的图像:

(1) $y=4-3x$;　　(2) $y=\frac{1}{x}+1$.

项目练习 1.2

1. 下列函数中哪些函数在其定义域内是单调函数?

(1) $y=\lg 2x$;　　(2) $y=\sin x$;

(3) $y=2^x$;　　(4) $y=3x^2+1$.

2. 利用定义判断下列函数的单调性:

(1) $y=3x-1$;　　(2) $y=\frac{2}{x},\ x\in(0,+\infty)$.

3. 判断下列函数的奇偶性:

(1) $y=2x^3+x-1$;　　(2) $y=\frac{1+x^2}{1-x^2}$;

(3) $y=e^x+e^{-x}$;　　(4) $y=\ln\frac{1-x}{1+x}$;

(5) $y=2\sin x\cos x$;　　(6) $y=x+\frac{1}{x}$.

4. 函数 $y=2-\frac{1}{x}$ 在(0,1)内有界吗？在(2,3)内有界吗？为什么?

5. 函数 $y=2\sin(3x+\frac{\pi}{4})+3$ 在其定义域内有界吗？为什么?

6. 求下列函数的周期:

(1) $y=\sin(\frac{1}{2}x+\frac{\pi}{3})$;　　(2) $y=\cos 3x$;

(3) $y=3\cos 2x+1$;　　(4) $y=\tan 5x$.

7. 求下列函数的反函数：

(1) $y=3x-4$；　　(2) $y=\frac{1}{1-x}$；

(3) $y=10^x+1$；　　(4) $y=\ln(2x+1)$.

项目三　基本初等函数

常数函数、幂函数、指数函数、对数函数、三角函数和反三角函数，统称为**基本初等函数**. 通常我们遇到的函数基本上是由这些函数构成的，因此，熟练掌握基本初等函数的图像和性质非常重要.

基本初等函数在中学里已经学过，在后面的学习中使用的频率较高，在本项目中对基本初等函数的表达式、图像和性质加以复习，并对反三角函数进行重点学习.

任务一　学习常数函数和幂函数

学一学

形如 $y=C$（C 为常数）的函数叫**常数函数**，也称**常函数**或常值函数. 它的定义域是 $(-\infty,+\infty)$，值域是集合 $\{C\}$.

函数 $y=C$ 既不是增函数，也不是减函数. 当 $C\neq 0$ 时，函数 $y=C$ 是偶函数，它的图像是一条过点 $(0,C)$ 且平行于 x 轴的直线（见图 1-6）；当 $C=0$ 时，函数 $y=C$ 既是奇函数，也是偶函数，它的图像是 x 轴. 函数 $y=C$ 是周期函数，但不存在最小正周期.

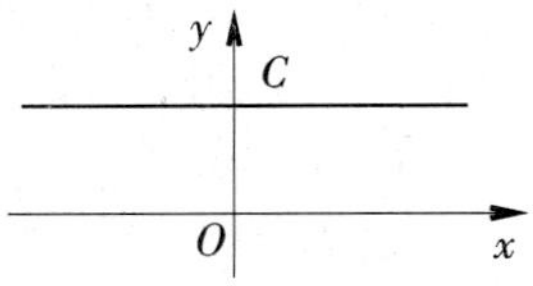

图 1-6

做一做

在同一平面直角坐标系中，作出函数 $y=3$ 和 $y=-2$ 的图像.

学一学

形如 $y=x^\alpha$（α 为任意常数）的函数，称为**幂函数**，如 $y=x$，$y=x^{-\frac{1}{2}}$，$y=x^{\frac{3}{2}}$，$y=x^3$ 等.

幂函数的定义域因 α 的不同而有所不同. 如函数 $y=x$ 和函数 $y=x^3$ 的定义域是 $(-\infty,+\infty)$，函数 $y=x^{-\frac{1}{2}}$ 的定义域是 $(0,+\infty)$，函数 $y=x^{\frac{3}{2}}$ 的定义域是 $[0,+\infty)$.

幂函数具有一个共同的性质，即幂函数的图像都经过点 $(1,1)$. 其他性质随 α 的不同而改变. 下面给出几个常见的幂函数的图像，见图 1-7.

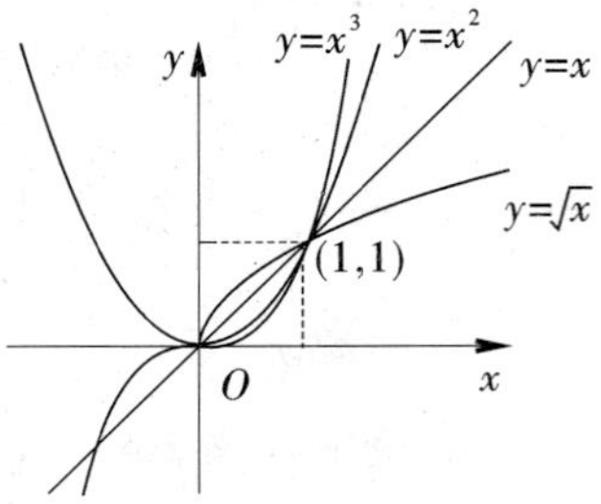

图 1-7

想一想

幂函数 $y=x^{\alpha}(\alpha>0)$ 的图像有什么共同特征？在 $(0,+\infty)$ 内的单调性如何？$\alpha<0$ 时情况又如何？

任务二 学习指数函数和对数函数

学一学

形如 $y=a^x$（a 为常数且 $a>0, a\neq 1$）的函数，称为**指数函数**，如 $y=2^x, y=\left(\frac{1}{2}\right)^x$ 等.

注意：指数函数和幂函数的形式完全不同，对于幂函数，自变量 x 在底数位置；而对于指数函数，自变量 x 在指数位置. 记忆口诀为：x 指则指，x 底则幂.

指数函数的定义域是 $(-\infty,+\infty)$，值域是 $(0,+\infty)$，所有指数函数的图像都在 x 轴的上方，过点 $(0,1)$，且图像的下端在远离坐标原点的地方与 x 轴无限接近，即 x 轴是其渐近线.

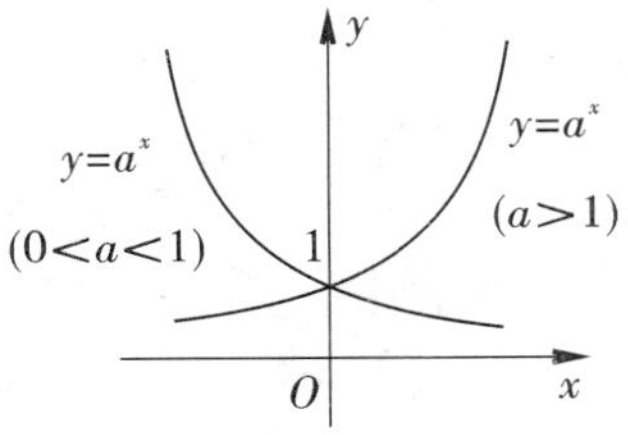

图 1–8

当 $a>1$ 时，$y=a^x$ 在定义域内是单调增加的；当 $0<a<1$ 时，$y=a^x$ 在定义域内是单调减少的，如图 1–8 所示.

在工程技术中，经常用到以无理数 e（e=2.718 28…）为底的指数函数 $y=e^x$.

想一想

函数 $y=e^x$ 和 $y=e^{-x}$ 的图像有什么关系？它们的单调性如何？

学一学

根据中学学过的对数的定义，如果 $x=a^y$（$a>0$，且 $a\neq 1$），那么 y 叫以 a 为底 x 的对数，记作 $y=\log_a x$.

形如 $y=\log_a x$（a 为常数且 $a>0, a\neq 1$）的函数，称为**对数函数**，如 $y=\log_2 x, y=\log_{\frac{1}{2}} x$ 等.

对数函数 $y=\log_a x$ 和指数函数 $y=a^x$ 互为反函数，它们的图像关于直线 $y=x$ 对称.

对数函数的定义域是 $(0,+\infty)$，值域是 $(-\infty,+\infty)$，所有对数函数的图像都在 y 轴的右侧，过点 $(1,0)$，且当 x 无限接近零时，图像与 y 轴无限接近，即 y 轴是其渐近线.

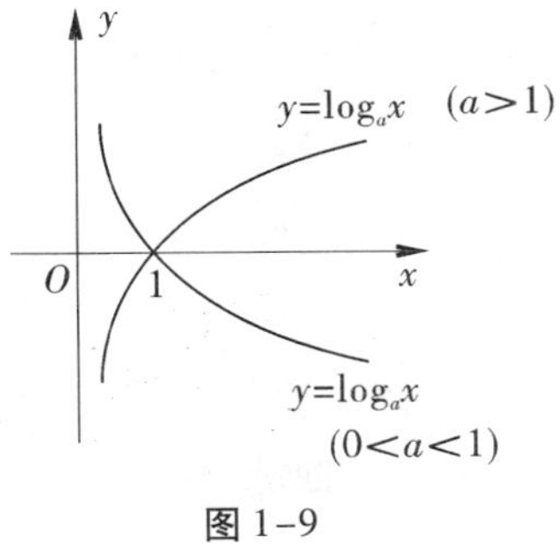

图 1–9

当 $a>1$ 时，$y=\log_a x$ 在定义域内是单调增加的；当 $0<a<1$ 时，$y=\log_a x$ 在定义域内是单调减少的，如图 1–9 所示.

对数的性质和运算法则如下：

已知 $a>0$ 且 $a\neq 1$，x, x_1, x_2 均大于零，则有

(1) $\log_a a=1$；　　(2) $\log_a 1=0$；

(3) $a^{\log_a x}=x$;

(4) $\log_a(x_1x_2)=\log_a x_1+\log_a x_2$;

(5) $\log_a(\frac{x_1}{x_2})=\log_a x_1-\log_a x_2$;

(6) $\log_a x^b=b\log_a x$.

以 10 为底的对数叫**常用对数**,记作 $\lg x$,以无理数 e 为底的对数叫**自然对数**,记作 $\ln x$. 在工程技术中经常用到自然对数函数 $y=\ln x$.

想一想

函数 $y=\ln\frac{1}{x}$是增函数还是减函数?它的图像和 $y=\ln x$ 的图像有什么关系?

做一做

1. 写出下列各式的值:

(1) lg1 000;

(2) lg0. 01;

(3) lne;

(4) $\ln e^{-3}$;

(5) ln1;

(6) $\ln\sqrt{e}$.

2. 写出函数 $y=\ln(2x+3)$的定义域.

任务三 学习三角函数

三角函数共有六种,即 $y=\sin x$,$y=\cos x$,$y=\tan x$,$y=\cot x$,$y=\sec x$,$y=\csc x$,常用到的是前三种.

学一学

正弦函数 $y=\sin x$,定义域是$(-\infty,+\infty)$,值域是$[-1,1]$. 正弦函数是奇函数,是以 2π 为周期的周期函数,而且是有界函数,图像介于两条平行线 $y=\pm1$ 之间,如图 1-10 所示.

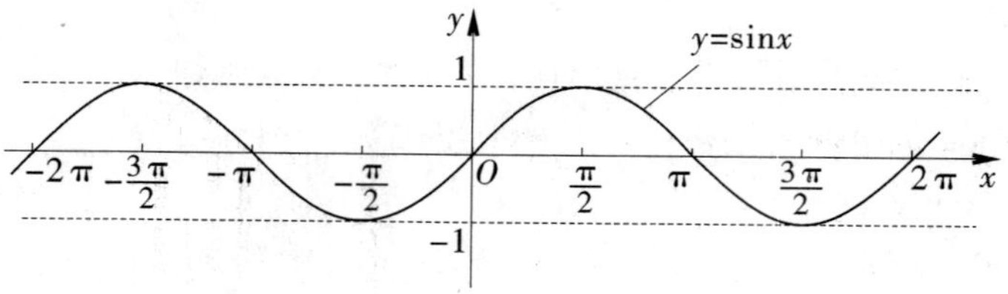

图 1-10

余弦函数 $y=\cos x$,定义域是$(-\infty,+\infty)$,值域是$[-1,1]$. 余弦函数是偶函数,是以 2π 为周期的周期函数,而且是有界函数,图像介于两条平行线 $y=\pm1$ 之间,如图 1-11 所示.

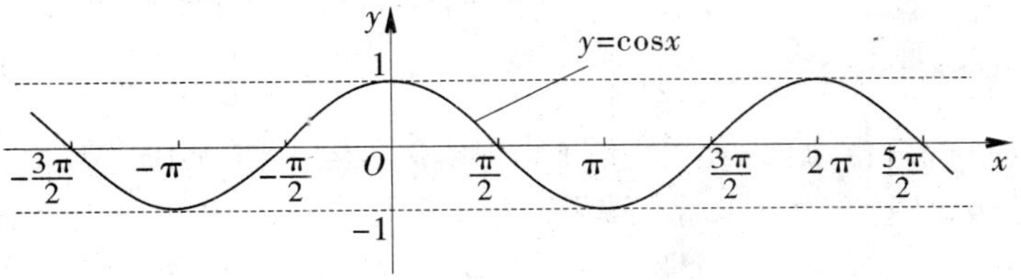

图 1–11

正切函数 $y=\tan x$，定义域是$\left\{x \mid x\neq k\pi+\frac{\pi}{2}, k\in \mathbf{Z}\right\}$，值域是$(-\infty, +\infty)$. 正切函数是奇函数，是以 π 为周期的周期函数，在区间$\left(k\pi-\frac{\pi}{2}, k\pi+\frac{\pi}{2}\right)(k\in \mathbf{Z})$内是增函数，图像是一系列形状完全相同的曲线，如图 1–12 所示.

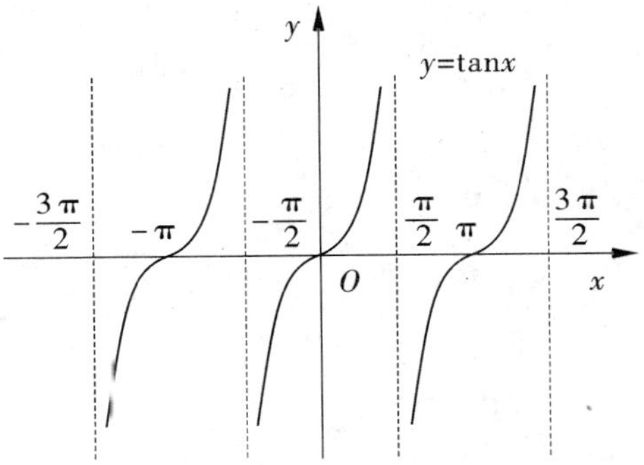

图 1–12

余切函数 $y=\cot x=\frac{1}{\tan x}$，正割函数 $y=\sec x=\frac{1}{\cos x}$，余割函数 $y=\csc x=\frac{1}{\sin x}$.

想一想

函数 $y=\cot x$，$y=\sec x$ 和 $y=\csc x$ 的定义域和值域分别是什么？它们分别具有什么样的性质？

学一学

在有关三角函数的运算中，经常用到以下公式：

(1) $\sin^2 x+\cos^2 x=1$，　$1+\tan^2 x=\sec^2 x$，　$1+\cot^2 x=\csc^2 x$；

(2) $\frac{\sin x}{\cos x}=\tan x$；

(3) $\sin 2x=2\sin x\cos x$;

(4) $\cos 2x=\cos^2 x-\sin^2 x$, $\sin^2\frac{x}{2}=\frac{1-\cos x}{2}$, $\cos^2\frac{x}{2}=\frac{1+\cos x}{2}$.

可以用以下口诀进行记忆:公式顺用和逆用,变形运用加巧用;1 减余弦想正弦,1 减正弦想余弦;1 加正切想正割,1 加余切想余割;子正母余是正切,子余母正是余切;二倍公式是相对,左是右边角二倍;二倍余弦公式多,运用时候要灵活,幂升一次角减半,升幂降次它为范.

做一做

写出下列各式化简后的结果:

(1) $\sec^2\frac{x}{2}-1$;

(2) $1-\sin^2\frac{x}{2}$;

(3) $2\sin\frac{x}{2}\cos\frac{x}{2}$;

(4) $\cos^2\frac{x}{2}-\sin^2\frac{x}{2}$;

(5) $\frac{1-\cos 2x}{2}$;

(6) $\frac{1+\cos 4x}{2}$.

任务四　学习反三角函数

三角函数的反函数统称为**反三角函数**,常用到的反三角函数共有以下四种.

学一学

反正弦函数 $y=\arcsin x$,定义域是$[-1,1]$,值域是$[-\frac{\pi}{2},\frac{\pi}{2}]$. 反正弦函数是增函数,且是有界函数. 因为 $\arcsin(-x)=-\arcsin x$,所以 $y=\arcsin x$ 是奇函数,如图 1-13 所示.

反余弦函数 $y=\arccos x$,定义域是$[-1,1]$,值域是$[0,\pi]$. 反余弦函数是减函数,且是有界函数. 因为 $\arccos(-x)=\pi-\arccos x$,所以 $y=\arccos x$ 是非奇非偶函数,如图 1-14 所示.

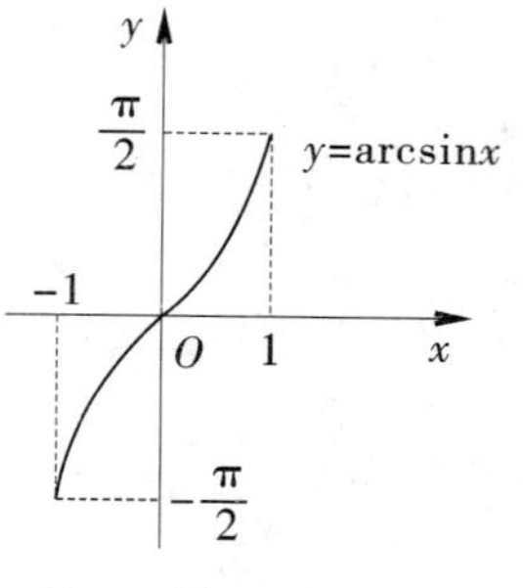

图 1-13

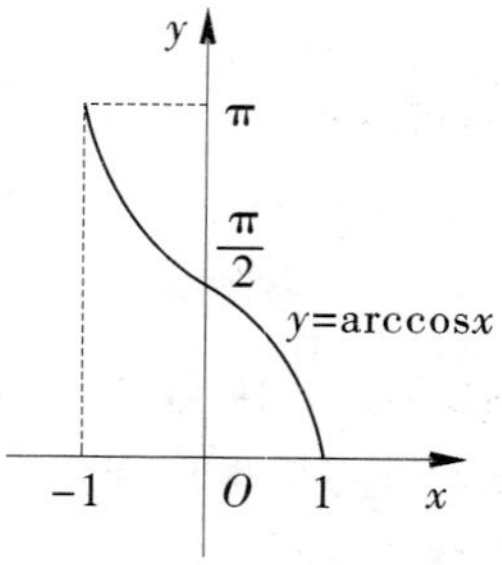

图 1-14

反正切函数 $y=\arctan x$,定义域是$(-\infty,+\infty)$,值域是$(-\frac{\pi}{2},\frac{\pi}{2})$. 反正切函数是增函

数，是奇函数，且是有界函数，图像介于两条平行直线 $y=\pm\frac{\pi}{2}$ 之间，且当 x 的绝对值无限增大时，图像与直线 $y=\pm\frac{\pi}{2}$ 无限接近，如图 1–15 所示.

反余切函数 $y=\text{arccot}x$，定义域是 $(-\infty,+\infty)$，值域是 $(0,\pi)$. 反余切函数是减函数，是非奇非偶函数，是有界函数，图像介于两条平行直线 $y=0$ 和 $y=\pi$ 之间，且当 x 的绝对值无限增大时，图像与直线 $y=0$ 和 $y=\pi$ 无限接近，如图 1–16 所示.

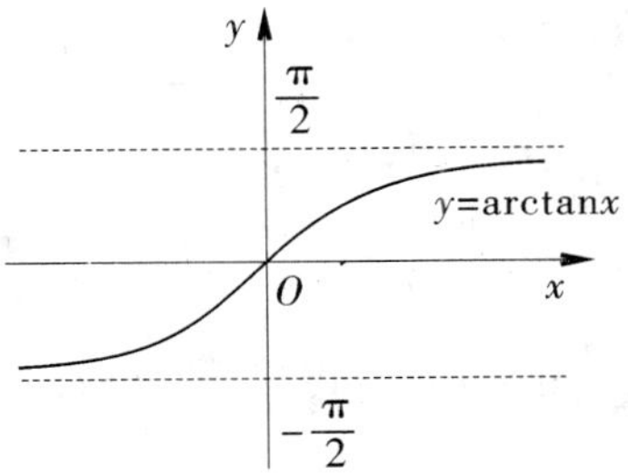

图 1–15

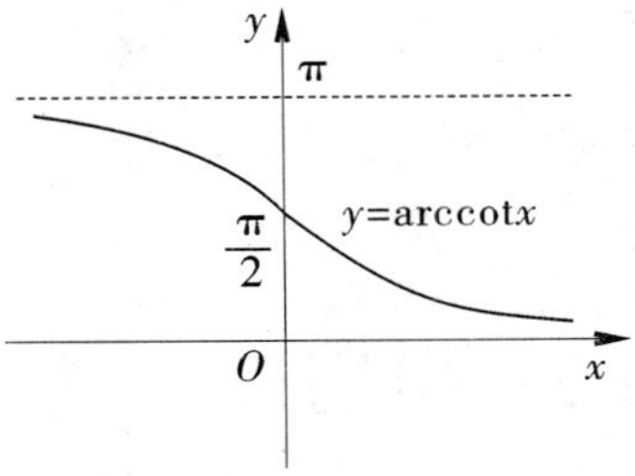

图 1–16

做一做

写出下列各式的值：

(1) $\arcsin 0$；

(2) $\arcsin\frac{1}{2}$；

(3) $\arccos\left(-\frac{\sqrt{2}}{2}\right)$；

(4) $\arccos(-1)$；

(5) $\arctan 0$；

(6) $\arctan 1$.

项目练习 1.3

1. 求下列函数的定义域：

(1) $y=x^{-\frac{1}{2}}$；

(2) $y=3^x$；

(3) $y=\lg(1-2x)$；

(4) $y=\sin 2x$；

(5) $y=\arcsin(3x+2)$；

(6) $y=1-\tan\left(x-\frac{\pi}{4}\right)$.

2. 画出下列函数的草图：

(1) $y=x^{-2}$；

(2) $y=\left(\frac{1}{3}\right)^x$；

(3) $y=e^x$；

(4) $y=\lg x$；

(5) $y=\sin x, x\in[0,2\pi]$；

(6) $y=2\cos x, x\in[0,2\pi]$；

(7) $y=\arctan 2x$;　　(8) $y=\text{arccot}x$.

3. 化简下列各式：

(1) $\lg 4+\lg 25$;　　(2) $\lg 1-\lg\frac{1}{10}$;

(3) $\ln e^3-\ln e$;　　(4) $y=\ln\sqrt[3]{e^2}$;

(5) $1+\frac{\sin^2 x}{\cos^2 x}$;　　(6) $1-2\sin^2\frac{x}{2}$;

(7) $\arcsin\frac{\sqrt{3}}{2}+\arcsin\left(-\frac{\sqrt{3}}{2}\right)$;　　(8) $\arccos\frac{1}{2}+\arccos\left(-\frac{1}{2}\right)$;

(9) $\arctan 1-\arctan(-1)$;　　(10) $\text{arccot}\sqrt{3}-\text{arccot}(-\sqrt{3})$.

项目四　复合函数和初等函数

任务一　认识复合函数

看一看

在实际问题中，我们常会遇到由几个比较简单的函数组成一个较为复杂的函数的情况. 例如，已知函数 $y=\sqrt{u+1}$，其定义域为 $[-1,+\infty)$，假设 $u=x^2$，对任意的 x，函数 $u=x^2$ 都能使函数 $y=\sqrt{u+1}$ 有意义，把 $u=x^2$ 代入到 $y=\sqrt{u+1}$ 中，得 $y=\sqrt{x^2+1}$，我们称它是由 $y=\sqrt{u+1}$ 和 $u=x^2$ 复合而成的复合函数.

学一学

设 $y=f(u)$，而 $u=\varphi(x)$，且函数 $u=\varphi(x)$ 的值域全部或部分包含在函数 $f(u)$ 的定义域内，那么 y 通过 u 的联系成为 x 的函数，我们把 y 叫做 x 的**复合函数**，记作 $y=f[\varphi(x)]$，其中 u 叫做**中间变量**.

这种将一个函数代入到另一个函数中的运算叫做**复合运算**.

试一试

例 1　写出由下列各函数复合而成的复合函数：

(1) $y=2^u,u=\cos x$;　　(2) $y=\ln u,u=x^2+1$;

(3) $y=\sin u,u=2x+1$;　　(4) $y=\sqrt{u},u=1-x^2$.

解　(1) 将 $u=\cos x$ 代入 $y=2^u$，得复合函数 $y=2^{\cos x},x\in(-\infty,+\infty)$;

(2) 将 $u=x^2+1$ 代入 $y=\ln u$，得复合函数 $y=\ln(x^2+1),x\in(-\infty,+\infty)$;

(3) 将 $u=2x+1$ 代入 $y=\sin u$，得复合函数 $y=\sin(2x+1),x\in(-\infty,+\infty)$;

(4) 将 $u=1-x^2$ 代入 $y=\sqrt{u}$，得复合函数 $y=\sqrt{1-x^2},x\in[-1,1]$.

注意:并不是任何两个函数都可以复合成一个复合函数.例如 $y=\sqrt{u}$ 和 $u=-x^2-1$ 就不能复合成一个复合函数,因为把 $u=-x^2-1$ 代入 $y=\sqrt{u}$ 中,不能使 $y=\sqrt{u}$ 有意义.

复合函数也可以由两个以上的函数复合构成.例如 $y=\ln u, u=3+v^2, v=\sin x$ 可复合成一个复合函数 $y=\ln(3+\sin^2 x)$,其中 u 和 v 都是中间变量.

想一想

函数 $y=\arcsin u$ 和 $u=x^2+2$ 可以复合成一个复合函数吗?为什么?

做一做

写出由下列各函数复合而成的复合函数:

(1) $y=\cos u, u=3x$;　　(2) $y=\ln u, u=1+x$;

(3) $y=e^u, u=2+3x$;　　(4) $y=\sin u, u=\ln x$.

想一想

$y=1+x+x^2$ 是复合函数吗? $y=x^2\sin x$ 是复合函数吗? $y=\dfrac{\cos x}{x}$ 是复合函数吗?

学一学

由基本初等函数经过四则运算后形成的函数是简单函数,而不是复合函数.复合函数可以由两个或两个以上的基本初等函数复合而成,也可以由基本初等函数经过四则运算后形成的简单函数复合而成,所以复合函数的合成与分解往往是针对简单函数的,即在进行复合函数的分解时,要把复合函数分解成基本初等函数或简单函数.分解的准则是从外层向里层进行分解,做到不重、不漏,且不能进行不必要的分解.

试一试

例 2　指出下列函数是由哪些简单函数复合而成的:

(1) $y=e^{\frac{1}{x}}$;　　(2) $y=\sqrt{2x-3}$;

(3) $y=\cos^2 x$;　　(4) $y=\cos 2x$.

解　(1) $y=e^{\frac{1}{x}}$ 是由 $y=e^u, u=\dfrac{1}{x}$ 复合而成的;

(2) $y=\sqrt{2x-3}$ 是由 $y=\sqrt{u}, u=2x-3$ 复合而成的;

(3) $y=\cos^2 x$ 是由 $y=u^2, u=\cos x$ 复合而成的;

(4) $y=\cos 2x$ 是由 $y=\cos u, u=2x$ 复合而成的.

做一做

指出下列函数的复合过程:

(1) $y=2^{\sqrt{x}}$;　　(2) $y=\sin 4x$;

(3) $y=\ln(1+2^x)$；　　　　(4) $y=(1+\cos x)^3$.

任务二　学习初等函数

学一学

由基本初等函数经过有限次的四则运算和有限次复合所构成的，并且可以用一个式子表示的函数，称为**初等函数**.

例如，函数 $y=\sqrt{x^2-1}$，$y=e^{2x}\sin x$，$y=\sqrt{e^{2x}\sin x}$ 等都是初等函数. 初等函数是最常见的函数，它是高等数学研究的主要对象，本书中所研究的函数大部分是初等函数.

分段函数一般都不是初等函数，但如果分段函数能够转化成用一个式子表示的函数，那么这个分段函数就是初等函数. 如分段函数 $y=\begin{cases}-x, & x\leqslant 0,\\ x, & x>0\end{cases}$ 可以转化成 $y=\sqrt{x^2}$，它是由 $y=\sqrt{u}$ 与 $u=x^2$ 复合而成的，因此它是一个初等函数.

而分段函数 $y=\begin{cases}2x+1, & x<0,\\ 0, & x=0,\\ 1-x^3, & x>0\end{cases}$ 不能用一个数学式子表示，所以它不是初等函数(见图 1-17).

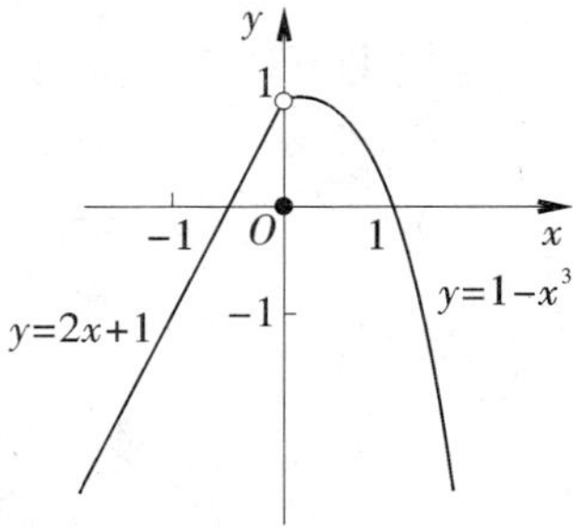

图 1-17

想一想

函数 $y=\ln(x+x^2+x^3+\cdots+x^n)$ 是初等函数吗？$y=\begin{cases}1-x, & x\leqslant 1,\\ x-1, & x>1\end{cases}$ 是初等函数吗？

项目练习 1.4

1. 求出由所给函数复合而成的复合函数：

(1) $y=u^2, u=\sin x$；　　　　(2) $y=\sin u, u=2x$；

(3) $y=e^u, u=\sin v, v=x^2+1$；　　　　(4) $y=\lg u, u=3^v, v=\sin x$.

2. 指出下列函数由哪些简单函数复合而成：

(1) $y=(3-x)^5$；　　　　(2) $y=\sqrt{5x-1}$；

(3) $y=10^{-x}$；　　　　(4) $y=\sin x^5$；

(5) $y=\sin^2(5x)$；　　　　(6) $y=[\ln(x^2-1)]^3$.

复习与提问

1. 函数的概念：

(1) 设有两个变量 x 和 y,集合 D 是一个非空的集合,如果对于集合 D 中的每一个 x 的值,按照一定的对应法则 f,变量 y 有唯一确定的值与之对应,那么________________,记作__________. 其中,x 叫________,x 的取值范围 D 叫做函数的________,和 x 对应的 y 的值叫做__________,函数值的集合叫做函数的________.

(2) 表示函数的方法通常有三种:__________、__________和__________.

(3) 求函数的定义域应注意以下几点:整式函数的定义域为________;分式函数的分母不能______;偶次根式的被开方式必须____________;对数的真数________;正切符号后面的式子不等于____________;余切符号后面的式子不等于__________;反正弦和反余弦符号后面的式子绝对值__________;如果函数表达式中含有上述几种函数,则应取各部分自变量取值的________.

(4) 函数有两个要素:__________和__________. 两个要素完全相同的两个函数就是相同的函数,否则就是不同的函数.

(5) 在自变量不同的取值范围内,用不同的式子来表示的函数叫做__________. 分段函数是____个函数,而不是______个函数.

2. 函数的性质:

(1) 设函数 $y=f(x)$ 在区间 (a,b) 内有定义,如果对于 (a,b) 内的任意两点 x_1 和 x_2,当 $x_1<x_2$ 时,有 $f(x_1)<f(x_2)$,则称函数 $y=f(x)$ 在 (a,b) 内是____________,区间 (a,b) 叫函数 $y=f(x)$ 的____________. 如果当 $x_1<x_2$ 时,有 $f(x_1)>f(x_2)$,则称函数 $y=f(x)$ 在 (a,b) 内是______________,区间 (a,b) 叫函数 $y=f(x)$ 的________________.

(2) 设函数 $y=f(x)$ 的定义域 D 关于原点对称,如果对于任意 $x\in D$,都有________,则称函数 $y=f(x)$ 是奇函数;如果对于任意 $x\in D$,都有____________,则称函数 $y=f(x)$ 是偶函数;否则称函数 $y=f(x)$ 为______________. 奇函数的图像关于______对称,偶函数的图像关于______对称.

(3) 设函数 $y=f(x)$ 在区间 (a,b) 内有定义,如果存在一个正数 M,使得对于 (a,b) 内的所有 x,都有__________,则称函数 $y=f(x)$ 在区间 (a,b) 内是有界的. 如果这样的正数 M 不存在,则称函数 $y=f(x)$ 在区间 (a,b) 内是________. 如果函数 $f(x)$ 在区间 (a,b) 内有界,那么它在区间 (a,b) 内的图像必介于两条平行线__________之间.

(4) 设函数 $y=f(x)$ 的定义域为 D,如果存在一个常数 $T(T\neq0)$,使得对于任意的 $x\in D$,都有 $x+T\in D$,且__________,则称 $y=f(x)$ 是周期函数,____称为函数的周期.

(5) 设函数 $y=f(x)$ 的定义域是集合 D,值域是 M,若对于 M 中的任一 y 值,都有唯一的 $x\in D$,使得 $f(x)=y$,则 x 也是 y 的函数,称它为 $y=f(x)$ 的________,记作 $x=f^{-1}(y)$. 反函数 $x=f^{-1}(y)$ 的定义域是函数 $y=f(x)$ 的____,而反函数 $x=f^{-1}(y)$ 的值域是函数 $y=f(x)$ 的________.

3. ________、________、__________、__________、__________和__________,这六种函数统称为基本初等函数.

(1) 形如__________的函数,称为幂函数,如______,______等. 幂函数的图像都经过点________________.

(2) 形如__________的函数,称为指数函数,如______,______等. 指数函数的定义域是________，值域是________，所有指数函数的图像都在 x 轴的______，且过点______. 当 $a>1$ 时，$y=a^x$ 在定义域内是单调______；当 $0<a<1$ 时，$y=a^x$ 在定义域内是单调______.

(3) 形如__________的函数，称为对数函数，如______，______等. 对数函数的定义域是__________，值域是________，所有对数函数的图像都在 y 轴的______，且过点______. 当 $a>1$ 时，$y=\log_a x$ 在定义域内是单调________；当 $0<a<1$ 时，$y=\log_a x$ 在定义域内是单调________.

(4) 对数的性质和运算法则：

$\log_a a=$______；　　$\log_a 1=$______；

$a^{\log_a x}=$__________；　　$\log_a(x_1x_2)=$________________；

$\log_a\left(\dfrac{x_1}{x_2}\right)=$________________；　　$\log_a x^b=$__________.

(5) 三角函数的图像和性质：

三角函数	$y=\sin x$	$y=\cos x$	$y=\tan x$
图像			
定义域			
值域			
单调性			
奇偶性			
有界性			

(6) 反三角函数的图像和性质：

反三角函数	$y=\arcsin x$	$y=\arccos x$	$y=\arctan x$	$y=\text{arccot}\,x$
图像				
定义域				
值域				
单调性				
奇偶性				
有界性				

(7) 在有关三角函数的运算中,经常用到以下公式:

$\sin^2 x+\cos^2 x=$______, $1+\tan^2 x=$________, $1+\cot^2 x=$________;

$\dfrac{\sin x}{\cos x}=$________;

$\sin 2x=$______________;

$\cos 2x=$______________, $\sin^2\dfrac{x}{2}=$__________, $\cos^2\dfrac{x}{2}=$__________.

4. 设 $y=f(u)$,而 $u=\varphi(x)$,且函数 $u=\varphi(x)$ 的值域全部或部分包含在函数 $f(u)$ 的定义域内,那么 y 通过 u 的联系成为 x 的函数,我们把 y 叫做 x 的________,记作 $y=f[\varphi(x)]$,其中 u 叫做__________.

在进行复合函数的分解时,要把复合函数分解成____________或__________.分解的准则是从外层向里层进行分解,做到不重、不漏,且不能进行不必要的分解.

5. 由基本初等函数经过____________和___________所构成的,并且可以用____________表示的函数,称为初等函数.分段函数一般都______初等函数.

复习题一

1. 选择题:

(1) 函数 $y=\dfrac{\sqrt{x+3}}{2x-5}$ 的定义域是(　　).

A. $(-\infty,\frac{5}{2})\cup(\frac{5}{2},+\infty)$　　B. $[-3,\frac{5}{2})\cup(\frac{5}{2},+\infty)$

C. $[-3,+\infty)$　　D. $[-3,\frac{5}{2})$

(2) 下列函数中与函数 $y=x$ 是相同函数的是(　　).

A. $y=\sqrt{x^2}$　　B. $y=\dfrac{x^2}{x}$

C. $y=\sqrt[3]{x^3}$　　D. $y=(\sqrt{x})^2$

(3) 已知 $f(x)=\begin{cases}2-3x, & x<1,\\ 0, & x=1,\\ 2x+3, & x>1,\end{cases}$ 那么 $f(1)=$(　　).

A. -1　　B. 0

C. 5　　D. -1 或 0 或 5

(4) 下列函数中是增函数的是(　　).

A. $y=x^2+1$　　B. $y=(\frac{1}{3})^x$

C. $y=e^x$　　D. $y=\log_{\frac{1}{2}}x$

(5) 下列函数中是奇函数的是(　　).

A. $y=x^2-\frac{1}{x}$　　B. $y=\cos 2x$

C. $y=2x^3+1$　　D. $y=\sin 2x$

（6）下列函数中是有界函数的是(　　).

A. $y=1+\frac{1}{x^2}$　　B. $y=2\tan x$

C. $y=2-\cos 3x$　　D. $y=\ln(x+1)$

（7）下列函数中周期为π的函数是(　　).

A. $y=\frac{1}{2}\sin x$　　B. $y=\tan 3x$

C. $y=\cos\left(2x+\frac{\pi}{4}\right)$　　D. $y=\tan(2x+1)$

（8）函数 $y=2^x-1$ 的反函数是(　　).

A. $y=\log_2 x+1$　　B. $y=\log_2(x+1)$

C. $y=\log_2 x-1$　　D. $y=\log_2(x-1)$

（9）下列函数中图像过点(0,1)是(　　).

A. $y=2^x$　　B. $y=x^2$

C. $y=\ln x$　　D. $y=\sin x$

（10）下列函数中是基本初等函数的是(　　).

A. $y=\ln 3x$　　B. $y=\sin 3x$

C. $y=\arctan(x-1)$　　D. $y=(1.7)^x$

2. 填空题:

（1）函数 $y=\sqrt{3-2x}+\ln(x+3)$ 的定义域是________.

（2）函数 $f(x)=\begin{cases}1-2x, & -2\leqslant x<1,\\ x+1, & x\geqslant 1\end{cases}$ 的定义域是________.

（3）设 $f(x)=\sqrt{x^2-2}$，则 $f(x+1)=$ ________.

（4）函数 $y=\sin 2x+\tan 3x$ 的周期是________.

（5）函数 $y=\ln(x+2)$ 的反函数是________.

（6）$\log_3 16-\log_3 8=$ ________，$\log_3 5+\log_3\frac{1}{5}=$ ________.

（7）已知 $\sin x=\frac{1}{3}$，那么 $\cos 2x=$ ______.

（8）已知 $\tan x=2$，那么 $\sec^2 x=$ ______，如果 x 是锐角，那么 $\cos x=$ ______.

（9）由函数 $y=u^3$ 和 $u=\tan x$ 复合而成的复合函数是________.

（10）函数 $y=\ln\sqrt{2+\sin x}$ 由函数________、________和________复合而成.

3. 求下列函数的定义域:

（1）$y=\frac{1}{\sqrt{2+3x}}$;　　（2）$y=\ln(2x+3)-\frac{1}{x-2}$;

(3) $y=3\arcsin(1-2x)$;　　(4) $y=\sqrt{x-1}+\sqrt[3]{\dfrac{1}{x-3}}$.

4. 已知$f(x)=x^2+\sqrt{x+3}+2$,求$f(0)$,$f(1)$,$f(6)$.

5. 已知$f(x)=\begin{cases}x^2-1, & x<0,\\ 1, & x=0,\\ e^x+1, & x>0,\end{cases}$求$f(-2)$,$f(0)$,$f(2)$,并作出函数的图像.

6. 讨论下列函数的单调性:

(1) $f(x)=\dfrac{1}{x-1}$,$x\in(1,+\infty)$;　　(2) $f(x)=\ln(x+2)$,$x\in(-2,+\infty)$.

7. 讨论下列函数的奇偶性:

(1) $f(x)=\dfrac{1-2x^2}{x^4+1}$;　　(2) $f(x)=e^{\cos x}\sin x$;

(3) $f(x)=x^2\tan x$.

8. 求下列函数的周期:

(1) $f(x)=\sin 2x\cos 2x$;　　(2) $f(x)=\sin 3x+\cos 3x$.

9. 化简、计算:

(1) $\ln x^2y+\ln\dfrac{1}{xy^2}-\ln\dfrac{x}{y}$;　　(2) $\log_2 14+\log_2 5-\log_2 7-\log_2 10$;

(3) $\sin^2 20°+\dfrac{1}{1+\tan^2 20°}$;　　(4) $\sin^2 15°-\cos^2 15°$;

(5) $\sin 32°\cos 32°+\sin^2 13°$.

10. 写出由下列函数复合而成的复合函数:

(1) $y=\dfrac{1}{u^2}$,$u=2x+1$;　　(2) $y=3^u$,$u=x^2$;

(3) $y=\sqrt{u}$,$u=1+v^2$,$v=\sin x$;　　(4) $y=e^u$,$u=\sin v$,$v=2x$;

(5) $y=\sin u$,$u=v^2$,$v=1+\sqrt{x}$;　　(6) $y=\ln u$,$u=2+v^2$,$v=\cos x$.

11. 指出下列函数由哪些简单函数复合而成:

(1) $y=\cos\left(2x+\dfrac{\pi}{3}\right)$;　　(2) $y=(2x^2+1)^4$;

(3) $y=\cos^3\dfrac{1}{x}$;　　(4) $y=\ln(\tan 2x)$;

(5) $y=\arcsin e^x$;　　(6) $y=\sqrt{1+\ln^2 x}$.

读一读

用函数图像组成的卡通画

建立平面直角坐标系,用一些适当的函数图像,可拼凑出一些神态各异的卡通人物画像,所用的函数式不宜很复杂,构成的函数图像达到了“神似”与“简洁”之间平衡的和谐,其中充满了“数”与“形”统一的一种和谐的情趣.

请看下面几组例子.

1. 构成“平静”图(见图 1–18)的函数式:

(1) $y=\sqrt{1-x^2}$(头);

(2) $y=-\sqrt{1-x^2}$(下颌);

(3) $y=-\frac{1}{6}\sqrt{1-16\left(x+\frac{1}{2}\right)^2}+\frac{1}{2}$(左下眼皮);

(4) $y=\frac{1}{6}\sqrt{1-16\left(x+\frac{1}{2}\right)^2}+\frac{1}{2}$(左上眼皮);

(5) $y=\frac{1}{6}\sqrt{1-16\left(x-\frac{1}{2}\right)^2}+\frac{1}{2}$(右上眼皮);

(6) $y=-\frac{1}{6}\sqrt{1-16\left(x-\frac{1}{2}\right)^2}+\frac{1}{2}$(右下眼皮);

(7) $y=-\frac{1}{4},x\in\left[-\frac{1}{3},\frac{1}{3}\right]$(嘴巴).

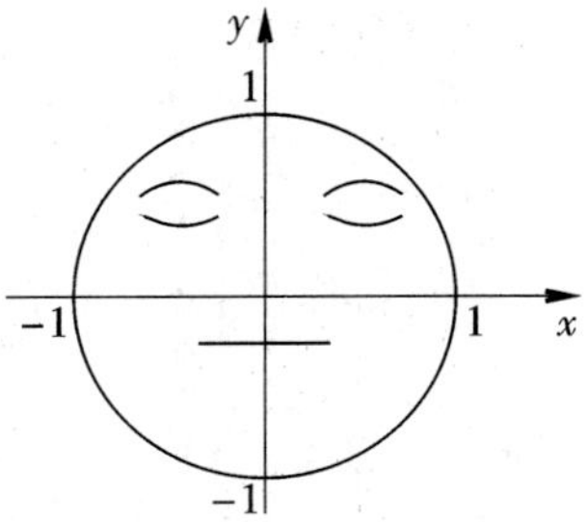

图 1–18

2. 构成“微笑”图(见图 1–19)的函数式:

前六个函数式与构成“平静”图的函数式相同,第七个函数式为 $y=-\frac{1}{6}\sqrt{1-8x^2}-\frac{1}{4}$.

3. 构成“不满”图(见图 1–20)的函数式:

前六个函数式与构成“平静”图的函数式相同,第七个函数式为 $y=\frac{1}{6}\sqrt{1-8x^2}-\frac{1}{4}$.

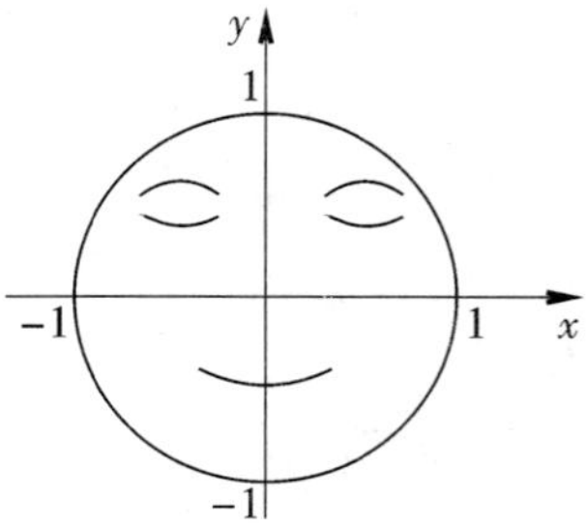

图 1–19

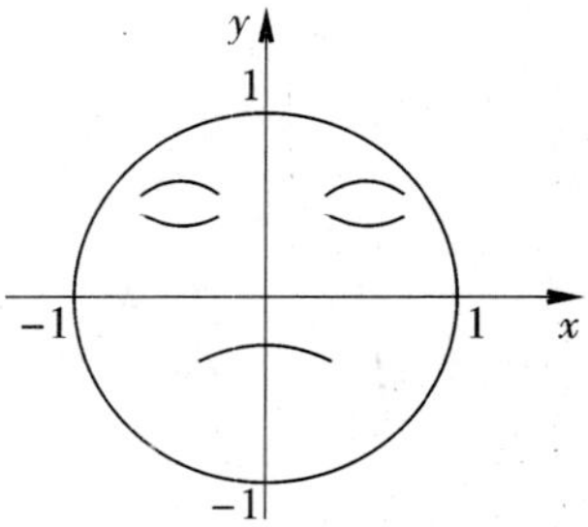

图 1–20

4. 构成“发怒”图(见图 1–21)的函数式:

(1) $y=\sqrt{1-x^2}$(头);

(2) $y=-\sqrt{1-x^2}$(下颌);

(3) $y=\frac{1}{4}\sin\left[4\pi\left(x+\frac{1}{4}\right)\right]+\frac{2}{5},x\in\left[\frac{1}{4},\frac{3}{4}\right]$(右眼眉);

(4) $y=-\frac{1}{4}\sin\left[4\pi\left(x-\frac{3}{4}\right)\right]+\frac{2}{5},x\in\left[-\frac{3}{4},-\frac{1}{4}\right]$(左眼眉);

(5) $y=-2\sqrt{\frac{1}{40}-\left(x-\frac{3}{10}\right)^2}+\frac{2}{5}$(右上眼圈);

(6) $y=2\sqrt{\frac{1}{40}-\left(x-\frac{3}{10}\right)^2}+\frac{1}{10}$(右下眼圈);

(7) $y=-2\sqrt{\frac{1}{40}-\left(x+\frac{3}{10}\right)^2}+\frac{2}{5}$(左上眼圈);

(8) $y=2\sqrt{\frac{1}{40}-\left(x+\frac{3}{10}\right)^2}+\frac{1}{10}$(左下眼圈);

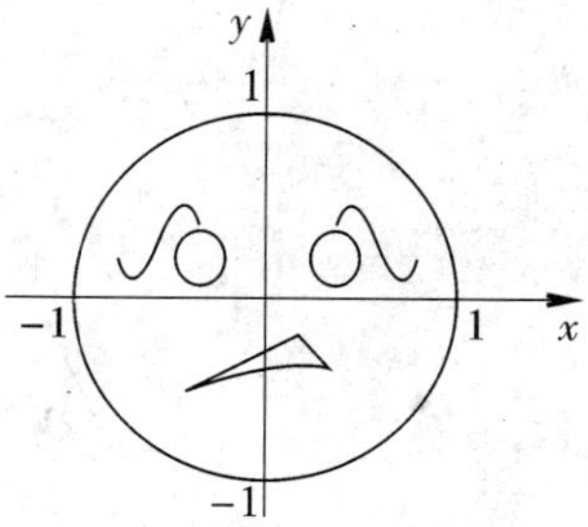

图 1-21

(9) $y=\frac{3}{4}x-\frac{2}{5}, x\in\left[-\frac{3}{10},\frac{1}{4}\right]$(左上嘴角);

(10) $y=-\frac{19}{20}x-\frac{1}{20}, x\in\left[\frac{3}{20},\frac{1}{2}\right]$(右上嘴角);

(11) $y=2\sqrt{5-\left(x-\frac{3}{10}\right)^2}-\frac{99}{20}, x\in\left[-\frac{3}{10},\frac{1}{2}\right]$(下嘴唇).

(选自《数学美拾趣》,易南轩著.)

参考答案

项目练习 1.1

1. (1) $\left(-\infty,-\frac{5}{2}\right)\cup\left(-\frac{5}{2},+\infty\right)$;　　(2) $\left[\frac{1}{3},+\infty\right)$;

   (3) $\left(\frac{1}{2},+\infty\right)$;　　(4) $(-\infty,-1)\cup(-1,1]$;

   (5) $(3,+\infty)$;　　(6) $[-2,0]$;

   (7) $\left(k\pi-\frac{\pi}{6},k\pi+\frac{5\pi}{6}\right), k\in\mathbf{Z}$;　　(8) $\left[-\frac{1}{2},0\right]$.

2. $f(-2)=\sqrt{6}$, $f(0)=\sqrt{2}$, $f(2)=\sqrt{6}$, $f(a)=\sqrt{2+a^2}$, $f(x-1)=\sqrt{2+(x-1)^2}$.

3. $f(-1)=4$, $f(0)=3$, $f(1)=2$, $f(x+1)=x^3+3x^2+x+2$.

4. (1) 相同,因函数两要素相同;　　(2) 不同,因定义域不同;

   (3) 不同,因对应法则不同.

5. 定义域是$(-\infty,2]$,图像见图 1-22, $f(-2)=-3$, $f(0)=1$, $f(1)=2$, $f(2)=-1$.

6. 定义域是$[0,2]$,图像见图 1-23, $f(0)=0$, $f(1)=0$, $f\left(\frac{5}{4}\right)=-\frac{1}{4}$, $f\left(\frac{1}{2}\right)=\frac{1}{4}$.

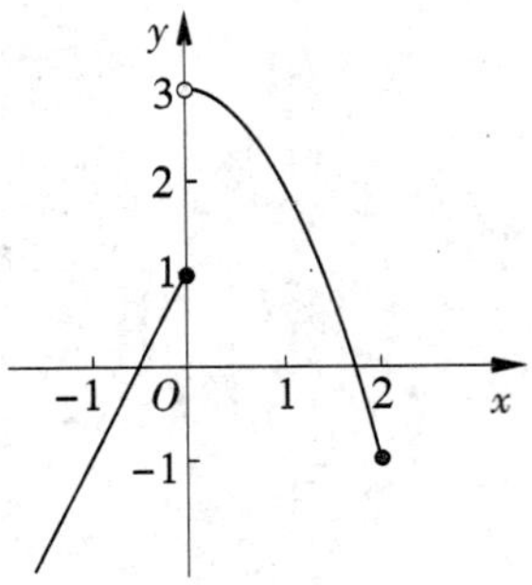

图 1-22

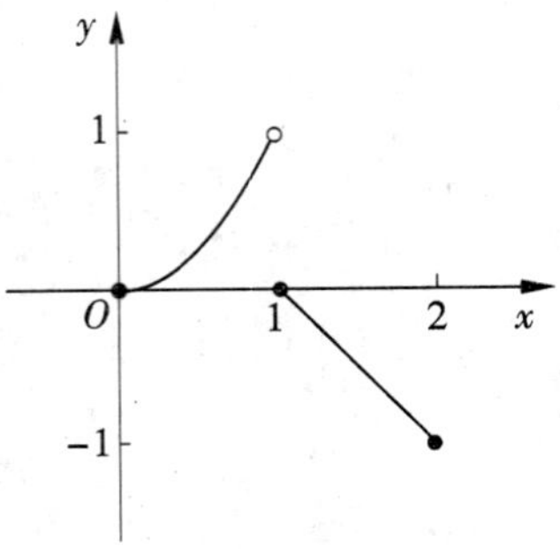

图 1-23

项目练习 1.2

1. (1) 和(3).
2. (1) 增函数;　(2) 减函数.
3. (1) 非奇非偶函数; (2) 偶函数; (3) 偶函数;
   (4) 奇函数; (5) 奇函数; (6) 奇函数.
4. 在(0,1)内无界,在(2,3)内有界.
5. 有界,因为 $1 \leqslant y \leqslant 5$.
6. (1) 4π; (2) $\frac{2\pi}{3}$; (3) π; (4) $\frac{\pi}{5}$.
7. (1) $y=\frac{1}{3}x+\frac{4}{3}$, $x \in \mathbf{R}$;　(2) $y=1-\frac{1}{x}$, $x \neq 0$;
   (3) $y=\lg(x-1)$, $x>1$;　(4) $y=\frac{1}{2}\mathrm{e}^x-\frac{1}{2}$, $x \in \mathbf{R}$.

项目练习 1.3

1. (1) $(0,+\infty)$; (2) $\mathbf{R}$; (3) $(-\infty,\frac{1}{2})$;
   (4) $\mathbf{R}$; (5) $[-1,-\frac{1}{3}]$; (6) $(k\pi-\frac{\pi}{4},k\pi+\frac{3\pi}{4}),k \in \mathbf{Z}$.
2. 略.
3. (1) 2; (2) 1; (3) 2; (4) $\frac{2}{3}$; (5) $\sec^2 x$;
   (6) $\cos x$; (7) 0; (8) π; (9) $\frac{\pi}{2}$; (10) $-\frac{2}{3}\pi$.

项目练习 1.4

1. (1) $y=\sin^2 x$; (2) $y=\sin 2x$; (3) $y=\mathrm{e}^{\sin(x^2+1)}$; (4) $y=\lg 3^{\sin x}$.
2. (1) $y=u^5,u=3-x$; (2) $y=\sqrt{u},u=5x-1$; (3) $y=10^u,u=-x$;

（4）$y=\sin u, u=x^5$；（5）$y=u^2, u=\sin v, v=5x$；（6）$y=u^3, u=\ln v, v=x^2-1$.

复习题一

1.（1）B；（2）C；（3）B；（4）C；（5）D；
（6）C；（7）C；（8）B；（9）A；（10）D.

2.（1）$(-3,\frac{3}{2}]$；（2）$[-2,+\infty)$；（3）$\sqrt{x^2+2x-1}$；（4）π；

（5）$y=e^x-2$；（6）$\log_3 2, 0$；（7）$\frac{7}{9}$；（8）$5, \frac{\sqrt{5}}{5}$；

（9）$y=\tan^3 x$；（10）$y=\ln u, u=\sqrt{v}, v=2+\sin x$.

3.（1）$(-\frac{2}{3},+\infty)$；（2）$(-\frac{3}{2},2)\cup(2,+\infty)$；

（3）$[0,1]$；（4）$[1,3)\cup(3,+\infty)$.

4. $f(0)=2+\sqrt{3}$，$f(1)=5$，$f(6)=41$.

5. $f(-2)=3$，$f(0)=1$，$f(2)=e^2+1$，图略.

6.（1）单调减少；（2）单调增加.

7.（1）偶函数；（2）奇函数；（3）奇函数.

8.（1）$\frac{\pi}{2}$；（2）$\frac{2\pi}{3}$.

9.（1）0；（2）0；（3）1；（4）$-\frac{\sqrt{3}}{2}$；（5）$\frac{1}{2}$.

10.（1）$y=\frac{1}{(2x+1)^2}$；（2）$y=3^{x^2}$；（3）$y=\sqrt{1+\sin^2 x}$；

（4）$y=e^{\sin 2x}$；（5）$y=\sin(1+\sqrt{x})^2$；（6）$y=\ln(2+\cos^2 x)$.

11.（1）$y=\cos u, u=2x+\frac{\pi}{3}$；（2）$y=u^4, u=2x^2+1$；

（3）$y=u^3, u=\cos v, v=\frac{1}{x}$；（4）$y=\ln u, u=\tan v, v=2x$；

（5）$y=\arcsin u, u=e^x$；（6）$y=\sqrt{u}, u=1+v^2, v=\ln x$.

第二篇　极限与连续

极限是高等数学中的一个重要概念，也是研究微积分的重要工具. 极限思想、极限方法贯穿于高等数学的始终. 本篇先从几何上，以直观和形象的语言描述极限概念，然后介绍极限运算，并用极限的方法讨论无穷小及函数的连续性等.

学习目标

◇ 理解极限的概念，掌握极限的求法.
◇ 掌握极限的运算法则，掌握两个重要极限.
◇ 理解无穷小量与无穷大量的概念，了解无穷小量的性质及无穷小量的比较.
◇ 会利用无穷小量的性质和等价无穷小量求极限.
◇ 理解函数连续的概念，会求函数的间断点.
◇ 知道初等函数连续性的概念，掌握初等函数的极限求法.

项目一　极限的概念

任务一　探究数列的极限

数列极限是极限概念中最简单、最基本的情形，是函数极限的特例，为进一步讨论函数极限，应先理解数列极限.

看一看

在某一对应规则下，当 $n(n\to\infty)$ 依次取 $1,2,3,\cdots,n,\cdots$ 时，对应的实数排成一列数：$x_1,x_2,x_3,\cdots,x_n,\cdots$，这列数就称为**数列**，记为 $\{x_n\}$. 数列中的第 n 个数 x_n 叫做**数列的第 n 项或一般项**. 数列也可理解为定义域为正整数集 $\mathbf{N}^+$ 的函数，$x_n=f(n)$，$n\in\mathbf{N}^+$.

例如数列：

$1,\dfrac{1}{2},\dfrac{1}{3},\cdots,\dfrac{1}{n},\cdots$　　一般项 $x_n=\dfrac{1}{n}$；

$\dfrac{1}{2},\dfrac{2}{3},\cdots,\dfrac{n}{n+1},\cdots$　　一般项 $x_n=\dfrac{n}{n+1}$；

$-2,4,-6,8,\cdots,(-1)^n2n,\cdots$　　一般项 $x_n=(-1)^n2n$；

$1,-1,1,-1,\cdots,(-1)^{n+1},\cdots$　　一般项 $x_n=(-1)^{n+1}$.

上述各数列，随着 n 逐渐增大，它们有各自的变化趋势.

数列 $\left\{\dfrac{1}{n}\right\}$，当 n 无限增大时，一般项 $x_n=\dfrac{1}{n}$ 无限接近于 0.

数列$\left\{\frac{n}{n+1}\right\}$，当 n 无限增大时，一般项 $x_n=\frac{n}{n+1}$无限接近于 1.

数列$\{(-1)^n 2n\}$，当 n 无限增大时，$|x_n|=|(-1)^n 2n|$也无限增大，所以 $x_n=(-1)^n 2n$ 不接近于任何确定的常数.

数列$\{(-1)^{n+1}\}$，当 n 无限增大时，若 n 为奇数，则 $x_n=(-1)^{n+1}=1$；若 n 为偶数，则 $x_n=(-1)^{n+1}=-1$，即 x_n 不接近于任何确定的常数.

对以上四个数列观察可知，$\{x_n\}$的一般项 x_n 的变化趋势有两种情形，或无限接近于某个确定的常数，或不接近于任何确定的常数. 因此，可得数列极限的描述性定义：

学一学

如果数列$\{x_n\}$的项数 n 无限增大时，一般项 x_n 无限接近于某个确定的常数 a，则称 a 是数列$\{x_n\}$的**极限**，此时也称数列$\{x_n\}$**收敛于** a，记作

$$\lim_{n\to\infty}x_n=a \quad 或 \quad x_n\to a(n\to\infty).$$

如 $\lim\limits_{n\to\infty}\frac{1}{n}=0$；$\lim\limits_{n\to\infty}\frac{n}{n+1}=1$.

定义中"n 无限增大时，一般项 x_n 无限接近于某个确定的常数 a"的意思是：当 n 充分大时，x_n 与 a 可以任意靠近，要多近就能有多近，也就是说，$|x_n-a|$可以小于任意小的正数，只要 n 充分大.

试一试

例 1 作图并讨论数列 $1,\frac{5}{2},\frac{5}{3},\frac{9}{4},\frac{9}{5},\cdots,\frac{2n+(-1)^n}{n},\cdots$ 的极限.

解 图形如图 2-1 所示，从图中可以看到：当 n 无限增大时，动点(n,x_n)在直线 $x_n=2$ 的上、下跳动且逐渐与直线 $x_n=2$ 接近，即当 n 无限增大时，x_n 无限接近于 2，故

$$\lim_{n\to\infty}x_n=\lim_{n\to\infty}\frac{2n+(-1)^n}{n}=2.$$

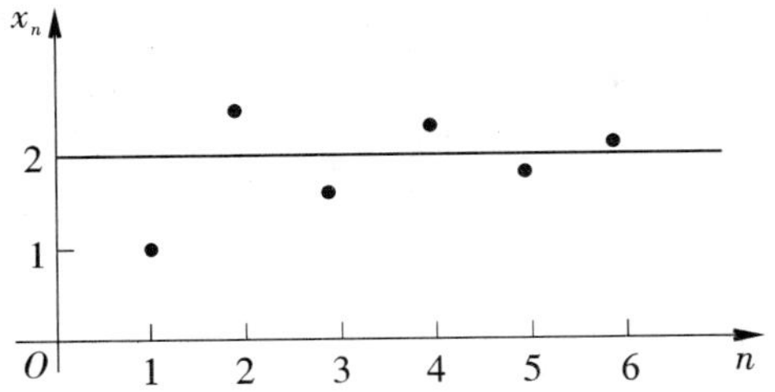

图 2-1

例 2 作图并讨论数列 $2,\frac{3}{2},\frac{4}{3},\frac{5}{4},\cdots,\frac{n+1}{n},\cdots$的极限.

解 图形如图 2-2 所示，从图中可以看到：当 n 无限增大时，动点(n,x_n)无限接近于

直线 $x_n=1$，即 $\lim\limits_{n\to\infty}\frac{n+1}{n}=1$.

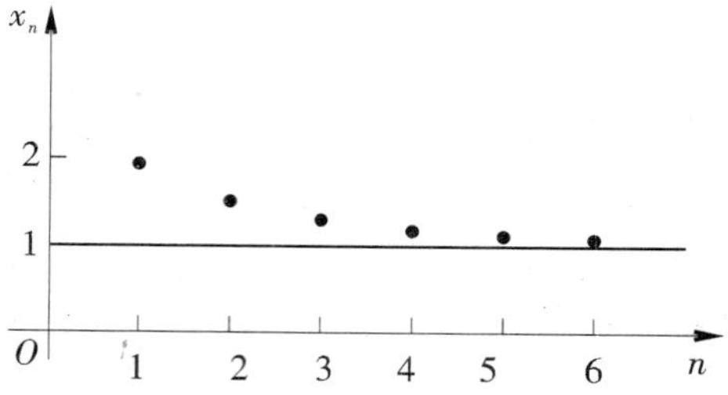

图 2-2

从以上两例还可以看出，数列无限接近于极限值的方式是多种多样的. 例如，数列 $\left\{\frac{n}{n+1}\right\}$ 是从小于 1 逐渐增大到无限接近于 1；数列 $\left\{\frac{n+1}{n}\right\}$ 是从大到小无限接近于 1；数列 $\left\{\frac{2n+(-1)^n}{n}\right\}$ 是在极限值上、下跳动地无限接近于 2.

想一想

(1) 数列 $-\frac{1}{2},\frac{2}{3},-\frac{3}{4},\frac{4}{5},\cdots,(-1)^n\frac{n}{n+1},\cdots$ 的极限存在吗?

(2) 数列 $-1,2,-3,4,\cdots,(-1)^n n,\cdots$ 的极限存在吗?

学一学

如果数列 $\{x_n\}$ 的项数 n 无限增大时，它的一般项 x_n 不接近于任何确定的常数，称数列 $\{x_n\}$ 没有极限，或称数列 $\{x_n\}$ **发散**，记作 $\lim\limits_{n\to\infty}x_n$ 不存在.

当 n 无限增大时，如果 $|x_n|$ 无限增大，则数列没有极限，习惯上也称数列 $\{x_n\}$ 的极限是无穷大，记作 $\lim\limits_{n\to\infty}x_n=\infty$.

如 $\lim\limits_{n\to\infty}(-1)^{n+1}$ 和 $\lim\limits_{n\to\infty}(-1)^n n$ 都不存在，后者可记作 $\lim\limits_{n\to\infty}(-1)^n n=\infty$.

做一做

考察下列数列的变化趋势，写出它们的极限：

(1) $a_n=\frac{1}{n}$；　　(2) $a_n=\frac{n+(-1)^{n-1}}{n}$；

(3) $a_n=\frac{1}{3^n}$；　　(4) $a_n=-4$.

任务二　探究当 $x\to\infty$ 时函数 $f(x)$ 的极限

所谓 $x\to\infty$，是指 x 的绝对值无限增大，即 x 取正值无限增大(记为 $x\to+\infty$)，同时取负值它的绝对值无限增大(记为 $x\to-\infty$).

看一看

考察当 $x\to\infty$ 时,函数 $y=\dfrac{1}{x}$ 的变化趋势(见图 2-3).

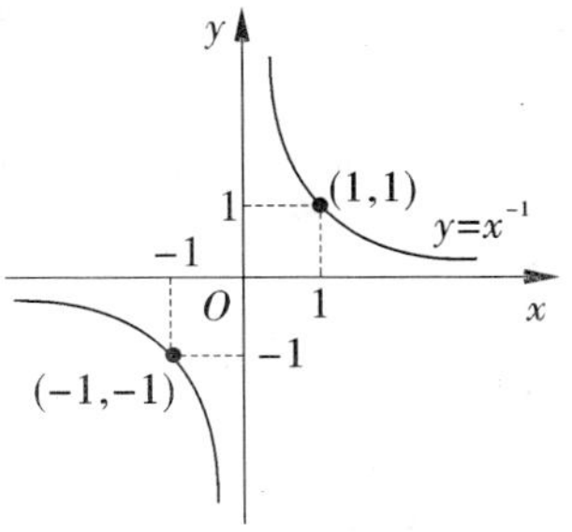

图 2-3

可以看出,当 $x\to+\infty$ 时,函数 $y=\dfrac{1}{x}$ 的值无限趋近于 0. 当 $x\to-\infty$ 时,函数 $y=\dfrac{1}{x}$ 的值无限趋近于 0. 总之,当 $x\to\infty$ 时,函数 $y=\dfrac{1}{x}$ 的值无限趋近于 0.

学一学

如果当 x 的绝对值无限增大时,函数 $f(x)$ 无限接近于一个确定的常数 A,则称常数 A 为**函数 $f(x)$ 当 x 趋近于无穷大时的极限**,记为

$$\lim_{x\to\infty}f(x)=A \quad (\text{或当 } x\to\infty \text{ 时}, f(x)\to A).$$

例如 $\lim\limits_{x\to\infty}\dfrac{1}{x}=0$.

如果当 $x>0$ 且无限增大时,函数 $f(x)$ 无限接近于一个确定的常数 A,则称常数 A 为函**数 $f(x)$ 当 x 趋近于正无穷大**(记为 $x\to+\infty$)**时的极限**,记为

$$\lim_{x\to+\infty}f(x)=A \quad (\text{或当 } x\to+\infty \text{ 时}, f(x)\to A).$$

如果当 $x<0$ 且 x 的绝对值无限增大时,函数 $f(x)$ 无限接近于一个确定的常数 A,则称常数 A 为**函数 $f(x)$ 当 x 趋近于负无穷大**(记为 $x\to-\infty$)**时的极限**,记为

$$\lim_{x\to-\infty}f(x)=A \quad (\text{或当 } x\to-\infty \text{ 时}, f(x)\to A)$$

例如 $\lim\limits_{x\to+\infty}\dfrac{1}{x}=0$, $\lim\limits_{x\to-\infty}\dfrac{1}{x}=0$.

由上述极限定义,可得到如下结论:

$$\lim_{x\to\infty}f(x)=A \Leftrightarrow \lim_{x\to+\infty}f(x)=\lim_{x\to-\infty}f(x)=A.$$

试一试

例 3 求下列函数的极限:

(1) $\lim\limits_{x\to-\infty}2^x$;　　(2) $\lim\limits_{x\to\infty}\dfrac{1}{x^2}$.

解 (1) 由函数 $y=2^x$ 的图像(见图 2-4)可以看出,当 x 趋近于负无穷大时,函数 $y=2^x$ 无限趋近于 0,因此 $\lim\limits_{x\to-\infty}2^x=0$;

(2) 由函数 $y=\dfrac{1}{x^2}$ 的图像(见图 2-5)可以看出, $\lim\limits_{x\to+\infty}\dfrac{1}{x^2}=0$ 且 $\lim\limits_{x\to-\infty}\dfrac{1}{x^2}=0$,因此 $\lim\limits_{x\to\infty}\dfrac{1}{x^2}=0$.

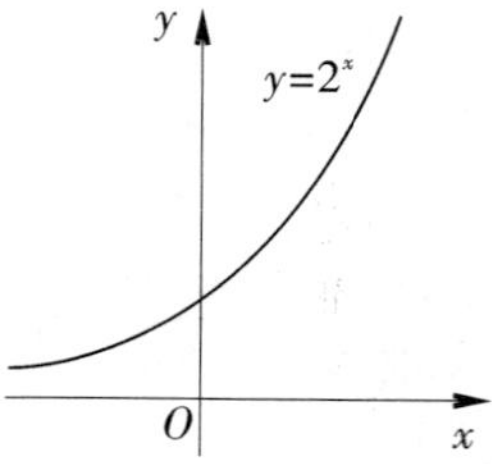

图 2-4

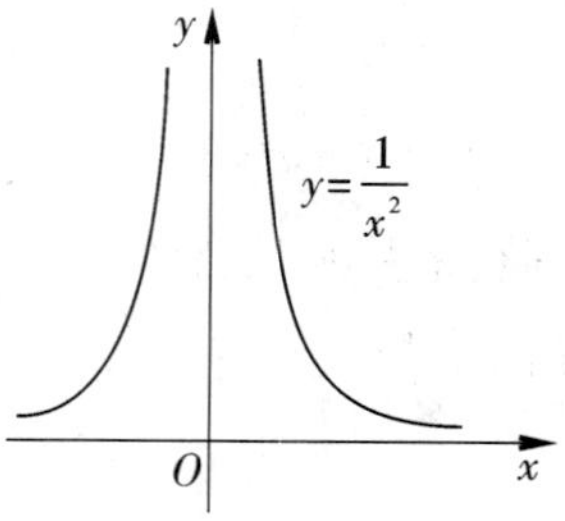

图 2-5

做一做

作出图像,并观察当 $x\to\infty$ 时,$y=\arctan x$ 的极限.

任务三　探究当 $x\to x_0$ 时函数 $f(x)$ 的极限

$x\to x_0$ 是指 x 无限接近 x_0,它包括两种情况:x 从左侧无限接近 x_0,记作 $x\to x_0^-$;x 从右侧无限接近 x_0,记作 $x\to x_0^+$.

看一看

观察函数 $y=\dfrac{x^2-1}{x-1}$ 的图像(见图 2-6),研究当 x 无限趋近 1 时,函数值 y 的变化情况.

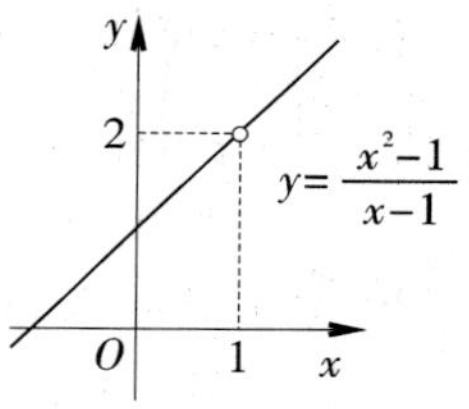

图 2-6

从图像可以看出,不论 x 从左侧或者右侧方向趋近于 1(但不等于 1),函数 $y=\dfrac{x^2-1}{x-1}$ 的值均无限趋近于 2.

学一学

如果当 x 无限接近于定值 x_0(x 可以不等于 x_0)时,函数 $f(x)$ 无限接近于一个确定的常数 A,则称常数 A 为**函数 $f(x)$ 当 x 趋近于 x_0 时的极限**,记为

$$\lim_{x\to x_0} f(x)=A \quad (\text{或当 } x\to x_0 \text{ 时}, f(x)\to A).$$

x 从左侧趋近 x_0 时的极限叫做**左极限**,记为 $\lim\limits_{x\to x_0^-} f(x)=A$. x 从右侧趋近 x_0 时的极限叫做**右极限**,记为 $\lim\limits_{x\to x_0^+} f(x)=A$. 左、右极限统称为函数 $f(x)$ 的**单侧极限**.

注意:(1) 当 $x\to x_0$ 时,函数 $f(x)$ 的极限取决于与 x_0 邻近的 $x(x\neq x_0)$ 处的函数值 $f(x)$,而与 $x=x_0$ 时 $f(x)$ 是否有定义或如何定义无关.

(2) 对于任意 $x_0\in\mathbf{R}$, $\lim\limits_{x\to x_0} C=C$, $\lim\limits_{x\to x_0} x=x_0$.

(3) 函数 $f(x)$ 的极限与左、右极限有以下关系:

$$\lim_{x\to x_0} f(x)=A \Leftrightarrow \lim_{x\to x_0^+} f(x)=\lim_{x\to x_0^-} f(x)=A.$$

试一试

例 4　求$\lim\limits_{x\to 0}\sin x$，$\lim\limits_{x\to 0}\cos x$ 的极限.

解　通过观察正弦、余弦函数的图像可知：$\lim\limits_{x\to 0}\sin x=0$，$\lim\limits_{x\to 0}\cos x=1$.

结论　基本初等函数在其定义域内每一点处的极限值都等于函数值，即

$$\lim_{x\to x_0}f(x)=f(x_0).$$

例 5　试求函数$f(x)=\begin{cases}x+1, & -\infty<x<0,\\ x^2, & 0\leqslant x\leqslant 1,\\ 1, & x>1\end{cases}$ 在 $x=0$ 和 $x=1$ 处的极限.

解　从图 2-7 可知：

$\lim\limits_{x\to 0^-}f(x)=\lim\limits_{x\to 0^-}(x+1)=1$，而$\lim\limits_{x\to 0^+}f(x)=\lim\limits_{x\to 0^+}x^2=0$，

所以$\lim\limits_{x\to 0}f(x)$不存在；

$\lim\limits_{x\to 1^-}f(x)=\lim\limits_{x\to 1^-}x^2=1$，且$\lim\limits_{x\to 1^+}f(x)=\lim\limits_{x\to 1^+}1=1$，

所以$\lim\limits_{x\to 1}f(x)=1$.

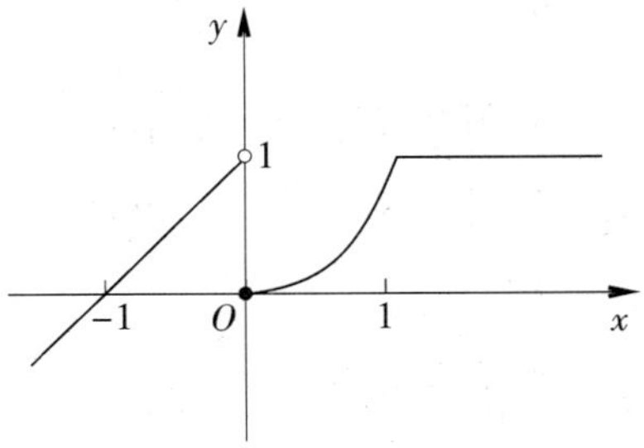

图 2-7

做一做

设$f(x)=\begin{cases}x+2, & x\geqslant 1,\\ 3x, & x<1,\end{cases}$作出该函数的图像，并讨论$\lim\limits_{x\to 1^-}f(x)$ 和$\lim\limits_{x\to 1^+}f(x)$ 的值，以及$\lim\limits_{x\to 1}f(x)$ 是否存在.

项目练习 2.1

1. 选择题：

(1) 下列极限存在的是(　　).

A. $\lim\limits_{n\to\infty}n^2$　　B. $\lim\limits_{n\to\infty}\left(\frac{4}{3}\right)^n$

C. $\lim\limits_{n\to\infty}(-1)^{n-1}\frac{n}{n+1}$　　D. $\lim\limits_{n\to\infty}(-1)^{n-1}\frac{1}{2^n}$

(2) 当 $x\to 0$ 时，下列函数存在极限的是(　　).

A. $f(x)=\sin\frac{1}{x}$　　B. $f(x)=\ln x$

C. $f(x)=\frac{1}{x^2}$　　D. $f(x)=e^x+1$

(3) $\lim\limits_{n\to\infty}\frac{\sqrt{n^2}}{n+1}=$(　　).

A. 不存在　　B. 1

C. 0　　　　D. −1

(4) $\lim\limits_{x\to\infty}\dfrac{\sqrt{x^2}}{x+1}=$ (　　).

A. 不存在　　　　B. 1

C. 0　　　　D. −1

(5) 左、右极限各自都存在且相等是函数 $f(x)$ 当 $x\to x_0$ 时极限存在的(　　).

A. 充分条件　　　　B. 必要条件

C. 充要条件　　　　D. 以上结论都不对

(6) 若 $\lim\limits_{x\to x_0}f(x)$ 存在,则 $f(x)$ 在 x_0 处(　　).

A. 一定有定义　　　　B. 一定没有定义

C. 可以有定义,也可以没有定义　　　　D. 以上都不对

2. 考察下列数列的变化趋势,写出它们的极限:

(1) $a_n=(-1)^n\dfrac{1}{n}$;　　　　(2) $a_n=2+\dfrac{1}{n^2}$;

(3) $a_n=\dfrac{n-1}{n+1}$;　　　　(4) $a_n=1-\dfrac{1}{10^n}$.

3. 作出函数 $f(x)$ 的图像,并考察当 $x\to0$ 时, $f(x)$ 的极限是否存在.

(1) $f(x)=\begin{cases}x+1, & x<0,\\ 2^x, & x\geqslant0;\end{cases}$　　　　(2) $f(x)=\begin{cases}2, & x<0,\\ x^2, & x\geqslant0.\end{cases}$

4. 设 $f(x)=\begin{cases}1+x, & x>0,\\ 1-x, & x<0,\end{cases}$ 求 $\lim\limits_{x\to0^-}f(x)$, $\lim\limits_{x\to0^+}f(x)$, 并讨论 $\lim\limits_{x\to0}f(x)$ 的存在性.

项目二　极限的运算

前面我们学习了极限的概念,并通过观察求出一些简单函数的极限. 下面我们学习极限的运算法则,进而求出复杂函数的极限.

任务一　利用极限的四则运算法则求函数极限

学一学

在自变量的同一变化过程中,若 $\lim f(x)=A$, $\lim g(x)=B$,则有

法则 1　$\lim[f(x)\pm g(x)]=\lim f(x)\pm\lim g(x)=A\pm B$.

法则 2　$\lim[f(x)\cdot g(x)]=\lim f(x)\cdot\lim g(x)=AB$.

特别地,若 C 为常数,则有

$$\lim Cf(x)=C\lim f(x)=CA.$$

若 m 为正整数,则有

$$\lim\,[f(x)]^m=[\lim f(x)]^m=A^m.$$

法则 3 $\lim\frac{f(x)}{g(x)}=\frac{\lim f(x)}{\lim g(x)}=\frac{A}{B}$（其中 $B\neq 0$）.

注意:上面的极限中省略了自变量的变化趋势,下同.

试一试

例 1 求 $\lim\limits_{x\to 1}(3x^3+2x-1)$.

解 $\lim\limits_{x\to 1}(3x^3+2x-1)=\lim\limits_{x\to 1}3x^3-\lim\limits_{x\to 1}2x-\lim\limits_{x\to 1}1=3(\lim\limits_{x\to 1}x)^3+2\lim\limits_{x\to 1}x-1=3\times 1^3+2-1=4$.

结论 一般地,多项式函数在 x_0 处的极限等于该函数在 x_0 处的函数值.

例 2 求 $\lim\limits_{x\to 1}\left(3x^3-\frac{5}{x}\right)$.

解
$$\lim_{x\to 1}\left(3x^3-\frac{5}{x}\right)=\lim_{x\to 1}3x^3-\lim_{x\to 1}\frac{5}{x}=3\lim_{x\to 1}x^3-\lim_{x\to 1}\frac{5}{x}$$
$$=3(\lim_{x\to 1}x)^3-\frac{\lim\limits_{x\to 1}5}{\lim\limits_{x\to 1}x}=3\times 1^3-\frac{5}{1}=-2.$$

例 3 求 $\lim\limits_{x\to 2}\frac{x^2-3x+2}{x^2-x-2}$.

解 $\lim\limits_{x\to 2}\frac{x^2-3x+2}{x^2-x-2}=\lim\limits_{x\to 2}\frac{(x-1)(x-2)}{(x+1)(x-2)}=\lim\limits_{x\to 2}\frac{x-1}{x+1}=\frac{1}{3}$.

结论 对于有理分式函数 $\frac{p(x)}{q(x)}$（其中 $p(x)$，$q(x)$ 为多项式函数），当 $x\to x_0$ 时,其极限分为下列几种类型:

（1）分子、分母极限都存在,且分母极限不为 0,则函数在 x_0 处的极限等于该函数在 x_0 处的函数值.

（2）分子、分母极限皆为 0,称为 $\frac{0}{0}$ 型,不能直接运用商的极限运算法则,而应先将分子、分母因式分解,然后消去极限为 0 的因子,再计算得到其结果.

例 4 求 $\lim\limits_{x\to\infty}\frac{1-x-3x^3}{1+x^2+4x^3}$.

解 先用 x^3 同时除分子、分母,然后取极限,得
$$\lim_{x\to\infty}\frac{1-x-3x^3}{1+x^2+4x^3}=\lim_{x\to\infty}\frac{\frac{1}{x^3}-\frac{1}{x^2}-3}{\frac{1}{x^3}+\frac{1}{x}+4}=-\frac{3}{4}.$$

例 5 求 $\lim\limits_{x\to\infty}\frac{3x^2-2x-1}{x^3-x^2+2}$.

解 先用 x^3 同时除分子、分母,然后取极限,得
$$\lim_{x\to\infty}\frac{3x^2-2x-1}{x^3-x^2+2}=\lim_{x\to\infty}\frac{\frac{3}{x}-\frac{2}{x^2}-\frac{1}{x^3}}{1-\frac{1}{x}+\frac{2}{x^3}}=\frac{0}{1}=0.$$

一般地，对于有理分式函数，当 $x\to\infty$ 时，分子、分母的绝对值无限增大，称为 $\frac{\infty}{\infty}$ 型，可得以下结论：

若 $a_n\neq0, b_m\neq0, m, n$ 为正整数，则

$$\lim_{x\to\infty}\frac{a_nx^n+a_{n-1}x^{n-1}+\cdots+a_1x+a_0}{b_mx^m+b_{m-1}x^{m-1}+\cdots+b_1x+b_0}=\begin{cases}\frac{a_n}{b_m}, & m=n,\\ 0, & m>n,\\ \infty, & m<n.\end{cases}$$

例 6 求 $\lim\limits_{n\to+\infty}\frac{1+2+\cdots+n}{n^2}$.

解 因为 $1+2+\cdots+n=\frac{n(n+1)}{2}$，所以

$$\lim_{n\to+\infty}\frac{1+2+\cdots+n}{n^2}=\lim_{n\to\infty}\frac{n+1}{2n}=\frac{1}{2}.$$

做一做

求下列极限：

(1) $\lim\limits_{x\to-2}\left(4x^2-\frac{1}{x}\right)$；

(2) $\lim\limits_{x\to2}\frac{x^2-4}{x-2}$；

(3) $\lim\limits_{x\to\infty}\frac{3x^2+2}{7x^2-3}$；

(4) $\lim\limits_{n\to\infty}\frac{3n^2+n+1}{2n^3-n^2+3}$.

任务二 求复合函数的极限

上述讨论的仅是和式、乘式、商式极限运算法则，对于复合函数的极限运算法则尚未涉及，下面讨论复合函数的极限运算法则.

学一学

设函数 $y=f(u)$ 与 $u=\varphi(x)$ 满足如下两个条件：

(1) $\lim\limits_{u\to a}f(u)=A$；

(2) 当 $x\neq x_0$ 时，$\varphi(x)\neq a$，且 $\lim\limits_{x\to x_0}\varphi(x)=a$，

则
$$\lim_{x\to x_0}f[\varphi(x)]=\lim_{u\to a}f(u)=A.$$

说明：

(1) 法则只给出了复合函数的自变量和中间变量在一种变化过程中的极限. 把 $\lim\limits_{x\to x_0}\varphi(x)=a$ 换成 $\lim\limits_{x\to x_0}\varphi(x)=\infty$ 或 $\lim\limits_{x\to\infty}\varphi(x)=\infty$，而把 $\lim\limits_{u\to a}f(u)=A$ 换成 $\lim\limits_{u\to\infty}f(u)=A$，可得类似的法则.

(2) 法则表明，若函数 $f(u)$ 与 $\varphi(x)$ 满足给定的条件，那么代换 $u=\varphi(x)$ 可把 $\lim\limits_{x\to x_0}f[\varphi(x)]$ 化为先求 $\lim\limits_{x\to x_0}\varphi(x)=a$，再求极限 $\lim\limits_{u\to a}f(u)$.

(3) 法则中 $f(u)$ 为基本初等函数时，若 a 是其定义域内的点，则 $\lim\limits_{x\to x_0}f[\varphi(x)]=f(a)$，即 $\lim\limits_{x\to x_0}f[\varphi(x)]=f[\lim\limits_{x\to x_0}\varphi(x)]$.

试一试

例 7 求 $\lim\limits_{x\to 4}\sqrt{\dfrac{x-4}{x^2-16}}$.

解 函数 $\sqrt{\dfrac{x-4}{x^2-16}}$ 是由 $y=\sqrt{u}$，$u=\varphi(x)=\dfrac{x-4}{x^2-16}$ 复合而成的.

求本题极限时，先求 $\lim\limits_{x\to 4}\dfrac{x-4}{x^2-16}=\dfrac{1}{8}$，于是

$$\lim_{x\to 4}\sqrt{\frac{x-4}{x^2-16}}=\frac{\sqrt{2}}{4}.$$

例 8 求 $\lim\limits_{x\to 0}\dfrac{\sqrt{1+x}-1}{x}$.

解 当 $x\to 0$ 时，分子、分母的极限都是 0，不能直接运用极限运算法则，可先将分子、分母同乘上 $\sqrt{1+x}+1$，再求极限.

$$\lim_{x\to 0}\frac{\sqrt{1+x}-1}{x}=\lim_{x\to 0}\frac{(\sqrt{1+x}-1)(\sqrt{1+x}+1)}{x(\sqrt{1+x}+1)}=\lim_{x\to 0}\frac{x}{x(\sqrt{1+x}+1)}=\lim_{x\to 0}\frac{1}{\sqrt{1+x}+1}=\frac{1}{2}.$$

做一做

求下列极限：

(1) $\lim\limits_{x\to 1}\sqrt{\dfrac{x-1}{x^2-1}}$；　　(2) $\lim\limits_{x\to\infty}\sqrt{\dfrac{x^2+2}{4x^2-3}}$.

项目练习 2.2

1. 选择题：

(1) 若 $\lim\limits_{x\to x_0}f(x)$ 存在，$\lim\limits_{x\to x_0}g(x)$ 不存在，则 $\lim\limits_{x\to x_0}f(x)\cdot g(x)$ (　　).

A. 一定存在　　B. 一定不存在

C. 可能存在，也可能不存在　　D. 以上都不对

(2) $\lim\limits_{x\to\infty}\dfrac{x}{\sqrt{1+4x^2}}$ 的值等于(　　).

A. -1　　B. 0

C. $\dfrac{1}{2}$　　D. 1

2. 求下列极限：

(1) $\lim\limits_{x\to2}\dfrac{x^2+5}{x-3}$;

(2) $\lim\limits_{x\to\sqrt{3}}\dfrac{x^2-3}{x^4+x^2+1}$;

(3) $\lim\limits_{x\to3}\dfrac{x-3}{x^2-9}$;

(4) $\lim\limits_{x\to2}\dfrac{x^2-4x+4}{x-2}$;

(5) $\lim\limits_{x\to\infty}\dfrac{x^2-1}{2x^2-x-1}$;

(6) $\lim\limits_{x\to\infty}\dfrac{x^2+2x-5}{x^3+x+5}$;

(7) $\lim\limits_{x\to1}\left(\dfrac{2}{x^2-1}-\dfrac{1}{x-1}\right)$;

(8) $\lim\limits_{x\to+\infty}x(\sqrt{x^2-1}-x)$.

项目三　两个重要极限

任务一　掌握第一个重要极限 $\lim\limits_{x\to0}\dfrac{\sin x}{x}=1$

学一学

为了确定上述极限,我们考察 $f(x)=\dfrac{\sin x}{x}$ 当 $x\to0$ 时的变化趋势,见表 2-1.

表 2-1

x	±0.5	±0.1	±0.01	±0.001	±0.000 1	$\cdots\to0$
$\dfrac{\sin x}{x}$	0.958 85	0.998 334	0.999 983	0.999 998 4	0.999 999	$\cdots\to1$

由表 2-1 可知,当 $x\to0$ 时,$\dfrac{\sin x}{x}\to1$,根据极限的定义可得:$\lim\limits_{x\to0}\dfrac{\sin x}{x}=1$.

第一个重要极限的特点:

(1) 它是 $\dfrac{0}{0}$ 型;

(2) 它的实质是 $\lim\limits_{\varphi(x)\to0}\dfrac{\sin\varphi(x)}{\varphi(x)}$,其中 $\varphi(x)$ 是指同一个变量或表达式.

试一试

例 1　计算 $\lim\limits_{x\to0}\dfrac{1-\cos x}{x^2}$.

解　$$\lim_{x\to0}\frac{1-\cos x}{x^2}=\lim_{x\to0}\frac{2\sin^2\frac{x}{2}}{x^2}=\lim_{x\to0}\frac{1}{2}\cdot\left(\frac{\sin\frac{x}{2}}{\frac{x}{2}}\right)^2=\frac{1}{2}\cdot\lim_{x\to0}\left(\frac{\sin\frac{x}{2}}{\frac{x}{2}}\right)^2=\frac{1}{2}\times1=\frac{1}{2}.$$

例2 求$\lim\limits_{x\to0}\frac{\tan x}{x}$.

解 $\lim\limits_{x\to0}\frac{\tan x}{x}=\lim\limits_{x\to0}\left(\frac{\sin x}{x}\cdot\frac{1}{\cos x}\right)=\lim\limits_{x\to0}\frac{\sin x}{x}\cdot\lim\limits_{x\to0}\frac{1}{\cos x}=1\times1=1$.

例3 求$\lim\limits_{x\to0}\frac{\arcsin x}{x}$.

解 令$u=\arcsin x$，当$x\to0$时，有$u\to0$，且当$x\neq0$时，根据复合函数的极限运算法则，即有

$$\lim_{x\to0}\frac{\arcsin x}{x}=\lim_{u\to0}\frac{u}{\sin u}=1.$$

例4 求$\lim\limits_{x\to\infty}x\sin\frac{1}{x}$.

解 令$t=\frac{1}{x}$，当$x\to\infty$时，$t\to0$，因此

$$\lim_{x\to\infty}x\sin\frac{1}{x}=\lim_{x\to\infty}\frac{\sin\frac{1}{x}}{\frac{1}{x}}=\lim_{t\to0}\frac{\sin t}{t}=1.$$

做一做

求下列极限：

(1) $\lim\limits_{x\to0}\frac{\sin7x}{x}$；　　(2) $\lim\limits_{x\to0}\frac{1-\cos x}{3x^2}$.

任务二　掌握第二个重要极限$\lim\limits_{x\to\infty}\left(1+\frac{1}{x}\right)^x=\mathrm{e}$

学一学

当$x\to\infty$时，我们列出$\left(1+\frac{1}{x}\right)^x$的数值，观察其变化趋势（见表2-2）.

表2-2

x	…	10	100	1 000	10 000	100 000	…
$\left(1+\frac{1}{x}\right)^x$	…	2.593 74	2.704 81	2.716 92	2.718 15	2.718 27	…
x	…	-10	-100	-1 000	-10 000	-100 000	…
$\left(1+\frac{1}{x}\right)^x$	…	2.867 97	2.732 00	2.719 64	2.718 4	2.718 30	…

由表2-2可知，当$x\to+\infty$或$x\to-\infty$时，$\left(1+\frac{1}{x}\right)^x\to\mathrm{e}$，根据极限的定义可得

$$\lim_{x\to\infty}\left(1+\frac{1}{x}\right)^{x}=\mathrm{e}.$$

如果令$\frac{1}{x}=u$，当$x\to\infty$时，$u\to 0$，于是有

$$\lim_{u\to 0}(1+u)^{\frac{1}{u}}=\mathrm{e}.$$

第二个重要极限的特点：

(1) 它是1^{∞}型；

(2) 它的实质是$\lim\limits_{\varphi(x)\to\infty}\left(1+\frac{1}{\varphi(x)}\right)^{\varphi(x)}$或$\lim\limits_{\varphi(x)\to 0}(1+\varphi(x))^{\frac{1}{\varphi(x)}}$，其中$\varphi(x)$是指同一个变量或表达式.

试一试

例 5 计算$\lim\limits_{x\to\infty}\left(1+\frac{1}{x}\right)^{\frac{x}{2}}$.

解 $\lim\limits_{x\to\infty}\left(1+\frac{1}{x}\right)^{\frac{x}{2}}=\lim\limits_{x\to\infty}\left[\left(1+\frac{1}{x}\right)^{x}\right]^{\frac{1}{2}}=\left[\lim\limits_{x\to\infty}\left(1+\frac{1}{x}\right)^{x}\right]^{\frac{1}{2}}=\mathrm{e}^{\frac{1}{2}}$.

例 6 求$\lim\limits_{x\to\infty}\left(1-\frac{1}{x}\right)^{x}$.

解 $\lim\limits_{x\to\infty}\left(1-\frac{1}{x}\right)^{x}=\lim\limits_{x\to\infty}\left[\left(1+\frac{1}{-x}\right)^{-x}\right]^{-1}=\mathrm{e}^{-1}$.

例 7 求$\lim\limits_{x\to 0}(1+2x)^{\frac{1}{x}}$.

解 $\lim\limits_{x\to 0}(1+2x)^{\frac{1}{x}}=\lim\limits_{x\to 0}(1+2x)^{\frac{1}{2x}\cdot 2}=\left[\lim\limits_{x\to 0}(1+2x)^{\frac{1}{2x}}\right]^{2}=\mathrm{e}^{2}$.

做一做

求下列极限：

(1) $\lim\limits_{x\to\infty}\left(1+\frac{2}{x}\right)^{x}$；　　(2) $\lim\limits_{x\to 0}(1-x)^{\frac{1}{x}}$；

(3) $\lim\limits_{x\to\infty}\left(1+\frac{3}{x}\right)^{2x}$.

项目练习 2.3

求下列极限：

(1) $\lim\limits_{x\to 0}\frac{\sin 5x}{x}$；　　(2) $\lim\limits_{x\to 0}\frac{\sin 2x}{\sin 3x}$；

(3) $\lim\limits_{x\to 1}\frac{\sin(x-1)}{2(x-1)}$；　　(4) $\lim\limits_{x\to 0}\frac{\tan 5x}{x}$；

(5) $\lim\limits_{x\to\infty} x\tan\dfrac{1}{x}$;　　(6) $\lim\limits_{x\to\infty} x^2\sin\dfrac{3}{x^2}$;

(7) $\lim\limits_{x\to\infty}\left(1+\dfrac{1}{x}\right)^{2x}$;　　(8) $\lim\limits_{x\to\infty}\left(1+\dfrac{1}{x}\right)^{x+3}$;

(9) $\lim\limits_{x\to 0}(1-2x)^{\frac{1}{x}}$;　　(10) $\lim\limits_{x\to 0}\left(1+\dfrac{x}{2}\right)^{2-\frac{1}{x}}$.

项目四　无穷小量与无穷大量

任务一　认识无穷小量

看一看

《庄子·天下篇》中有这样的一个命题:"一尺之棰,日取其半,万世不竭".意思是说一尺长的木棍,今天取其一半,明天取其一半的一半,如此无限地取下去,总会有剩下的木棍.显然,当时间趋近无穷时,所剩的木棍的长度是以0为极限的量.

学一学

在自变量的某一变化过程中,若 $\lim f(x)=0$,则称 $f(x)$ 是该变化过程中的**无穷小量**,简称**无穷小**.

例如,因为 $\lim\limits_{x\to\infty}\dfrac{1}{x}=0$,所以函数 $\dfrac{1}{x}$ 是当 $x\to\infty$ 时的无穷小量.

因为 $\lim\limits_{x\to 0}\sin x=0$,所以函数 $\sin x$ 是当 $x\to 0$ 时的无穷小量.

因为 $\lim\limits_{x\to 1}(x-1)^2=0$,所以函数 $(x-1)^2$ 是当 $x\to 1$ 时的无穷小量.

注意:(1) 说一个函数 $f(x)$ 是无穷小,必须指明自变量 x 的变化趋向,也就是说,函数 $f(x)$ 在自变量的某个变化过程中是无穷小,在其他过程中则不一定是无穷小.

(2) 绝对值很小的常数,不是无穷小,因为这个常数的极限是常数本身,并不是0.

(3) 常数中只有0是无穷小,因为它的极限为0.

无穷小具有以下性质:

性质1　有限个无穷小的代数和仍然是无穷小.

性质2　有限个无穷小之积仍然是无穷小.

性质3　有界函数与无穷小的乘积是无穷小.

推论　常数与无穷小之积为无穷小.

试一试

例1　证明 $\lim\limits_{x\to\infty}\dfrac{\cos x}{x}=0$.

证明 因为$\frac{\cos x}{x}=\frac{1}{x}\cos x$,其中 $\cos x$ 为有界函数,$\frac{1}{x}$为 $x\to\infty$ 时的无穷小量,由性质3知

$$\lim_{x\to\infty}\frac{\cos x}{x}=0.$$

做一做

选择题:

(1)当(　　)时,函数$\frac{\sin x}{x}$是无穷小量.

A. $x\to 0$　　B. $x\to 1$

C. $x\to\frac{\pi}{2}$　　D. $x\to\infty$

(2)当(　　)时,函数$\frac{x^2-1}{x(x-1)}$是无穷小量.

A. $x\to 0$　　B. $x\to 1$

C. $x\to -1$　　D. $x\to\infty$

(3)在给定变化过程中,函数(　　)是无穷小量.

A. $e^{-\frac{1}{x}}(x\to 0^-)$　　B. $e^{-\frac{1}{x}}(x\to 0^+)$

C. $\ln x\ (x\to 0^+)$　　D. $\ln x(x\to +\infty)$

任务二　认识无穷大量

无穷小量是绝对值无限变小的变量,它的对立面就是绝对值无限增大的变量,称为无穷大量.

学一学

若函数$f(x)$的绝对值$|f(x)|$在x的某一个变化过程中无限增大,则称函数$f(x)$是x在这个变化过程中的**无穷大量**,简称**无穷大**.

例如,$\lim\limits_{x\to 0}\frac{1}{x}=\infty$,则$x\to 0$时,$\frac{1}{x}$为无穷大量;$\lim\limits_{x\to\frac{\pi}{2}}\tan x=\infty$,则$x\to\frac{\pi}{2}$时,$\tan x$为无穷大量.

注意:(1)无穷大不是一个很大的数,它是一个绝对值无限增大的变量.

(2)说一个函数$f(x)$是无穷大,必须指明自变量x的变化趋向,如函数$\frac{1}{x}$当$x\to 0$时是无穷大;当$x\to\infty$时,它就不是无穷大,而是无穷小了.

(3)无穷大必为无界函数;反之不一定成立.例如当$x\to\infty$时,$f(x)=x\sin x$是无界函数,但不是无穷大量.

(4)不要把绝对值很大的常数说成是无穷大,因为这个常数的极限为常数本身,并不是无穷大.

根据无穷大与无穷小的定义，不难得出如下结论：

设 $f(x)\neq 0$，若 $\lim f(x)=\infty$，则 $\lim\frac{1}{f(x)}=0$；反之，若 $\lim f(x)=0$，则 $\lim\frac{1}{f(x)}=\infty$.

试一试

例 2 求 $\lim\limits_{x\to 1}\frac{x^2-3}{x^2-5x+4}$.

解 由于 $\lim\limits_{x\to 1}\frac{x^2-5x+4}{x^2-3}=0$，即当 $x\to 1$ 时，$\frac{x^2-5x+4}{x^2-3}$ 为无穷小，根据无穷大与无穷小的关系可知，当 $x\to 1$ 时，$\frac{x^2-3}{x^2-5x+4}$ 为无穷大，即

$$\lim_{x\to 1}\frac{x^2-3}{x^2-5x+4}=\infty.$$

做一做

求 $\lim\limits_{x\to 2}\frac{3x^2+x}{x^2-4}$.

任务三 比较无穷小的阶

我们知道两个无穷小的和、差、积都是无穷小，那么两个无穷小的商会怎么样呢？

看一看

当 $x\to 0$ 时，$x,2x,x^2$ 都是无穷小量，但是 $\lim\limits_{x\to 0}\frac{2x}{x}=2$，$\lim\limits_{x\to 0}\frac{x^2}{x}=0$，$\lim\limits_{x\to 0}\frac{x}{x^2}=\infty$，为什么会出现这样三种不同的情况？这是因为它们趋近于极限 0 的快慢是不一样的，如表 2-3 所示.

表 2-3

x	0.1	0.01	0.001	0.000 1	…
$2x$	0.2	0.02	0.002	0.000 2	…
x^2	0.01	0.000 1	0.000 001	0.000 000 01	…

可以看出，$2x\to 0$ 的速度与 $x\to 0$ 的速度差不多，而 $x^2\to 0$ 的速度比 $x\to 0$ 的速度快得多.

为了反映在自变量的同一变化过程中，不同函数趋近于 0 的“快慢”，需要进行无穷小的比较.

学一学

一般地，设 $\alpha(x)$ 和 $\beta(x)$ 在自变量的同一变化过程中都是无穷小，

(1) 若$\lim\frac{\beta}{\alpha}=0$,则称$\beta$是比$\alpha$**高阶的无穷小量**,记作$\beta=o(\alpha)$;

(2) 若$\lim\frac{\beta}{\alpha}=\infty$,则称$\beta$是比$\alpha$**低阶的无穷小量**;

(3) 若$\lim\frac{\beta}{\alpha}=C(C\neq 0)$,则称$\beta$与$\alpha$是**同阶的无穷小量**.

特别地,若$\lim\frac{\beta}{\alpha}=1$,则称$\beta$与$\alpha$是**等价的无穷小量**,记作$\alpha\sim\beta$.

试一试

例 3 证明当$x\to 0$时:

(1) $\sin x\sim x$;

(2) $1-\cos x$ 是比x高阶的无穷小量;

(3) $\tan 5x$ 和x是同阶的无穷小量.

(4) 试确定k取什么值,使得$\tan kx\sim 3x$.

证明 (1) 因为 $\lim\limits_{x\to 0}\frac{\sin x}{x}=1$,所以当$x\to 0$时,$\sin x\sim x$.

(2) 因为 $\lim\limits_{x\to 0}\frac{1-\cos x}{x}=\lim\limits_{x\to 0}\frac{2\sin^2\frac{x}{2}}{x}=\lim\limits_{x\to 0}\sin\frac{x}{2}\cdot\frac{\sin\frac{x}{2}}{\frac{x}{2}}=0$,所以当$x\to 0$时,$1-\cos x$是比$x$高阶的无穷小量.

(3) 因为 $\lim\limits_{x\to 0}\frac{\tan 5x}{x}=\lim\limits_{x\to 0}5\cdot\frac{\sin 5x}{5x}\cdot\frac{1}{\cos 5x}=5$,所以 $\tan 5x$ 和x是同阶的无穷小量.

(4) 因为 $\lim\limits_{x\to 0}\frac{\tan kx}{3x}=\lim\limits_{x\to 0}\frac{k}{3}\cdot\frac{\sin kx}{kx}\cdot\frac{1}{\cos kx}=\frac{k}{3}$,令$\frac{k}{3}=1$,得 $k=3$,所以当 $k=3$ 时,$\tan 3x\sim 3x$.

做一做

1. 当$x\to 1$时,比较无穷小$1-x$与$1-x^3$阶的高低.

2. 当$x\to 0$时,比较无穷小x^2与$\frac{x^2}{1-x}$阶的高低.

学一学

等价无穷小量在求两个无穷小量之比的极限时,有重要作用.有如下结论:

若$\alpha\sim\alpha'$,$\beta\sim\beta'$,且$\lim\frac{\beta'}{\alpha'}$存在,则$\lim\frac{\beta'}{\alpha'}=\lim\frac{\beta}{\alpha}$.

利用上述结论,在求两个无穷小量之比的极限时,分子及分母都可用等价无穷小量来代替,以达到化简计算的目的.

常见的等价无穷小量有:

$x\to0$ 时，$x\sim\sin x\sim\tan x\sim\arcsin x\sim\ln(1+x)\sim e^x-1$；

$1-\cos x\sim\dfrac{x^2}{2}$；

$(1+x)^\alpha-1\sim\alpha x(\alpha\neq0)$.

试一试

例 4 求$\lim\limits_{x\to0}\dfrac{\sin4x}{\tan2x}$.

解 当 $x\to0$ 时，$\sin4x\sim4x$，$\tan2x\sim2x$，所以

$$\lim_{x\to0}\frac{\sin4x}{\tan2x}=\lim_{x\to0}\frac{4x}{2x}=2.$$

做一做

求下列极限：

(1) $\lim\limits_{x\to0}\dfrac{\tan2x}{\sin5x}$；

(2) $\lim\limits_{x\to0}\dfrac{\sin x}{x^3+3x}$.

项目练习 2.4

1. 在自变量的同一变化过程中，设 $\lim f(x)=\infty$，$\lim g(x)=\infty$，试判断 $f(x)-g(x)$，$f(x)\cdot g(x)$，$\dfrac{f(x)}{g(x)}(g(x)\neq0)$中，哪些函数必定是无穷大量.

2. 下列函数哪些是无穷大量？哪些是无穷小量？

(1) $\dfrac{1+2x}{x}$ $(x\to0)$；

(2) $\dfrac{1+2x}{x^2}$ $(x\to\infty)$；

(3) $\ln x$ $(x\to0^+)$；

(4) $\dfrac{x+1}{x^2-9}$ $(x\to3)$；

(5) e^{-x} $(x\to+\infty)$；

(6) $2^{\frac{1}{x}}$ $(x\to0^-)$.

3. 函数$f(x)=\dfrac{x+1}{x-1}$在什么条件下是无穷大量？在什么条件下是无穷小量？

4. 求下列极限：

(1) $\lim\limits_{x\to0}x\sin\dfrac{1}{x}$；

(2) $\lim\limits_{x\to0}\dfrac{\tan3x}{2x}$；

(3) $\lim\limits_{x\to0}\dfrac{\tan2x}{\sin3x}$；

(4) $\lim\limits_{x\to0}\dfrac{e^x-1}{2x}$；

(5) $\lim\limits_{x\to\infty}\dfrac{x-\cos x}{x}$；

(6) $\lim\limits_{x\to0}\dfrac{1-\cos x}{x\sin x}$.

项目五　函数的连续性

任务一　学习函数的连续性

连续函数是高等数学中着重讨论的一类函数. 从几何上粗略地说,如果函数是连续的,那么它的图像是一条连续不断的曲线. 当然我们不能满足于这种直观认识,需要给出它的精确定义.

学一学

设函数 $y=f(x)$ 在点 x_0 处及其左右近旁有定义,记 $\Delta x=x-x_0$,称为**自变量的增量**. 相应的**函数增量**记为

$$\Delta y=f(x)-f(x_0)=f(x_0+\Delta x)-f(x_0)=y-y_0.$$

如果当自变量增量 Δx 趋于 0 时,函数 $y=f(x)$ 相应的增量也趋于 0,即

$$\lim_{\Delta x\to 0}\Delta y=0,$$

则称**函数 $y=f(x)$ 在 x_0 处连续**.

函数连续性还有另外一种表述:

设函数 $y=f(x)$ 在点 x_0 处及其左右近旁有定义,若 $\lim\limits_{x\to x_0}f(x)=f(x_0)$,则称**函数 $y=f(x)$ 在 x_0 处连续**.

例如,函数 $f(x)=2x+1$ 在 $x=2$ 处连续. 因为 $\lim\limits_{x\to 2}f(x)=\lim\limits_{x\to 2}(2x+1)=5=f(2)$.

相应于函数 $f(x)$ 在 x_0 处的左、右极限的概念,有:

若函数 $y=f(x)$ 在 x_0 处有 $\lim\limits_{x\to x_0^-}f(x)=f(x_0)$(或 $\lim\limits_{x\to x_0^+}f(x)=f(x_0)$),则称函数 $y=f(x)$ 在 x_0 处**左连续(或右连续)**.

若函数 $y=f(x)$ 在开区间 (a,b) 内的每一点均连续,则称函数 $y=f(x)$ 在开区间 (a,b) 内连续.

若函数 $y=f(x)$ 在 (a,b) 内连续,且在左端点 a 处右连续,在右端点 b 处左连续,则称该函数在闭区间 $[a,b]$ 上连续.

如果函数 $f(x)$ 在某个区间内连续,则函数 $f(x)$ 的图像是一条连续不断的曲线. 因此,基本初等函数在其定义域内是连续的.

试一试

例 1　讨论下列函数在 $x=0$ 处的连续性:

(1) $f(x)=x+1$;　　　　(2) $f(x)=\dfrac{x^2+x}{x}$;

(3) $f(x)=e^{\frac{1}{x}}$;　　　　(4) $f(x)=\begin{cases}2x, & x\geqslant 0,\\ -x-1, & x<0.\end{cases}$

解 (1) 因为$\lim\limits_{x\to 0}(x+1)=1=f(0)$，所以$f(x)$在$x=0$处连续.

(2) 因为当$x=0$时，$f(0)$无定义，所以$f(x)$在$x=0$处不连续.

(3) 与(2)相同，所以$f(x)$在$x=0$处不连续.

(4) 因为$\lim\limits_{x\to 0^+}f(x)=\lim\limits_{x\to 0^+}2x=0$，$\lim\limits_{x\to 0^-}f(x)=\lim\limits_{x\to 0^-}(-x-1)=-1$，$\lim\limits_{x\to 0}f(x)$不存在，所以$f(x)$在$x=0$处不连续.

做一做

判断函数$f(x)=\begin{cases}x\sin\dfrac{1}{x}, & x\neq 0,\\ 0, & x=0\end{cases}$ 在$x=0$处是否连续.

任务二 探究间断点及其分类

学一学

若函数$f(x)$在x_0处不连续，则点x_0称为函数$f(x)$的**间断点**或**不连续点**.

所以，若点x_0为函数$f(x)$的间断点，则必出现下列情形之一：

(1) $f(x)$在x_0处没有定义；

(2) $\lim\limits_{x\to x_0}f(x)$不存在；

(3) $\lim\limits_{x\to x_0}f(x)\neq f(x_0)$.

间断点按下述情形分类：

若$\lim\limits_{x\to x_0}f(x)=A$，而$f(x)$在$x_0$处没有定义，或者有定义但$f(x_0)\neq A$，则称$x_0$为函数$f(x)$的**可去间断点**.

例如，函数$g(x)=\dfrac{\sin x}{x}$，虽然$\lim\limits_{x\to 0}g(x)=1$，但是函数在$x=0$处无定义，所以$x=0$是函数的可去间断点.

若函数$f(x)$在x_0处存在左、右极限，但是$\lim\limits_{x\to x_0^-}f(x)\neq\lim\limits_{x\to x_0^+}f(x)$，则称$x_0$为函数$f(x)$的**跳跃间断点**.

如本项目例1中的第(4)题，$x=0$是函数$f(x)$的跳跃间断点.

可去间断点和跳跃间断点统称为**第一类间断点**. 第一类间断点的特点是函数在该点处的左、右极限都存在.

函数的所有其他形式的不连续点，即函数在该点处至少有一侧的极限不存在，则称为**第二类间断点**.

例如$f(x)=\dfrac{1}{(x-1)^2}$在$x=1$处没有定义，且$\lim\limits_{x\to 1}\dfrac{1}{(x-1)^2}=\infty$，则称$x=1$为$f(x)$的第二类间断点.

试一试

例2 确定下列函数的间断点并指出间断点的类型：

(1) $f(x)=\dfrac{x-1}{x^2-3x+2}$;　　　　(2) $f(x)=\begin{cases}x^2+1, & x\geqslant 1,\\ x-1, & x<1.\end{cases}$

解　(1) 令 $x^2-3x+2=(x-1)(x-2)=0$,得 $x_1=1,x_2=2$ 为 $f(x)$ 的两个间断点. 因为

$$\lim_{x\to 1}f(x)=\lim_{x\to 1}\frac{x-1}{(x-1)(x-2)}=\lim_{x\to 1}\frac{1}{x-2}=-1,$$

$$\lim_{x\to 2}f(x)=\lim_{x\to 2}\frac{x-1}{(x-1)(x-2)}=\lim_{x\to 2}\frac{1}{x-2}=\infty,$$

所以,$x=1$ 是第一类间断点,$x=2$ 是第二类间断点.

(2) $x=1$ 是分界点,因为

$$\lim_{x\to 1^-}f(x)=\lim_{x\to 1^-}(x-1)=0,\ \lim_{x\to 1^+}f(x)=\lim_{x\to 1^+}(x^2+1)=2,$$

$$\lim_{x\to 1^-}f(x)\neq\lim_{x\to 1^+}f(x).$$

所以,$x=1$ 是第一类间断点.

做一做

设函数 $f(x)=\begin{cases}x^2+1, & x<0,\\ 0, & x=0,\\ x-1, & x<0,\end{cases}$ 确定其间断点.

任务三　认识初等函数的连续性

学一学

连续函数的图像是一条连续的曲线. 我们前面讲过的基本初等函数在其定义域内的图像都是一条连续的曲线. 因此,关于初等函数的连续性有如下结论:

(1) 基本初等函数在其定义域内都是连续的.

(2) 若函数 $f(x)$ 和 $g(x)$ 在点 x_0 处连续,则 $f(x)+g(x)$, $f(x)-g(x)$, $f(x)\cdot g(x)$ 以及 $\dfrac{f(x)}{g(x)}$(当 $g(x_0)\neq 0$ 时)在点 x_0 处都连续.

(3) 设函数 $u=\varphi(x)$ 在点 x_0 处连续,且 $u_0=\varphi(x_0)$,而函数 $y=f(u)$ 在点 u_0 处连续,则复合函数 $f[\varphi(x)]$ 在点 x_0 处连续.

(4) 一切初等函数在其定义域内都是连续的.

由上面的结论可知:

(1) 求初等函数的连续区间就是求其定义域;

(2) 关于分段函数的连续性,除按上述结论考虑每一段函数的连续性外,还必须讨论分段点处的连续性;

(3) 如果函数 $f(x)$ 在点 x_0 处连续,则 $\lim\limits_{x\to x_0}f(x)=f(x_0)$,即求连续函数 $f(x)$ 在点 x_0 处的极限可归结为计算点 x_0 处的函数值.

试一试

例 3　计算$\lim\limits_{x\to\frac{\pi}{2}}\ln\sin x$.

解　因为$x_0=\dfrac{\pi}{2}$是函数$f(x)=\ln\sin x$定义域内的点,所以

$$\lim_{x\to\frac{\pi}{2}}\ln\sin x=\ln\sin\frac{\pi}{2}=\ln 1=0.$$

做一做

利用初等函数的连续性,求下列极限:

(1) $\lim\limits_{x\to 0}\sqrt{x^2+2x+5}$;　　(2) $\lim\limits_{x\to -2}\dfrac{2x^2+1}{x+1}$;

(3) $\lim\limits_{x\to 0}\lg\cos 5x$;　　(4) $\lim\limits_{x\to 0}(1+e^{-x})$.

任务四　了解闭区间上连续函数的性质

学一学

闭区间上的连续函数具有许多优越的性质,在这里只作简单介绍.

性质 1　若函数$f(x)$在$[a,b]$上连续,则它在这个区间上一定有最大值和最小值.

性质 2　若函数$f(x)$在$[a,b]$上连续,m和M分别为$f(x)$在$[a,b]$上的最大值和最小值,则对介于m和M之间的任意常数C,至少存在一个$\xi\in(a,b)$,使得$f(\xi)=C$.

性质 3　若函数$f(x)$在$[a,b]$上连续,且$f(a)\cdot f(b)<0$,则至少存在一个$\xi\in(a,b)$,使得$f(\xi)=0$.

性质 3 的几何意义是:若连续函数$f(x)$在$[a,b]$的端点处的函数值异号,则函数$f(x)$的图像与x轴至少有一个交点(见图 2-8).

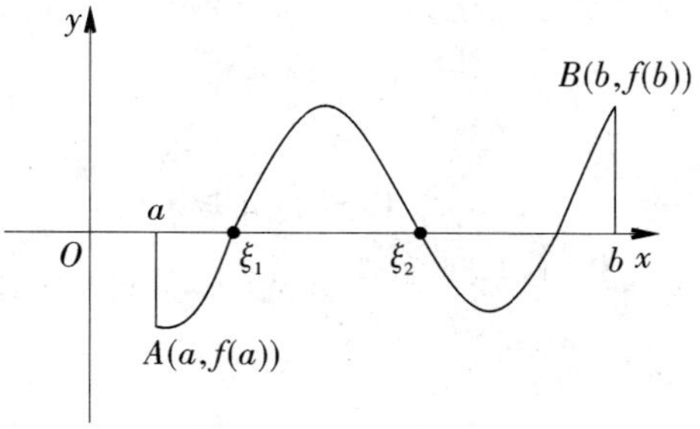

图 2-8

试一试

例 4　证明方程$x^3-4x^2+1=0$在$(0,1)$内至少有一个实数根.

证明　设$f(x)=x^3-4x^2+1$,因为$f(x)$在$(-\infty,+\infty)$上连续,所以,它在$[0,1]$上连续,且$f(0)=1>0$, $f(1)=-2<0$. 由性质 3 知,至少存在一点$\xi\in(0,1)$,使得$f(\xi)=0$,即方程$x^3-4x^2+1=0$在区间$(0,1)$内至少有一个实数根.

做一做

证明方程$x^3-x+3=0$在$(-2,1)$内至少有一个实数根.

项目练习 2.5

1. 选择题：

(1) 函数 $f(x)$ 在点 x_0 处有定义，是 $f(x)$ 在点 x_0 处连续的(　　).

A. 必要但不充分条件　　B. 充分但不必要条件

C. 充分必要条件　　D. 既非必要又非充分条件

(2) 函数 $f(x)$ 在点 x_0 处，$\lim\limits_{x\to x_0^+}f(x)=\lim\limits_{x\to x_0^-}f(x)=A$，则它是函数 $f(x)$ 在点 x_0 处连续的(　　).

A. 充分但不必要条件　　B. 必要但不充分条件

C. 充分必要条件　　D. 既非必要又非充分条件

2. 讨论下列函数在 $x=1$ 处的连续性：

(1) $f(x)=x+2$；　　(2) $f(x)=\dfrac{x^2+x-2}{x-1}$；

(3) $f(x)=\ln(1-x)^2$；　　(4) $y=\begin{cases}x-1, & x\geqslant 1,\\ 2(1-x), & x<1.\end{cases}$

3. 函数 $f(x)=\begin{cases}x^2-1, & x\leqslant 1,\\ x+1, & x>1\end{cases}$ 在 $x=\dfrac{1}{2}$，$x=1$，$x=2$ 处是否连续？

4. 求下列函数的间断点，并判断其类型：

(1) $y=\dfrac{x^2+1}{x-3}$；　　(2) $y=\dfrac{x^2-25}{x^2+6x+5}$；

(3) $y=\begin{cases}\dfrac{\sin 2x}{x}, & x<0,\\ 3+x^3, & x\geqslant 0.\end{cases}$

5. 设 $f(x)=\begin{cases}e^x, & x<0,\\ a+x, & x\geqslant 0,\end{cases}$ 如何选取 a，使得 $f(x)$ 在 $x=0$ 处连续？

6. 求下列极限：

(1) $\lim\limits_{x\to 0}\sqrt{x^2-2x+5}$；　　(2) $\lim\limits_{x\to 2}\dfrac{e^x+1}{x}$；

(3) $\lim\limits_{x\to 0}\dfrac{(x+1)\sin\left(\dfrac{\pi}{2}+x\right)}{x-1}$.

复习与提问

1. 当 $x\to x_0$ 时，函数 $f(x)$ 的极限与其左、右极限的关系为________________.

2. 在自变量的同一变化过程中，若 $\lim f(x)=A$，$\lim g(x)=B$，则

$\lim[f(x)\pm g(x)]=$____________，$\lim[f(x)\cdot g(x)]=$______________，

$\lim \dfrac{f(x)}{g(x)}=$ ________________.

3. 第一个重要极限是______________，第二重要极限是________________.

4. ____________________的量称为无穷小量，简称无穷小. ____________________的量称为无穷大量，简称无穷大.

5. 无穷小与有界函数的乘积是____________.

6. $\lim\limits_{x\to x_0} f(x)=0(f(x)\neq 0) \Leftrightarrow \lim\limits_{x\to x_0}\dfrac{1}{f(x)}=$ ____________.

7. 设 $\alpha(x)$ 和 $\beta(x)$ 在自变量的同一变化过程中都是无穷小，则

若__________，则称 β 是比 α 高阶的无穷小量，记作 $\beta=o(\alpha)$；

若__________，则称 β 是比 α 低阶的无穷小量；

若__________，则称 β 与 α 是同阶的无穷小量.

若__________，则称 β 与 α 是等价的无穷小量，记作________.

8. 在自变量同一变化过程中，$\alpha,\alpha',\beta,\beta'$ 都是无穷小，且 $\alpha\sim\alpha',\beta\sim\beta'$，如果 $\lim\dfrac{\beta'}{\alpha'}$ 存在，则 $\lim\dfrac{\beta}{\alpha}=$ ____________.

9. 设函数 $y=f(x)$ 在 x_0 的某个邻域内有定义，若____________，则称函数 $y=f(x)$ 在 x_0 处连续.

10. 若点 x_0 为函数 $f(x)$ 的间断点，则必出现下列情形之一：____________________，__________________，__________________.

11. 初等函数在其定义域内是______________；如果 $f(x)$ 是初等函数，且点 x_0 在 $f(x)$ 定义区间内，则 $\lim\limits_{x\to x_0} f(x)=$ ____________.

复习题二

1. 填空题：

(1) $\lim\limits_{n\to\infty}\dfrac{2n}{2n+1}=$ ______________，$\lim\limits_{n\to\infty}\dfrac{2^n}{3^n}=$ ______________ .

(2) 函数 $f(x)=\sqrt{3x+4}$ 的连续区间是______________；$f(x)=(e^x-1)^{\frac{1}{2}}$ 的连续区间是________________________.

(3) $f(x)=\begin{cases} x-1, & x>0, \\ \sin x, & x\leqslant 0 \end{cases}$ 的间断点是____________，是第______类间断点.

(4) 函数 $f(x)=\dfrac{1}{(x-1)^2}$ 当 $x\to$ ______时是无穷小量，当 $x\to$ ______时是无穷大量.

(5) $\lim\limits_{x\to 0}(1+x)^{\frac{2}{x}}=$ ____________.

(6) 设函数 $f(x)=\begin{cases} x\sin\dfrac{1}{x}, & x\neq 0, \\ 0, & x=0, \end{cases}$ 则 $\lim\limits_{x\to 0} x\sin\dfrac{1}{x}=$ ______，$f(0)=$ ________，$f(x)$ 在

$x=0$处______________.

2. 选择题：

（1）$\lim\limits_{\theta\to\frac{\pi}{3}}(\sin2\theta+\cos2\theta)$ 的值等于（　　）.

A. $\dfrac{\sqrt{3}+1}{2}$　　B. $\dfrac{\sqrt{3}-1}{2}$

C. $\dfrac{1-\sqrt{3}}{2}$　　D. $\dfrac{-\sqrt{3}-1}{2}$

（2）函数 $f(x)=\dfrac{x^4-16}{x^2-4}$ 的间断点是（　　）.

A. $x=-2$　　B. $x=2$

C. $x=4$　　D. $x=2$ 或 $x=-2$

（3）设 $\alpha=1-\cos x,\beta=2x^2$，则当 $x\to0$ 时（　　）.

A. α 与 β 是同阶无穷小量　　B. α 与 β 是等价无穷小量

C. α 是比 β 高阶的无穷小量　　D. α 是比 β 低阶的无穷小量

（4）$\lim\limits_{x\to1}\dfrac{\sin(x^2-1)}{x-1}=$（　　）.

A. 1　　B. 0

C. 2　　D. $\dfrac{1}{2}$

（5）$f(x)=\begin{cases}x, & 0<x<1,\\ 2, & x=1,\\ 2-x, & 1<x\leqslant2\end{cases}$ 的连续区间是（　　）.

A. $[0,2]$　　B. $(0,2)$

C. $[0,2)$　　D. $(0,1)\cup(1,2]$

（6）设 $f(x)=\begin{cases}\dfrac{1}{x}\sin3x, & x\neq0,\\ a, & x=0,\end{cases}$ 若使 $f(x)$ 在 $(-\infty,+\infty)$ 内连续，则 $a=$（　　）.

A. 0　　B. 1

C. 2　　D. 3

（7）若 $\lim\limits_{x\to0^-}f(x)=0,\lim\limits_{x\to0^+}f(x)=0$，则下列说法正确的是（　　）.

A. $f(0)=0$　　B. $\lim\limits_{x\to0}f(x)=0$

C. $f(x)$ 在 $x=0$ 处有定义　　D. $f(x)$ 在 $x=0$ 处连续

（8）$\lim\limits_{x\to\infty}\left(1+\dfrac{2}{x}\right)^{x-2}=$（　　）.

A. e^{-2}　　B. e^2

C. e^{-4}　　D. e^4

3. 求下列极限：

(1) $\lim\limits_{n\to\infty}\left(\frac{1}{n^2}+\frac{5}{n}\right)$；

(2) $\lim\limits_{x\to\infty}\frac{\sqrt{x^4+1}}{x^2+1}$；

(3) $\lim\limits_{x\to1}\frac{x^2-1}{2x^2-x-1}$；

(4) $\lim\limits_{x\to1}\frac{x^2-2x+1}{x^3-x}$；

(5) $\lim\limits_{x\to0}\frac{\sin3x}{\sin6x}$；

(6) $\lim\limits_{x\to\infty}\frac{2x+\cos x}{x-\sin x}$；

(7) $\lim\limits_{x\to\frac{\pi}{6}}\ln\sin x$；

(8) $\lim\limits_{x\to0}\frac{e^{2x}-1}{\sin x}$；

(9) $\lim\limits_{x\to0}(1+\tan x)^{\cot x}$；

(10) $\lim\limits_{x\to0}\frac{x-\sin x}{x+\sin x}$；

(11) $\lim\limits_{x\to\infty}\left(1+\frac{1}{2x}\right)^x$；

(12) $\lim\limits_{x\to\infty}\left(\frac{x+1}{x-2}\right)^x$.

4. 设 $f(x)=\begin{cases}-\frac{1}{x-1}, & x<0,\\ 0, & x=0,\\ x, & 0<x<1,\\ 1, & 1<x<2,\end{cases}$ 求 $f(x)$ 分别在 $x\to0$ 及 $x\to1$ 时的左极限与右极限，并说明函数在这两点的极限是否存在.

5. 讨论函数 $f(x)=\begin{cases}x+1, & x<0,\\ 2-x, & x\geqslant0\end{cases}$ 在 $x=0$ 处的连续性，并画出它的图像.

读一读

割圆术

中国古代从先秦时期开始，一直是取“周三径一”(即圆的周长与直径的比率为3比1)的数值来进行有关圆的计算. 但用这个数值进行计算的结果，往往误差很大. 正如刘徽所说，用“周三径一”计算出来的圆周长，实际上不是圆的周长，而是圆内接正六边形的周长，其数值要比实际的圆周长小得多. 东汉的张衡不满足于这个结果，他从研究圆与它的外切正方形的关系着手得到圆周率. 这个数值比“周三径一”要好些，但刘徽认为其计算出来的圆周长必然要大于实际的圆周长，也不精确. 刘徽以极限思想为指导，提出用“割圆术”来求圆周率，既大胆创新，又严密论证，从而为圆周率的计算指出了一条科学的道路.

在刘徽看来，既然用“周三径一”计算出来的圆周长实际上是圆内接正六边形的周长，与圆周长相差很多，那么可以在圆内接正六边形把圆周等分为六条弧的基础上，再继续等分，把每段弧再分割为二，作出一个圆内接正十二边形，这个正十二边形的周长不就要比正六边形的周长更接近圆周长了吗？如果把圆周再继续分割，作成一个圆内接正二十四边形，那么这个正二十四边形的周长必然又比正十二边形的周长更接近圆周长. 这就表明，把圆周分割得越细，误差就越小，其内接正多边形的周长就越接近圆周长. 如此不断地分割下去，一直到圆周无法再分割为止，也就是到了圆内接正多边形的边数无限多的时候,它的边就与圆周“合体”,它的周长就与圆周长完全一致了.

按照这样的思路,刘徽一直算到了圆内接正三千零七十二边形,并由此而求得了圆周率为3.141 5和3.141 6这两个近似数值.这个结果是当时世界上圆周率计算最精确的数据.刘徽对自己创造的这个“割圆术”新方法非常自信,把它推广到有关圆的计算的各个方面,从而使汉代以来的数学发展大大向前推进了一步.以后到了南北朝时期,祖冲之在刘徽的这一基础上继续努力,终于使圆周率精确到了小数点以后的第七位.在西方,这个成绩是由法国数学家韦达于1593年取得的,比祖冲之要晚了1 100多年.祖冲之还求得了圆周率的两个分数值,一个是“约率”,另一个是“密率”.其中“密率”这个值,在西方是由德国的奥托和荷兰的安东尼兹在16世纪末才得到的,都比祖冲之晚了1 100年.

刘徽在《九章算术注》的自序中表明,他把探究数学的根源,作为自己从事数学研究的最高任务.他注《九章算术》的宗旨就是“析理以辞,解体用图”.“析理”就是当时学者们互相辩难的代名词.刘徽通过析数学之理,建立了中国传统数学的理论体系.众所周知,古希腊数学取得了非常高的成就,建立了严密的演绎体系.然而,刘徽的“割圆术”却在人类历史上首次将极限和无穷小分割引入数学证明,成为人类文明史中不朽的篇章.

参考答案

项目练习 2.1

1.(1) D; (2) D; (3) B; (4) A; (5) C; (6) C.

2.(1) 0; (2) 2; (3) 1; (4) 1.

3.(1) 图略,$\lim\limits_{x\to 0}f(x)=1$; (2) 图略,极限不存在.

4.$\lim\limits_{x\to 0^-}f(x)=1$,$\lim\limits_{x\to 0^+}f(x)=1$,$\lim\limits_{x\to 0}f(x)=1$.

项目练习 2.2

1.(1) C; (2) C.

2.(1) -9; (2) 0; (3) $\frac{1}{6}$; (4) 0; (5) $\frac{1}{2}$;

(6) 0; (7) $-\frac{1}{2}$; (8) $-\frac{1}{2}$.

项目练习 2.3

(1) 5; (2) $\frac{2}{3}$; (3) $\frac{1}{2}$; (4) 5; (5) 1;

(6) 3; (7) e^2; (8) e; (9) e^{-2}; (10) $\frac{1}{\sqrt{e}}$.

项目练习 2.4

1.$f(x)\cdot g(x)$是无穷大量.

2. (1)、(3)、(4) 是无穷大量,(2)、(5)、(6) 是无穷小量.

3. 当 $x \to 1$ 时是无穷大量,当 $x \to -1$ 时是无穷小量.

4. (1) 0; (2) $\frac{3}{2}$; (3) $\frac{2}{3}$; (4) $\frac{1}{2}$; (5) 1; (6) $\frac{1}{2}$.

项目练习 2.5

1. (1) A; (2) B.

2. (1) 连续; (2) 不连续; (3) 不连续; (4) 连续.

3. 函数在 $x=\frac{1}{2}$ 和 $x=2$ 处连续;因 $\lim\limits_{x \to 1^-} f(x)=0$, $\lim\limits_{x \to 1^+} f(x)=2$,所以函数在 $x=1$ 处不连续.

4. (1) $x=3$ 是第二类间断点;

   (2) $x=-5$ 是第一类间断点,$x=-1$ 是第二类间断点;

   (3) $x=0$ 是第一类间断点.

5. $a=1$.

6. (1) $\sqrt{5}$; (2) $\frac{e^2+1}{2}$; (3) -1.

复习题二

1. (1) 1,0; (2) $[-\frac{4}{3},+\infty)$,$[0,+\infty)$; (3) $x=0$,一;

   (4) ∞,1; (5) e^2; (6) 0,0,连续.

2. (1) B; (2) D; (3) A; (4) C; (5) D; (6) D; (7) B; (8) B.

3. (1) 0; (2) 1; (3) $\frac{2}{3}$; (4) 0; (5) $\frac{1}{2}$; (6) 2;

   (7) $-\ln 2$; (8) 2; (9) e; (10) 0; (11) $\sqrt{e}$; (12) e^3.

4. (1) $\lim\limits_{x \to 0^-} f(x)=1$, $\lim\limits_{x \to 0^+} f(x)=0$, $\lim\limits_{x \to 0} f(x)$ 不存在;

   (2) $\lim\limits_{x \to 1^-} f(x)=1$, $\lim\limits_{x \to 1^+} f(x)=1$, $\lim\limits_{x \to 1} f(x)=1$.

5. 因为 $\lim\limits_{x \to 0^-} f(x)=1$, $\lim\limits_{x \to 0^+} f(x)=2$, $\lim\limits_{x \to 0} f(x)$ 不存在,所以 $f(x)$ 在 $x=0$ 处不连续,图略.

第三篇　导数与微分

导数与微分是微积分学中的两个重要概念.导数反映了函数相对于自变量变化快慢的问题,即函数的变化率,如物体运动的速度、曲线的切线斜率等.微分反映的是当自变量有一微小变化时,相应的函数大约有多少变化的问题.

本篇主要研究导数与微分的概念及运算,复合函数、隐函数的求导,以及导数和微分的简单应用.

学习目标

◇ 了解导数的有关概念,会用求导三步法求简单函数的导数.

◇ 理解导数的物理意义和几何意义,会求物体运动的瞬时速度和曲线的切线方程.

◇ 掌握导数基本公式和运算法则,会用公式和法则求函数的导数.

◇ 掌握隐函数的求导法则,会求隐函数的导数.

◇ 理解反函数和复合函数的求导法则,会求反函数和复合函数的导数.

◇ 了解微分的有关概念,知道微分的基本公式和运算法则,会求函数的微分.

项目一　导数的概念

任务一　认识导数的有关概念

看一看

我们知道,自由落体运动的方程是

$$s=s(t)=\frac{1}{2}gt^2,$$

其中 g 表示重力加速度,下面讨论物体在 t_0 时刻的速度.

物体从 O 点开始下落,如图 3-1 所示,经过时间 t_0 落到 M_0 点,这时物体经过的路程为

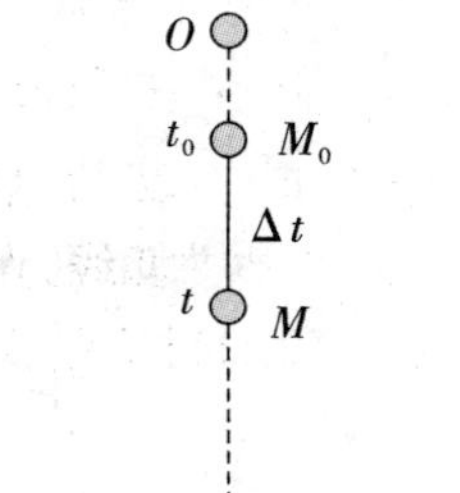

图 3-1

$$s_0=\frac{1}{2}gt_0^2, \qquad (1)$$

当时间由 t_0 变到 $t_0+\Delta t$ 时,物体由 M_0 点落到 M 点,物体在 $t_0+\Delta t$ 时间内经过的路程为

$$s_0+\Delta s=\frac{1}{2}g\ (t_0+\Delta t)^2, \tag{2}$$

由式(2)-式(1)得物体在 Δt 时间内经过的路程

$$\Delta s=\frac{1}{2}g\ (t_0+\Delta t)^2-\frac{1}{2}gt_0^2,$$

即

$$\Delta s=gt_0(\Delta t)+\frac{1}{2}g\ (\Delta t)^2. \tag{3}$$

将式(3)两端同除以 Δt,得物体在 Δt 时间内的平均速度,用 $\bar{v}$ 表示,即

$$\bar{v}=\frac{\Delta s}{\Delta t}=gt_0+\frac{1}{2}g(\Delta t).$$

显然,这个平均速度 $\bar{v}$ 是随 Δt 的变化而变化的. 在很小的一段时间 Δt 内,物体运动的快慢变化不大,可以近似地看作是匀速的. 因此,这段时间内的平均速度可以近似地代替 t_0 时刻的瞬时速度. 可以想象,Δt 越小其近似程度越高,但是,不论 Δt 多么小,这个平均速度总是 t_0 时刻的瞬时速度的近似值,而不是它的精确值. 为了求出它的精确值,我们令 $\Delta t \to 0$,取平均速度 $\bar{v}$ 的极限. 如果当 $\Delta t\to 0$ 时,平均速度 $\bar{v}$ 的极限存在,那么这个极限值就是 t_0 时刻的瞬时速度,用 $v(t_0)$ 表示,因此

$$v(t_0)=\lim_{\Delta t\to 0}\bar{v}=\lim_{\Delta t\to 0}\frac{\Delta s}{\Delta t}=\lim_{\Delta t\to 0}\left[gt_0+\frac{1}{2}g(\Delta t)\right]=gt_0.$$

这就是作自由落体运动的物体在 t_0 时刻的瞬时速度. 上式既给出了瞬时速度的明确定义,也提供了计算它的方法.

用这种方法不仅能解决物理问题,还可以解决一般曲线的切线问题. 大家知道,一条直线与一个圆如果只有一个公共点,那么这条直线叫做圆的一条切线,公共点叫做切点. 这个说法对于一般的曲线却不成立,例如,抛物线 $y=x^2$ 与 x 轴、y 轴分别只有一个公共点,x 轴是 $y=x^2$ 在点(0,0)处的切线,而 y 轴却不是.

因此,一般曲线的切线的定义如下:

如图 3-2 所示,在曲线上任取不同于 M_0 点的一点 M,作割线 M_0M. 当点 M 沿着曲线移动并趋于 M_0 点时,割线就绕着点 M_0 转动,割线 M_0M 的极限位置 M_0T 就叫做曲线在点 M_0 处的**切线**,点 M_0 叫做切点.

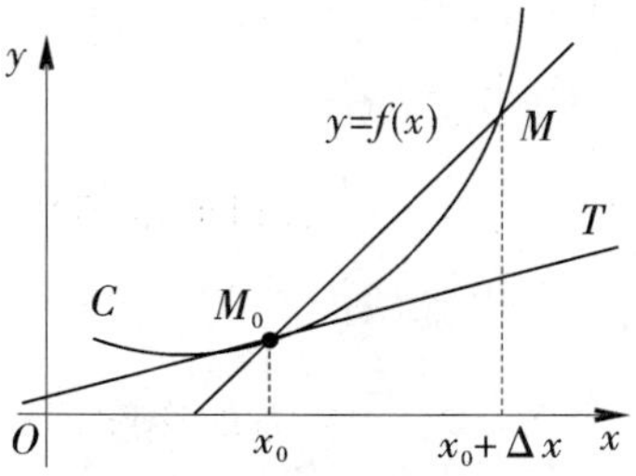

图 3-2

下面讨论曲线 $y=f(x)$ 在点(x_0,y_0)处切线的斜率.

如图 3-2 所示,给 x_0 一改变量 Δx,对应曲线上的点为 M,点 M 的坐标为$(x_0+\Delta x,f(x_0+\Delta x))$,则相应的函数的改变量为

$$\Delta y=f(x_0+\Delta x)-f(x_0),$$

那么割线 M_0M 的斜率为

$$\frac{\Delta y}{\Delta x}=\frac{f(x_0+\Delta x)-f(x_0)}{\Delta x}.$$

当 $\Delta x\to 0$ 时,点 M 沿曲线移动趋于点 M_0,割线 M_0M 也随之变动而趋于极限位置切

线 M_0T,因此割线的斜率的极限就是切线 M_0T 的斜率.因此,曲线 $y=f(x)$ 在点 (x_0,y_0) 处切线的斜率为

$$k=\lim_{\Delta x\to 0}\frac{\Delta y}{\Delta x}=\lim_{\Delta x\to 0}\frac{f(x_0+\Delta x)-f(x_0)}{\Delta x}.$$

上面两个实例,其实际意义虽然不同,但是解决问题的思路和方法是完全相同的,即都是计算一个已知函数当自变量的改变量趋近于0时,相应的函数改变量与自变量的改变量之比的极限.工程技术和经济学中的许多问题,最后也都可归结为计算这类极限,我们就把这种特定结构的极限称为函数的导数.

学一学

设函数 $y=f(x)$ 在点 x_0 及其左右近旁有定义,当自变量 x 在 x_0 处有改变量 Δx 时,函数有相应的改变量

$$\Delta y=f(x_0+\Delta x)-f(x_0),$$

如果极限 $\lim\limits_{\Delta x\to 0}\frac{\Delta y}{\Delta x}=\lim\limits_{\Delta x\to 0}\frac{f(x_0+\Delta x)-f(x_0)}{\Delta x}$ 存在,则称函数 $y=f(x)$ 在点 x_0 处**可导**,并称此极限值为函数 $y=f(x)$ 在点 x_0 处的**导数**,记作 $f'(x_0)$,即

$$f'(x_0)=\lim_{\Delta x\to 0}\frac{\Delta y}{\Delta x}=\lim_{\Delta x\to 0}\frac{f(x_0+\Delta x)-f(x_0)}{\Delta x}.$$

$y=f(x)$ 在点 x_0 处的导数也可用下列符号来表示:

$$y'\big|_{x=x_0},\qquad \left.\frac{\mathrm{d}y}{\mathrm{d}x}\right|_{x=x_0},\qquad \left.\frac{\mathrm{d}f(x)}{\mathrm{d}x}\right|_{x=x_0}.$$

如果上述极限不存在,则称函数 $y=f(x)$ 在点 x_0 处不可导,或称 $y=f(x)$ 在点 x_0 处的导数不存在.如果不可导的原因是当 $\Delta x\to 0$ 时,$\frac{\Delta y}{\Delta x}\to\infty$,这时,也称函数 $y=f(x)$ 在点 x_0 处的导数为无穷大.

注意:导数的定义也可以取其他形式,常见的有:

$$f'(x_0)=\lim_{h\to 0}\frac{f(x_0+h)-f(x_0)}{h},$$

或

$$f'(x_0)=\lim_{x\to x_0}\frac{f(x)-f(x_0)}{x-x_0}.$$

由导数的定义,可直接得出求函数 $y=f(x)$ 在点 x_0 处的导数的方法:

(1) 求改变量 $\Delta y=f(x_0+\Delta x)-f(x_0)$;

(2) 算比值 $\frac{\Delta y}{\Delta x}=\frac{f(x_0+\Delta x)-f(x_0)}{\Delta x}$;

(3) 取极限 $\lim\limits_{\Delta x\to 0}\frac{\Delta y}{\Delta x}=\lim\limits_{\Delta x\to 0}\frac{f(x_0+\Delta x)-f(x_0)}{\Delta x}$.

以上方法,通常称为**求导三步法**.

试一试

例1 求函数 $y=x^2$ 在 $x=1$ 处的导数.

解 (1) 求改变量

$$\Delta y=f(1+\Delta x)-f(1)=(1+\Delta x)^2-1^2=2\Delta x+(\Delta x)^2;$$

(2) 算比值 $$\frac{\Delta y}{\Delta x}=\frac{2\Delta x+(\Delta x)^2}{\Delta x}=2+\Delta x;$$

(3) 取极限 $$\lim_{\Delta x\to 0}\frac{\Delta y}{\Delta x}=\lim_{\Delta x\to 0}(2+\Delta x)=2.$$

所以 $$f'(1)=2.$$

如果函数 $y=f(x)$ 在区间 (a,b) 内每一点都可导，则称函数 $y=f(x)$ 在区间 (a,b) 内可导. 这时，对 (a,b) 内每一个确定的值 x，都有唯一确定的导数值 $f'(x)$ 与之对应，这样在区间 (a,b) 内，就构成了一个新的函数，我们把这一新的函数叫做原函数 $y=f(x)$ 的**导函数**. 记作 y'，$f'(x)$，$\frac{\mathrm{d}y}{\mathrm{d}x}$.

注意：求函数的导数是一种运算，其中“$'$”或“$\frac{\mathrm{d}}{\mathrm{d}x}$”也起到了运算符号的作用.

根据导数的定义，有

$$f'(x)=\lim_{\Delta x\to 0}\frac{\Delta y}{\Delta x}=\lim_{\Delta x\to 0}\frac{f(x+\Delta x)-f(x)}{\Delta x},$$

而函数 $y=f(x)$ 在点 x_0 处的导数 $f'(x_0)$，就是导函数 $f'(x)$ 在点 x_0 处的函数值，即

$$f'(x_0)=f'(x)\big|_{x=x_0}.$$

导函数也简称为导数，如不特别指明求某一点处的导数，求导数就是指求导函数.

例 2 已知 $y=x^3$，求 y' 与 $y'\big|_{x=3}$.

解 因为 $$\Delta y=(x+\Delta x)^3-x^3=3x^2(\Delta x)+3x(\Delta x)^2+(\Delta x)^3,$$

$$\frac{\Delta y}{\Delta x}=3x^2+3x(\Delta x)+(\Delta x)^2,$$

$$\lim_{\Delta x\to 0}\frac{\Delta y}{\Delta x}=\lim_{\Delta x\to 0}[3x^2+3x(\Delta x)+(\Delta x)^2]=3x^2,$$

所以 $$y'=(x^3)'=3x^2,\quad y'\big|_{x=3}=3\times 3^2=27.$$

当幂指数 n 为任意实数时同样成立，所以幂函数的求导公式为

$$(x^{\alpha})'=\alpha x^{\alpha-1}\quad(\alpha\in\mathbf{R},x>0).$$

例如，$(x)'=1$，$\left(\frac{1}{x}\right)'=(x^{-1})'=-x^{-2}=-\frac{1}{x^2}$，$(\sqrt{x})'=(x^{\frac{1}{2}})'=\frac{1}{2}x^{-\frac{1}{2}}=\frac{1}{2\sqrt{x}}$.

做一做

求下列函数的导数：

(1) $y=x\sqrt[3]{x}$； (2) $y=x^{-5}$.

试一试

例 3 求常函数 $y=C$ 的导数.

解 (1) 求改变量

$$\Delta y=f(x+\Delta x)-f(x)=C-C=0;$$

（2）算比值 $\dfrac{\Delta y}{\Delta x}=0$；

（3）取极限 $y'=\lim\limits_{\Delta x\to 0}\dfrac{\Delta y}{\Delta x}=\lim\limits_{\Delta x\to 0}0=0.$

即

$$(C)'=0.$$

也就是说，常数的导数等于0.

用导数定义还可以推出以下公式：

（1）$(\sin x)'=\cos x$； （2）$(\cos x)'=-\sin x$；

（3）$(\log_a x)'=\dfrac{1}{x\ln a}$.

特别地，当 $a=\mathrm{e}$ 时，有 $(\ln x)'=\dfrac{1}{x}$.

做一做

1. 求函数 $y=\log_2 x$ 的导数.

2. 已知 $f(x)=\sin x$，求 $f'\left(\dfrac{\pi}{6}\right)$ 和 $f'\left(\dfrac{\pi}{2}\right)$.

学一学

我们知道，导数是比值 $\dfrac{\Delta y}{\Delta x}$ 当 $\Delta x\to 0$ 时的极限，由此得左、右导数的定义：

如果极限 $\lim\limits_{\Delta x\to 0^-}\dfrac{\Delta y}{\Delta x}$ 存在，则这个极限称为函数 $y=f(x)$ 在点 x_0 处的**左导数**，记作 $f'_-(x_0)$，即

$$f'_-(x_0)=\lim_{\Delta x\to 0^-}\frac{\Delta y}{\Delta x}=\lim_{\Delta x\to 0^-}\frac{f(x_0+\Delta x)-f(x_0)}{\Delta x};$$

如果极限 $\lim\limits_{\Delta x\to 0^+}\dfrac{\Delta y}{\Delta x}$ 存在，则这个极限称为函数 $y=f(x)$ 在点 x_0 处的**右导数**，记作 $f'_+(x_0)$，即

$$f'_+(x_0)=\lim_{\Delta x\to 0^+}\frac{\Delta y}{\Delta x}=\lim_{\Delta x\to 0^+}\frac{f(x_0+\Delta x)-f(x_0)}{\Delta x}.$$

根据左、右极限存在的性质，我们有下面的结论：

函数 $f(x)$ 在点 x_0 处的左、右导数存在且相等是 $f(x)$ 在点 x_0 处可导的充分必要条件.

试一试

例4 讨论函数 $y=|x|$ 在点 $x_0=0$ 处的可导性（见图3-3）.

解 因为 $y=|x|=\begin{cases}x, & x\geqslant 0,\\ -x, & x<0,\end{cases}$

$$\Delta y=f(0+\Delta x)-f(0)=|\Delta x|,$$

所以在 x_0 处的左导数是

$$f'_-(x_0)=\lim_{\Delta x\to 0^-}\frac{\Delta y}{\Delta x}=\lim_{\Delta x\to 0^-}\frac{|\Delta x|}{\Delta x}=\lim_{\Delta x\to 0^-}\frac{-\Delta x}{\Delta x}=-1,$$

在 x_0 处的右导数是

$$f'_+(x_0)=\lim_{\Delta x\to 0^+}\frac{\Delta y}{\Delta x}=\lim_{\Delta x\to 0^+}\frac{|\Delta x|}{\Delta x}=\lim_{\Delta x\to 0^+}\frac{\Delta x}{\Delta x}=1,$$

因为左、右导数不相等，所以函数在该点不可导.

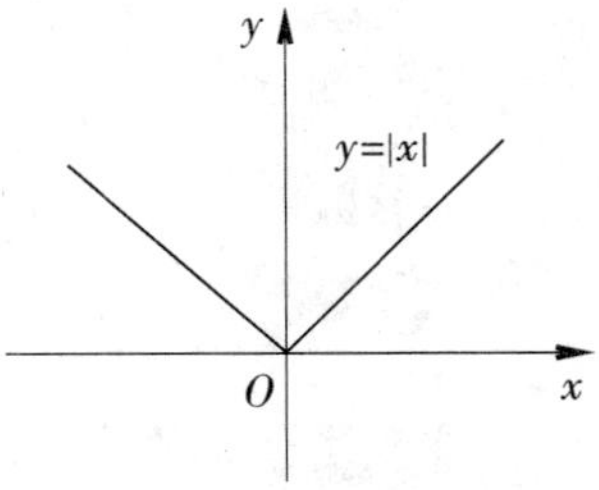

图 3-3

任务二　了解导数的几何意义和物理意义

学一学

由导数的引例我们知道，曲线 $y=f(x)$ 在 $M_0(x_0,y_0)$ 处的切线斜率为

$$k=\lim_{\Delta x\to 0}\frac{\Delta y}{\Delta x}=\lim_{\Delta x\to 0}\frac{f(x_0+\Delta x)-f(x_0)}{\Delta x}=f'(x_0).$$

因此，函数 $y=f(x)$ 在点 x_0 处的导数 $f'(x_0)$ 就是曲线 $y=f(x)$ 在点 x_0 处的切线的斜率，这就是导数的几何意义.

由此可知，求曲线 $y=f(x)$ 在点 $M_0(x_0,y_0)$ 处的切线方程，只要求出函数 $y=f(x)$ 在点 x_0 处的导数 $f'(x_0)$，然后根据直线方程的点斜式，就得到点 M_0 处的切线方程

$$y-y_0=f'(x_0)(x-x_0).$$

经过点 (x_0,y_0) 且与切线垂直的直线叫做曲线在该点处的**法线**，如果 $f'(x_0)\neq 0$，那么法线方程为

$$y-y_0=-\frac{1}{f'(x_0)}(x-x_0).$$

试一试

例 5　求曲线 $y=\dfrac{1}{x}$ 在点 $\left(2,\dfrac{1}{2}\right)$ 处的切线方程和法线方程.

解　因为　$y'=\left(\dfrac{1}{x}\right)'=-\dfrac{1}{x^2}$，$k=y'|_{x=2}=-\dfrac{1}{x^2}\Big|_{x=2}=-\dfrac{1}{4}$，

所以，所求切线方程为

$$y-\frac{1}{2}=-\frac{1}{4}(x-2),\quad 即\ x+4y-4=0,$$

法线方程为

$$y-\frac{1}{2}=4(x-2),\quad 即\ 8x-2y-15=0.$$

做一做

求曲线 $y=x^3$ 在点 $x=2$ 处的切线方程和法线方程.

学一学

由导数的引例我们知道，如果函数 $s=s(t)$ 表示一个变速直线运动的运动规律，那么导数

$$s'=s'(t)$$

就是该直线运动的瞬时速度. 这就是导数的物理意义.

试一试

例 6 一物体作直线运动，其运动规律为 $s=t^2$，求该物体在任意时刻 t 的速度 $v(t)$ 及 $t=3$ 时的瞬时速度.

解 因为
$$s'=(t^2)'=2t,$$
所以，该物体在任意时刻 t 的速度为 $v(t)=2t$.

因为
$$s'\big|_{t=3}=2t\big|_{t=3}=2\times 3=6,$$
所以，该物体在 $t=3$ 时的瞬时速度为 6.

做一做

一物体的运动方程为 $s=t^3$，求 $t=4$ 时的瞬时速度.

任务三　探寻可导与连续的关系

学一学

如果函数 $y=f(x)$ 在点 x_0 处可导，则 $f(x)$ 在点 x_0 处必连续.

事实上，若函数 $f(x)$ 在点 x 处可导，则 $f'(x)=\lim\limits_{\Delta x\to 0}\dfrac{\Delta y}{\Delta x}$ 存在，这时

$$\lim_{\Delta x\to 0}\Delta y=\lim_{\Delta x\to 0}\frac{\Delta y}{\Delta x}\cdot\Delta x=\lim_{\Delta x\to 0}\frac{\Delta y}{\Delta x}\cdot\lim_{\Delta x\to 0}\Delta x=0,$$

由连续的定义可知，函数 $f(x)$ 在点 x 处连续.

其逆命题不成立，即函数 $f(x)$ 在点 x_0 处连续，但函数 $y=f(x)$ 在点 x_0 处不一定可导.

试一试

例 7 讨论函数 $f(x)=\sqrt[3]{x}$ 在 $x=0$ 处的连续性与可导性.

解 因为
$$\lim_{x\to 0}f(x)=\lim_{x\to 0}\sqrt[3]{x}=0=f(0),$$
所以 $f(x)$ 在 $x=0$ 处连续.

因为在 $x=0$ 处，有

$$\lim_{\Delta x\to 0}\frac{f(0+\Delta x)-f(0)}{\Delta x}=\lim_{\Delta x\to 0}\frac{\sqrt[3]{\Delta x}-0}{\Delta x}$$
$$=\lim_{\Delta x\to 0}(\Delta x)^{-\frac{2}{3}}=+\infty,$$

即导数为正无穷大(导数不存在),所以$f(x)$在$x=0$处不可导.

从图像上看,它在$x=0$处有垂直于x轴的切线$x=0$(见图3-4).

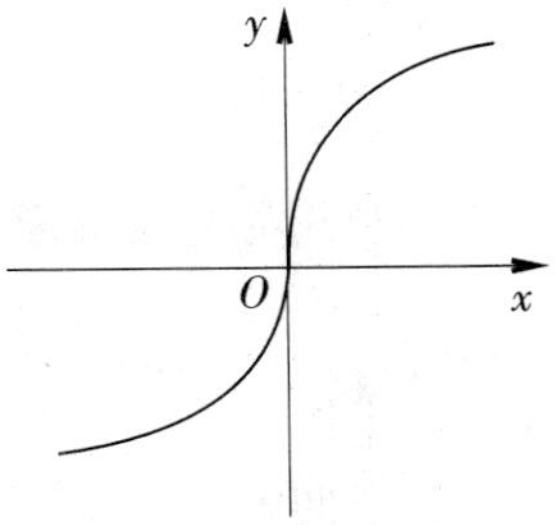

图3-4

例8 讨论函数$f(x)=\begin{cases}x\sin\dfrac{1}{x}, & x\neq 0,\\ 0, & x=0\end{cases}$在$x=0$处的连续性与可导性.

解 因为 $\lim\limits_{x\to 0}f(x)=\lim\limits_{x\to 0}x\sin\dfrac{1}{x}=0=f(0)$,

所以$f(x)$在$x=0$处连续.

因为 $\dfrac{f(x)-f(0)}{x-0}=\dfrac{f(x)}{x}=\dfrac{x\sin\dfrac{1}{x}}{x}=\sin\dfrac{1}{x}$,

而$\lim\limits_{x\to 0}\sin\dfrac{1}{x}$不存在,即$\lim\limits_{x\to 0}\dfrac{f(x)-f(0)}{x-0}$不存在,所以$f(x)$在$x=0$处不可导.

因此,函数连续是可导的必要条件而不是充分条件.

做一做

讨论函数$f(x)=|x-2|$在$x=2$处的连续性和可导性.

项目练习 3.1

1. 选择题:

(1) 设函数$y=f(x)$在点x_0处可导,且$f'(x_0)>0$,则曲线$y=f(x)$在点$(x_0,f(x_0))$处切线的倾斜角是(　　).

A. 0°　　　　B. 90°

C. 锐角　　　　D. 钝角

(2) 已知$y=\sqrt{x}$,则$y'\big|_{x=4}=$(　　).

A. $\dfrac{1}{2}$　　　　B. 1

C. $\dfrac{1}{4}$　　　　D. 0

2. 利用幂函数的求导公式求下列函数的导数:

(1) $y=\dfrac{1}{x^3}$;　　　　(2) $y=\sqrt[3]{x^2}$;

(3) $y=x^2\sqrt{x}$;　　　　(4) $y=\dfrac{\sqrt{x}}{x^2}$.

3. 求下列曲线在给定点处的切线方程和法线方程：

(1) $y=\ln x$ 在点(1,0) 处；　　(2) $y=\sin x$ 在点$\left(\frac{\pi}{4},\frac{\sqrt{2}}{2}\right)$处.

4. 利用导数定义求函数$f(x)=\frac{1}{2}x^2-2$ 的导数$f'(x)$，并求$f'\left(\frac{1}{2}\right)$，$f'(\sqrt{2})$，$f'(-3)$的值.

5. 求抛物线 $y=x^2$ 在点$(-1,1)$处的切线方程和法线方程.

6. 设曲线 $y=f(x)$在点$(x_0,f(x_0))$处的切线平行于直线 $y=-x+1$，求$f'(x_0)$.

7. 抛物线 $y=x^2$ 在哪一点处切线与 x 轴正方向夹角为$\frac{\pi}{4}$？求该点处的切线方程.

8 若曲线 $y=x^3$ 在点(x_0,y_0)处的切线斜率等于 3，求点(x_0,y_0)的坐标.

9. 讨论函数$f(x)=x^{\frac{2}{3}}$在点 $x=0$ 处的连续性和可导性.

项目二　函数和、差、积、商的求导法则

前面我们根据导数的定义求出一些简单函数的导数以及一些基本初等函数的导数公式. 但对于比较复杂的函数，根据定义来求它们的导数往往比较麻烦. 为了能迅速而又准确地求出任何初等函数的导数，从本项目开始，我们将介绍一些求导的基本法则，并继续给出一些导数公式.

任务一　学习函数和、差、积、商的求导法则

学一学

法则 1　设 $u=u(x)$，$v=v(x)$在点 x 处可导，则函数$f(x)=u(x)+v(x)$在点 x 处可导，且

$$f'(x)=u'(x)+v'(x),$$

简记为

$$(u+v)'=u'+v'.$$

证明从略.

同理

$$(u-v)'=u'-v'.$$

法则 1 可以推广到有限个可导函数的代数和的情形.

试一试

例 1　求下列函数的导数：

(1) $y=x^5-\cos x$；　　(2) $y=x^4+\log_3 x-5$.

解　(1) $y'=(x^5)'-(\cos x)'=5x^4-(-\sin x)=5x^4+\sin x$；

(2) $y'=(x^4)'+(\log_3 x)'-(5)'=4x^3+\frac{1}{x\ln 3}$.

做一做

求下列函数的导数：

(1) $y=\sqrt{x}+x^3-x$；　　　　(2) $y=\sin x+\ln x-2$.

学一学

法则2　设 $u=u(x)$，$v=v(x)$ 在点 x 处可导，则函数 $f(x)=u(x)\cdot v(x)$ 在点 x 处可导，且

$$f'(x)=u'(x)v(x)+u(x)v'(x),$$

简记为

$$(uv)'=u'v+uv'.$$

证明从略.

特别地，有 $(Cu)'=Cu'$（C 为常数）.

法则2可以推广到有限个可导函数的积的情形.

例如，$(uvw)'=u'vw+uv'w+uvw'$.

试一试

例2　求下列函数的导数：

(1) $y=x^3\sin x$；　　　　(2) $y=(1-2x^2)\ln x$.

解　(1) $y'=(x^3)'\sin x+x^3(\sin x)'=3x^2\sin x+x^3\cos x$；

(2) $y'=(1-2x^2)'\ln x+(1-2x^2)(\ln x)'=-4x\ln x+\dfrac{1-2x^2}{x}$

$$=-4x\ln x+\frac{1}{x}-2x.$$

做一做

求下列函数的导数：

(1) $y=x^3(\sin x+\cos x)$；　　　　(2) $y=2\sqrt{x}\sin x$.

学一学

法则3　设 $u=u(x)$，$v=v(x)$ 在点 x 处可导且 $v(x)\neq 0$，则函数 $f(x)=\dfrac{u(x)}{v(x)}$ 在点 x 处可导，且

$$f'(x)=\frac{u'(x)v(x)-u(x)v'(x)}{[v(x)]^2},$$

简记为

$$\left(\frac{u}{v}\right)'=\frac{u'v-uv'}{v^2}.$$

证明从略.

特别地，当 $v\neq 0$ 时，$\left(\dfrac{1}{v}\right)'=-\dfrac{v'}{v^2}$.

试一试

例 3 求函数 $y=\frac{\sin x}{x}$的导数.

解 $y'=\frac{(\sin x)'x-\sin x\ (x)'}{x^2}=\frac{x\cos x-\sin x}{x^2}.$

例 4 求函数 $y=\tan x$ 的导数.

解 $y'=(\tan x)'=\left(\frac{\sin x}{\cos x}\right)'=\frac{(\sin x)'\cos x-\sin x\ (\cos x)'}{\cos^2 x}$

$$=\frac{\cos x\cos x-\sin x(-\sin x)}{\cos^2 x}=\frac{\cos^2 x+\sin^2 x}{\cos^2 x}=\frac{1}{\cos^2 x}=\sec^2 x,$$

即

$$(\tan x)'=\sec^2 x.$$

同样地,可以得到 $(\cot x)'=-\csc^2 x.$

例 5 求函数$f(x)=\sec x$ 的导数.

解 $(\sec x)'=\left(\frac{1}{\cos x}\right)'=-\frac{(\cos x)'}{\cos^2 x}=\frac{\sin x}{\cos^2 x}=\sec x\tan x.$

即

$$(\sec x)'=\sec x\tan x.$$

同样地,可以得到 $(\csc x)'=-\csc x\cot x.$

做一做

1. 求下列函数的导数:

(1) $y=\frac{t-4}{t}$; (2) $y=\frac{3}{x+1}$.

2. 设$f(x)=\frac{\sin x}{1+\cos x}$,求$f'\left(\frac{\pi}{3}\right)$和$f'\left(\frac{\pi}{6}\right)$.

项目练习 3.2

1. 求下列函数的导数:

(1) $y=x^5+3x^3-2x^2+1$; (2) $y=2\sin x+3\sqrt{x}$;

(3) $y=\frac{x+1}{x-1}$; (4) $y=\frac{2x}{x^2+1}$;

(5) $y=\frac{1}{x^3-1}$; (6) $y=(x^2+1)\sqrt{x}$;

(7) $y=\frac{x}{1-\cos x}$; (8) $y=x^n+nx$.

2. 求函数 $y=\sec x\tan x\ln x$ 的导数.

3. 求下列函数在给定点处的导数:

(1) $f(x)=\dfrac{1}{1+x}$,求 $f'(2)$;　　(2) $f(x)=\dfrac{1}{5-x}+\dfrac{x^2}{5}$,求 $f'(0)$.

4. 过点 $M(1,1)$ 作抛物线 $y=2-x^2$ 的切线,求切线方程.

项目三　反函数和复合函数的求导法则

任务一　学习反函数的求导法则

学一学

设 $x=\varphi(y)$ 在某区间内单调连续,在该区间内点 y 处可导,且 $\varphi'(y)\neq 0$,则其反函数 $y=f(x)$ 在 y 的对应点 x 处也可导,且

$$f'(x)=\frac{1}{\varphi'(y)},$$

即反函数的导数等于其原函数的导数的倒数.

试一试

例 1　求指数函数 $y=a^x(a>0$ 且 $a\neq 1)$ 的导数.

解　因为 $y=a^x$ 的反函数是 $x=\log_a y$,

所以
$$y'=(a^x)'=\frac{1}{(\log_a y)'}=y\ln a=a^x\ln a,$$

即
$$(a^x)'=a^x\ln a$$

特别地,当 $a=\mathrm{e}$ 时　$(\mathrm{e}^x)'=\mathrm{e}^x$.

例 2　求函数 $y=\arcsin x\ (-1<x<1)$ 的导数.

解　因为 $y=\arcsin x$ 的反函数是 $x=\sin y$,

所以
$$y'=(\arcsin x)'=\frac{1}{(\sin y)'}=\frac{1}{\cos y}=\frac{1}{\sqrt{1-\sin^2 y}}=\frac{1}{\sqrt{1-x^2}},$$

即
$$(\arcsin x)'=\frac{1}{\sqrt{1-x^2}}.$$

同样地,可以得到　$(\arccos x)'=-\dfrac{1}{\sqrt{1-x^2}}\ (-1<x<1)$.

例 3　求函数 $y=\arctan x\ (-\infty<x<+\infty)$ 的导数.

解　因为 $y=\arctan x$ 的反函数是 $x=\tan y$,

所以
$$y'=(\arctan x)'=\frac{1}{(\tan y)'}=\frac{1}{\sec^2 y}=\frac{1}{1+\tan^2 y}=\frac{1}{1+x^2},$$

即
$$(\arctan x)'=\frac{1}{1+x^2}.$$

同样地，可以得到 $(\operatorname{arccot}x)'=-\dfrac{1}{1+x^2}\ (-\infty<x<+\infty)$.

做一做

求下列函数的导数：

(1) $y=2^x$；　　(2) $y=10^x$.

任务二　学习复合函数的求导法则

学一学

在初等函数中，有相当一部分函数是复合函数，例如，$y=\sin 2x$ 可以看成是由 $y=\sin u$，$u=2x$ 复合而成的.

下面介绍复合函数的求导法则：

如果 $y=f(u)$ 和 $u=\varphi(x)$ 都是可导的，则复合函数 $y=f[\varphi(x)]$ 也可导，且

$$y'_x=y'_u\cdot u'_x.$$

证明从略.

上式也可写成

$$\frac{\mathrm{d}y}{\mathrm{d}x}=\frac{\mathrm{d}y}{\mathrm{d}u}\cdot\frac{\mathrm{d}u}{\mathrm{d}x}.$$

试一试

例 4　求下列函数的导数：

(1) $y=\sin 2x$；　　(2) $y=(a^2-x^2)^2$；

(3) $y=\ln\sqrt{x}$.

解　(1) 因为 $y=\sin 2x$ 是由 $y=\sin u$，$u=2x$ 复合而成的，所以

$$y'=(\sin u)'\cdot(2x)'=\cos u\cdot 2=2\cos 2x;$$

(2) 因为 $y=(a^2-x^2)^2$ 是由 $y=u^2$，$u=a^2-x^2$ 复合而成的，所以

$$y'=(u^2)'\cdot(a^2-x^2)'=2u\cdot(-2x)=-4x(a^2-x^2);$$

(3) 因为 $y=\ln\sqrt{x}$ 是由 $y=\ln u$，$u=\sqrt{x}$ 复合而成的，所以

$$y'=(\ln u)'\cdot(\sqrt{x})'=\frac{1}{u}\cdot\frac{1}{2\sqrt{x}}=\frac{1}{\sqrt{x}}\cdot\frac{1}{2\sqrt{x}}=\frac{1}{2x}.$$

做一做

求下列函数的导数：

(1) $y=\ln\dfrac{1}{x}$；　　(2) $y=\cos(2x+1)$.

求复合函数的导数，关键在于分清函数的复合关系，适当选定中间变量，明确每次是哪个变量对哪个变量求导数. 在熟练以后，就不必再写出中间步骤，直接求导数即可.

试一试

例 5 求下列函数的导数：

(1) $y=\sin^2 x$；　　　　(2) $y=\sin x^2$；

(3) $y=\ln\sin 2x$；　　　　(4) $y=\tan^2\dfrac{x}{2}$.

解 (1) $y'=(\sin^2 x)'=2\sin x\cdot(\sin x)'=2\sin x\cos x=\sin 2x$；

(2) $y'=(\sin x^2)'=\cos x^2\cdot(x^2)'=2x\cos x^2$；

(3) $y'=(\ln\sin 2x)'=\dfrac{1}{\sin 2x}\cdot(\sin 2x)'=\dfrac{1}{\sin 2x}\cdot\cos 2x\cdot(2x)'=2\cot 2x$；

(4) $y'=\left(\tan^2\dfrac{x}{2}\right)'=2\tan\dfrac{x}{2}\cdot\left(\tan\dfrac{x}{2}\right)'=2\tan\dfrac{x}{2}\cdot\sec^2\dfrac{x}{2}\cdot\left(\dfrac{x}{2}\right)'=\tan\dfrac{x}{2}\sec^2\dfrac{x}{2}$.

想一想

求函数 $y=\sin x^2$ 的导数时，$y'=(\sin x^2)'\cdot(x^2)'=\cos x^2\cdot 2x=2x\cos x^2$，这种写法对吗？为什么？

试一试

例 6 求下列函数的导数：

(1) $y=\ln(x^2-1)$；　　　　(2) $y=(1-2x)^6$.

解 (1) $y'=[\ln(x^2-1)]'=\dfrac{1}{x^2-1}\cdot(x^2-1)'$

$=\dfrac{2x}{x^2-1}$；

(2) $y'=[(1-2x)^6]'=6(1-2x)^5\cdot(1-2x)'$

$=-12(1-2x)^5$.

例 7 设 $y=e^{x^5}$，求$\dfrac{dy}{dx}$.

解 $\dfrac{dy}{dx}=(e^{x^5})'=e^{x^5}\cdot(x^5)'=5x^4e^{x^5}$.

例 8 求函数 $y=(x-1)\sqrt{x^2+1}$ 的导数.

解 $y'=(x-1)'\sqrt{x^2+1}+(x-1)(\sqrt{x^2+1})'$

$=\sqrt{x^2+1}+(x-1)\cdot\dfrac{1}{2\sqrt{x^2+1}}\cdot(x^2+1)'$

$=\sqrt{x^2+1}+(x-1)\cdot\dfrac{2x}{2\sqrt{x^2+1}}$

$=\dfrac{2x^2-x+1}{\sqrt{x^2+1}}$.

做一做

求下列函数的导数：

(1) $y=e^{x\ln x}$；　　(2) $y=\ln(\ln x)$；

(3) $y=\log_2(x^2+x+1)$；　　(4) $y=(3x^2+1)^{10}$.

任务三　运用导数基本公式和法则求函数的导数

学一学

前面我们给出了部分求导公式和求导法则，为了便于使用和记忆，现将它们汇总如下：

1. 基本初等函数的导数公式

(1) $(C)'=0$；　　(2) $(x^\alpha)'=\alpha x^{\alpha-1}(\alpha\in\mathbf{R},x>0)$；

(3) $(a^x)'=a^x\ln a$；　　(4) $(e^x)'=e^x$；

(5) $(\log_a x)'=\dfrac{1}{x\ln a}$；　　(6) $(\ln x)'=\dfrac{1}{x}$；

(7) $(\sin x)'=\cos x$；　　(8) $(\cos x)'=-\sin x$；

(9) $(\tan x)'=\sec^2 x$；　　(10) $(\cot x)'=-\csc^2 x$；

(11) $(\sec x)'=\sec x\tan x$；　　(12) $(\csc x)'=-\csc x\cot x$；

(13) $(\arcsin x)'=\dfrac{1}{\sqrt{1-x^2}}$；　　(14) $(\arccos x)'=-\dfrac{1}{\sqrt{1-x^2}}$；

(15) $(\arctan x)'=\dfrac{1}{1+x^2}$；　　(16) $(\operatorname{arccot} x)'=-\dfrac{1}{1+x^2}$.

2. 导数的四则运算法则

(1) $(u\pm v)'=u'\pm v'$；

(2) $(uv)'=u'v+uv'$，　$(Cu)'=Cu'$（C 为常数）；

(3) $\left(\dfrac{u}{v}\right)'=\dfrac{u'v-uv'}{v^2}(v\neq 0)$.

3. 复合函数的求导法则

设 $y=f(u)$，$u=\varphi(x)$，则复合函数 $y=f[\varphi(x)]$ 的导数为

$$y'_x=y'_u\cdot u'_x \quad 或 \quad \frac{dy}{dx}=\frac{dy}{du}\cdot\frac{du}{dx}.$$

有了这些公式和法则，初等函数的求导问题就可以完全解决了.

试一试

例 9　求下列函数的导数：

(1) $y=e^{-x}+\ln(2-x^2)$；　　(2) $y=e^{\frac{1}{x}}\sin^2 x$；

(3) $y=\dfrac{1+\sin^2 x}{\cos x}$；　　(4) $y=2^{\arctan\sqrt{x}}$.

解　(1) $y'=e^{-x}(-x)'+\dfrac{(2-x^2)'}{2-x^2}=-e^{-x}-\dfrac{2x}{2-x^2}$;

(2) $y'=(e^{\frac{1}{x}})'\sin^2x+e^{\frac{1}{x}}(\sin^2x)'=e^{\frac{1}{x}}\left(-\dfrac{1}{x^2}\right)\sin^2x+e^{\frac{1}{x}}\cdot 2\sin x\cos x=e^{\frac{1}{x}}\left(\sin 2x-\dfrac{\sin^2x}{x^2}\right)$;

(3) $y'=\dfrac{(1+\sin^2x)'\cos x-(1+\sin^2x)(\cos x)'}{\cos^2x}=\dfrac{2\sin x\cos^2x+\sin x+\sin^3x}{\cos^2x}$

$=\sin x+2\tan x\sec x$;

(4) $y'=(2^{\arctan\sqrt{x}})'=2^{\arctan\sqrt{x}}\ln 2\,(\arctan\sqrt{x})'=2^{\arctan\sqrt{x}}\ln 2\cdot\dfrac{1}{1+x}(\sqrt{x})'=\dfrac{2^{\arctan\sqrt{x}}\ln 2}{2(1+x)\sqrt{x}}$.

例 10　求函数 $y=\dfrac{1}{x+\sqrt{x^2+1}}$的导数.

解　因为 $y=\dfrac{1}{x+\sqrt{x^2+1}}=\dfrac{x-\sqrt{x^2+1}}{(x+\sqrt{x^2+1})(x-\sqrt{x^2+1})}=\sqrt{x^2+1}-x$,

所以 $y'=(\sqrt{x^2+1}-x)'=\dfrac{1}{2\sqrt{x^2+1}}(x^2+1)'-1=\dfrac{x}{\sqrt{x^2+1}}-1$.

做一做

求下列函数的导数:

(1) $y=2^x\cdot x^3$;　　(2) $y=\arctan 2x$.

项目练习 3.3

1. 选择题:

(1) 若函数 $y=e^{-2x}$,则 $y'=($　　$)$.

A. $-e^{-2x}$　　B. e^{-2x}

C. $-2e^{-2x}$　　D. $2e^{-2x}$

(2) 若函数 $y=x^2\sin x$,则 $y'=($　　$)$.

A. $2x\sin x$　　B. $x^2\cos x$

C. $2x\cos x$　　D. $2x\sin x+x^2\cos x$

(3) 下列函数中,(　　)$'=-\dfrac{1}{x}$.

A. $\ln(-x)$　　B. $\ln\dfrac{1}{x}$

C. $\ln\dfrac{1}{x^2}$　　D. $\ln\ln x$

2. 求下列函数的导数:

(1) $y=2x^3+\dfrac{3}{x^2}+4$;　　(2) $y=x+\dfrac{4}{x^2}$;

(3) $y=x^3\ln x$;

(4) $y=\dfrac{x^2}{x-1}$;

(5) $y=x+\dfrac{1}{x}+\dfrac{1}{x^2}+\dfrac{1}{x^3}$;

(6) $y=\tan x-x\tan x$;

(7) $y=\dfrac{1}{1+\cos x}$;

(8) $y=\dfrac{x^3}{1+x^2}$;

(9) $y=x\tan x+\cot x$;

(10) $y=2\sin x+x\ln x$;

(11) $y=x\sin x-\cos x$;

(12) $y=x^2\sin x-\tan x$.

3. 求已知函数在指定点处的导数:

(1) 已知 $y=3x^2+x\cos x$,求 $y'|_{x=0}$ 及 $y'|_{x=\pi}$;

(2) 已知 $f(x)=\sin x\cos x$,求 $f'\left(\dfrac{\pi}{6}\right)$ 及 $f'\left(\dfrac{\pi}{4}\right)$;

(3) 已知 $f(t)=\dfrac{1-\sqrt{t}}{1+\sqrt{t}}$,求 $f'(4)$;

(4) 已知 $s=t\sin t+\dfrac{1}{2}\cos t$,求 $\left.\dfrac{\mathrm{d}s}{\mathrm{d}t}\right|_{t=\frac{\pi}{4}}$.

4. 求下列函数的导数:

(1) $y=(2x^3+4)^2$;

(2) $y=\sqrt{x^2+a^2}$;

(3) $y=(a+x)\sqrt{a-x}$;

(4) $y=\sqrt{e^x+x^2}$;

(5) $y=\tan(ax+b)$;

(6) $y=\cot^2 5x$;

(7) $y=\sin 2x\cos 3x$;

(8) $y=\ln\tan x$;

(9) $y=\ln\cos x$;

(10) $y=a\sin^3\dfrac{x}{3}$;

(11) $y=\sin(\ln x)$;

(12) $y=\ln\sin^2 x$;

(13) $y=(x\cot x)^2$;

(14) $y=e^{\sqrt{x}}$.

5. 求曲线 $y=(x^2-1)(x+1)$ 在点 $(0,-1)$ 处的切线方程和法线方程.

6. 一质点作简谐振动,其运动规律为 $s=A\sin\dfrac{2\pi}{T}t$,其中 A 为振幅,T 为周期,求质点在 $t=\dfrac{T}{6}$ 时的瞬时速度.

7. 若曲线 $y=x\ln x$ 的切线垂直于直线 $2y-2x+3=0$,试求这条切线的方程.

项目四　隐函数及其求导法

任务一　认识隐函数

学一学

用解析式表示的函数有两种形式,一种是 $y=f(x)$ 的形式,如 $y=2x+3$,$y=x^2+x+1$,

$y=xe^{-x}$等. 这种直接表示 y 是 x 的函数叫做**显函数**. 另一种是用方程表示函数关系的形式,如 $x^2+y^2=r^2$, $3x+2y-5=0$, $e^{xy}=\sin(x+y)$等,因变量 y 与自变量 x 的关系是由一个含有 x 和 y 的方程 $F(x,y)=0$ 所确定的,像这样由方程 $F(x,y)=0$ 所确定的函数叫做**隐函数**.

显函数与隐函数只是函数的不同表示形式而已. 显函数很容易化为隐函数,例如, $y=2x+3$就可化为 $2x-y+3=0$;有的隐函数可以化为显函数,如 $x+y^5-1=0$,可以化为 $y=\sqrt[5]{1-x}$. 但并不是所有的隐函数都可化为显函数,如 $y^5+2y-3x-x^7=0$, $e^{xy}=\sin(x+y)$等所确定的隐函数就不能用显函数表示出来. 因此,我们希望有一种方法,不管隐函数能否化为显函数,都能直接由方程算出它所确定的隐函数的导数. 为此,我们需要探讨隐函数的求导方法.

任务二　学习隐函数的求导方法

学一学

隐函数的求导是依据复合函数求导法则进行的,具体步骤如下:

(1)在给定的方程两边对 x 求导,得到一个含有 y'的方程;

(2)从方程中解出 y'即为所求隐函数的导数.

需要注意的是,对含有 y 的项求导,其结果中一定含有 y',例如 $(y^2)'=2y\cdot y'$, $(\sin y)'=\cos y\cdot y'$, $(e^y)'=e^y\cdot y'$等.

试一试

例 1　求由方程 $2x-y+3=0$ 所确定的函数 y 的导数.

解　方程两边对 x 求导,得

$$(2x)'-(y)'+(3)'=(0)',$$

即

$$2-y'+0=0,$$

解出 y',得

$$y'=2.$$

想一想

先把例 1 中的 y 解出再求导,结果怎么样?

试一试

例 2　求由下列方程所确定的函数 y 的导数.

(1) $x^2+y^3=3xy$;　　(2) $e^y+\cos(x^2+y)=0$.

解　(1) 方程两边对 x 求导,得

$$2x+3y^2\cdot y'=3y+3xy',$$

解出 y',得

$$y'=\frac{3y-2x}{3(y^2-x)};$$

(2) 方程两边对 x 求导,得

$$e^y\cdot y'-\sin(x^2+y)\cdot(x^2+y)'=0,$$

$$e^y \cdot y' - \sin(x^2+y) \cdot (2x+y') = 0,$$

解出 y',得
$$y' = \frac{2x\sin(x^2+y)}{e^y - \sin(x^2+y)}.$$

此例的结果中,y 仍然是由原方程所确定的 x 的函数.

例 3 求圆 $x^2+y^2=4$ 在点$(1,\sqrt{3})$处的切线方程.

解 方程两边对 x 求导,得
$$2x+2y \cdot y' = 0,$$

解出 y',得
$$y' = -\frac{x}{y},$$

把点$(1,\sqrt{3})$代入,得切线的斜率
$$k = -\frac{\sqrt{3}}{3},$$

由直线方程的点斜式,得
$$y-\sqrt{3} = -\frac{\sqrt{3}}{3}(x-1),$$

整理得切线方程为
$$x+\sqrt{3}y-4=0.$$

做一做

求下列隐函数的导数:

(1) $xy-e^x+e^y=0$;　　(2) $\sqrt{x}+\sqrt{y}=\sqrt{a}$.

有些显函数,直接求导往往比较复杂,这时我们也可考虑先把它化为隐函数,再求导.

试一试

例 4 求函数 $y=\sqrt{\dfrac{x(x-1)}{(x-2)(x-3)}}$ $(x>3)$的导数.

解 等式两边取对数并根据对数的运算法则,得
$$\ln y = \frac{1}{2}[\ln x + \ln(x-1) - \ln(x-2) - \ln(x-3)],$$

两边同时对 x 求导,得
$$\frac{1}{y} \cdot y' = \frac{1}{2}\left(\frac{1}{x}+\frac{1}{x-1}-\frac{1}{x-2}-\frac{1}{x-3}\right),$$

解出 y',得
$$y' = \frac{1}{2}y\left(\frac{1}{x}+\frac{1}{x-1}-\frac{1}{x-2}-\frac{1}{x-3}\right)$$
$$= \frac{1}{2}\sqrt{\frac{x(x-1)}{(x-2)(x-3)}}\left(\frac{1}{x}+\frac{1}{x-1}-\frac{1}{x-2}-\frac{1}{x-3}\right).$$

做一做

设 $y=(x-1)\sqrt[3]{(3x+1)^2(x-2)}$,求 y'.

项目练习 3.4

1. 求由下列各方程所确定的隐函数 y 对 x 的导数：

(1) $y=x+\ln y$；　　(2) $y^2-3xy+x^2=10$；

(3) $x\cos y=\sin(x+y)$；　　(4) $xy=e^{x+y}$.

2. 求下列隐函数在指定点处 y 对 x 的导数：

(1) $x^2+y^2=25$ 在点(4,3)处；

(2) $e^y-xy=e$ 在点(0,1)处.

3. 求曲线 $x+x^2y^2-y=1$ 在点(1,1)处的切线方程.

4. 利用取对数求导法，求下列函数的导数：

(1) $y=x^x(x>0)$；　　(2) $y=\dfrac{\sqrt{2-x}(x+1)^3}{\sqrt[3]{3-2x}}$.

5. 设由方程 $x^2+\ln y-xe^y=0$ 所确定的隐函数为 $y=f(x)$，求 $\dfrac{dy}{dx}$，$\left.\dfrac{dy}{dx}\right|_{\substack{x=0\\y=1}}$.

项目五　高阶导数

任务一　认识高阶导数

学一学

我们看到，函数 $y=f(x)$ 的导数 $y'=f'(x)$ 仍然是 x 的函数，可以继续求它的导数，这相当于对函数 $y=f(x)$ 求了两次导数，称为 $y=f(x)$ 的**二阶导数**，记作 y''，$f''(x)$，$\dfrac{d^2y}{dx^2}$.

同样，函数 $y=f(x)$ 的二阶导数 $y''=f''(x)$ 的导数叫做 $y=f(x)$ 的**三阶导数**，记作 y'''，$f'''(x)$，$\dfrac{d^3y}{dx^3}$. 一般地，$y=f(x)$ 的 $(n-1)$ 阶导数的导数叫做 $y=f(x)$ 的 n **阶导数**. 当 $n\geqslant4$ 时，n 阶导数记作 $y^{(n)}$，$f^{(n)}(x)$，$\dfrac{d^ny}{dx^n}$.

二阶及二阶以上的导数统称为**高阶导数**. 由高阶导数的定义可知，求高阶导数就是对函数一次次求导.

由于二阶导数是在一阶导数的基础上再一次求导，所以不需要引进新的公式.

试一试

例 1　求下列函数的二阶导数：

(1) $y=2x+3$；　　(2) $y=2^x+x\ln x$；

(3) $y=x^2+2x+3$.

解 (1) $y'=2$, $y''=0$;

(2) $y'=2^x\ln 2+\ln x+1$, $y''=2^x(\ln 2)^2+\dfrac{1}{x}$;

(3) $y'=2x+2$, $y''=2$.

做一做

求下列函数的二阶导数:

(1) $y=2x^2+\ln x$;　　　　(2) $y=e^{2x-1}$.

试一试

例 2 求 $y=x^4-3x^3+8x+30$ 的各阶导数.

解 $y'=4x^3-9x^2+8$, $y''=12x^2-18x$,

$y'''=24x-18$, $y^{(4)}=24$,

$y^{(5)}=y^{(6)}=\cdots=y^{(n)}=0$.

例 3 求 $y=e^x$ 的各阶导数.

解 $y'=e^x$, $y''=e^x$, $y'''=e^x$, $\cdots$, $y^{(n)}=e^x$.

例 4 求 $y=\sin x$ 的各阶导数.

解 $y'=\cos x=\sin\left(x+\dfrac{\pi}{2}\right)$,

$y''=\cos\left(x+\dfrac{\pi}{2}\right)=\sin\left(x+2\cdot\dfrac{\pi}{2}\right)$,

$y'''=\cos\left(x+2\cdot\dfrac{\pi}{2}\right)=\sin\left(x+3\cdot\dfrac{\pi}{2}\right)$,

$\cdots$

$y^{(n)}=\sin\left(x+n\cdot\dfrac{\pi}{2}\right)$.

例 5 求 $y=e^{\lambda x}$ 的各阶导数.

解 $y'=(e^{\lambda x})'=e^{\lambda x}\cdot(\lambda x)'=\lambda e^{\lambda x}$,

$y''=(\lambda e^{\lambda x})'=\lambda(e^{\lambda x})'=\lambda^2 e^{\lambda x}$,

$y'''=(\lambda^2 e^{\lambda x})'=\lambda^2(e^{\lambda x})'=\lambda^3 e^{\lambda x}$,

$\cdots$

$y^{(n)}=\lambda^n e^{\lambda x}$.

做一做

求 $y=\cos x$ 的各阶导数.

任务二　了解二阶导数的物理意义

学一学

我们知道,变速直线运动 $s=s(t)$ 的一阶导数 $s'=s'(t)$ 是这个变速直线运动的瞬时速度 $v=v(t)$,我们继续求 $v(t)$ 的导数,即求 $s=s(t)$ 的二阶导数 $s''=s''(t)$,其结果是这个变速直线运动的加速度 $a=s''(t)$. 例如自由落体运动 $s=\frac{1}{2}gt^2$,$s''=g$ 正好就是重力加速度.

试一试

例 6　已知质点的运动规律为 $s=2t+e^{-2t}$,求质点在 $t=2$ 时的速度与加速度.

解　由 $s=2t+e^{-2t}$,得

$$v=s'=2-2e^{-2t},$$

$$a=s''=4e^{-2t},$$

将 $t=2$ 代入,即得所求的速度与加速度

$$v\big|_{t=2}=2(1-e^{-4}),\qquad a\big|_{t=2}=4e^{-4}.$$

做一做

已知质点的运动规律为 $s=4t^3+2t^2-3t+1$,求质点在 $t=5$ 时的速度与加速度.

项目练习 3.5

1. 求下列函数的二阶导数:

(1) $y=(x+3)^4$;　　(2) $y=\ln(1-x^2)$;

(3) $y=e^{2x}+x^{2e}$;　　(4) $y=x\cos x$;

(5) $y=\cos^2\frac{x}{2}$;　　(6) $y=\frac{1}{x-1}$.

2. 求下列函数的 n 阶导数:

(1) $y=e^{-3x}$;　　(2) $y=\frac{1}{x}$.

3. 设质点作直线运动,其运动方程如下,求该质点在指定时刻的速度与加速度:

(1) $s=t+\frac{1}{t}$, $t=3$;　　(2) $s=A\sin\frac{\pi}{3}t$, $t=1$.

项目六　函数的微分

在实际问题中,有时需要考虑当函数的自变量有微小变化时,相应的函数值变化多大

的问题,这就是本项目要讨论的函数的微分,它与导数有着密切的联系,也是今后学习积分的基础.

任务一　认识微分的有关概念

看一看

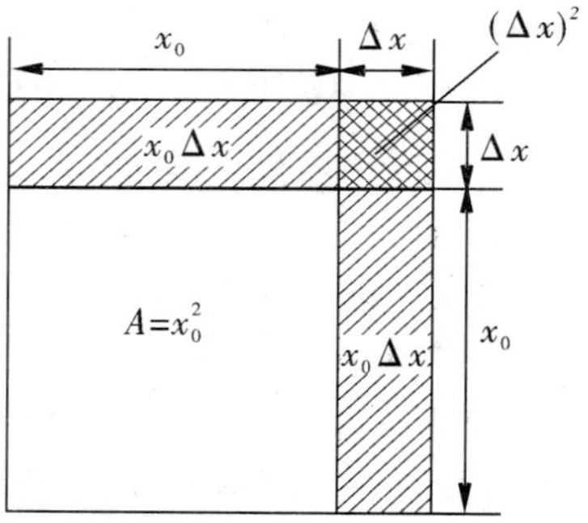

图 3-5

先看一个具体例子. 一块边长为 x_0 的正方形金属薄片,受温度变化影响,边长由 x_0 变到 $x_0+\Delta x$(见图 3-5),问金属薄片的面积改变了多少?

若用 A 表示金属薄片的面积,x 表示边长,则 $A=x^2$. 当金属薄片的边长由 x_0 变到 $x_0+\Delta x$ 时,该金属薄片的面积改变了

$$\Delta A=(x_0+\Delta x)^2-x_0^2=2x_0\Delta x+(\Delta x)^2.$$

从上式可以看出,ΔA 由两部分组成:第一部分对应着图 3-5 中两个单斜线矩形长条的面积,它是 ΔA 的主要部分,第二部分对应着一个双斜线小正方形的面积. 我们知道,热胀冷缩时,边长变化一般非常小,即 $|\Delta x|$ 非常小,故 $(\Delta x)^2$ 在 ΔA 中是次要部分. 于是,当我们把 $(\Delta x)^2$ 忽略不计时,$2x_0\Delta x$ 就是 ΔA 的近似值,即

$$\Delta A\approx 2x_0\Delta x.$$

此式中 Δx 的系数 $2x_0$ 是什么呢? 它恰好是函数 $A=x^2$ 在点 x_0 处的导数. 于是,上式又可表示为

$$\Delta A\approx A'|_{x=x_0}\Delta x.$$

这就是说,函数 $y=f(x)=x^2$ 的自变量 x 在点 x_0 处有微小的改变量 Δx 时,函数的改变量 Δy 约等于其在点 x_0 处的导数 $2x_0$ 与 Δx 的乘积,即 $\Delta y\approx f'(x_0)\Delta x$. 这个结论具有一般性. 我们给出下面定义:

学一学

设函数 $y=f(x)$ 在点 x 处可导,则称导数 $f'(x)$ 与自变量的改变量 Δx 的乘积 $f'(x)\cdot\Delta x$ 为**函数 $y=f(x)$ 在点 x 处的微分**,简称**函数的微分**,记作 $\mathrm{d}y$,即

$$\mathrm{d}y=f'(x)\cdot\Delta x.$$

通常把自变量的改变量 Δx 记作 $\mathrm{d}x$,即 $\mathrm{d}x=\Delta x$,称为自变量的微分. 于是函数 $y=f(x)$ 的微分也可以写成

$$\mathrm{d}y=f'(x)\cdot\mathrm{d}x.$$

在上式两边同时除以 $\mathrm{d}x$,得到 $\frac{\mathrm{d}y}{\mathrm{d}x}=f'(x)$,即函数的导数等于函数的微分 $\mathrm{d}y$ 与自变量的微分 $\mathrm{d}x$ 的商,因此导数又称为**微商**.

试一试

例 1　求函数 $y=x^2$ 在点 $x=3$ 处,当 $\Delta x=0.02$ 时的微分 $\mathrm{d}y$ 和改变量 Δy.

解　函数在任意点 x 处的微分

$$dy=(x^2)'dx=2xdx,$$

$x=3,\Delta x=0.02$ 时的微分为

$$dy\Big|_{\substack{x=3\\ \Delta x=0.02}}=2\times3\times0.02=0.12,$$

改变量为

$\Delta y=(x+\Delta x)^2-x^2=2x\Delta x+(\Delta x)^2=2\times3\times0.02+0.0004=0.1204.$

由此例可进一步看出,当 $|\Delta x|$ 很小时, dy 与 Δy 的确很接近.

例 2　求函数 $y=e^x$ 在点 $x=0$ 与点 $x=1$ 处的微分.

解　$dy=(e^x)'dx=e^xdx,$

$dy\big|_{x=0}=e^0dx=dx, dy\big|_{x=1}=e^1dx=edx.$

注意:求函数在点 x_0 处的微分时,需要把导数中的 x 换成数值 x_0,而不能把 dx 中的 x 换成数值 x_0;如果已知 Δx 的值,则需把 dx 换成 Δx 的值.

做一做

求下列函数在给定条件下的微分:

(1) $y=3x-1$, x 从 0 变到 0.02;

(2) $y=x^2+2x+3$, x 由 2 变到 1.99.

试一试

例 3　求下列函数的微分:

(1) $y=e^{2x}$;　　　　(2) $y=(x^2+2x-1)^3$.

解　(1) $dy=(e^{2x})'dx=2e^{2x}dx$;

(2) $dy=[(x^2+2x-1)^3]'dx=3(x^2+2x-1)^2(2x+2)dx$

$=6(x^2+2x-1)^2(x+1)dx.$

例 4　求函数 $y=x\ln x-\sqrt[3]{x}+1$ 的微分.

解　$dy=d(x\ln x-\sqrt[3]{x}+1)=(x\ln x-\sqrt[3]{x}+1)'dx=\left(\ln x+x\cdot\frac{1}{x}-\frac{1}{3}x^{\frac{1}{3}-1}+0\right)dx$

$=\left(\ln x+1-\frac{1}{3\sqrt[3]{x^2}}\right)dx.$

做一做

求下列函数的微分:

(1) $y=e^{-3x}$;　　　　(2) $y=(3x^2+2x)^3$;

(3) $s=\frac{t-4}{t}$.

学一学

设函数 $y=f(x)$(见图 3-6), MP 是曲线上点 $M(x_0,y_0)$ 处的切线,设 MP 的倾角为 α,

当 x 有改变量 Δx 时,得到曲线上另一点 $N(x_0+\Delta x, y_0+\Delta y)$,由图 3-6 可知

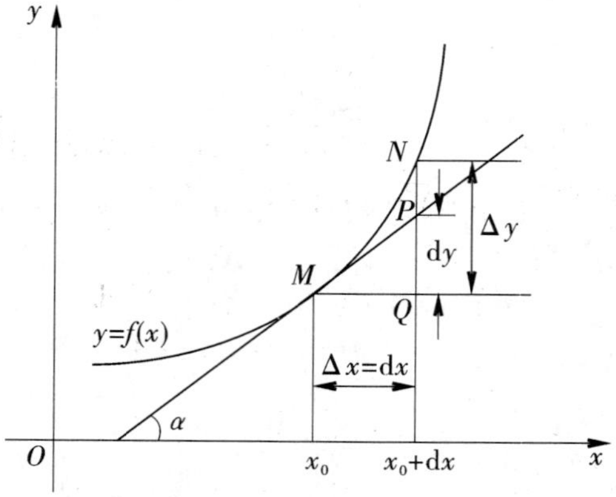

图 3-6

$$MQ=\Delta x,\ QN=\Delta y,$$

则
$$QP=MQ\cdot\tan\alpha=f'(x_0)\Delta x,$$

即
$$dy=QP.$$

由此可知,微分 $dy=f'(x_0)\Delta x$ 是当 x 有改变量 Δx 时,曲线 $y=f(x)$ 在点 $M(x_0,y_0)$ 处的切线的纵坐标的改变量,这就是微分的几何意义.当 $|\Delta x|$ 很小时,用 dy 近似代替 Δy 就是用点 $M(x_0,y_0)$ 处切线的纵坐标的改变量 QP 来近似代替曲线 $y=f(x)$ 的纵坐标的改变量 QN,并且有 $|\Delta y-dy|=PN$.

试一试

例 5 半径为 r 的球,其体积为 $V=\frac{4}{3}\pi r^3$,当半径增大 Δr 时,求体积的改变量及微分.

解 体积的改变量

$$\begin{aligned}\Delta V&=\frac{4}{3}\pi(r+\Delta r)^3-\frac{4}{3}\pi r^3\\&=\frac{4}{3}\pi[r^3+3r^2\Delta r+3r(\Delta r)^2+(\Delta r)^3]-\frac{4}{3}\pi r^3\\&=4\pi r^2\Delta r+4\pi r(\Delta r)^2+\frac{4}{3}\pi(\Delta r)^3;\end{aligned}$$

体积的微分为

$$dV=\left(\frac{4}{3}\pi r^3\right)'dr=4\pi r^2 dr.$$

做一做

圆的面积公式为 $S=\pi r^2$,当半径增大 Δr 时,求面积的改变量和微分.

任务二　学习微分运算法则

学一学

根据微分的定义 $dy=f'(x)\cdot dx$ 可知，微分的计算只需求出导数再乘以 dx 即可，于是根据求导公式和法则可直接得出微分的公式与法则.

1. 微分的基本公式

(1) $d(C)=0$;

(2) $d(x^{\alpha})=\alpha x^{\alpha-1}dx$;

(3) $d(a^x)=a^x\ln a dx$;

(4) $d(e^x)=e^x dx$;

(5) $d(\log_a x)=\dfrac{1}{x\ln a}dx$;

(6) $d(\ln x)=\dfrac{1}{x}dx$;

(7) $d(\sin x)=\cos x dx$;

(8) $d(\cos x)=-\sin x dx$;

(9) $d(\tan x)=\sec^2 x dx$;

(10) $d(\cot x)=-\csc^2 x dx$;

(11) $d(\sec x)=\sec x\tan x dx$;

(12) $d(\csc x)=-\csc x\cot x dx$;

(13) $d(\arcsin x)=\dfrac{1}{\sqrt{1-x^2}}dx$;

(14) $d(\arccos x)=-\dfrac{1}{\sqrt{1-x^2}}dx$;

(15) $d(\arctan x)=\dfrac{1}{1+x^2}dx$;

(16) $d(\text{arccot} x)=-\dfrac{1}{1+x^2}dx$.

2. 微分的四则运算法则

(1) $d(u\pm v)=du\pm dv$;

(2) $d(uv)=udv+vdu$, $d(Cu)=Cdu$;

(3) $d\left(\dfrac{u}{v}\right)=\dfrac{vdu-udv}{v^2}$.

3. 复合函数的微分法则

设函数 $u=\varphi(x)$ 在点 x 处可导，$y=f(u)$ 在 $u=\varphi(x)$ 处可导，则复合函数 $y=f[\varphi(x)]$ 在点 x 处可导，且

$$y'_x=f'(u)\cdot\varphi'(x),$$

于是

$$dy=y'_x dx=f'(u)\cdot\varphi'(x)dx=f'(u)\cdot d[\varphi(x)],$$

因为 $u=\varphi(x)$，故

$$dy=f'(u)du.$$

由此可见，不论 u 是自变量还是中间变量，函数 $y=f(u)$ 的微分总是表示为同一形式，即 $dy=f'(u)du$，这个性质叫做**微分形式的不变性**. 有时利用微分形式的不变性求复合函数的微分比较方便. 如 $d(\sin u)=\cos u du$，$d(\ln u)=\dfrac{1}{u}du$ 等式中的 u 既可以是自变量，还可以是中间变量(函数)，这给我们提供了一个求复合函数微分的方法，今后在求复合函数微分时，除用微分定义外，还可以用微分形式不变性来计算.

试一试

例 6　用两种方法求下列函数的微分：

(1) $y=\sin(2x+3)$;　　　　(2) $y=e^{x}\cos 2x$.

解　方法一:利用微分定义求微分.

(1) $dy=[\sin(2x+3)]'dx=2\cos(2x+3)dx$;

(2) $dy=(e^{x}\cos 2x)'dx=(e^{x}\cos 2x-e^{x}\cdot 2\sin 2x)dx$

$=e^{x}(\cos 2x-2\sin 2x)dx$.

方法二：利用微分形式的不变性求微分.

(1) $dy=d[\sin(2x+3)]=\cos(2x+3)d(2x+3)$

$=2\cos(2x+3)dx$;

(2) $dy=d(e^{x}\cos 2x)=\cos 2x de^{x}+e^{x}d(\cos 2x)$

$=e^{x}\cos 2x dx-2e^{x}\sin 2x dx$

$=e^{x}(\cos 2x-2\sin 2x)dx$.

例 7　求函数 $y=\ln(1-x^{2})$ 在 $x=2$ 处的微分.

解　方法一:利用微分定义求微分.

$dy=d[\ln(1-x^{2})]=[\ln(1-x^{2})]'dx$

$=\dfrac{-2x}{1-x^{2}}dx$,

当 $x=2$ 时, $dy=\dfrac{4}{3}dx$.

方法二:利用微分形式的不变性求微分.

$dy=d[\ln(1-x^{2})]=\dfrac{1}{1-x^{2}}d(1-x^{2})$

$=\dfrac{1}{1-x^{2}}[d(1)-d(x^{2})]$

$=-\dfrac{2x}{1-x^{2}}dx$.

当 $x=2$ 时, $dy=\dfrac{4}{3}dx$.

例 8　设 $y=\cos\sqrt{x}$,求 dy.

解　方法一:利用微分定义求微分

$dy=(\cos\sqrt{x})'dx=-\dfrac{1}{2\sqrt{x}}\sin\sqrt{x}dx$.

方法二:利用微分形式的不变性求微分

$dy=d(\cos\sqrt{x})=-\sin\sqrt{x}d\sqrt{x}=-\sin\sqrt{x}\dfrac{1}{2\sqrt{x}}dx$

$=-\dfrac{1}{2\sqrt{x}}\sin\sqrt{x}dx$.

例 9　设 $y=e^{1-3x}\cos x$,求 dy.

解　$dy=d(e^{1-3x}\cos x)=(e^{1-3x}\cos x)'dx=[(e^{1-3x})'\cos x+e^{1-3x}(\cos x)']dx$

$=(-3e^{1-3x}\cos x-e^{1-3x}\sin x)dx$

$=-e^{1-3x}(3\cos x+\sin x)dx.$

例 10 在下列括号内填入适当的函数,使等式成立.

(1) $d(\quad)=-xdx$; (2) $d(\quad)=3dx$;

(3) $d(\quad)=\cos\omega x dx$.

解 (1) 因为 $d\left(-\frac{1}{2}x^2\right)=-xdx$,所以 $d\left(-\frac{1}{2}x^2+C\right)=-xdx$($C$ 为常数);

(2) 因为 $d(3x)=3dx$,所以 $d(3x+C)=3dx$(C 为常数);

(3) 因为 $d\left(\frac{1}{\omega}\sin\omega x\right)=\cos\omega x dx$,所以 $d\left(\frac{1}{\omega}\sin\omega x+C\right)=\cos\omega x dx$($C$ 为常数).

想一想

如何利用微分形式的不变性求例 9 中的微分?

做一做

1. 设 $y=e^{\sin x}$,求 dy.

2. 设 $y=(e^x-e^{-x})^2$,求 dy.

任务三 利用微分解决近似计算问题

学一学

在实际问题中,经常利用微分进行近似计算.

我们知道,当函数 $y=f(x)$ 在点 x_0 处的导数 $f'(x_0)\neq 0$,且 $|\Delta x|$ 很小时,有近似计算公式

$$\Delta y=f(x_0+\Delta x)-f(x_0)\approx dy=f'(x_0)\Delta x, \tag{1}$$

或

$$f(x_0+\Delta x)\approx f(x_0)+f'(x_0)\Delta x. \tag{2}$$

令 $x_0+\Delta x=x$,则

$$f(x)\approx f(x_0)+f'(x_0)(x-x_0). \tag{3}$$

特别地,当 $x_0=0$,$|x|$ 很小时,有

$$f(x)\approx f(0)+f'(0)x. \tag{4}$$

其中,式(1)可以用于求函数增量的近似值,而式(2)、式(3)、式(4)可用来求函数的近似值.

应用式(4)可以推得一些常用的近似公式. 当 $|x|$ 很小时,有

(1) $\sqrt[n]{1+x}\approx 1+\frac{1}{n}x$;

(2) $e^x\approx 1+x$;

(3) $\ln(1+x)\approx x$;

(4) $\sin x\approx x$(x 用弧度作单位);

(5) $\tan x\approx x$(x 用弧度作单位).

证明 （1）设$f(x)=\sqrt[n]{1+x}$，于是 $f(0)=1$，

$$f'(0)=\frac{1}{n}(1+x)^{\frac{1}{n}-1}\bigg|_{x=0}=\frac{1}{n},$$

代入$f(x)\approx f(0)+f'(0)x$得

$$\sqrt[n]{1+x}\approx 1+\frac{1}{n}x.$$

（2）设$f(x)=\mathrm{e}^x$，于是 $f(0)=1$，

$$f'(0)=(\mathrm{e}^x)'\bigg|_{x=0}=1,$$

代入$f(x)\approx f(0)+f'(0)x$得

$$\mathrm{e}^x\approx 1+x.$$

其他几个公式可自己试着证明.

试一试

例 11 计算$\sqrt{1.05}$的近似值.

解 利用近似计算公式$\sqrt[n]{1+x}\approx 1+\frac{1}{n}x$，因为

$$\sqrt{1.05}=\sqrt{1+0.05},$$

取$x=0.05$，$n=2$，于是得

$$\sqrt{1.05}\approx 1+\frac{1}{2}\times 0.05=1.025.$$

例 12 某球体的体积从$972\pi\ \mathrm{cm}^3$增加到$973\pi\ \mathrm{cm}^3$，求其半径的改变量的近似值.

解 设球的半径为r，体积$V=\frac{4}{3}\pi r^3$，则

$$r=\sqrt[3]{\frac{3V}{4\pi}},$$

$$\Delta r\approx \mathrm{d}r=\sqrt[3]{\frac{3}{4\pi}}\cdot\frac{1}{3\sqrt[3]{V^2}}\mathrm{d}V=\sqrt[3]{\frac{1}{36\pi}}\cdot\frac{1}{\sqrt[3]{V^2}}\mathrm{d}V,$$

取$V=972\pi\mathrm{cm}^3$，$\Delta V=973\pi-972\pi=\pi(\mathrm{cm}^3)$，所以

$$\Delta r\approx \mathrm{d}r=\sqrt[3]{\frac{1}{36\pi(972\pi)^2}}\pi=\sqrt[3]{\frac{1}{36\times 972^2}}\approx 0.003(\mathrm{cm}),$$

即半径约增加了 0.003 cm.

做一做

利用微分求近似值：

（1）$\sqrt[3]{1.02}$； （2）$\sin 29°$.

项目练习 3.6

1. 求下列函数在给定条件下的微分和改变量,并把两者加以比较:

(1) $y=2x+5$, $x_0=0$, $\Delta x=0.02$;

(2) $y=x^2+2x+1$, x 从 2 变到 1.99.

2. 求下列函数的微分:

(1) $y=\frac{1}{x}+2\sqrt{x}$;　(2) $y=x^2e^{2x}$;

(3) $y=(2x^3+3x^2+6x)^2$;　(4) $y=e^{-x}\cos 3x$;

(5) $y=\arctan 2x$;　(6) $y=\frac{x}{x+2}$;

(7) $y=\tan^2(1+x)$;　(8) $y=2^{\log_3 x}$;

(9) $y=\arcsin\sqrt{x}$;　(10) $y=e^{\sin 5x}$.

3. 在下列括号里填入适当的函数,使等式成立:

(1) d(　　) = 2dx;　(2) d(　　) = e^{-2x}dx;

(3) d(　　) = 3xdx;　(4) d(　　) = $\frac{1}{\sqrt{x}}$dx;

(5) d(　　) = sin2xdx;　(6) d(　　) = $\frac{a}{x}$dx;

(7) d(　　) = $\sec^2 x$dx;　(8) d(　　) = $\frac{1}{x\ln x}$dx;

(9) d[ln(3x+1)] = (　　)d(3x+1) = (　　)dx.

复习与提问

1. 函数 $y=f(x)$ 的导数的定义是 $f'(x)=\lim\limits_{\Delta x\to 0}$____________________.

2. 求导三步法:__________、____________、_____________.

3. 当函数表示运动规律时,导数的物理意义是变速直线运动的_________;当函数表示曲线方程时,导数的几何意义是_________________.

4. 函数和、差的求导法则是_____________,函数积的求导法则是_____________,函数商的求导法则是__________________.

5. 复合函数的求导法则是______________________.

6. 隐函数的求导方法:(1)___________________;(2)____________________.

7. 函数 $y=f(x)$ 的微分 $dy=f'(x)dx$,它是当自变量 x 有微小变化 $dx=$______时,函数值 y 的改变量的__________.

8. 函数 $y=f(x)$ 在点 x_0 处的导数 $f'(x_0)$ 就是曲线 $y=f(x)$ 在点 (x_0,y_0) 处的________________，即 $k=f'(x_0)$.

9. 复合函数求导时，关键在于选取中间变量，要准确地分清求导顺序，从__________到__________逐层求导，切记不要丢层次.

10. 由函数微分定义 $dy=$________，可得 $\frac{dy}{dx}=f'(x)$，即函数的导数等于函数的微分 dy 与自变量的微分 dx 的商，因此导数又称为________.

复习题三

1. 填空题：

(1) 某物体沿直线运动，其运动规律为 $s=f(t)$，则在时间 $[t,t+\Delta t]$ 内，物体经过的路程 $\Delta s=$________，平均速度 $\bar{v}=$________，在 t 时刻的速度 $v=$____________.

(2) 若函数 $y=f(x)$ 在点 x_0 处的导数 $f'(x_0)=0$，则曲线 $y=f(x)$ 在点 (x_0,y_0) 处有______的切线；若 $f'(x_0)$ 为无穷大，则曲线 $y=f(x)$ 在点 (x_0,y_0) 处有__________的切线.

(3) 曲线 $y=x^2$ 在点________处的切线平行于直线 $y=x$.

(4) 函数 $y=\ln\ln x$，则 $y'=$__________.

(5) 若 $y=e^{\sin x}$，则 $y''|_{x=0}=$__________.

(6) $d(\quad)=2^x dx$； $d(\quad)=\frac{1}{x}dx$；

$\frac{dx}{\sqrt{1-x^2}}=d(\quad)$； $d(\sqrt{1-x^2})=(\quad)dx$.

(7) 设 $f(x)=2+x-x^2$，则 $f'(-1)=$____________.

(8) 设函数 $y=\frac{1}{1+\cos x}$，则 $dy=$________________.

(9) 设一质点按运动规律 $s=\sin^2(\omega t+\varphi)$ 作直线运动，则质点在 t 时刻的速度 $v(t)=$__________，加速度 $a(t)=$________________.

(10) 设函数 $y=\cos 2x+2^x+\log_2 x+6^2$，则 $y'=$________________.

(11) 曲线 $y=x^2+3$ 在点__________处的切线斜率为 2.

(12) 设 $f(x)=xe^x$，则 $f''(0)=$__________________.

(13) 设 $f(x)=a^x$，则 $f^{(n)}(x)=$__________________.

(14) 若函数 $y=f(x)$ 在点 x 处可导，则该函数在点 x 处的微分 $dy=$____________.

2. 选择题：

(1) 已知 $f(x)=\frac{1}{1-x^2}$，则 $f'(x)=(\quad)$.

A. $-\frac{x}{(1-x^2)^2}$　　B. $\frac{x}{(1-x^2)^2}$

C. $-\frac{2x}{(1-x^2)^2}$　　　　D. $\frac{2x}{(1-x^2)^2}$

(2) 曲线 $y=\frac{1}{3}x^3-x^2+4$ 在 $x=1$ 处的切线的倾斜角是(　　).

A. $\frac{\pi}{4}$　　　　B. $\frac{3\pi}{4}$

C. $\frac{\pi}{3}$　　　　D. $\frac{2\pi}{3}$

(3) 曲线 $xy=1$ 在点(1,1)处的切线方程为(　　).

A. $x+y-2=0$　　　　B. $x+y+2=0$

C. $x-y-2=0$　　　　D. $x-y+2=0$

(4) 半径为 r 的金属圆片,加热后,半径伸长了 Δr,则面积 S 的微分 $\mathrm{d}S$ 是(　　).

A. $\pi r\mathrm{d}r$　　　　B. $2\pi r\mathrm{d}r$

C. $\pi\mathrm{d}r$　　　　D. $2\pi\mathrm{d}r$

3. 求下列函数的导数:

(1) $y=x^4-\frac{3}{x}+5\sin x$;　　　　(2) $y=x^2(2+\sqrt{x})$;

(3) $y=(2x+3)^2(1-2x)^3$;　　　　(4) $y=\frac{x+2}{x-2}$;

(5) $y=x^5\cdot e^{-x}$;　　　　(6) $y=2^x\ln 3x$;

(7) $y=\frac{\sin x}{1+\cos x}$;　　　　(8) $y=x^2\arcsin x$;

(9) $y=\frac{1}{2}\cot^2x+\ln\sin x$;　　　　(10) $y=\sqrt{x+\sqrt{x}}$;

(11) $y=(x+1)\sqrt{x^2+1}$;　　　　(12) $y=e^{\arctan x}$;

(13) $y=\sec^2(\ln x)$;　　　　(14) $y=3^{\log_2 x}$;

(15) $y=e^{-x}\sin\frac{x}{2}$;　　　　(16) $y=\arccos\sqrt{x}$.

4. 求下列函数的导数 $\frac{\mathrm{d}y}{\mathrm{d}x}$:

(1) $\frac{x}{y}-\ln x=1$;　　　　(2) $\sin(x+y)=e^xy$;

(3) $y=x^{\frac{1}{x}}(x>0)$;　　　　(4) $y=\sqrt{\frac{(x-1)(x-2)}{(x-3)(x-4)}}$.

5. 求下列函数的二阶导数:

(1) $y=\sin 5x+\cos 6x$;　　　　(2) $y=x\ln x$;

(3) $y=e^{\sin x}\cos x$;　　　　(4) $y=(1+x^2)\arctan x$.

6. 求下列函数的 n 阶导数:

(1) $y=xe^x$;　　　　(2) $y=\sin^2x$.

7. 求下列函数的微分:

(1) $y=e^x\sin^2x$;

(2) $y=\ln\sqrt{1-x^2}$;

(3) $y=\frac{x}{1-x^2}$;

(4) $y=\ln x^2$;

(5) $y=x^{-2}\cos x$;

(6) $y=\cos^2(5-2x)$;

(7) $y=(e^x+e^{-x})^2$;

(8) $y=\arcsin x^2$.

8. 计算题:

(1) 设函数 $y=\frac{e^x}{1+x}$,求 y';

(2) 设函数 $y=x\sin x$,求 y',y'';

(3) 设函数 $y=\arctan\frac{1}{x}$,求$\frac{dy}{dx}$;

(4) 设函数 $y=\frac{1}{x}+\cos\sqrt{x}$,求 dy;

(5) 设函数 $y=\left(\frac{1}{x}\right)^x$,求 y';

(6) 设函数 $y=e^x\ln x-\frac{e^x}{x}$,求 y',dy.

9. 已知 $y=x^3-x$,计算在 $x=2$ 处 Δx 分别等于 1,0.1,0.01 时的 Δy 及 dy,你得出了什么结论?

10. 求曲线 $y=x^3+3x^2-5$ 上过点$(-1,-3)$处的切线方程和法线方程.

读一读

导数与微分产生的历史背景

微积分成为一门学科,是在17世纪,但是,微分和积分的思想在古代就已经产生了.

公元前3世纪,在古希腊的阿基米德研究解决抛物线弓形的面积、球和球冠面积、螺线下面积和旋转双曲体的体积的问题中,就隐含着近代积分学的思想.作为微分学基础的极限理论,早在古代已有比较清楚的论述.比如我国的庄周所著的《庄子》一书的"天下篇"中,记有"一尺之棰,日取其半,万世不竭".三国时期的刘徽在他的割圆术中提到"割之弥细,所失弥小,割之又割,以至于不可割,则与圆周和体而无所失矣".这些都是朴素的,也是很典型的极限概念.

到了17世纪,有许多科学问题需要解决,这些问题也就成了促使微积分产生的因素.归纳起来,大约主要有四种类型的问题:第一类问题是研究运动的时候直接出现的,也就是求即时速度的问题.第二类问题是求曲线的切线的问题.第三类问题是求函数的最大值和最小值的问题.第四类问题是求曲线长、曲线围成的面积、曲面围成的体积、物体的重心、一个体积相当大的物体作用于另一物体上的引力的问题.

17世纪的许多著名的数学家、天文学家、物理学家都为解决上述几类问题做了大量的研究工作,如法国的费尔玛、笛卡尔、罗伯瓦、笛沙格,英国的巴罗、瓦里士,德国的开普勒,意大利的卡瓦列利等人都提出许多很有建树的理论,为微积分的创立作出了贡献.

17 世纪下半叶,在前人工作的基础上,英国科学家牛顿和德国数学家莱布尼茨分别在自己的国度里独自研究和完成了微积分的创立工作. 他们的最大功绩是把两个貌似毫不相关的问题联系在一起,一个是切线问题(微分学的中心问题),一个是求积问题(积分学的中心问题).

牛顿和莱布尼茨建立微积分的出发点是直观的无穷小量,因此这门学科早期也称为无穷小分析,这正是现在数学中分析学这一大分支名称的来源. 牛顿研究微积分着重于从运动学来考虑,莱布尼茨却侧重于从几何学来考虑.

牛顿在 1671 年写了《流数法和无穷级数》,这本书直到 1736 年才出版. 他在这本书里指出,变量是由点、线、面的连续运动产生的,否定了以前自己认为的变量是无穷小元素的静止集合. 他把连续变量叫做流动量,把这些流动量的导数叫做流数. 牛顿在"流数术"中所提出的中心问题是:已知连续运动的路径,求给定时刻的速度(微分法);已知运动的速度,求给定时间内经过的路程(积分法).

德国的莱布尼茨是一个博学多才的学者,1684 年,他发表了现在世界上认为是最早的微积分文献,这篇文章有一个很长且很古怪的名字《一种求极大极小和切线的新方法,它也适用于分式和无理量,以及这种新方法的奇妙类型的计算》. 就是这样一篇说理颇含糊的文章,却有划时代的意义,它已含有现代的微分符号和基本微分法则. 1686 年,莱布尼茨发表了第一篇积分学的文献. 他是历史上最伟大的符号学者之一,他所创设的微积分符号,远远优于牛顿创设的符号,这对微积分的发展有极大的影响. 现在我们使用的微积分通用符号就是当时莱布尼茨精心选用的.

微积分学的创立,极大地推动了数学的发展,过去很多初等数学束手无策的问题,运用微积分,往往迎刃而解,这显示出微积分学的非凡威力.

前面已经提到,一门学科的创立绝不是某一个人的业绩,它必定是经过多少人的努力后,在积累了大量成果的基础上,最后由某个人或几个人总结完成的. 微积分也是这样.

不幸的是,人们在欣赏微积分的宏伟功效之余,在提出谁是这门学科的创立者的时候,竟然引起了一场轩然大波,造成了欧洲大陆的数学家和英国数学家的长期对立. 英国数学在一个时期里闭关锁国,囿于民族偏见,过于拘泥在牛顿的"流数术"中停步不前,因而数学发展整整落后了 100 年.

其实,牛顿和莱布尼茨分别是自己独立研究,在大体上相近的时间里先后完成研究的. 比较特殊的是,牛顿创立微积分要比莱布尼茨早 10 年左右,但是就公开发表微积分这一理论来说,莱布尼茨却要比牛顿早 3 年. 他们的研究各有长处,也都各有短处. 那时候,由于民族偏见,关于发明优先权的争论竟从 1699 年开始延续了 100 多年.

应该指出,这和历史上任何一项重大理论的完成都要经历一段时间一样,牛顿和莱布尼茨的工作也都是很不完善的. 他们在无穷和无穷小量这个问题上,说理不一,十分含糊. 牛顿的无穷小量,有时候是 0,有时候不是 0 而是有限的小量;莱布尼茨的理论也不能自圆其说. 这些基础方面的缺陷,最终导致了第二次数学危机的产生.

直到 19 世纪初,法国科学院的科学家以柯西为首,对微积分的理论进行了认真研究,建立了极限理论,后来又经过德国数学家维尔斯特拉斯进一步的严格化,使极限理论成为了微积分的坚定基础,才使微积分进一步发展起来.

任何新兴的、具有无量前途的科学成就都吸引着广大的科学工作者. 在微积分的历史上也闪烁着这样的一些明星:瑞士的雅科布·伯努利和他的兄弟约翰·伯努利、欧拉,法国的拉格朗日、柯西……

欧氏几何也好,上古和中世纪的代数学也好,都是一种常量数学,微积分才是真正的变量数学,是数学中的大革命. 微积分是高等数学的主要分支,不只是局限在解决力学中的变速问题,它驰骋在近代和现代科学技术园地里,建立了数不清的丰功伟绩.

参考答案

项目练习 3.1

1. (1) C; (2) C.

2. (1) $y'=-\dfrac{3}{x^4}$; (2) $y'=\dfrac{2}{3\sqrt[3]{x}}$; (3) $y'=\dfrac{5}{2}x\sqrt{x}$; (4) $y'=-\dfrac{3}{2x^2\sqrt{x}}$.

3. (1) 切线方程为 $x-y-1=0$,法线方程为 $x+y-1=0$;

(2) 切线方程为 $y-\dfrac{\sqrt{2}}{2}=\dfrac{\sqrt{2}}{2}\left(x-\dfrac{\pi}{4}\right)$,法线方程为 $y-\dfrac{\sqrt{2}}{2}=-\sqrt{2}\left(x-\dfrac{\pi}{4}\right)$.

4. $f'(x)=\lim\limits_{\Delta x\to 0}\dfrac{\Delta y}{\Delta x}=\lim\limits_{\Delta x\to 0}\left(x+\dfrac{1}{2}\Delta x\right)=x$, $f'\left(\dfrac{1}{2}\right)=\dfrac{1}{2}$, $f'(\sqrt{2})=\sqrt{2}$, $f'(-3)=-3$.

5. 切线方程为 $2x+y+1=0$,法线方程为 $x-2y+3=0$.

6. $f'(x_0)=-1$.

7. $\left(\dfrac{1}{2},\dfrac{1}{4}\right)$, $4x-4y-1=0$.

8. $(1,1)$和$(-1,-1)$.

9. 连续,不可导.

项目练习 3.2

1. (1) $y'=5x^4+9x^2-4x$; (2) $y'=2\cos x+\dfrac{3}{2\sqrt{x}}$;

(3) $y'=-\dfrac{2}{(x-1)^2}$; (4) $y'=\dfrac{2(1-x^2)}{(x^2+1)^2}$;

(5) $y'=-\dfrac{3x^2}{(x^3-1)^2}$; (6) $y'=2x\sqrt{x}+\dfrac{x^2+1}{2\sqrt{x}}$;

(7) $y'=\dfrac{1-\cos x-x\sin x}{(1-\cos x)^2}$; (8) $y'=nx^{n-1}+n$.

2. $y'=\sec x\tan^2 x\ln x+\sec^3 x\ln x+\dfrac{1}{x}\sec x\tan x$.

3. (1) $-\dfrac{1}{9}$; (2) $\dfrac{1}{25}$.

4. $2x+y-3=0$.

项目练习 3.3

1. (1) C;　(2) D;　(3) B.

2. (1) $y'=6x^2-\frac{6}{x^3}$;　(2) $y'=1-\frac{8}{x^3}$;

(3) $y'=3x^2\ln x+x^2$;　(4) $y'=\frac{x^2-2x}{(x-1)^2}$;

(5) $y'=1-\frac{1}{x^2}-\frac{2}{x^3}-\frac{3}{x^4}$;　(6) $y'=\sec x^2(1-x)-\tan x$;

(7) $y'=\frac{\sin x}{(1+\cos x)^2}$;　(8) $y'=\frac{x^4+3x^2}{(1+x^2)^2}$;

(9) $y'=\tan x+x\sec^2 x-\csc^2 x$;　(10) $y'=2\cos x+\ln x+1$;

(11) $y'=2\sin x+x\cos x$;　(12) $y'=2x\sin x+x^2\cos x-\sec^2 x$.

3. (1) $y'\big|_{x=0}=1, y'\big|_{x=\pi}=6\pi-1$;

(2) $f'\left(\frac{\pi}{6}\right)=\frac{1}{2}, f'\left(\frac{\pi}{4}\right)=0$;

(3) $f'(4)=-\frac{1}{18}$;

(4) $\frac{\mathrm{d}s}{\mathrm{d}t}\bigg|_{t=\frac{\pi}{4}}=\frac{\sqrt{2}(2+\pi)}{8}$.

4. (1) $y'=12x^2(2x^3+4)$;　(2) $y'=\frac{x}{\sqrt{x^2+a^2}}$;

(3) $y'=\frac{a-3x}{2\sqrt{a-x}}$;　(4) $y'=\frac{\mathrm{e}^x+2x}{2\sqrt{\mathrm{e}^x+x^2}}$;

(5) $y'=a\sec^2(ax+b)$;　(6) $y'=-10\cot 5x\csc^2 5x$;

(7) $y'=2\cos 2x\cos 3x-3\sin 2x\sin 3x$;　(8) $y'=\frac{\sec^2 x}{\tan x}=2\csc 2x$;

(9) $y'=-\tan x$;　(10) $y'=a\sin^2\frac{x}{3}\cos\frac{x}{3}$;

(11) $y'=\frac{\cos(\ln x)}{x}$;　(12) $y'=2\cot x$;

(13) $y'=2x\cot x(\cot x-x\csc^2 x)$;　(14) $y'=\frac{\mathrm{e}^{\sqrt{x}}}{2\sqrt{x}}$.

5. 切线方程为 $x+y+1=0$,法线方程为 $x-y-1=0$.

6. $\frac{\mathrm{d}s}{\mathrm{d}t}\bigg|_{t=\frac{T}{6}}=\frac{2\pi A}{T}\cos\frac{2\pi}{T}t\bigg|_{t=\frac{T}{6}}=\frac{\pi A}{T}$.

7. $x+y+\mathrm{e}^{-2}=0$.

项目练习 3.4

1. (1) $y'=\frac{y}{y-1}$；　　(2) $y'=\frac{3y-2x}{2y-3x}$；

(3) $y'=\frac{\cos y-\cos(x+y)}{x\sin y+\cos(x+y)}$；　　(4) $y'=\frac{e^{x+y}-y}{x-e^{x+y}}=\frac{xy-y}{x-xy}$.

2. (1) $\left.\frac{dy}{dx}\right|_{(4,3)}=-\left.\frac{x}{y}\right|_{(4,3)}=-\frac{4}{3}$；　　(2) $\left.\frac{dy}{dx}\right|_{(0,1)}=\left.\frac{y}{e^y-x}\right|_{(0,1)}=\frac{1}{e}$.

3. $3x+y-4=0$.

4. (1) $y'=x^x(\ln x+1)$；　　(2) $y'=\frac{\sqrt{2-x}\,(x+1)^3}{\sqrt[3]{3-2x}}\left(\frac{1}{2x-4}+\frac{3}{x+1}+\frac{2}{9-6x}\right)$.

5. $\frac{dy}{dx}=\frac{ye^y-2xy}{1-xye^y}$，$\left.\frac{dy}{dx}\right|_{\substack{x=0\\y=1}}=e$.

项目练习 3.5

1. (1) $y''=12\,(x+3)^2$；　　(2) $y''=\frac{-2(1+x^2)}{(1-x^2)^2}$；

(3) $y''=4e^{2x}+2e(2e-1)x^{2e-2}$；　　(4) $y''=-2\sin x-x\cos x$；

(5) $y''=-\frac{1}{2}\cos x$；　　(6) $y''=\frac{2}{(x-1)^3}$.

2. (1) $y^{(n)}=(-3)^n e^{-3x}$；　　(2) $y^{(n)}=\frac{(-1)^n n!}{x^{n+1}}$.

3. (1) $v\,|_{t=3}=\frac{8}{9}$，$a\,|_{t=3}=\frac{2}{27}$；　　(2) $v\,|_{t=1}=\frac{\pi A}{6}$，$a\,|_{t=1}=-\frac{\sqrt{3}\pi^2 A}{18}$.

项目练习 3.6

1. (1) $\Delta y=0.04$，$dy=0.04$；　　(2) $\Delta y=-0.0599$，$dy=-0.06$.

2. (1) $dy=(-\frac{1}{x^2}+\frac{1}{\sqrt{x}})dx$；　　(2) $dy=2xe^{2x}(1+x)dx$；

(3) $dy=12(x^2+x+1)(2x^3+3x^2+6x)dx$；　　(4) $dy=-e^{-x}(\cos 3x+3\sin 3x)dx$；

(5) $dy=\frac{2}{1+4x^2}dx$；　　(6) $dy=\frac{2}{(x+2)^2}dx$；

(7) $dy=2\tan(1+x)\sec^2(1+x)dx$；　　(8) $dy=\frac{2^{\log_3 x}\ln 2}{x\ln 3}dx$；

(9) $dy=\frac{1}{2\sqrt{x}\sqrt{1-x}}dx$；　　(10) $dy=5e^{\sin 5x}\cos 5x\,dx$.

3. (1) $2x+C$；　　(2) $-\frac{1}{2}e^{-2x}+C$；　　(3) $\frac{3}{2}x^2+C$；

(4) $2\sqrt{x}+C$；　　(5) $-\frac{1}{2}\cos 2x+C$；　　(6) $a\ln x+C$；

(7) $\tan x+C$;　　(8) $\ln(\ln x)+C$;　　(9) $\frac{1}{3x+1}$, $\frac{3}{3x+1}$.

复习题三

1. (1) $f(t+\Delta t)-f(t)$, $\frac{f(t+\Delta t)-f(t)}{\Delta t}$, $\lim\limits_{\Delta t\to 0}\frac{f(t+\Delta t)-f(t)}{\Delta t}$;

(2) 平行于 x 轴,垂直于 x 轴;　(3) $\left(\frac{1}{2},\frac{1}{4}\right)$;　(4) $\frac{1}{x\ln x}$;

(5) 1;　(6) $\frac{2^x}{\ln 2}+C$, $\ln|x|+C$, $\arcsin x+C$, $-\frac{x}{\sqrt{1-x^2}}$;

(7) 3;　(8) $\frac{\sin x\mathrm{d}x}{(1+\cos x)^2}$;　(9) $\omega\sin(2\omega x+2\varphi)$, $2\omega^2\cos(2\omega x+2\varphi)$;

(10) $-2\sin 2x+2^x\ln 2+\frac{1}{x\ln 2}$;　(11) (1,4);　(12) 2;

(13) $a^x\ln^n a$;　(14) $f'(x)\mathrm{d}x$.

2. (1) D;　(2) B;　(3) A;　(4) B.

3. (1) $y'=4x^3+\frac{3}{x^2}+5\cos x$;　(2) $y'=4x+\frac{5}{2}x\sqrt{x}$;

(3) $y'=-2(2x+3)(10x+7)(1-2x)^2$;　(4) $y'=\frac{-4}{(x-2)^2}$;

(5) $y'=\mathrm{e}^{-x}x^4(5-x)$;　(6) $y'=2^x(\ln 2\cdot\ln 3x+\frac{1}{x})$;

(7) $y'=\frac{1}{1+\cos x}$;　(8) $y'=2x\arcsin x+\frac{x^2}{\sqrt{1-x^2}}$;

(9) $y'=-\cot^3 x$;　(10) $y'=\frac{2\sqrt{x}+1}{4\sqrt{x}\sqrt{x+\sqrt{x}}}$;

(11) $y'=\frac{2x^2+x+1}{\sqrt{x^2+1}}$;　(12) $y'=\frac{\mathrm{e}^{\arctan x}}{1+x^2}$;

(13) $y'=\frac{2\sec^2(\ln x)\cdot\tan(\ln x)}{x}$;　(14) $y'=\frac{3^{\log_2 x}\ln 3}{x\ln 2}$;

(15) $y'=\mathrm{e}^{-x}(\frac{1}{2}\cos\frac{x}{2}-\sin\frac{x}{2})$;　(16) $y'=-\frac{1}{2\sqrt{x}\sqrt{1-x}}$.

4. (1) $\frac{\mathrm{d}y}{\mathrm{d}x}=\frac{xy-y^2}{x^2}$;　(2) $\frac{\mathrm{d}y}{\mathrm{d}x}=\frac{\cos(x+y)-\mathrm{e}^x y}{\mathrm{e}^x-\cos(x+y)}$;

(3) $\frac{\mathrm{d}y}{\mathrm{d}x}=x^{\frac{1}{x}-2}(1-\ln x)$;

(4) $\frac{\mathrm{d}y}{\mathrm{d}x}=\frac{1}{2}\sqrt{\frac{(x-1)(x-2)}{(x-3)(x-4)}}\left(\frac{1}{x-1}+\frac{1}{x-2}-\frac{1}{x-3}-\frac{1}{x-4}\right)$.

5. (1) $y''=-25\sin 5x-36\cos 6x$;　(2) $y''=\frac{1}{x}$;

(3) $y'=e^{\sin x}\cos x(\cos^2 x-3\sin x-1)$;

(4) $y'=2\arctan x+\dfrac{2x}{1+x^2}$.

6. (1) $y^{(n)}=e^x(x+n)$;

(2) $y^{(n)}=2^{n-1}\sin\left[2x+(n-1)\dfrac{\pi}{2}\right]$.

7. (1) $dy=e^x(\sin^2 x+\sin 2x)dx$;

(2) $dy=\dfrac{x}{x^2-1}dx$;

(3) $dy=\dfrac{1+x^2}{(1-x^2)^2}dx$;

(4) $dy=\dfrac{2}{x}dx$;

(5) $dy=-x^{-3}(2\cos x+x\sin x)dx$;

(6) $dy=2\sin(10-4x)dx$;

(7) $dy=2(e^{2x}-e^{-2x})dx$;

(8) $dy=\dfrac{2x}{\sqrt{1-x^4}}dx$.

8. (1) $y'=\dfrac{xe^x}{(1+x)^2}$;

(2) $y'=\sin x+x\cos x, y''=2\cos x-x\sin x$;

(3) $\dfrac{dy}{dx}=-\dfrac{1}{1+x^2}$;

(4) $dy=-\left(\dfrac{1}{x^2}+\dfrac{\sin\sqrt{x}}{2\sqrt{x}}\right)dx$;

(5) $y'=-\left(\dfrac{1}{x}\right)^x(1+\ln x)$;

(6) $y'=e^x\left(\ln x+\dfrac{1}{x^2}\right), dy=e^x\left(\ln x+\dfrac{1}{x^2}\right)dx$.

9. $\Delta x=1$ 时, $\Delta y=18$, $dy=11$; $\Delta x=0.1$ 时, $\Delta y=1.161$, $dy=1.1$; $\Delta x=0.01$ 时, $\Delta y=0.110\,601$, $dy=0.11$. 结论:Δx 越小, dy 与 Δy 近似程度越好.

10. 切线方程为 $3x+y+6=0$, 法线方程为 $x-3y-8=0$.

第四篇　导数的应用

前面我们学习了导数及其计算方法，本篇将在介绍拉格朗日中值定理的基础上，给出未定式极限的计算方法，并利用导数来研究函数的单调性和极值、曲线的凹凸性和拐点，从而描绘出函数的图形，并利用导数来解决实际生活中的最大值和最小值问题.

学习目标

◇ 会用洛必达法则求未定式的极限.
◇ 掌握用一阶导数判断函数单调性的方法.
◇ 掌握利用导数求函数的极值的方法.
◇ 会用二阶导数判断曲线的凹凸性及其拐点.
◇ 会求最大(小)值的应用题.

项目一　拉格朗日中值定理

拉格朗日中值定理给出了函数及其导数之间的联系，是导数应用的理论基础.

任务一　学习拉格朗日(Lagrange)中值定理

看一看

如图 4-1 所示，函数 $y=f(x)$ 在闭区间 $[a,b]$ 上的图形是一条连续的曲线弧 $\overset{\frown}{AB}$，且除端点外，曲线上每一点都有不垂直于 x 轴的切线，由图形可知，在 $\overset{\frown}{AB}$ 的内部，至少存在一点 $C(\xi,f(\xi))$，使得曲线在点 C 处的切线平行于弦 AB，即切线的斜率 $f'(\xi)$ 和弦 AB 的斜率 $\dfrac{f(b)-f(a)}{b-a}$ 相等，由此可得下面的定理.

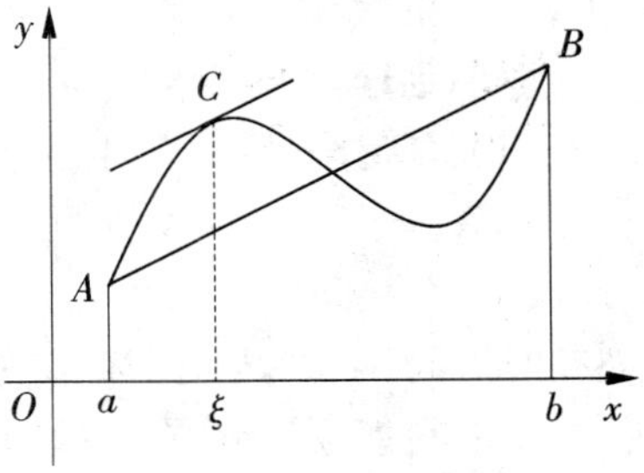

图 4-1

学一学

拉格朗日中值定理　如果函数 $f(x)$ 满足下列条件：
(1) 在闭区间 $[a,b]$ 上连续；
(2) 在开区间 (a,b) 内可导，
则在开区间 (a,b) 内至少存在一点 $\xi(a<\xi<b)$，使得

$$f'(\xi)=\frac{f(b)-f(a)}{b-a}.$$

其结论还可以改写为 $f(b)-f(a)=f'(\xi)(b-a)$，上面的分析过程即为定理的几何意义.

试一试

例 1 验证函数 $f(x)=\ln x$ 在区间$[1,\mathrm{e}]$上满足拉格朗日中值定理的条件，并求出使定理结论成立的 ξ 的值.

解 因为 $f(x)=\ln x$ 是初等函数，它在$[1,\mathrm{e}]$上是连续的，且 $f'(x)=\frac{1}{x}$，即 $f(x)$ 在开区间$(1,\mathrm{e})$内可导，所以函数 $f(x)=\ln x$ 在区间$[1,\mathrm{e}]$上满足拉格朗日中值定理的条件.

由拉格朗日中值定理得

$$f'(\xi)=\frac{f(\mathrm{e})-f(1)}{\mathrm{e}-1},$$

即

$$\frac{1}{\xi}=\frac{\ln\mathrm{e}-\ln 1}{\mathrm{e}-1}=\frac{1}{\mathrm{e}-1},$$

所以

$$\xi=\mathrm{e}-1\in(1,\mathrm{e}).$$

做一做

验证函数 $f(x)=\frac{1}{x}$ 在区间$[2,3]$上满足拉格朗日中值定理的条件，并求出使定理结论成立的 ξ 的值.

任务二 理解罗尔(Rolle)定理

学一学

在拉格朗日中值定理中，若令 $f(a)=f(b)$，可得 $f'(\xi)=0$，由此可得下面的定理.

罗尔定理 如果函数 $f(x)$ 满足下列条件：

(1) 在闭区间$[a,b]$上连续；

(2) 在开区间(a,b)内可导；

(3) 在区间$[a,b]$的端点处的函数值相等，即 $f(a)=f(b)$，

则在开区间(a,b)内至少存在一点 $\xi(a<\xi<b)$，使得 $f'(\xi)=0$.

它的几何意义如图 4-2 所示，$y=f(x)$ 在闭区间$[a,b]$上的图形是一段连续的曲线弧$\overset{\frown}{AB}$，若除端点外处处都有不垂直于 x 轴的切线，且弦 AB 是水平的，则在$\overset{\frown}{AB}$的内部，至少存在一点 $C(\xi,f(\xi))$，使得曲线在点 C 处的切线平行于弦 AB.

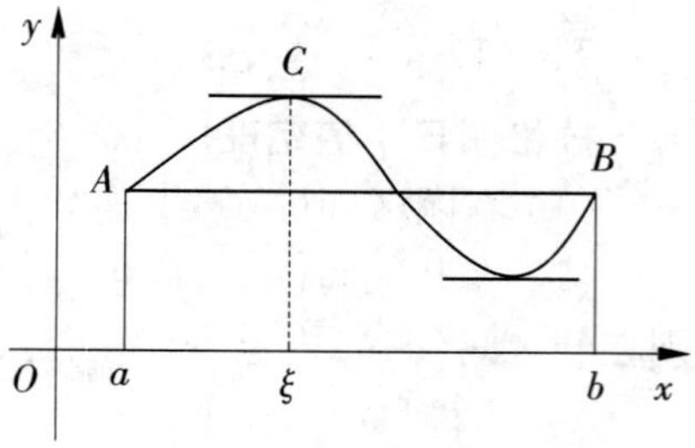

图 4-2

试一试

例2 验证函数$f(x)=x^3-4x$在区间$[0,2]$上满足罗尔定理的条件,并求使定理结论成立的ξ的值.

解 因为$f(x)=x^3-4x$是初等函数,它在$[0,2]$上连续,在$(0,2)$内有$f'(x)=3x^2-4$,即$f(x)$在开区间$(0,2)$内可导,且$f(0)=f(2)=0$,所以函数$f(x)=x^3-4x$在区间$[0,2]$上满足罗尔定理的条件.

令
$$f'(\xi)=3\xi^2-4=0,$$
得
$$\xi=\pm\frac{2\sqrt{3}}{3},$$
又因为$\xi\in[0,2]$,所以$\xi=\frac{2\sqrt{3}}{3}$.

学一学

前面我们学过"常数的导数等于0",反之,利用拉格朗日中值定理,可得下面的推论.

推论1 如果函数$f(x)$在区间(a,b)内的导数恒等于0,则在区间(a,b)内,$f(x)$恒为常数.

证明 在(a,b)内任取两点x_1和$x_2(x_1<x_2)$,因为函数$f(x)$在区间(a,b)内可导,所以函数$f(x)$在闭区间$[x_1,x_2]$上满足拉格朗日中值定理的条件,于是可得
$$f(x_2)-f(x_1)=f'(\xi)(x_2-x_1),\ x_1<\xi<x_2.$$
由假设条件可知$f'(\xi)=0$,所以$f(x_2)-f(x_1)=0$,即$f(x_2)=f(x_1)$.

因为x_1和x_2是区间(a,b)内的任意两点,这说明$f(x)$在区间(a,b)内任意两点处的函数值都是相等的,故在区间(a,b)内,$f(x)$恒为常数.

推论2 如果在区间(a,b)内,函数$f(x)$的导数和函数$g(x)$的导数恒相等,即$f'(x)\equiv g'(x)$,则在(a,b)内,函数$f(x)$与$g(x)$之差恒为常数.

证明 设$\varphi(x)=f(x)-g(x)$,在区间(a,b)内,因为
$$\varphi'(x)=f'(x)-g'(x)=0,$$
由推论1可知,在区间(a,b)内,$\varphi(x)$恒为常数,即
$$f(x)-g(x)\equiv C\ (C\text{ 为常数}).$$

做一做

验证函数$f(x)=x^3-x$在区间$[0,1]$上满足罗尔定理的条件,并求使定理结论成立的ξ的值.

项目练习 4.1

1. 下列函数在指定的区间上是否满足拉格朗日中值定理的条件？如果满足,求出使

定理结论成立的 ξ 的值.

(1) $f(x)=x^2+2x, x\in[0,2]$;　　(2) $f(x)=\sqrt{x}-1, x\in[4,9]$;

(3) $f(x)=2x^3-x^2+3x+1, x\in[0,1]$;　　(4) $f(x)=mx^2+nx+p, x\in[a,b]$.

2. 曲线 $y=x^3-2x^2+x+3$ 上哪一点的切线和连接曲线上点(0,3)和(2,5)的割线平行?

3. 下列函数在指定的区间上是否满足罗尔定理的条件? 如果满足,求出使定理结论成立的 ξ 的值.

(1) $f(x)=x^2-2x, x\in[0,2]$;　　(2) $f(x)=\dfrac{1}{x^2+1}, x\in[-1,1]$;

(3) $f(x)=2x^3-x^2-x+1, x\in[0,1]$.

项目二　洛必达法则

在求函数的极限时,常会遇到两个无穷小之比的极限或两个无穷大之比的极限,它们有的存在,有的不存在. 通常称这种比值的极限为**未定式**,分别记作 $\dfrac{0}{0}$ 型或 $\dfrac{\infty}{\infty}$ 型. 洛必达法则就是求这种未定式的一个重要且有效的方法.

任务一　求 $\dfrac{0}{0}$ 型未定式的值

学一学

我们着重讨论 $x\to a$ 时的未定式 $\dfrac{0}{0}$ 的情形,关于这种情形有下面的法则:

设函数 $f(x)$, $g(x)$ 满足:

(1) $\lim\limits_{x\to a}f(x)=0, \lim\limits_{x\to a}g(x)=0$;

(2) 在点 a 的左右近旁, $f'(x)$ 与 $g'(x)$ 存在且 $g'(x)\neq 0$;

(3) $\lim\limits_{x\to a}\dfrac{f'(x)}{g'(x)}$ 存在或为无穷大,

则 $\lim\limits_{x\to a}\dfrac{f(x)}{g(x)}$ 存在或为无穷大,且 $\lim\limits_{x\to a}\dfrac{f(x)}{g(x)}=\lim\limits_{x\to a}\dfrac{f'(x)}{g'(x)}$.

上面求未定式的值时所用的法则称为**洛必达法则**.

试一试

例 1　求 $\lim\limits_{x\to 4}\dfrac{\sqrt{3x-3}-3}{\sqrt{x-2}-\sqrt{2}}$.

解　这是 $\dfrac{0}{0}$ 型未定式,用洛必达法则,得

$$\lim_{x\to4}\frac{\sqrt{3x-3}-3}{\sqrt{x-2}-\sqrt{2}}=\lim_{x\to4}\frac{\dfrac{3}{2\sqrt{3x-3}}}{\dfrac{1}{2\sqrt{x-2}}}=\sqrt{2}.$$

例 2　求 $\lim\limits_{x\to0}\dfrac{x-\sin x}{x^3}$.

解　这是$\dfrac{0}{0}$型未定式,用洛必达法则,得

$$\lim_{x\to0}\frac{x-\sin x}{x^3}=\lim_{x\to0}\frac{1-\cos x}{3x^2},$$

等式右端仍为$\dfrac{0}{0}$型未定式,再使用洛必达法则,得

$$\lim_{x\to0}\frac{x-\sin x}{x^3}=\lim_{x\to0}\frac{1-\cos x}{3x^2}=\lim_{x\to0}\frac{\sin x}{6x}=\frac{1}{6}.$$

做一做

求 $\lim\limits_{x\to0}\dfrac{1-e^{x^2}}{1-\cos x}$.

学一学

对于 $x\to\infty$ 时的$\dfrac{0}{0}$型未定式,也有以下计算法则.

设函数 $f(x)$, $g(x)$ 满足:

(1) $\lim\limits_{x\to\infty}f(x)=0$, $\lim\limits_{x\to\infty}g(x)=0$;

(2) 当 $|x|$ 大于某一正数时, $f'(x)$ 与 $g'(x)$ 存在且 $g'(x)\neq0$;

(3) $\lim\limits_{x\to\infty}\dfrac{f'(x)}{g'(x)}$存在或为无穷大,

则

$$\lim_{x\to\infty}\frac{f(x)}{g(x)}=\lim_{x\to\infty}\frac{f'(x)}{g'(x)}.$$

试一试

例 3　求 $\lim\limits_{x\to+\infty}\dfrac{\ln\left(1+\dfrac{1}{x}\right)}{\operatorname{arccot}x}$.

解　这是 $x\to+\infty$ 时的$\dfrac{0}{0}$型未定式,用洛必达法则,得

$$\lim_{x\to+\infty}\frac{\ln\left(1+\dfrac{1}{x}\right)}{\operatorname{arccot}x}=\lim_{x\to+\infty}\frac{\dfrac{x}{x+1}\cdot\left(-\dfrac{1}{x^2}\right)}{-\dfrac{1}{1+x^2}}$$

$$= \lim_{x \to +\infty} \frac{x}{x+1} \cdot \frac{1+x^2}{x^2} = 1.$$

做一做

求 $\lim\limits_{x \to +\infty} \dfrac{\dfrac{\pi}{2} - \arctan x}{\dfrac{1}{x}}$.

任务二　求$\frac{\infty}{\infty}$型未定式的值

学一学

设函数 $f(x)$, $g(x)$ 满足:

(1) $\lim\limits_{x \to a} f(x) = \infty$, $\lim\limits_{x \to a} g(x) = \infty$ (或 $\lim\limits_{x \to \infty} f(x) = \infty$, $\lim\limits_{x \to \infty} g(x) = \infty$);

(2) 在点 a 的左右近旁(或当 $|x|$ 大于某一正数时), $f'(x)$, $g'(x)$ 存在且 $g'(x) \neq 0$;

(3) $\lim\limits_{x \to a} \dfrac{f'(x)}{g'(x)}$ (或 $\lim\limits_{x \to \infty} \dfrac{f'(x)}{g'(x)}$) 存在或为无穷大,

则

$$\lim_{\substack{x \to a \\ x \to \infty}} \frac{f(x)}{g(x)} = \lim_{\substack{x \to a \\ x \to \infty}} \frac{f'(x)}{g'(x)}.$$

试一试

例 4　求 $\lim\limits_{x \to +\infty} \dfrac{\ln x}{x^n}$ $(n>0)$.

解　这是$\frac{\infty}{\infty}$型未定式,用洛必达法则,得

$$\lim_{x \to +\infty} \frac{\ln x}{x^n} = \lim_{x \to +\infty} \frac{\frac{1}{x}}{nx^{n-1}} = \lim_{x \to +\infty} \frac{1}{nx^n} = 0.$$

例 5　求 $\lim\limits_{x \to +\infty} \dfrac{x^n}{e^{\lambda x}}$ (n 为正整数, $\lambda>0$).

解　$\lim\limits_{x \to +\infty} \dfrac{x^n}{e^{\lambda x}} = \lim\limits_{x \to +\infty} \dfrac{nx^{n-1}}{\lambda e^{\lambda x}} = \lim\limits_{x \to +\infty} \dfrac{n(n-1)x^{n-2}}{\lambda^2 e^{\lambda x}} = \cdots = \lim\limits_{x \to +\infty} \dfrac{n!}{\lambda^n e^{\lambda x}} = 0.$

做一做

求 $\lim\limits_{x \to \infty} \dfrac{x^3}{e^{x^2}}$.

任务三　会求其他类型未定式的值

除上述$\frac{0}{0}$,$\frac{\infty}{\infty}$型未定式外,还有其他类型的未定式,如 $0 \cdot \infty$, $\infty - \infty$, 1^∞, 0^0, ∞^0 等. 求

这些未定式的值，通常是将其转化成$\frac{0}{0}$或$\frac{\infty}{\infty}$型未定式，用洛必达法则来计算.

试一试

例 6　求$\lim\limits_{x\to 0^+}x^2\ln x$.

解　这是$0\cdot\infty$型未定式，首先变形为$\frac{0}{0}$或$\frac{\infty}{\infty}$型未定式，再用洛必达法则求之.

$$\lim_{x\to 0^+}x^2\ln x=\lim_{x\to 0^+}\frac{\ln x}{\frac{1}{x^2}}=\lim_{x\to 0^+}\frac{\frac{1}{x}}{\frac{-2}{x^3}}=-\lim_{x\to 0^+}\frac{x^2}{2}=0.$$

例 7　求$\lim\limits_{x\to 0}\left[\frac{1}{x}-\frac{1}{\ln(1+x)}\right]$.

解　这是$\infty-\infty$型未定式.可先通分变形为$\frac{0}{0}$型未定式，再用洛必达法则求之.

$$\begin{aligned}\lim_{x\to 0}\left[\frac{1}{x}-\frac{1}{\ln(1+x)}\right]&=\lim_{x\to 0}\frac{\ln(1+x)-x}{x\ln(1+x)}\\&=\lim_{x\to 0}\frac{\frac{1}{1+x}-1}{2x}\quad（当 x\to 0 时，\ln(1+x)\sim x）\\&=\lim_{x\to 0}\frac{1-1-x}{2x(1+x)}=\lim_{x\to 0}\frac{-1}{2+4x}=-\frac{1}{2}.\end{aligned}$$

例 8　求$\lim\limits_{x\to 0^+}(\cos x)^{\cot x}$.

解　这是1^∞型未定式，设$y=(\cos x)^{\cot x}$，取对数得$\ln y=\cot x\ln\cos x$，所以

$$y=e^{\cot x\ln\cos x}\quad 或\quad (\cos x)^{\cot x}=e^{\cot x\ln\cos x}.$$

而$\lim\limits_{x\to 0^+}\cot x\ln\cos x$是$0\cdot\infty$型未定式，用洛必达法则，要先变形为$\frac{0}{0}$型未定式，再求之.

$$\lim_{x\to 0^+}\cot x\ln\cos x=\lim_{x\to 0^+}\frac{\ln\cos x}{\tan x}=\lim_{x\to 0^+}\frac{\frac{-\sin x}{\cos x}}{\sec^2 x}=\lim_{x\to 0^+}\frac{-\sin x}{\sec x}=0,$$

则

$$\lim_{x\to 0^+}(\cos x)^{\cot x}=\lim_{x\to 0^+}e^{\cot x\ln\cos x}=e^0=1.$$

做一做

利用洛必达法则求下列极限：

（1）$\lim\limits_{x\to 0}x^{\sin x}$；　　　　（2）$\lim\limits_{x\to +\infty}xe^{-x}$.

学一学

由以上各例看出，洛必达法则是求未定式的值的一种简便有效的法则，应用这一法则时必须注意以下几点：

(1) 只有将未定式转化为$\frac{0}{0}$型或$\frac{\infty}{\infty}$型才能使用洛必达法则,在连续使用洛必达法则时,必须检查每一次所求极限是否是$\frac{0}{0}$型或$\frac{\infty}{\infty}$型未定式.

(2) 在用洛必达法则求未定式的值时,要注意将所求极限尽量简化. 例如,适当应用等价无穷小的替换简化运算.

(3) 在应用洛必达法则时,要注意其中的条件(3),只有$\lim\frac{f'(x)}{g'(x)}$存在或为无穷大时,才有$\lim\frac{f(x)}{g(x)}=\lim\frac{f'(x)}{g'(x)}$. 若$\lim\frac{f'(x)}{g'(x)}$不存在也不为无穷大,则不能断言$\lim\frac{f(x)}{g(x)}$存在.

例如求$\lim\limits_{x\to0}\frac{x^2\sin\frac{1}{x}}{\sin x}$时,使用一次洛必达法则后,极限不存在也不是无穷大,但不能断言它的极限不存在.

想一想

如何求$\lim\limits_{x\to0}\frac{x^2\sin\frac{1}{x}}{\sin x}$?

项目练习 4.2

用洛必达法则求下列极限:

(1) $\lim\limits_{x\to0}\frac{\ln(1+x)}{x}$;　　(2) $\lim\limits_{x\to0}\frac{e^x-e^{-x}}{\sin x}$;

(3) $\lim\limits_{x\to a}\frac{\sin x-\sin a}{x-a}$;　　(4) $\lim\limits_{x\to\pi}\frac{\sin3x}{\tan5x}$;

(5) $\lim\limits_{x\to\frac{\pi}{2}}\frac{\ln\sin x}{(\pi-2x)^2}$;　　(6) $\lim\limits_{x\to a}\frac{x^m-a^m}{x^n-a^n}$;

(7) $\lim\limits_{x\to0^+}\frac{\ln\tan7x}{\ln\tan2x}$;　　(8) $\lim\limits_{x\to\frac{\pi}{2}}\frac{\tan x}{\tan3x}$.

项目三　函数的单调性与极值

任务一　掌握函数单调性的判定方法

看一看

前面我们已经讲过函数单调性的概念,并且能够利用定义来判断函数的单调性,接下来我们将利用导数来研究函数的单调性.

如图 4-3 所示,函数 $f(x)$ 在区间 $[a,b]$ 上单调增加,曲线 $y=f(x)$ 的图形是一条沿 x 轴正向上升的曲线,除两端点外,曲线上各点处切线的倾斜角都是锐角,即切线的斜率都是正值,因此在区间 (a,b) 内 $f'(x)>0$. 如图 4-4 所示,函数 $f(x)$ 在区间 $[a,b]$ 上单调减少,曲线 $y=f(x)$ 的图形是一条沿 x 轴正向下降的曲线,除两端点外,曲线上各点处切线的倾斜角都是钝角,即切线的斜率都是负值,因此在区间 (a,b) 内 $f'(x)<0$.

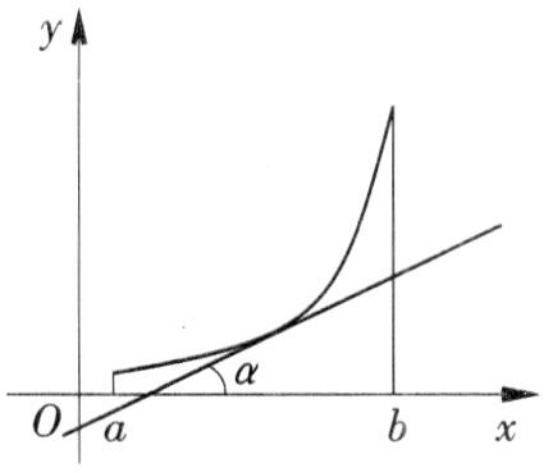

图 4-3

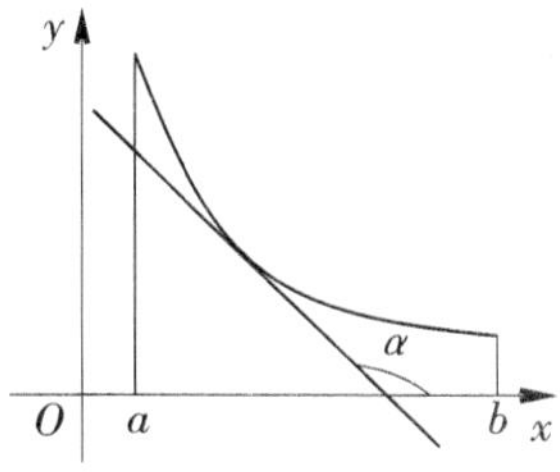

图 4-4

学一学

设函数 $f(x)$ 在闭区间 $[a,b]$ 上连续,在开区间 (a,b) 内可导,

(1) 如果在区间 (a,b) 内 $f'(x)>0$,则 $f(x)$ 在 $[a,b]$ 上单调增加;

(2) 如果在区间 (a,b) 内 $f'(x)<0$,则 $f(x)$ 在 $[a,b]$ 上单调减少.

证明 在区间 $[a,b]$ 上任取两点 x_1 和 $x_2(x_1<x_2)$, $f(x)$ 在闭区间 $[x_1,x_2]$ 上满足拉格朗日中值定理的条件,于是

$$f(x_2)-f(x_1)=f'(\xi)(x_2-x_1),\ x_1<\xi<x_2.$$

(1) 若在区间 (a,b) 内 $f'(x)>0$,则 $f'(\xi)>0$,又因为 $x_2-x_1>0$,于是 $f(x_2)-f(x_1)>0$,即 $f(x_2)>f(x_1)$,所以 $f(x)$ 在 $[a,b]$ 上单调增加.

同理可证(2)成立.

注意:(1) 上述定理中的闭区间 $[a,b]$ 若改为开区间、半开区间或无限区间,定理的结论仍然成立.

(2) 某些函数在某个区间的个别点处的导数等于 0,但函数在该区间内仍为单调增加(或单调减少),即定理中的 $f'(x)>0$ 可改为 $f'(x)\geqslant 0$, $f'(x)<0$ 可改为 $f'(x)\leqslant 0$.

试一试

例 1 判定函数 $f(x)=2x-\sin x$ 的单调性.

解 函数 $f(x)$ 的定义域是 $(-\infty,+\infty)$, $f'(x)=2-\cos x>0$,所以 $f(x)$ 在 $(-\infty,+\infty)$ 内单调增加.

有些函数(如一元二次函数)在它的定义域上不是单调的,如果 $f(x)$ 可导,我们可以利用 $f'(x)=0$ 的根把定义域分成若干个区间,在所得的每个区间内 $f'(x)$ 的符号不变,因而可以判断 $f(x)$ 在各个区间内的单调性.

例 2 讨论函数 $f(x)=x^3-2x^2+x+1$ 的单调性.

解 函数 $f(x)$ 的定义域是 $(-\infty,+\infty)$，求导数得

$$f'(x)=3x^2-4x+1=(3x-1)(x-1).$$

令 $f'(x)=0$，得 $x_1=\frac{1}{3}$ 和 $x_2=1$，这两个根把定义域分为三个区间：$\left(-\infty,\frac{1}{3}\right)$，$\left(\frac{1}{3},1\right)$，$(1,+\infty)$.

考察 $f'(x)$ 在各区间内的符号时，分别在各区间内取 x 的一个值代入 $f'(x)$ 即可，现列表讨论（见表 4-1，表中的"↗"表示单调增加，"↘"表示单调减少，下同）.

表 4-1

x	$\left(-\infty,\frac{1}{3}\right)$	$\frac{1}{3}$	$\left(\frac{1}{3},1\right)$	1	$(1,+\infty)$
$f'(x)$	+	0	−	0	+
$y=f(x)$	↗		↘		↗

由表 4-1 可知，函数 $f(x)$ 在区间 $\left(-\infty,\frac{1}{3}\right)$ 和 $(1,+\infty)$ 内单调增加，在区间 $\left(\frac{1}{3},1\right)$ 内单调减少，如图 4-5 所示.

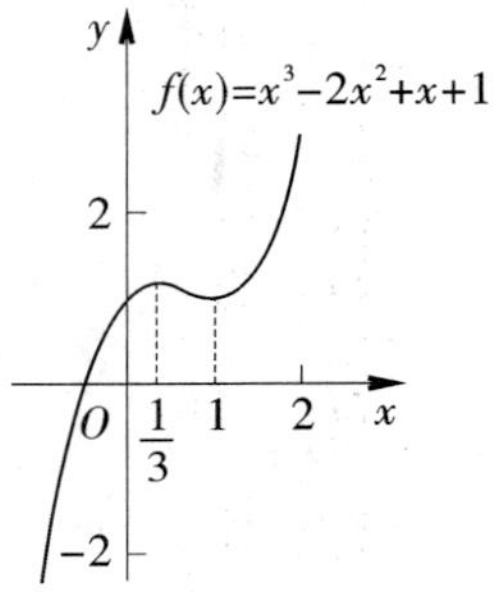

图 4-5

例 3 求函数 $f(x)=x^2-2\ln x$ 的单调区间.

解 函数 $f(x)$ 的定义域是 $(0,+\infty)$，求导数得

$$f'(x)=2x-\frac{2}{x}=\frac{2(x+1)(x-1)}{x}.$$

令 $f'(x)=0$，得 $x=1$（$x=-1$ 不在定义域内，应舍去），这个根把定义域分为两个区间：$(0,1)$ 和 $(1,+\infty)$.

列表讨论（见表 4-2）.

表 4-2

x	$(0,1)$	1	$(1,+\infty)$
$f'(x)$	−	0	+
$y=f(x)$	↘		↗

由表 4-2 可知，函数 $f(x)$ 的单调减少区间为 $(0,1)$，单调增加区间为 $(1,+\infty)$，如图4-6所示.

从前面的两个例题可以看出，函数增减区间的分界点处的导数为 0，但有些使导数不存在的点也可能是函数增减区间的分界点. 为了便于学习，以后本书讨论的单调区间的分界点一般是导数为 0 的点.

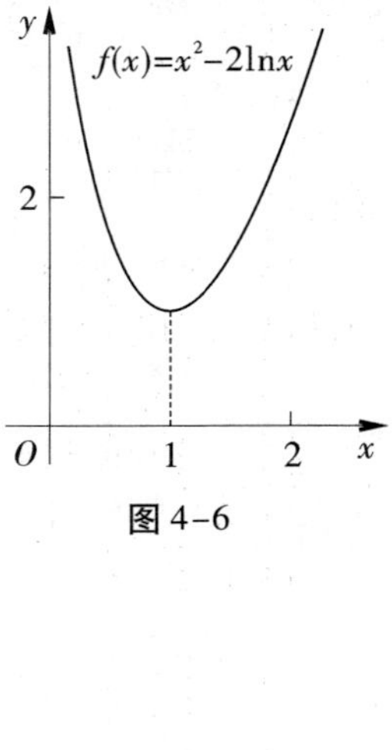

图 4-6

想一想

如图 4-7 所示，函数 $f(x)=\sqrt{x^2}$ 在点 $x=0$ 处可导吗？它的单调性如何？

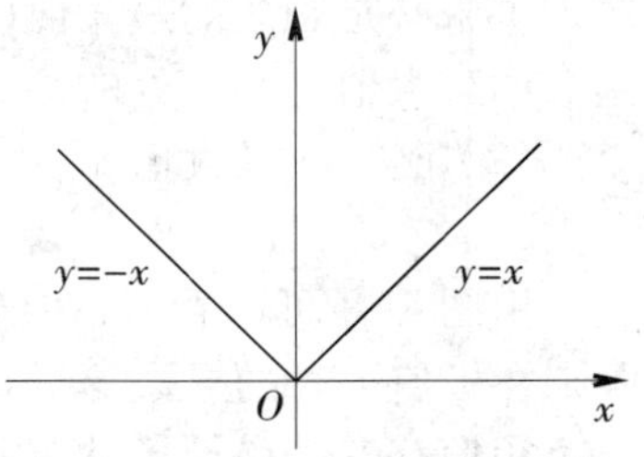

图 4-7

做一做

讨论下列函数的单调性：

(1) $f(x)=x-x^2$；　　(2) $f(x)=x^4-2x^2+3$；

(3) $f(x)=x^3-6x^2+9x-1$；　　(4) $f(x)=\dfrac{\ln x}{x}$.

任务二　掌握函数的极值及其求法

我们知道，绵延起伏的群山中有许多山峰和山谷，对于局部地区而言，山峰顶部的海拔比周围的海拔都要高，山谷底部的海拔比周围的海拔都要低. 类似地，对于函数图形来说，局部范围内也有函数值最大的“峰”和函数值最小的“谷”，这就是我们下面要讲的函数的极值问题.

看一看

如图 4-8 所示，点 x_1 和 x_4 是函数 $y=f(x)$ 由单调递增到单调递减的转折点，是函数的“峰”，对应的函数值 $f(x_1)$ 和 $f(x_4)$ 比它们左右近旁的函数值都要大；点 x_2 和 x_5 是函数 $y=f(x)$ 由单调递减到单调递增的转折点，是函数的“谷”，对应的函数值 $f(x_2)$ 和 $f(x_5)$ 比它们左右近旁的函数值都要小. 具有上述特性的点和对应的函数值，就是我们要研究的函数的极值点和极值.

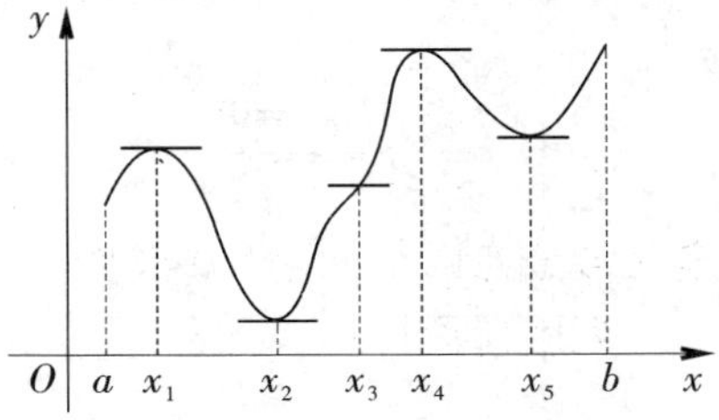

图 4-8

学一学

设函数 $f(x)$ 在区间 (a,b) 内有定义，x_0 是区间 (a,b) 内的一个点. 如果对于点 x_0 近旁的任意点 $x(x\neq x_0)$，恒有 $f(x)<f(x_0)$ 成立，则称 $f(x_0)$ 是函数 $f(x)$ 的一个**极大值**，点 x_0 叫做函数 $f(x)$ 的一个**极大点**；如果对于点 x_0 近旁的任意点 $x(x\neq x_0)$，恒有 $f(x)>f(x_0)$ 成立，则称 $f(x_0)$ 是函数 $f(x)$ 的一个**极小值**，点 x_0 叫做函数 $f(x)$ 的一个**极小点**.

函数的极大值与极小值统称为函数的**极值**，使函数取得极大值和极小值的点统称为**极值点**.

例如，在图 4-8 中，点 x_1 和 x_4 是函数 $y=f(x)$ 的极大点，$f(x_1)$ 和 $f(x_4)$ 是函数 $y=f(x)$ 的极大值；点 x_2 和 x_5 是函数 $y=f(x)$ 的极小点，$f(x_2)$ 和 $f(x_5)$ 是函数 $y=f(x)$ 的极小值.

注意：(1) 函数的极值是局部性的概念，函数的极值一定出现在区间的内部，在区间端点处不能取得极值；函数的最大值和最小值是对函数的整个定义域而言的，它既可以出现在区间的内部，也可以在区间的端点处取得. 因此，函数的极大值(极小值)就整个定义域来讲未必是函数的最大值(最小值).如图4-8中,极小值$f(x_2)$就是函数的最小值,而函数的最大值是端点处的函数值$f(b)$,而不是极大值.

(2)函数的极大值不一定比极小值大,如图4-8中,极小值$f(x_5)$比极大值$f(x_1)$还大.

由图4-8可以看出,在函数$f(x)$的极值点处,曲线$y=f(x)$的切线是水平的,即函数$f(x)$在极值点处的导数等于0.由此得到函数取得极值的必要条件.

极值存在的必要条件 若函数$f(x)$在点x_0处可导且取得极值,则必有$f'(x_0)=0$.

使导数$f'(x)$等于0的点(即方程$f'(x)=0$的根)叫做函数$f(x)$的**驻点**.由图4-8可知,可导函数的极值点一定是函数的驻点,但是反过来,可导函数的驻点,不一定是函数的极值点.如点x_3是函数的驻点,但不是函数的极值点.若驻点为函数单调增加和单调减少区间的分界点,即驻点左右两侧导数的符号相反,则驻点为极值点.由此得到函数取得极值的充分条件.

极值存在的第一充分条件 若函数$f(x)$在x_0的左右近旁可导,且$f'(x_0)=0$,

(1)如果当$x<x_0$时$f'(x)>0$,当$x>x_0$时$f'(x)<0$,则函数$f(x)$在x_0处取得极大值$f(x_0)$,如图4-9所示;

(2)如果当$x<x_0$时$f'(x)<0$,当$x>x_0$时$f'(x)>0$,则函数$f(x)$在x_0处取得极小值$f(x_0)$,如图4-10所示;

(3)如果在点x_0的左右两侧$f'(x)$的符号不变,则$f(x_0)$不是函数$f(x)$的极值,如图4-11所示.

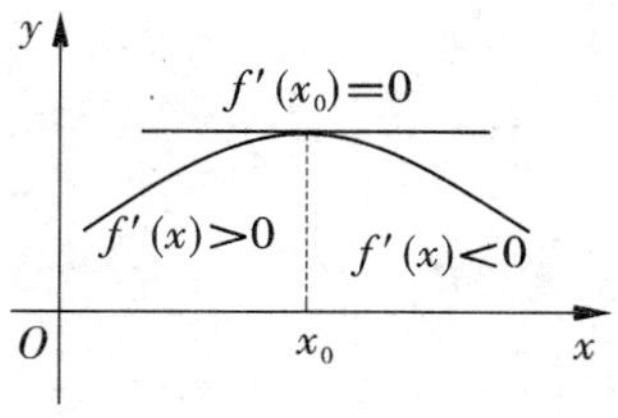

图4-9

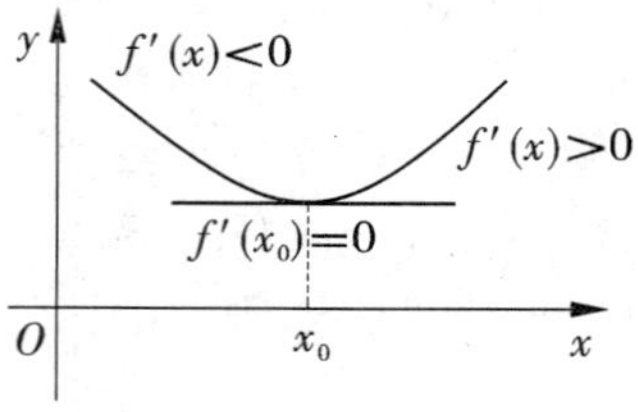

图4-10

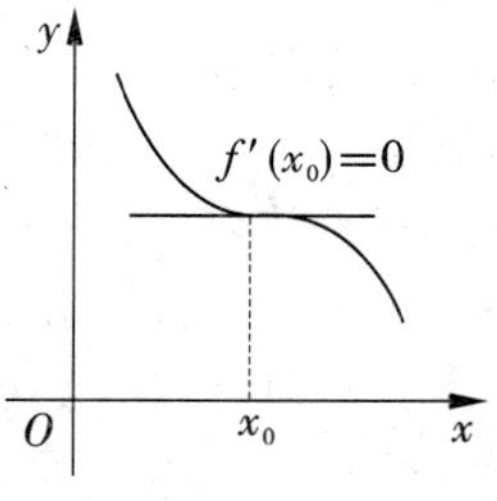

图4-11

根据上面的定理,如果函数$f(x)$在所讨论的区间内可导,则求函数极值的步骤如下:

(1)写出函数$f(x)$的定义域;

(2)求导数$f'(x)$;

(3)令$f'(x)=0$,求出函数$f(x)$在定义域内的全部驻点,用驻点把定义域分成若干个区间;

(4)列表考察各个区间内$f'(x)$的符号,逐一判定驻点是否为极值点,是极大点还是极小点,并求出各极值点处的函数值;

(5)根据题意进行小结.

试一试

例4 求函数$f(x)=4x^3-6x^2+1$的极值.

解　(1)函数的定义域为$(-\infty,+\infty)$;

(2)$f'(x)=12x^2-12x=12x(x-1)$;

(3)令$f'(x)=0$,得驻点$x_1=0$和$x_2=1$;

(4)列表考察$f'(x)$的符号(见表4-3);

表4-3

x	$(-\infty,0)$	0	$(0,1)$	1	$(1,+\infty)$
$f'(x)$	+	0	-	0	+
$f(x)$	↗	极大值1	↘	极小值-1	↗

(5)由表4-3可知,函数$f(x)$的极大值为$f(0)=1$,极小值为$f(1)=-1$.

例5　求函数$f(x)=2-(x^2-1)^3$的极值.

解　(1)函数的定义域为$(-\infty,+\infty)$;

(2)$f'(x)=-6x(x^2-1)^2=-6x(x+1)^2(x-1)^2$;

(3)令$f'(x)=0$,得驻点$x_1=-1,x_2=0,x_3=1$;

(4)列表考察$f'(x)$的符号(见表4-4);

表4-4

x	$(-\infty,-1)$	-1	$(-1,0)$	0	$(0,1)$	1	$(1,+\infty)$
$f'(x)$	+	0	+	0	-	0	-
$f(x)$	↗		↗	极大值3	↘		↘

(5)由表4-4可知,函数$f(x)$的极大值为$f(0)=3$,驻点$x_1=-1$和$x_3=1$不是极值点.

做一做

求函数$f(x)=\frac{1}{3}x^3-x$的极值.

学一学

当函数$f(x)$在驻点处的二阶导数存在且不为0时,也可以利用下面的方法来判定.

极值存在的第二充分条件　设函数$f(x)$在点x_0处具有二阶导数,且$f'(x_0)=0$,$f''(x_0)\neq0$,则

(1)当$f''(x)<0$时,函数$f(x)$在点x_0处取得极大值;

(2)当$f''(x)>0$时,函数$f(x)$在点x_0处取得极小值.

例6　求函数$f(x)=x^3-4x^2-3x$的极值.

解　$f'(x)=3x^2-8x-3=(3x+1)(x-3)$,$f''(x)=6x-8$,

令 $f'(x)=0$，得驻点 $x=-\frac{1}{3}$ 和 $x=3$，又因为

$$f''\left(-\frac{1}{3}\right)=-10<0,\quad f''(3)=10>0,$$

所以 $f(x)$ 在点 $x=-\frac{1}{3}$ 处取得极大值，且极大值为 $f\left(-\frac{1}{3}\right)=\frac{14}{27}$；$f(x)$ 在点 $x=3$ 处取得极小值，且极小值为 $f(3)=-18$.

注意：在判断驻点 x_0 是否为极值点时，若在驻点 x_0 处 $f''(x_0)=0$，则第二充分条件失效，此时仍需用第一充分条件.

做一做

求函数 $f(x)=3x^4-8x^3+6x^2+1$ 的极值.

项目练习 4.3

1. 判定下列函数在指定区间内的单调性：

(1) $f(x)=x^3$, $x\in(-\infty,+\infty)$；

(2) $f(x)=\cos x-x$, $x\in(-\infty,+\infty)$；

(3) $f(x)=\tan x$, $x\in\left(-\frac{\pi}{2},\frac{\pi}{2}\right)$；

(4) $f(x)=\ln(x-1)$, $x\in(1,+\infty)$.

2. 求下列函数的单调区间：

(1) $f(x)=x^3+3x$；　　(2) $f(x)=2x^3-6x^2-18x+1$；

(3) $f(x)=2x^2-\ln x$；　　(4) $f(x)=e^x-x+2$；

(5) $f(x)=x+\frac{1}{x}$；　　(6) $f(x)=2x^4-x^2-1$；

(7) $f(x)=x^{\frac{2}{3}}$.

3. 设一物体作直线运动，其运动方程为

$$s=t^4-2t^3+t^2-8,\ t>0.$$

问：(1) 何时速度为0？

(2) 何时作前进（s 增加）运动？

(3) 何时作后退（s 减少）运动？

4. 求下列函数的极值和极值点：

(1) $f(x)=2x^2-8x-3$；　　(2) $f(x)=x-\ln(1+x)$；

(3) $f(x)=\frac{1}{3}x^3-x^2-3x+1$；　　(4) $f(x)=x^4-4x^3-8x^2+1$；

(5) $f(x)=3x^4-8x^3+6x^2-2$；　　(6) $f(x)=x+\sqrt{1-x}$；

(7) $f(x)=x^2\ln x$;　　　　　　(8) $f(x)=\sqrt[3]{x+1}$;

(9) $f(x)=\dfrac{3x^2+4x+4}{x^2+x+1}$;　　　　(10) $f(x)=e^x+e^{-x}$.

5. 求函数 $y=\sin x+\cos x$ 在 $[0,2\pi]$ 上的极值.

6. 已知函数 $f(x)=ax^3+bx$ 有极大值 $f(-1)=\dfrac{2}{3}$.

(1) 求系数 a 和 b 的值;

(2) 函数 $f(x)$ 是否有极小值? 如果有,求出其极小值.

项目四　函数的最大值和最小值

在实际生活中,常常需要解决在一定条件下,效率最高、成本最低、原材料最省、能耗最小等问题.这一类问题就是有关函数的最大值和最小值问题.接下来我们将在函数极值的基础上讨论如何求函数的最大值和最小值.

任务一　求函数的最大值和最小值

学一学

若函数 $f(x)$ 在闭区间 $[a,b]$ 上连续,根据闭区间上连续函数的性质可知,$f(x)$ 在闭区间 $[a,b]$ 上一定有最大值和最小值.由前面所学知识可知,$f(x)$ 的最大值和最小值可能在区间 $[a,b]$ 内部的极值点处取得,也可能在区间的端点处取得,即函数 $f(x)$ 取得最大值或最小值的点是函数的驻点或区间的端点.所以,求连续函数 $f(x)$ 在闭区间 $[a,b]$ 上的最大值或最小值的方法如下:

(1) 求出函数 $f(x)$ 在区间 (a,b) 内的所有驻点 $x_i\ (i=1,2,3,\cdots)$;

(2) 求出 $f(x)$ 在区间端点处的函数值 $f(a)$, $f(b)$ 以及驻点处的函数值 $f(x_i)\ (i=1,2,3,\cdots)$;

(3) 将这些值进行比较并小结,其中最大者就是函数 $f(x)$ 在闭区间 $[a,b]$ 上的最大值,最小者就是函数 $f(x)$ 在闭区间 $[a,b]$ 上的最小值.

试一试

例 1　求函数 $f(x)=x^3-x^2-x$ 在区间 $[-1,2]$ 上的最大值和最小值.

解　(1) $f'(x)=3x^2-2x-1=(3x+1)(x-1)$,令 $f'(x)=0$,得驻点 $x_1=-\dfrac{1}{3}$ 和 $x_2=1$.

(2) 区间端点处的函数值为 $f(-1)=-1$, $f(2)=2$;驻点处的函数值为 $f\left(-\dfrac{1}{3}\right)=\dfrac{5}{27}$, $f(1)=-1$.

(3) 所以函数 $f(x)$ 在区间 $[-1,2]$ 上的最大值为 $f(2)=2$,最小值为 $f(-1)=-1$ 和 $f(1)=-1$,如图 4-12 所示.

做一做

求函数 $f(x)=x^4-2x^2+5$ 在区间 $[-2,2]$ 上的最大值与最小值.

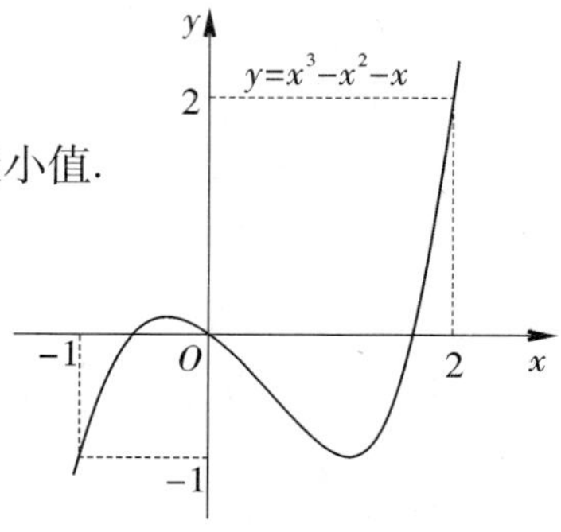

图 4-12

学一学

如果函数 $f(x)$ 在开区间或无限区间内可导，且有唯一的驻点 x_0，那么当 $f(x_0)$ 是极大值时，$f(x_0)$ 就是函数 $f(x)$ 在该区间内的最大值；当 $f(x_0)$ 是极小值时，$f(x_0)$ 就是函数 $f(x)$ 在该区间内的最小值.

试一试

例 2 求函数 $f(x)=x^4-4x$ 的最大值或最小值.

解 函数的定义域为 $(-\infty,+\infty)$，
求导数得 $f'(x)=4x^3-4=4(x-1)(x^2+x+1)$，
令 $f'(x)=0$，得驻点 $x=1$.

因为当 $x<1$ 时 $f'(x)<0$，当 $x>1$ 时 $f'(x)>0$，所以 $x=1$ 是函数的极小点.

因为函数 $f(x)$ 在 $(-\infty,+\infty)$ 内只有唯一的极小点，所以函数的最小值是 $f(1)=-3$，如图 4-13 所示.

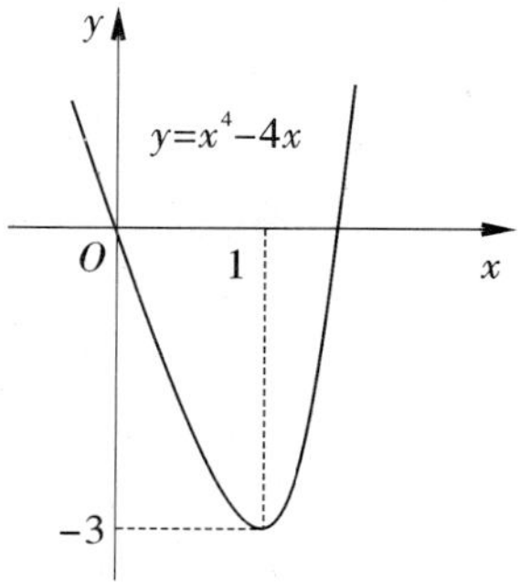

图 4-13

做一做

求函数 $f(x)=-x^2+2x+3$ 在区间 $(-\infty,+\infty)$ 上的最大值或最小值.

任务二　利用最大值和最小值解决实际问题

在解决实际生活中的最大值或最小值问题时，如果函数 $f(x)$ 在定义区间内只有唯一的驻点 x_0，而且根据实际问题的意义可知，函数 $f(x)$ 在该区间内一定有最大值或最小值，那么 $f(x_0)$ 就是所要求的最大值或最小值.

试一试

例 3 有一块宽为 40 cm 的长方形铁皮，现将它的两个边缘向上折起，做成一个横截面是矩形的开口水槽，如图 4-14 所示，矩形的高为 x cm，问 x 取何值时，水槽的截面积最大？并求出最大截面积.

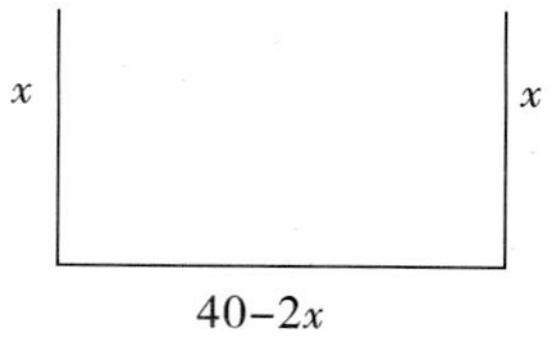

图 4-14

解 设水槽的截面积为 S，根据题意可知 S 是矩形高 x 的函数

$$S(x)=x(40-2x),\quad 0<x<20.$$

求导数得 $S'(x)=40-4x$，令 $S'(x)=0$，得驻点 $x=10$.

因为函数 $S(x)$ 在区间 $(0,20)$ 内只有唯一的驻点，且根据题意知 $S(x)$ 一定有最大值，

所以当 $x=10$ 时，$S(x)$ 取得最大值，$S(10)=200$.

即当矩形的高为 10 cm 时，水槽的截面积最大，且最大截面积为 200 cm^2.

例 4　铁路线上有相距 100 km 的两座城市 A 和 B，工厂 C 距 A 城 20 km，且 AC 垂直于 AB，为了便于运输，需要在铁路线 AB 上选一点 D 向工厂 C 修一条公路，如图 4-15 所示. 已知铁路上每吨货物的运费与公路上每吨货物的运费之比为 3 : 5，为了使从供应地 B 城运到工厂 C 每吨货物的总运费最省，问 D 应选在何处？

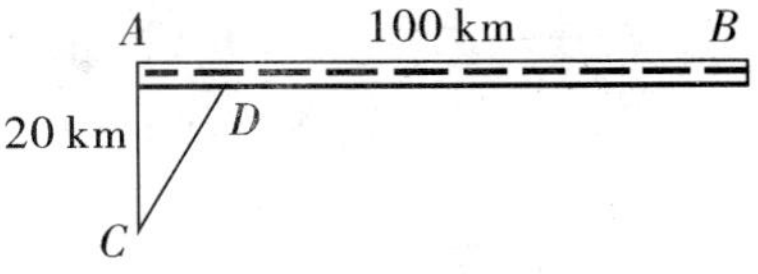

图 4-15

解　设 $AD=x$，则 $DB=100-x$，$CD=\sqrt{400+x^2}$，设铁路上每吨货物每千米运费为 $3a$，公路上每吨货物每千米运费为 $5a$，总运费 y 为 x 的函数

$$y=5a\sqrt{400+x^2}+3a(100-x),\qquad x\in[0,100].$$

求导数得 $y'=a\left(\dfrac{5x}{\sqrt{400+x^2}}-3\right)$，令 $y'=0$，得驻点 $x=15$.

因为 $y(0)=400a$，$y(15)=380a$，$y(100)=5\sqrt{10\ 400}\,a>500a$，所以当 $x=15$ 时，总运费 y 最小.

即 D 点距 A 城 15 km 时总运费最省，且总运费最小值为 $380a$.

由上面的例子可以看出，解决实际生活中的最大值或最小值问题的步骤如下：

(1) 将实际问题中能取得最大值或最小值的变量看作函数 y，将问题中影响函数 y 的另一个变量设为自变量 x，然后根据题意建立函数关系式 $y=f(x)$，并根据问题的实际意义求出函数的定义域.

(2) 求出函数的导数，并求出函数在定义域内的驻点.

(3) 若函数的定义域为开区间或无限区间，且在该区间内函数只有唯一的驻点，则根据题意可知函数在该驻点处必定取得最大值或最小值；如果函数的定义域为闭区间，则需求出区间端点处的函数值和驻点处的函数值，并进行比较.

(4) 求出函数的最大值或最小值并进行小结.

做一做

某商品售价为每件 60 元，每星期能卖出 300 件。如果调整价格，每涨价 1 元，每星期要少卖出 10 件. 已知每件商品的成本价为 40 元，问如何定价才能使利润最大？

项目练习 4.4

1. 求下列函数在给定区间上的最大值和最小值：

(1) $f(x)=x^3-3x^2-9x+5$，$x\in[-2,6]$；

(2) $f(x)=(x-1)^2(x-2)$，$x\in[0,3]$；

(3) $f(x)=\dfrac{x}{1+x^2}$，$x\in[0,2]$；

(4) $f(x)=x+\sqrt{1-x}$, $x\in[-5,1]$;

(5) $f(x)=\sin 2x-x$, $x\in\left[-\frac{\pi}{2},\frac{\pi}{2}\right]$;

(6) $f(x)=\sqrt{x(10-x)}$, $x\in[0,10]$.

2. 用围墙围成一块面积为 216 m^2 的矩形土地,并在此矩形土地的正中间用一堵墙将其分成相等的两块. 问如何选取这块矩形土地的长与宽的尺寸,才能使建筑材料最省?

3. 有一块长为 12 cm,宽为 8 cm 的矩形纸板,现将它的四个角各截去一个相同的小正方形,折成一个无盖的盒子. 问截去的小正方形的边长为多少时,盒子的容积最大?

4. 隧道的横截面上部为一半圆,下部是一矩形,隧道截面的周长为 15 m. 问矩形的宽为多少米时,截面的面积最大?

5. 某人要用篱笆围出一块矩形菜地,菜地的一边为墙壁,现有的材料只能围成 20 m 长的篱笆. 问矩形的长与宽应如何选取,才能使围成的矩形菜地面积最大?

6. 把长为 24 cm 的铁丝截成两段,一段做成圆环,另一段做成正方形. 问如何截取铁丝,才能使圆与正方形的面积之和最小?

7. 要建造一个容积为 V 的圆柱形水池,已知池底单位面积的造价与池壁单位面积造价之比为 2∶1. 问应如何选择水池的底面半径 r 和高 h,才能使水池的总造价最低?

8. 若已知球的半径为 R,则内接于球的圆柱体的高 h 为多少时,圆柱体的体积最大?

项目五　曲线的凹凸性和拐点

研究函数的单调性和极值,对描绘函数的图形有一定的帮助,但是单调性相同的两个函数,它们的图形弯曲方向可能不一致,为了能较准确地描绘出函数的图形,我们要利用导数来判定图形的弯曲方向.

任务一　判定曲线的凹凸性

看一看

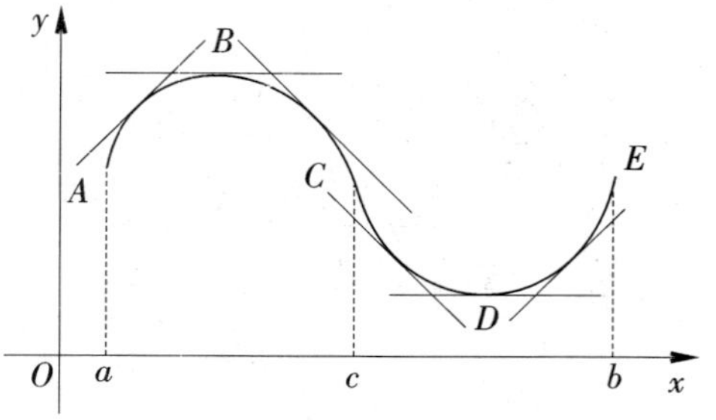

图 4-16

如图 4-16 所示,曲线弧$\overparen{ABC}$在区间(a,c)内是向上凸起的,沿弧上各点作切线,曲线总是位于切线的下方;曲线弧$\overparen{CDE}$在区间(c,b)内是向下凹陷的,沿弧上各点作切线,曲线总是位于切线的上方. 根据曲线和切线的位置,我们给出下面的定义.

学一学

设曲线 $y=f(x)$ 在区间(a,b)内各点都有切线. 如果曲线总是位于切线的下方,则称曲线

$y=f(x)$在区间(a,b)内是**凸的**,区间(a,b)叫做曲线$f(x)$的**凸区间**;如果曲线总是位于切线的上方,则称曲线$y=f(x)$在区间(a,b)内是**凹的**,区间(a,b)叫做曲线$f(x)$的**凹区间**.

由图4-16可以看出,如果曲线是凸的,则曲线上切线的斜率随着横坐标x的增大而减小,即$f'(x)$是单调减少的;如果曲线是凹的,则曲线上切线的斜率随着横坐标x的增大而增大,即$f'(x)$是单调增加的.而$f'(x)$的单调性可以由它的导数$f''(x)$来判定,于是可得出下面的定理.

定理 设函数$f(x)$在区间(a,b)内具有二阶导数$f''(x)$,

(1) 如果在(a,b)内$f''(x)>0$,则曲线$f(x)$在区间(a,b)内是凹的;

(2) 如果在(a,b)内$f''(x)<0$,则曲线$f(x)$在区间(a,b)内是凸的.

试一试

例1 判断曲线$y=2x^4+3x^2$的凹凸性.

解 函数的定义域是$(-\infty,+\infty)$.

$$y'=8x^3+6x,\ y''=24x^2+6.$$

因为在$(-\infty,+\infty)$内$y''>0$,所以曲线$y=2x^4+3x^2$在$(-\infty,+\infty)$内是凹的.

例2 判断曲线$y=\ln x$的凹凸性.

解 函数的定义域是$(0,+\infty)$.

$$y'=\frac{1}{x},\ y''=-\frac{1}{x^2}.$$

因为在$(0,+\infty)$内$y''<0$,所以曲线$y=\ln x$在$(0,+\infty)$内是凸的.

做一做

判断曲线$y=x^2$的凹凸性.

任务二 求拐点和凹凸区间

看一看

大多数曲线在定义域内的凹凸性并不一致,这就需要把定义域分成若干个区间,分别来讨论曲线的凹凸性.

例3 判断曲线$y=x^3$的凹凸性.

解 函数的定义域是$(-\infty,+\infty)$.

$$y'=3x^2,\ y''=6x.$$

因为在$(-\infty,0)$内$y''<0$,在$(0,+\infty)$内$y''>0$,所以曲线$y=x^3$在$(-\infty,0)$内是凸的,在$(0,+\infty)$内是凹的.点$(0,0)$是曲线弧由凸变凹的分界点,如图4-17所示.

学一学

在连续曲线上,凹曲线弧和凸曲线弧的分界点叫做曲线的**拐点**.

由图4-17可知,点$(0,0)$是曲线$y=x^3$的拐点,在点$x=0$处$y''=0$,且拐点左右两侧y''

的符号不一致.

当二阶导数存在时，拐点处的二阶导数一定等于0；但是反过来，二阶导数等于0的点不一定是拐点.

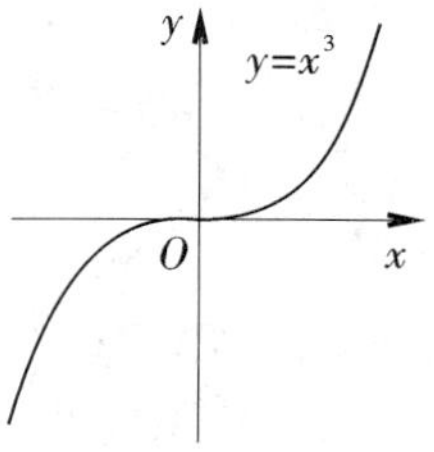

图 4-17

求曲线 $y=f(x)$ 的凹凸区间和拐点的步骤如下：

(1) 求函数的定义域；

(2) 求 y' 和 y''；

(3) 求出方程 $f''(x)=0$ 在定义域内的所有实根 $x=x_i(i=1,2,3,\cdots)$，这些根把定义域分成若干个区间；

(4) 列表考察 y'' 在各个区间内的符号，确定出曲线的凹凸区间，根据点 x_i 两侧 y'' 的符号，判定出 $(x_i,f(x_i))$ 是否为拐点，并求出拐点坐标；

(5) 根据题意进行小结.

试一试

例 4 求曲线 $y=x^3-3x^2+x+1$ 的凹凸区间和拐点.

解 (1) 函数的定义域是 $(-\infty,+\infty)$；

(2) $y'=3x^2-6x+1$，$y''=6x-6$；

(3) 令 $y''=6x-6=0$，得 $x=1$；

(4) 列表考察 y'' 在各区间内的符号（见表 4-5，表中的"⌒"表示曲线是凸的，"⌣"表示曲线是凹的，下同）；

表 4-5

x	$(-\infty,1)$	1	$(1,+\infty)$
y''	$-$	0	$+$
$y=f(x)$	⌒	拐点 $(1,0)$	⌣

(5) 由表 4-5 可知，曲线的凸区间是 $(-\infty,1)$，凹区间是 $(1,+\infty)$，拐点为 $(1,0)$，如图 4-18 所示.

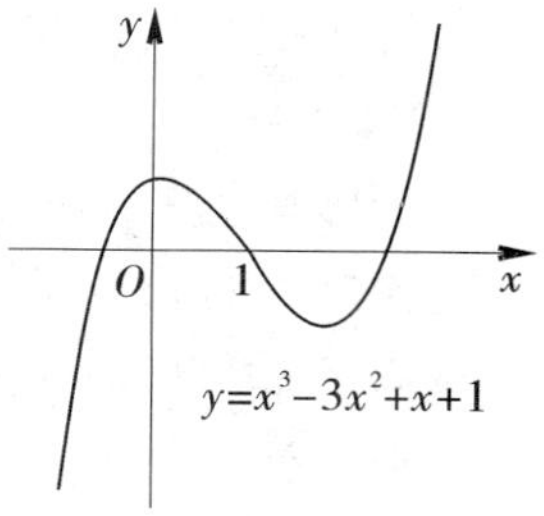

图 4-18

例 5 研究曲线 $y=x^4-1$ 的凹凸性和拐点.

解 (1) 函数的定义域是 $(-\infty,+\infty)$；

(2) $y'=4x^3$，$y''=12x^2$；

(3) 令 $y''=0$，得 $x=0$；

(4) 列表考察 y'' 在各区间内的符号（见表 4-6）；

表 4-6

x	$(-\infty,0)$	0	$(0,+\infty)$
y''	$+$	0	$+$
$y=f(x)$	⌣	不是拐点	⌣

(5) 由表 4-6 可知，曲线在 $(-\infty,+\infty)$ 上都是凹的，没有拐点，如图 4-19 所示.

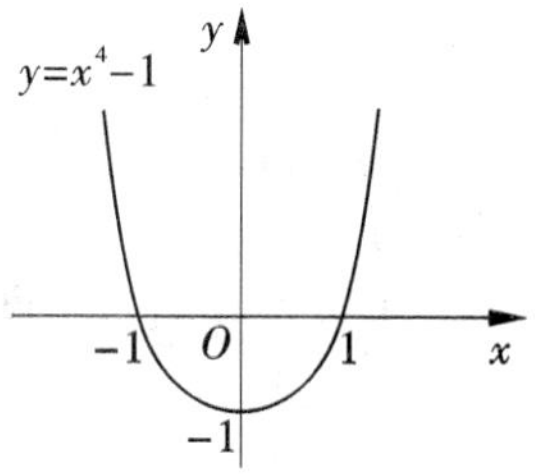

图 4-19

做一做

研究曲线 $y=x^3-x$ 的凹凸性和拐点.

项目练习 4.5

1. 判断下列曲线的凹凸性：

(1) $y=-x^2+2x+1$；　　(2) $y=2x^4+5x$；

(3) $y=\frac{1}{x}$；　　(4) $y=x\ln x$；

(5) $y=\sin x-2x^2$；　　(6) $y=e^x+e^{-x}$.

2. 求下列曲线的凹凸区间和拐点：

(1) $y=x+\frac{1}{x}$；　　(2) $y=x^3-5x^2+3x+5$；

(3) $y=x^4+4x^3-18x^2+4x$；　　(4) $y=2x^2+\ln x$；

(5) $y=(2x-1)^4-1$；　　(6) $y=\frac{2x}{x^2-1}$；

(7) $y=xe^{-x}$；　　(8) $y=\ln(1+x^2)$.

3. 已知点 $(1,3)$ 为曲线 $y=ax^3+bx^2$ 的拐点，试求常数 a 和 b 的值.

项目六　函数图形的描绘

在中学我们作函数图形时，都是用描点作图的方法，但是对于一些较复杂的函数，因为难以找到关键点，且对函数的一些性质不太了解，一般情况下，作出的函数图形误差较大. 前面我们通过函数的导数，对函数的单调性和极值以及曲线的凹凸性和拐点进行了研究，在本项目中我们将综合前面学过的知识，作出比较准确的函数图形.

任务一　认识曲线的水平渐近线和垂直渐近线

学一学

如果当 $|x|$ 无限增大时，$f(x)\to a$，则直线 $y=a$ 叫做曲线 $y=f(x)$ 的**水平渐近线**. 如果当 $x\to x_0$ 时，$|f(x)|$ 无限增大，则直线 $x=x_0$ 叫做曲线 $y=f(x)$ 的**垂直渐近线**.

一般情况下，若 $\lim\limits_{x\to\infty}f(x)=a$，则 $y=a$ 是曲线 $y=f(x)$ 的水平渐近线. 若 $\lim\limits_{x\to x_0}f(x)=\infty$，则 $x=x_0$ 是曲线 $y=f(x)$ 的垂直渐近线. 例如，曲线 $y=\frac{1}{x}$ 的水平渐近线是 $y=0$，垂直渐近线是

$x=0$.

试一试

例 1　求曲线 $y=\dfrac{1}{x-1}$ 的水平渐近线或垂直渐近线.

解　因为

$$\lim_{x\to\infty}\frac{1}{x-1}=0,\ \lim_{x\to 1}\frac{1}{x-1}=\infty,$$

所以 $y=0$ 为曲线 $y=\dfrac{1}{x-1}$ 的水平渐近线，$x=1$ 为垂直渐近线.

例 2　求曲线 $y=e^{\frac{1}{x}}$ 的水平渐近线或垂直渐近线.

解　因为

$$\lim_{x\to\infty}e^{\frac{1}{x}}=1,\ \lim_{x\to 0^+}e^{\frac{1}{x}}=+\infty,$$

所以 $y=1$ 为曲线 $y=e^{\frac{1}{x}}$ 的水平渐近线，$x=0$ 为垂直渐近线.

做一做

求曲线 $y=\dfrac{2x}{x^2-x-2}$ 的水平渐近线或垂直渐近线.

任务二　描绘函数图形

学一学

描绘函数 $y=f(x)$ 的图形的一般步骤如下：

(1) 求出函数的定义域，并判定函数的奇偶性，考察曲线是否有水平渐近线和垂直渐近线；

(2) 求 $f'(x)$ 和 $f''(x)$；

(3) 求出方程 $f'(x)=0$ 和 $f''(x)=0$ 在定义域内的所有实根，这些根把定义域分成若干个区间；

(4) 列表考察 $f'(x)$ 和 $f''(x)$ 在各个区间内的符号，确定函数的单调性和极值，求出曲线的凹凸区间和拐点；

(5) 根据表中的结论，再找一些必要的辅助点，用光滑的曲线描绘出函数的图形.

试一试

例 3　描绘函数 $y=\dfrac{1}{3}x^3-x$ 的图形.

解　(1) 函数的定义域为 $(-\infty,+\infty)$，因为 $f(-x)=-f(x)$，所以函数是奇函数，图像关于坐标原点对称；

(2) $y'=x^2-1$，$y''=2x$；

(3) 令 $y'=0$，得驻点 $x_1=-1$ 和 $x_2=1$，令 $y''=0$，得 $x=0$；

(4) 列表讨论曲线的特征（见表 4-7，表中“↗”表示曲线上升且是凸的，“↘”表示曲

线下降且是凸的,“↗”表示曲线上升且是凹的,“↘”表示曲线下降且是凹的,下同);

表 4-7

x	$(-\infty,-1)$	-1	$(-1,0)$	0	$(0,1)$	1	$(1,+\infty)$
y'	+	0	−	−	−	0	+
y''	−	−	−	0	+	+	+
y	↗	极大值$\frac{2}{3}$	↘	拐点$(0,0)$	↘	极小值$-\frac{2}{3}$	↗

(5) 取辅助点$\left(-2,-\frac{2}{3}\right)$,$(-\sqrt{3},0)$,$(\sqrt{3},0)$,$\left(2,\frac{2}{3}\right)$等,根据表 4-7 中讨论的结果,作出函数的图形,如图 4-20 所示.

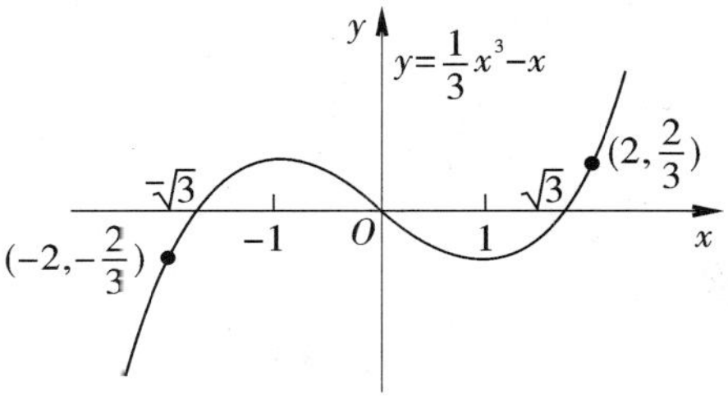

图 4-20

例 4 描绘函数 $y=x+\frac{1}{x}$的图形.

解 (1) 函数的定义域为$(-\infty,0)\cup(0,+\infty)$,因为$f(-x)=-f(x)$,所以函数是奇函数,图像关于坐标原点对称,有垂直渐近线 $x=0$;

(2) $y'=1-\frac{1}{x^2}$, $y''=\frac{2}{x^3}$;

(3) 令 $y'=0$,得驻点 $x_1=-1$ 和 $x_2=1$,y''不可能等于 0;

(4) 列表讨论(见表 4-8);

表 4-8

x	$(-\infty,-1)$	-1	$(-1,0)$	$(0,1)$	1	$(1,+\infty)$
y'	+	0	−	−	0	+
y''	−	−	−	+	+	+
y	↗	极大值−2	↘	↘	极小值 2	↗

(5) 取辅助点$\left(\frac{1}{2},\frac{5}{2}\right)$,$\left(2,\frac{5}{2}\right)$等,根据表 4-8 中讨论的结果,在$(0,+\infty)$内作出函数的图形,再利用对称性得出函数在整个定义域内的图形,如图 4-21 所示.

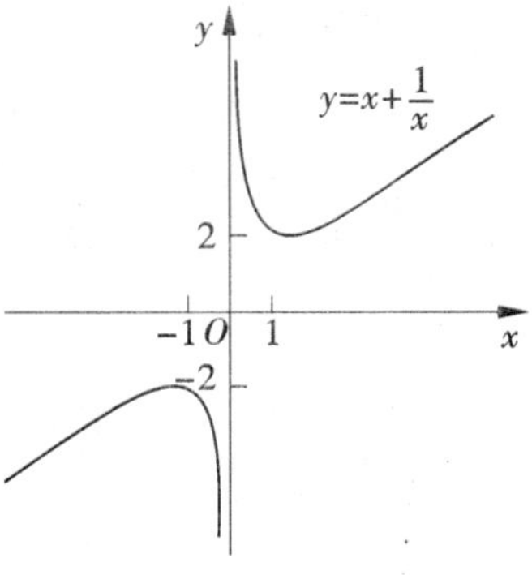

图 4-21

做一做

描绘函数 $y=2x^4+3x^2-1$ 的图形.

项目练习 4.6

1. 指出下列曲线的水平渐近线或垂直渐近线:

(1) $y=\ln(x-1)$;　　(2) $y=\frac{x}{x^2-1}$;

(3) $y=x^2+\frac{1}{x}$.

2. 描绘下列函数的图形:

(1) $y=x^3-x^2-x+1$;　　(2) $y=x^3-6x^2+9x-2$;

(3) $y=\frac{1}{4}x^4-\frac{3}{2}x^2$;　　(4) $y=e^x-x-1$.

复习与提问

1. 拉格朗日中值定理:如果函数$f(x)$在闭区间$[a,b]$上连续,在开区间(a,b)内可导,则在开区间(a,b)内至少存在一点$\xi(a<\xi<b)$,使得________________.

2. 罗尔定理:如果函数$f(x)$在闭区间$[a,b]$上连续,在开区间(a,b)内可导,且$f(a)=f(b)$,则在开区间(a,b)内至少存在一点$\xi(a<\xi<b)$,使得________________.

3. 在区间(a,b)内,若$f'(x)=0$,则$f(x)=C$(C为常数);若$f'(x)\equiv g'(x)$,则______.

4. 如果在区间(a,b)内$f'(x)>0$,则$f(x)$在$[a,b]$上________;如果在区间(a,b)内$f'(x)<0$,则$f(x)$在$[a,b]$上____________.

5. 设函数$f(x)$在点x_0的左右近旁有定义.如果对于点x_0近旁的任意点都有________成立,则称$f(x_0)$是函数$f(x)$的一个极大值(极小值).

6. 如果可导函数$f(x)$在x_0点处取得极值,则____________.

7. 若函数$f(x)$在x_0的左右近旁可导,且$f'(x_0)=0$,当x从左向右经过x_0时,如果$f'(x)$的符号________,则$f(x_0)$是函数的极大值;如果$f'(x)$的符号______,则$f(x_0)$是函

数的极小值；如果在点 x_0 的左右两侧 $f'(x)$ 的__________，则 $f(x_0)$ 不是函数 $f(x)$ 的极值.

8. 在 (a,b) 内，如果________，则曲线 $y=f(x)$ 是凹的；如果________，则曲线 $y=f(x)$ 是凸的.

9. 凹曲线弧和凸曲线弧的分界点叫做曲线的__________.

10. 当二阶导数存在时，拐点处的二阶导数________，拐点左右两侧二阶导数的__________.

复习题四

1. 判断题：

(1) 若在 (a,b) 内 $f'(x)=g'(x)$，那么 $f(x)=g(x)$. ( )

(2) 若 x_0 是函数 $f(x)$ 的极值点，且 $f'(x_0)$ 存在，则一定有 $f'(x_0)=0$. ( )

(3) 若 $f'(x_0)=0$，则 $f(x_0)$ 一定是函数 $f(x)$ 的极值. ( )

(4) 如果一个函数既有极大值又有极小值，则极大值一定大于极小值. ( )

(5) 函数 $y=x^4$ 在 $x=0$ 处既取得极小值，又取得最小值. ( )

(6) 若 $f(x_0)$ 是函数 $f(x)$ 的最大值，那么它一定是 $f(x)$ 的极大值. ( )

(7) $(x_0,f(x_0))$ 是曲线 $y=f(x)$ 的拐点的充要条件是 $f''(x_0)=0$. ( )

(8) 当二阶导数存在时，拐点处的二阶导数等于0. ( )

2. 填空题：

(1) 函数 $f(x)=x^3$ 在区间 $[-1,2]$ 上满足拉格朗日中值定理条件的 ξ 的值是______.

(2) 若在 (a,b) 内 $f'(x)\equiv 0$，则 $f(x)$ 在 (a,b) 内是__________.

(3) 函数 $y=2\cos x-3x$ 在定义域内单调__________，$f(x)=x+\ln(1+x)$ 在定义域内单调__________.

(4) 函数 $y=1+3x-4x^3$ 的单调增加区间是________________，单调减少区间是__________________.

(5) $x=1$ 是函数 $y=x^2+bx+c$ 的一个极值点，则 $b=$__________.

(6) 函数 $y=x^3-3x^2+7$ 的极大值是________，极小值是________.

(7) 函数 $y=x^3-3x^2+1$ 在闭区间 $[-1,3]$ 上的最大值是________，最小值是________.

(8) 曲线 $y=x^2-2x+\ln x$ 在区间________是凹的，在区间________是凸的，拐点坐标为________.

3. 选择题：

(1) 下列函数中，在 $[1,e]$ 上满足拉格朗日中值定理条件的是( ).

A. $y=\ln x$　　B. $y=\dfrac{1}{\ln x}$

C. $y=\ln(2-x)$　　D. $y=\ln(\ln x)$

(2) 函数 $y=-x^2+4x-7$ 在区间 $(-5,-3)$ 和 $(3,5)$ 内分别为( ).

A. 单调增加、单调增加　　B. 单调增加、单调减少

C. 单调减少、单调增加　　　　D. 单调减少、单调减少

(3) 已知函数 $f(x)$ 在 $[a,b]$ 上连续,在 (a,b) 内可导,且有 $f'(x)>0$ 和 $f(a)<0$,则(　　).

A. $f(x)$ 在 $[a,b]$ 上单调增加且 $f(b)>0$

B. $f(x)$ 在 $[a,b]$ 上单调增加且 $f(b)<0$

C. $f(x)$ 在 $[a,b]$ 上单调减少且 $f(b)<0$

D. $f(x)$ 在 $[a,b]$ 上单调增加但 $f(b)$ 的符号无法确定

(4) 若 x_1 与 x_2 分别是可导函数 $f(x)$ 在 (a,b) 内的一个极大点和极小点,则必有(　　).

A. $f(x_1)>f(x_2)$

B. $f'(x_1)=f'(x_2)=0$

C. 对任意 $x\in(a,b)$,都有 $f(x)\leqslant f(x_1)$ 和 $f(x)\geqslant f(x_2)$

D. $f'(x_1)>f'(x_2)$

(5) 若在区间 (a,b) 内,$f(x)$ 满足 $f'(x)>0$ 和 $f''(x)<0$,则函数 $f(x)$ 在此区间内(　　).

A. 单调减少且曲线是凹的　　B. 单调增加且曲线是凹的

C. 单调减少且曲线是凸的　　D. 单调增加且曲线是凸的

(6) 若 $(x_0,f(x_0))$ 是曲线 $y=f(x)$ 的拐点,则(　　).

A. 必有 $f''(x_0)$ 存在且等于 0　　B. 必有 $f''(x_0)$ 存在且不等于 0

C. 如果 $f''(x_0)$ 存在则必等于 0　　D. 如果 $f''(x_0)$ 存在则必不等于 0

(7) 函数 $y=x-\sin x$ 在 $(-2\pi,2\pi)$ 内的拐点个数是(　　).

A. 1　　B. 2

C. 3　　D. 4

4. 用洛必达法则求下列极限:

(1) $\lim\limits_{x\to1}\dfrac{1-x}{\ln x}$;　　(2) $\lim\limits_{x\to+\infty}\dfrac{\ln(1+x)}{e^x}$;

(3) $\lim\limits_{x\to0}\dfrac{e^x+e^{-x}-2}{1-\cos x}$;　　(4) $\lim\limits_{x\to1}\dfrac{\cos^2\dfrac{\pi}{2}x}{(x-1)^2}$;

(5) $\lim\limits_{x\to\infty}x(e^{\frac{1}{x}}-1)$　　(6) $\lim\limits_{x\to0}\left(\dfrac{1}{x}-\dfrac{1}{e^x-1}\right)$.

5. 求下列函数的单调区间:

(1) $y=x^3-3x^2-9x+1$;　　(2) $y=x-e^x$;

(3) $y=(x-2)^3(2x+1)^2$;　　(4) $y=x-2\sin x,x\in[0,2\pi]$.

6. 求下列函数的极值和极值点:

(1) $y=x^3-3x^2+1$;　　(2) $y=4x^4-x^2+3$;

(3) $y=x-2\sqrt{x}$;　　(4) $y=x^3-3x+3$.

7. 已知函数 $f(x)=ax^3+bx^2+cx+d$ 有极小值 $f(-3)=2$ 和极大值 $f(3)=6$,求常数 $a,b,$

c,d 的值.

8. 当 a 为何值时,函数 $f(x)=a\sin x+\frac{1}{3}\cos 3x$ 在 $x=\frac{\pi}{3}$ 处取得极值? 是极大值还是极小值? 并求出该极值.

9. 求下列函数在给定区间上的最大值和最小值:

(1) $y=x+\frac{1}{x},\ x\in\left[\frac{1}{4},4\right]$;　　(2) $y=x^4-2x^2,\ x\in[0,3]$;

(3) $y=x-\sqrt{x},\ x\in[0,4]$;　　(4) $y=\sqrt{5-4x},\ x\in[-1,1]$.

10. 在半径为 R 的圆内作内接矩形,问矩形的长和宽分别为多少时,矩形的面积最大?

11. 有一横截面为矩形的梁,它的强度与矩形的高的平方和宽的乘积成正比. 现在用直径为 D 的圆木作矩形梁,问高和宽分别为多少时,梁的强度最大?

12. 求下列曲线的凹凸区间和拐点:

(1) $y=(x-1)^3$;　　(2) $y=4x^3-18x^2+27$;

(3) $y=x^3-2x^2-3x+5$;　　(4) $y=(x+2)^6+2x+2$.

13. 已知函数 $f(x)=ax^3+bx^2+cx+d$ 有极值点 $x=1$ 和 $x=3$,曲线 $y=f(x)$ 的拐点为 $(2,4)$,在拐点处曲线的切线斜率是-3,求常数 a,b,c,d 的值.

14. 描绘下列函数的图形:

(1) $y=-\frac{1}{3}x^3+x+1$;　　(2) $y=x^2+\frac{1}{x}$;

(3) $y=\frac{x}{1+x^2}$.

读一读

洛必达

洛必达(Marquis de l' Hôpital,1661—1704)是法国的数学家,1661 年出生于法国的贵族家庭,1704 年 2 月 2 日卒于巴黎.

他曾受袭侯爵衔,并在军队中担任骑兵军官,后来因为视力不佳而退出军队,转向学术方面的研究。他早年就显露出数学才能,他在 15 岁时就解出帕斯卡的摆线难题,以后又解出约翰·伯努利向欧洲挑战"最速降曲线问题". 他放弃了军官的职务后,投入更多的时间在数学上,在瑞士数学家伯努利的门下学习微积分,并成为法国新解析的主要成员.

洛必达的《用于理解曲线的无穷小分析》(1696)一书是微积分学方面最早的教科书,在 18 世纪时为一模范著作,书中创造一种算法(洛必达法则),用以寻找满足一定条件的两函数之商的极限,洛必达于前言中向莱布尼茨,特别是约翰·伯努利致谢. 洛必达逝世之后,伯努利发表声明称该法则及许多的其他发现该归功于他自己。

洛必达的著作尚盛行于 18 世纪的圆锥曲线的研究. 他最重要的著作是《用于理解曲

线的无穷小分析》(1696),这本书是世界上第一本系统的微积分学教科书,在书中他由一组定义和公理出发,全面地阐述变量、无穷小量、切线、微分等概念,这对传播新创建的微积理论起了很大的作用.书中第九章记载着约翰·伯努利在1694年7月22日告诉他的一个著名法则:求一个分式当分子和分母都趋于0时的极限的法则.后人误以为是他的发明,故“洛必达法则”之名沿用至今.洛必达还写作过几何、代数及力学方面的文章.他亦计划写作一本关于积分学的教科书,但由于他过早去世,因此这本积分学教科书未能完成.而遗留的手稿于1720年在巴黎出版,名为《圆锥曲线分析论》。

参考答案

项目练习4.1

1.(1)满足,$\xi=1$;(2)满足,$\xi=\frac{25}{4}$;

(3)满足,$\xi=\frac{1+\sqrt{7}}{6}$;(4)满足,$\xi=\frac{1}{2}(a+b)$.

2.$\left(\frac{4}{3},\frac{85}{27}\right)$.

3.(1)满足,$\xi=1$;(2)满足,$\xi=0$;(3)满足,$\xi=\frac{1+\sqrt{7}}{6}$.

项目练习4.2

(1)1;(2)2;(3)$\cos a$;(4)$-\frac{3}{5}$;

(5)$-\frac{1}{8}$;(6)$\frac{m}{n}a^{m-n}$;(7)1;(8)3.

项目练习4.3

1.(1)单调增加;(2)单调减少;(3)单调增加;(4)单调增加.

2.(1)单调增加区间是$(-\infty,+\infty)$;

(2)单调增加区间是$(-\infty,-1)$和$(3,+\infty)$,单调减少区间是$(-1,3)$;

(3)单调增加区间是$\left(\frac{1}{2},+\infty\right)$,单调减少区间是$\left(0,\frac{1}{2}\right)$;

(4)单调增加区间是$(0,+\infty)$,单调减少区间是$(-\infty,0)$;

(5)单调增加区间是$(-\infty,-1)$和$(1,+\infty)$,单调减少区间是$(-1,0)$和$(0,1)$;

(6)单调增加区间是$\left(-\frac{1}{2},0\right)$和$\left(\frac{1}{2},+\infty\right)$,单调减少区间是$\left(-\infty,-\frac{1}{2}\right)$和$\left(0,\frac{1}{2}\right)$;

(7)单调增加区间是$(0,+\infty)$,单调减少区间是$(-\infty,0)$.

3.(1)$t=\frac{1}{2}$或$t=1$;(2)$0<t<\frac{1}{2}$或$t>1$;(3)$\frac{1}{2}<t<1$.

4. (1) 极小值为$f(2)=-11$,极小点为$x=2$;

(2) 极小值为$f(0)=0$,极小点为$x=0$;

(3) 极大值为$f(-1)=\dfrac{8}{3}$,极小值为$f(3)=-8$,极大点为$x=-1$,极小点为$x=3$;

(4) 极大值为$f(0)=1$,极小值为$f(-1)=-2$和$f(4)=-127$,极大点为$x=0$,极小点为$x=-1$和$x=4$;

(5) 极小值为$f(0)=-2$,极小点为$x=0$;

(6) 极大值为$f\left(\dfrac{3}{4}\right)=\dfrac{5}{4}$,极大点为$x=\dfrac{3}{4}$;

(7) 极小值为$f\left(\dfrac{1}{\sqrt{e}}\right)=-\dfrac{1}{2e}$,极小点为$x=\dfrac{1}{\sqrt{e}}$;

(8) 函数在定义域内单调增加,无极值;

(9) 极大值为$f(0)=4$,极小值为$f(-2)=\dfrac{8}{3}$,极大点为$x=0$,极小点为$x=-2$;

(10) 极小值为$f(0)=2$,极小点为$x=0$.

5. 极大值为$f\left(\dfrac{\pi}{4}\right)=\sqrt{2}$,极小值为$f\left(\dfrac{5\pi}{4}\right)=-\sqrt{2}$.

6. (1) $a=\dfrac{1}{3}$,$b=-1$;

(2) 有极小值,极小值为$f(1)=-\dfrac{2}{3}$.

项目练习 4.4

1. (1) 最大值为$f(6)=59$,最小值为$f(3)=-22$;

(2) 最大值为$f(3)=4$,最小值为$f(0)=-2$;

(3) 最大值为$f(1)=\dfrac{1}{2}$,最小值为$f(0)=0$;

(4) 最大值为$f\left(\dfrac{3}{4}\right)=\dfrac{5}{4}$,最小值为$f(-5)=-5+\sqrt{6}$;

(5) 最大值为$f\left(-\dfrac{\pi}{2}\right)=\dfrac{\pi}{2}$,最小值为$f\left(\dfrac{\pi}{2}\right)=-\dfrac{\pi}{2}$;

(6) 最大值为$f(5)=5$,最小值为$f(0)=f(10)=0$.

2. 长 18 m,宽 12 m 时,建筑材料最省.

3. 小正方形的边长为$\dfrac{1}{3}(10-2\sqrt{7})$ cm 时,盒子容积最大.

4. 矩形宽为$\dfrac{30}{\pi+4}$ m 时,截面的面积最大.

5. 长 10 m,宽 5 m 时,菜地面积最大.

6. 用$\dfrac{24\pi}{\pi+4}$ cm 长的一段做成圆,用$\dfrac{96}{\pi+4}$ cm 长的一段做成正方形时,面积之和最小.

7. $r=\sqrt[3]{\frac{V}{2\pi}}, h=2r=2\sqrt[3]{\frac{V}{2\pi}}$时，水池的总造价最低.

8. $h=\frac{2}{\sqrt{3}}R$ 时，圆柱的体积最大.

项目练习 4.5

1. (1) 在$(-\infty,+\infty)$内是凸的；
   (2) 在$(-\infty,+\infty)$内是凹的；
   (3) 在$(-\infty,0)$内是凸的，在$(0,+\infty)$内是凹的；
   (4) 在$(0,+\infty)$内是凹的；
   (5) 在$(-\infty,+\infty)$内是凸的；
   (6) 在$(-\infty,+\infty)$内是凹的.
2. (1) 在$(-\infty,0)$内是凸的，在$(0,+\infty)$内是凹的，无拐点；
   (2) 在$\left(-\infty,\frac{5}{3}\right)$内是凸的，在$\left(\frac{5}{3},+\infty\right)$内是凹的，拐点为$\left(\frac{5}{3},\frac{20}{27}\right)$；
   (3) 在$(-3,1)$内是凸的，在$(-\infty,-3)$和$(1,+\infty)$内是凹的，拐点为$(-3,-201)$和$(1,-9)$；
   (4) 在$\left(0,\frac{1}{2}\right)$内是凸的，在$\left(\frac{1}{2},+\infty\right)$内是凹的，拐点为$\left(\frac{1}{2},\frac{1}{2}-\ln 2\right)$；
   (5) 在$(-\infty,+\infty)$内是凹的，无拐点；
   (6) 在$(-\infty,-1)$和$(0,1)$内是凸的，在$(-1,0)$和$(1,+\infty)$内是凹的，拐点为$(0,0)$；
   (7) 在$(-\infty,2)$内是凸的，在$(2,+\infty)$内是凹的，拐点为$\left(2,\frac{2}{e^2}\right)$；
   (8) 在$(-\infty,-1)$和$(1,+\infty)$内是凸的，在$(-1,1)$内是凹的，拐点为$(-1,\ln 2)$和$(1,\ln 2)$.
3. $a=-\frac{3}{2}, b=\frac{9}{2}$.

项目练习 4.6

1. (1) 垂直渐近线为 $x=1$；
   (2) 垂直渐近线为 $x=1$ 和 $x=-1$，水平渐近线为 $y=0$；
   (3) 垂直渐近线为 $x=0$.

2. (1) 在$\left(-\infty,-\frac{1}{3}\right)$和$(1,+\infty)$内单调增加，在$\left(-\frac{1}{3},1\right)$内单调减少，极大值为$f\left(-\frac{1}{3}\right)=\frac{32}{27}$，极小值为$f(1)=0$，在$\left(-\infty,\frac{1}{3}\right)$内是凸的，在$\left(\frac{1}{3},+\infty\right)$内是凹的，拐点为$\left(\frac{1}{3},\frac{16}{27}\right)$，图略；

(2) 在$(-\infty,1)$和$(3,+\infty)$内单调增加，在$(1,3)$内单调减少，极大值为$f(1)=2$，极小值为$f(3)=-2$，在$(-\infty,2)$内是凸的，在$(2,+\infty)$内是凹的，拐点为$(2,0)$，图略；

(3) 在$(-\sqrt{3},0)$和$(\sqrt{3},+\infty)$内单调增加，在$(-\infty,-\sqrt{3})$和$(0,\sqrt{3})$内单调减少，极大

值为$f(0)=0$,极小值为$f(\pm\sqrt{3})=-\dfrac{9}{4}$,在$(-1,1)$内是凸的,在$(-\infty,-1)$和$(1,+\infty)$内是凹的,拐点为$\left(-1,-\dfrac{5}{4}\right)$和$\left(1,-\dfrac{5}{4}\right)$,图略;

(4) 在$(0,+\infty)$内单调增加,在$(-\infty,0)$内单调减少,极小值为$f(0)=0$,在$(-\infty,+\infty)$内是凹的,无拐点,图略.

复习题四

1. (1) ×; (2) √; (3) ×; (4) ×; (5) √; (6) ×; (7) ×; (8) √.

2. (1) 1; (2) 常数;

(3) 减少,增加; (4) $\left(-\dfrac{1}{2},\dfrac{1}{2}\right)$,$\left(-\infty,-\dfrac{1}{2}\right)$和$\left(\dfrac{1}{2},+\infty\right)$;

(5) -2; (6) $f(0)=7$, $f(2)=3$;

(7) $f(0)=f(3)=1$, $f(-1)=f(2)=-3$;

(8) $\left(\dfrac{\sqrt{2}}{2},+\infty\right)$,$\left(0,\dfrac{\sqrt{2}}{2}\right)$,$\left(\dfrac{\sqrt{2}}{2},\dfrac{1-2\sqrt{2}-\ln 2}{2}\right)$.

3. (1) A; (2) B; (3) D; (4) B; (5) D; (6) C; (7) C.

4. (1) -1; (2) 0; (3) 2; (4) $\dfrac{\pi^2}{4}$; (5) 1; (6) $\dfrac{1}{2}$.

5. (1) 单调增加区间是$(-\infty,-1)$和$(3,+\infty)$,单调减少区间是$(-1,3)$;

(2) 单调减少区间是$(0,+\infty)$,单调增加区间是$(-\infty,0)$;

(3) 单调增加区间是$\left(-\infty,-\dfrac{1}{2}\right)$和$\left(\dfrac{1}{2},+\infty\right)$,单调减少区间是$\left(-\dfrac{1}{2},\dfrac{1}{2}\right)$;

(4) 单调增加区间是$\left(\dfrac{\pi}{3},\dfrac{5\pi}{3}\right)$,单调减少区间是$\left(0,\dfrac{\pi}{3}\right)$和$\left(\dfrac{5\pi}{3},2\pi\right)$.

6. (1) 极大值为$f(0)=1$,极小值为$f(2)=-3$,极大点为$x=0$,极小点为$x=2$;

(2) 极大值为$f(0)=3$,极小值为$f\left(\pm\dfrac{\sqrt{2}}{4}\right)=\dfrac{47}{16}$,极大点为$x=0$,极小点为$x=\pm\dfrac{\sqrt{2}}{4}$;

(3) 极小值为$f(1)=-1$,极小点为$x=1$;

(4) 极大值为$f(-1)=5$,极小值为$f(1)=1$,极大点为$x=-1$,极小点为$x=1$.

7. $a=-\dfrac{1}{27}$, $b=0$, $c=1$, $d=4$.

8. $a=0$时,有极小值,极小值为$f\left(\dfrac{\pi}{3}\right)=-\dfrac{1}{3}$.

9. (1) 最大值为$f\left(\dfrac{1}{4}\right)=f(4)=\dfrac{17}{4}$,最小值为$f(1)=2$;

(2) 最大值为$f(3)=63$,最小值为$f(1)=-1$;

(3) 最大值为$f(4)=2$,最小值为$f\left(\dfrac{1}{4}\right)=-\dfrac{1}{4}$;

(4) 最大值为$f(-1)=3$,最小值为$f(1)=1$.

10. 矩形的长和宽都为$\sqrt{2}R$时，面积最大.

11. 高为$\frac{\sqrt{6}}{3}D$，宽为$\frac{\sqrt{3}}{3}D$时，梁的强度最大.

12. (1) 在$(-\infty,1)$内是凸的，在$(1,+\infty)$内是凹的，拐点为$(1,0)$；

(2) 在$\left(-\infty,\frac{3}{2}\right)$内是凸的，在$\left(\frac{3}{2},+\infty\right)$内是凹的，拐点为$\left(\frac{3}{2},0\right)$；

(3) 在$\left(-\infty,\frac{2}{3}\right)$内是凸的，在$\left(\frac{2}{3},+\infty\right)$内是凹的，拐点为$\left(\frac{2}{3},\frac{65}{27}\right)$；

(4) 在$(-\infty,-2)$和$(-2,+\infty)$内是凹的，无拐点.

13. $a=1,b=-6,c=9,d=2$.

14. (1) 在$(-1,1)$内单调增加，在$(-\infty,-1)$和$(1,+\infty)$内单调减少，极大值为$f(1)=\frac{5}{3}$，极小值为$f(-1)=\frac{1}{3}$，在$(0,+\infty)$内是凸的，在$(-\infty,0)$内是凹的，拐点为$(0,0)$，图略；

(2) 定义域是$(-\infty,0)\cup(0,+\infty)$，在$\left(\frac{\sqrt[3]{4}}{2},+\infty\right)$内单调增加，在$(-\infty,0)$和$\left(0,\frac{\sqrt[3]{4}}{2}\right)$内单调减少，极小值为$f\left(\frac{\sqrt[3]{4}}{2}\right)=\frac{3\sqrt[3]{2}}{2}$，在$(-1,0)$内是凸的，在$(-\infty,-1)$和$(0,+\infty)$内是凹的，拐点为$(-1,0)$，有垂直渐近线$x=0$，图略；

(3) 在$(-1,1)$内单调增加，在$(-\infty,-1)$和$(1,+\infty)$内单调减少，极大值为$f(1)=\frac{1}{2}$，极小值为$f(-1)=-\frac{1}{2}$；在$(-\infty,-\sqrt{3})$和$(0,\sqrt{3})$内是凸的，在$(-\sqrt{3},0)$和$(\sqrt{3},+\infty)$内是凹的，拐点为$(0,0)$，$\left(-\sqrt{3},-\frac{\sqrt{3}}{4}\right)$和$\left(\sqrt{3},\frac{\sqrt{3}}{4}\right)$，有水平渐近线$y=0$，图略.

第五篇　不定积分

前面我们讨论了如何求一个函数的导数问题.在实际中,我们还会遇到它的反问题,即已知函数的导数,如何求得该函数的问题,这种由函数的导数(或微分)求原函数的问题就是不定积分.

学习目标

◇ 理解原函数和不定积分的概念.
◇ 熟练掌握不定积分的基本公式和基本法则,会用直接积分法求积分.
◇ 能熟练地使用第一类换元积分法(凑微分法)求积分.
◇ 会使用第二类换元积分法求积分.
◇ 能熟练地使用分部积分法.

项目一　原函数与不定积分

任务一　理解原函数的概念

看一看

已知曲线 $y=F(x)$ 上任意一点处的切线斜率为 $k=F'(x)=f(x)$,如何求该曲线方程?已知一物体作变速直线运动,其速度 $v(t)=s'(t)$,如何求该物体的运动方程 $s(t)$?

以上两个具体问题不一样,但是它们有共同的数学模型:已知某个函数的导数,反过来求这个函数,即已知 $F'(x)=f(x)$,求 $F(x)$.这就是我们下面要研究的不定积分的问题.

学一学

设函数 $f(x)$ 是定义在某一区间内的已知函数,如果存在一个函数 $F(x)$,对于该区间内的任意一点都满足

$$F'(x)=f(x) \text{ 或 } \mathrm{d}F(x)=f(x)\mathrm{d}x,$$

则称函数 $F(x)$ 是 $f(x)$ 的一个**原函数**.

例如,在区间 $(-\infty,+\infty)$ 上,已知函数 $f(x)=2x$,因为 $(x^2)'=2x$,所以 $F(x)=x^2$ 是 $f(x)=2x$ 的一个原函数.又因为 $(x^2-1)'=2x$,$(x^2+1)'=2x$,$(x^2+\sqrt{3})'=2x$ 等,所以 x^2-1,x^2+1,$x^2+\sqrt{3}$ 等都是 $f(x)=2x$ 的原函数.

一般地,因为$(x^2+C)'=2x$,所以$F(x)=x^2+C$(C为任意常数)仍是$f(x)=2x$的原函数.任意给定C一个值,就可得到$f(x)$的一个原函数.因此,原函数具有以下两个性质:

(1) 如果函数$f(x)$存在原函数,那么它就有无穷多个原函数.

(2) 函数$f(x)$的任意两个原函数之差是一个常数.

由上述两个性质可得出如下结论:若函数$F(x)$是已知函数$f(x)$在某一区间内的一个原函数,那么$F(x)+C$(C为任意常数)就是$f(x)$在这一区间内的全体原函数,称为**原函数族**.

做一做

1. 因为$(\sin x)'=\cos x$,所以称________为________的一个原函数.

2. 因为$(\tan x)'=\sec^2 x$,所以$\sec^2 x$的原函数族是________________________.

任务二 理解不定积分的概念

学一学

函数$f(x)$在定义区间上的全体原函数叫做函数$f(x)$的**不定积分**,记作

$$\int f(x)\,\mathrm{d}x\ ,$$

其中"$\int$"叫做**积分号**,$f(x)$叫做**被积函数**,$f(x)\,\mathrm{d}x$叫做**被积表达式**,x叫做**积分变量**.

由定义可知,如果$F(x)$是$f(x)$的一个原函数,那么$f(x)$的不定积分$\int f(x)\,\mathrm{d}x$就是它的原函数族$F(x)+C$,即

$$\int f(x)\,\mathrm{d}x=F(x)+C,$$

其中任意常数C叫做**积分常数**.

因此,求已知函数的不定积分,就归结为求出它的一个原函数,再加上任意常数C.

综合上述可得

$$F'(x)=f(x)\Leftrightarrow\int f(x)\,\mathrm{d}x=F(x)+C\ ,$$

即

$$F(x)+C\xrightleftharpoons[\text{求积分}]{\text{求导}}f(x).$$

注意:求不定积分时,切记不能缺少积分常数C.

试一试

例1 求$\int x^2\,\mathrm{d}x$.

解 由于$\left(\frac{1}{3}x^3\right)'=x^2$,所以$\frac{x^3}{3}$是$x^2$的一个原函数,因此

$$\int x^2\,\mathrm{d}x=\frac{x^3}{3}+C\ .$$

例 2　求 $\int \frac{1}{x}\mathrm{d}x$.

解　当 $x>0$ 时,由于 $(\ln x)'=\frac{1}{x}$,所以 $\ln x$ 是 $\frac{1}{x}$ 在 $(0,+\infty)$ 内的一个原函数,因此,在 $(0,+\infty)$ 内

$$\int \frac{1}{x}\mathrm{d}x = \ln x + C;$$

当 $x<0$ 时,由于 $[\ln(-x)]'=\frac{1}{-x}(-1)=\frac{1}{x}$,所以 $\ln(-x)$ 是 $\frac{1}{x}$ 在 $(-\infty,0)$ 内的一个原函数,因此,在 $(-\infty,0)$ 内

$$\int \frac{1}{x}\mathrm{d}x = \ln(-x) + C.$$

把在 $x>0$ 及 $x<0$ 内的结果合起来,可写作

$$\int \frac{1}{x}\mathrm{d}x = \ln|x| + C.$$

做一做

写出下列不定积分的结果:

(1) $\int x\mathrm{d}x$;　　　　(2) $\int \frac{1}{x^2}\mathrm{d}x$;

(3) $\int \mathrm{d}x$.

学一学

求原函数或不定积分的方法称为**积分法**. 积分运算和微分运算是互逆的,因此要验证不定积分的结果是否正确,就要用微分法. 对积分结果求导数(或求微分),看它的导数是否等于被积函数,若相等就说明结果是正确的,否则就说明结果是错误的.

试一试

例 3　用微分法验证下列各等式是否正确:

(1) $\int 5x^4\mathrm{d}x = x^5 + C$;　　　　(2) $\int \cos 2x\mathrm{d}x = \frac{1}{2}\sin 2x + C$.

解　(1) 因为 $(x^5+C)'=5x^4$,所以

$$\int 5x^4\mathrm{d}x = x^5 + C.$$

(2) 因为 $\left(\frac{1}{2}\sin 2x+C\right)'=\cos 2x$,所以

$$\int \cos 2x\mathrm{d}x = \frac{1}{2}\sin 2x + C.$$

做一做

判断下列各等式是否正确：

(1) $\int \sin x \mathrm{d}x = -\cos x + C$；　　(2) $\int 3^x \mathrm{d}x = 3^x + C$.

任务三　掌握不定积分的性质

学一学

由不定积分的定义，可推出下列性质：

(1) $\left(\int f(x)\mathrm{d}x\right)' = f(x)$ 或 $\mathrm{d}\int f(x)\mathrm{d}x = f(x)\mathrm{d}x$.

即不定积分的导数等于被积函数，不定积分的微分等于被积表达式.

(2) $\int F'(x)\mathrm{d}x = F(x) + C$ 或 $\int \mathrm{d}F(x) = F(x) + C$.

即先微分后积分，两者的作用抵消后加上任意常数 C.

试一试

例 4　写出下列各式的结果：

(1) $(\int e^{2x}\mathrm{d}x)'$；　　(2) $\mathrm{d}\int e^{-\frac{t^2}{2}}\mathrm{d}t$；

(3) $\int (x + \tan x)'\mathrm{d}x$；　　(4) $\int \mathrm{d}(xe^{2x})$.

解　(1) $\left(\int e^{2x}\mathrm{d}x\right)' = e^{2x}$；

(2) $\mathrm{d}\int e^{-\frac{t^2}{2}}\mathrm{d}t = e^{-\frac{t^2}{2}}\mathrm{d}t$；

(3) $\int (x + \tan x)'\mathrm{d}x = x + \tan x + C$；

(4) $\int \mathrm{d}(xe^{2x}) = xe^{2x} + C$.

做一做

写出下列各式的结果：

(1) $\int (x\sin x)'\mathrm{d}x$；　　(2) $\left[\int \frac{\sin 2x}{1 - x^2}\mathrm{d}x\right]'$；

(3) $\mathrm{d}\int \cos(\ln x)\mathrm{d}x$；　　(4) $\int \mathrm{d}(\sin e^x)$.

任务四 了解不定积分的几何意义

试一试

例5 设曲线通过点(1,1),且其上任意一点(x,y)处的切线斜率等于这点横坐标的两倍,求此曲线的方程.

解 设所求的曲线方程为$y=f(x)$,按题设,曲线上任意一点(x,y)处的切线斜率为

$$\frac{dy}{dx}=2x,$$

因此

$$\int 2x dx = x^2 + C,$$

故必有某个常数C,使得所求曲线方程为

$$y=x^2+C.$$

由于曲线通过点(1,1),代入上式得

$$C=0,$$

于是所求曲线方程为

$$y=x^2.$$

在上例中,被积函数$f(x)=2x$的一个原函数为$F(x)=x^2$,它的图形是一条曲线.被积函数$f(x)=2x$的不定积分$\int 2x dx = x^2 + C$的图形是由曲线$y=x^2$沿y轴向上或向下平行移动而得到的一族曲线.

学一学

设$f(x)$的一个原函数为$F(x)$,则曲线$y=F(x)$称为函数$f(x)$的一条**积分曲线**.如果把曲线$y=F(x)$沿y轴向上或向下平行移动,就得到一族曲线.不定积分的几何意义是$f(x)$的全部积分曲线所组成的**积分曲线族**,其方程是

$$y=F(x)+C.$$

积分曲线族中任意两条积分曲线对于相同的横坐标x,它们对应的纵坐标y的差是一个常数;积分曲线族中每一条积分曲线上相同的横坐标x对应的点处的切线是互相平行的,它们的斜率都等于$f(x)$,如图5-1所示.

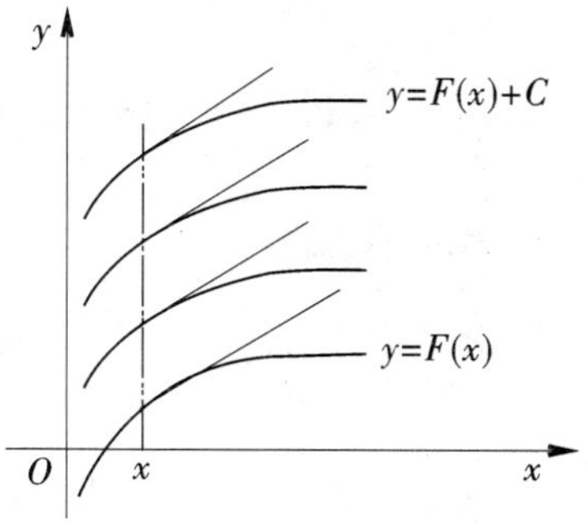

图5-1

做一做

一曲线通过点$(e^2,3)$,且在任一点处的切线的斜率等于该点横坐标的倒数,求该曲线的方程.

项目练习 5.1

1. 试求下列函数的一个原函数：

(1) $f(x)=x^3$；　　(2) $f(x)=x+e^x$；

(3) $f(x)=\cos x$；　　(4) $f(x)=\frac{1}{2\sqrt{x}}$.

2. 用微分法验证下列各等式是否正确：

(1) $\int\frac{1}{x^2}dx=-\frac{1}{x}+C$；

(2) $\int\cos(x+\frac{\pi}{3})dx=\sin(x+\frac{\pi}{3})+C$；

(3) $\int\ln x dx=x\ln x-x+C$；

(4) $\int\sin^2 x dx=\frac{1}{2}x-\frac{1}{4}\sin 2x+C$.

3. 写出下列各式的结果：

(1) $\int(\sqrt{x}\sin 2x)'dx$；　　(2) $\left[\int\frac{1}{1+x^2}\cos 2x dx\right]'$；

(3) $d\int\sin(\ln x)dx$；　　(4) $\int d(e^{2x}\sin x)$.

4. 设曲线上任意一点 $M(x,y)$ 处的切线斜率为 $k=f(x)=x^2$，且曲线过点 $(1,1)$，求该曲线的方程.

项目二　积分的基本公式和法则

任务一　熟记不定积分的基本公式

学一学

由于积分运算是微分运算的逆运算，所以由基本求导公式，可以直接推导出基本积分公式.

例如，由于 $\left(\frac{1}{\alpha+1}x^{\alpha+1}\right)'=x^{\alpha}$，所以得 $\int x^{\alpha}dx=\frac{1}{\alpha+1}x^{\alpha+1}+C$.

类似地，可以推导出其他的基本积分公式. 下面我们把一些基本积分公式列成一个表，这个表通常叫做基本积分表(见表 5-1).

表 5-1　基本积分表

导数公式 $F'(x)=f(x)$	不定积分公式 $\int f(x)\mathrm{d}x = F(x) + C$
$(x)'=1$	$\int \mathrm{d}x = x + C$
$\left(\frac{x^{\alpha+1}}{\alpha+1}\right)'=x^{\alpha}$　$(\alpha\neq-1)$	$\int x^{\alpha}\mathrm{d}x = \frac{x^{\alpha+1}}{\alpha+1} + C$
$(\ln\|x\|)'=\frac{1}{x}$	$\int \frac{1}{x}\mathrm{d}x = \ln\|x\| + C$
$\left(\frac{a^x}{\ln a}\right)'=a^x$	$\int a^x\mathrm{d}x = \frac{a^x}{\ln a} + C$
$(\mathrm{e}^x)'=\mathrm{e}^x$	$\int \mathrm{e}^x\mathrm{d}x = \mathrm{e}^x + C$
$(\sin x)'=\cos x$	$\int \cos x\mathrm{d}x = \sin x + C$
$(\cos x)'=-\sin x$	$\int \sin x\mathrm{d}x = -\cos x + C$
$(\tan x)'=\sec^2 x$	$\int \sec^2 x\mathrm{d}x = \tan x + C$
$(\cot x)'=-\csc^2 x$	$\int \csc^2 x\mathrm{d}x = -\cot x + C$
$(\sec x)'=\sec x\tan x$	$\int \sec x\tan x\mathrm{d}x = \sec x + C$
$(\csc x)' = -\csc x\cot x$	$\int \csc x\cot x\mathrm{d}x = -\csc x + C$
$(\arcsin x)' = \frac{1}{\sqrt{1-x^2}}$	$\int \frac{1}{\sqrt{1-x^2}}\mathrm{d}x = \arcsin x + C$
$(\arctan x)' = \frac{1}{1+x^2}$	$\int \frac{1}{1+x^2}\mathrm{d}x = \arctan x + C$

上面的基本积分公式是求不定积分的基础,对学习积分学内容起着重要作用,必须反复练习,熟练掌握.

试一试

例 1　求下列不定积分:

(1) $\int \frac{1}{x^5}\mathrm{d}x$;　　　　(2) $\int x^2\sqrt[3]{x}\,\mathrm{d}x$.

解　(1) $\int \frac{1}{x^5}\mathrm{d}x = \int x^{-5}\mathrm{d}x = \frac{x^{-5+1}}{-5+1} + C = -\frac{1}{4x^4} + C$.

(2) $\int x^2\sqrt[3]{x}\,\mathrm{d}x=\int x^2x^{\frac{1}{3}}\,\mathrm{d}x=\int x^{\frac{7}{3}}\,\mathrm{d}x=\dfrac{x^{\frac{7}{3}+1}}{\dfrac{7}{3}+1}+C=\dfrac{3}{10}x^{\frac{10}{3}}+C$.

上例表明，对某些根式或分式函数的积分，可先把它们化为 x^{α} 的形式，然后根据幂函数的积分公式求积分.

做一做

计算下列不定积分：

(1) $\int\dfrac{\mathrm{d}x}{x^2}$ ；　　(2) $\int\sqrt{x}\,\mathrm{d}x$ ；　　(3) $\int 5^x\,\mathrm{d}x$.

任务二　掌握积分的基本法则

学一学

法则 1　被积表达式中的常数因子可以提到积分号的前面，即

$$\int kf(x)\,\mathrm{d}x=k\int f(x)\,\mathrm{d}x\ (k\text{ 是常数且 }k\neq 0).$$

证明　将等式右端求导，得 $[k\int f(x)\,\mathrm{d}x]'=k[\int f(x)\,\mathrm{d}x]'=kf(x)$ ，所以右端是 $kf(x)$ 的原函数，又因为右端有一个积分号，含有任意常数，任意常数乘非零常数 k 以后仍是任意常数，因此等式右端是 $kf(x)$ 的不定积分，即

$$\int kf(x)\,\mathrm{d}x=k\int f(x)\,\mathrm{d}x .$$

法则 2　两个函数代数和的不定积分等于各函数积分的代数和，即

$$\int[f(x)\pm g(x)]\,\mathrm{d}x=\int f(x)\,\mathrm{d}x\pm\int g(x)\,\mathrm{d}x .$$

证明　对等式右端求导，得

$$\begin{aligned}[\int f(x)\,\mathrm{d}x\pm\int g(x)\,\mathrm{d}x]'&=[\int f(x)\,\mathrm{d}x]'\pm[\int g(x)\,\mathrm{d}x]'\\&=f(x)\pm g(x),\end{aligned}$$

所以等式右端为 $f(x)\pm g(x)$ 的原函数，又因为等式右端有两个积分号，形式上含有两个任意常数，由于任意常数的代数和仍为任意常数，所以右端实际上含有一个任意常数，故等式右端是 $f(x)\pm g(x)$ 的不定积分，即

$$\int[f(x)\pm g(x)]\,\mathrm{d}x=\int f(x)\,\mathrm{d}x\pm\int g(x)\,\mathrm{d}x .$$

法则 2 可以推广到有限个函数的代数和的形式，即有限个函数的代数和的不定积分等于各个函数不定积分的代数和.

试一试

例 2　求 $\int(x^3-1+3\mathrm{e}^x+3^x)\,\mathrm{d}x$.

解 根据基本积分公式和积分的运算法则可知

$$\begin{aligned}\int(x^3-1+3e^x+3^x)\,dx &= \int x^3dx-\int dx+3\int e^xdx+\int 3^xdx\\ &=\frac{1}{4}x^4-x+3e^x+\frac{3^x}{\ln 3}+C.\end{aligned}$$

注意:积分结果中必须加上积分常数 C. 在分项积分后,每个不定积分的结果都含有任意常数,但由于任意常数之和仍为任意常数,所以只需要在末尾加上一个任意常数 C 就行了,并且在积分号完全去掉以后再加积分常数 C.

做一做

计算下列不定积分:

(1) $\int(x^2+3x-\frac{1}{x^2})\,dx$; (2) $\int(2^x-3\sin x+5)\,dx$.

任务三 学习不定积分的直接积分法

在求积分问题中,有时可直接利用基本积分公式和积分的基本法则求出结果,有时需要对被积函数进行适当的变形,再利用基本积分公式和积分的基本法则求出结果,这样的积分方法叫做**直接积分法**.

试一试

例 3 求 $\int(5-3\sin x+\frac{2}{x})\,dx$.

解

$$\begin{aligned}\int(5-3\sin x+\frac{2}{x})\,dx &= 5\int dx-3\int \sin x dx+2\int\frac{1}{x}dx\\ &=5x+3\cos x+2\ln|x|+C.\end{aligned}$$

例 4 求 $\int(x^2+2\cos x-3\sec^2x)\,dx$.

解

$$\begin{aligned}\int(x^2+2\cos x-3\sec^2x)\,dx &= \int x^2dx+2\int\cos x dx-3\int\sec^2x dx\\ &=\frac{1}{3}x^3+2\sin x-3\tan x+C.\end{aligned}$$

当被积函数是分母为单项式的有理分式函数时,应先把被积函数化成幂函数的代数和的形式,然后再利用基本积分公式和积分的运算法则求积分.

例 5 求 $\int\frac{x^3-3x^2+2x}{x^2}dx$.

解 $\int\frac{x^3-3x^2+2x}{x^2}dx=\int(x-3+\frac{2}{x})\,dx=\frac{1}{2}x^2-3x+2\ln|x|+C$.

当被积函数为有理分式函数时,有时需要对分子添加项或裂项,把被积函数化成几个比较简单的函数的代数和的形式,便于用公式和法则求出积分. 看下面的两个例子.

例 6 求 $\int\frac{1+2x^2}{x^2(1+x^2)}dx$.

解 $\int\frac{1+2x^2}{x^2(1+x^2)}dx=\int\frac{(1+x^2)+x^2}{x^2(1+x^2)}dx=\int(\frac{1}{x^2}+\frac{1}{1+x^2})dx$

$$=\int\frac{1}{x^2}dx+\int\frac{1}{1+x^2}dx=-\frac{1}{x}+\arctan x+C.$$

例 7 求 $\int\frac{x^4}{1+x^2}dx$.

解 $\int\frac{x^4}{1+x^2}dx=\int\frac{(x^4-1)+1}{1+x^2}dx=\int(x^2-1)dx+\int\frac{1}{1+x^2}dx$

$$=\frac{1}{3}x^3-x+\arctan x+C.$$

如果被积函数中含有三角函数,经常需要利用三角函数恒等式对被积函数进行变形,然后再求积分. 经常用到的三角函数公式有:

$\csc x=\frac{1}{\sin x}$;　　$\sec x=\frac{1}{\cos x}$;

$\sin^2x+\cos^2x=1$;　　$1+\tan^2x=\sec^2x$;

$1+\cot^2x=\csc^2x$;　　$\sin 2x=2\sin x\cos x$;

$\cos 2x=\cos^2x-\sin^2x$;　　$\sin^2x=\frac{1-\cos 2x}{2}$;

$\cos^2x=\frac{1+\cos 2x}{2}$.

例 8 求 $\int\tan^2x dx$.

解 $\int\tan^2x dx=\int(\sec^2x-1)dx=\tan x-x+C$.

例 9 求 $\int\frac{\cos 2x}{\cos x-\sin x}dx$.

解 $\int\frac{\cos 2x}{\cos x-\sin x}dx=\int\frac{\cos^2x-\sin^2x}{\cos x-\sin x}dx=\int(\cos x+\sin x)dx$

$$=\sin x-\cos x+C.$$

做一做

计算下列不定积分:

(1) $\int\frac{x^2+x+1}{x(x^2+1)}dx$;　　(2) $\int\frac{1}{1+\cos 2x}dx$.

项目练习 5.2

1. 计算下列不定积分:

(1) $\int(x^3+x\sqrt{x}+e^x)dx$;　　(2) $\int(\csc^2x+2\cos x+\frac{1}{x})dx$;

(3) $\int\left(3\sin x+2\sec^2 x-\frac{1}{1+x^2}\right)dx$；　(4) $\int\left(x^4+4^x-\frac{4}{x}\right)dx$；

(5) $\int(x^2+1)^2dx$；　(6) $\int\frac{x^2-9}{x+3}dx$；

(7) $\int x(2x^3-x^2+1)dx$；　(8) $\int\frac{\sqrt{1+x^2}}{\sqrt{1-x^4}}dx$；

(9) $\int(2-e^{-x})e^x dx$；　(10) $\int\frac{x^3+2x^2-3x+4}{x}dx$；

(11) $\int\frac{2x^2+1}{x^3}dx$；　(12) $\int\frac{4x^2+5}{x^2+1}dx$；

(13) $\int\left(\frac{1}{2\sqrt{x}}+\frac{1}{\sqrt{1-x^2}}\right)dx$；　(14) $\int\frac{x^2}{1+x^2}dx$；

(15) $\int\frac{1}{x^2(1+x^2)}dx$；　(16) $\int\sin^2\frac{x}{2}dx$；

(17) $\int\left(\sin\frac{x}{2}-\cos\frac{x}{2}\right)^2dx$；　(18) $\int\frac{\sin 2x}{\sin x}dx$；

(19) $\int\frac{\cos 2x}{\sin^2 x\cos^2 x}dx$；　(20) $\int\frac{1}{\sin^2 x\cos^2 x}dx$；

(21) $\int\frac{\cos 2x}{\sin x+\cos x}dx$；　(22) $\int\left(x-\cos^2\frac{x}{2}\right)dx$；

(23) $\int\cot^2 x dx$；　(24) $\int\sin\frac{x}{2}\left(\sin\frac{x}{2}+\cos\frac{x}{2}\right)dx$.

2. 一物体作变速直线运动，速度 $v(t)=3t^2+4t+3$(m/s)，当 $t=1$ s 时，路程 $s=10$ m，求物体的运动规律.

3. 已知曲线过点(1,-5)，且曲线上任一点处的切线斜率 $k=1-x$，求该曲线方程.

项目三　不定积分的换元积分法

用直接积分法计算的不定积分是很有限的. 像 $\int\cos 2x dx$，$\int\frac{1}{3x+4}dx$ 等看起来很简单的不定积分，用直接积分法是计算不出来的，为此，必须研究其他的积分方法. 这里把复合函数的微分法反过来，通过适当的变量替换，把被积表达式化成一个容易求出的积分，进而求出结果. 这种积分方法就是不定积分的换元积分法，简称换元法. 换元法通常分为两大类：第一类换元积分法和第二类换元积分法. 我们重点研究第一类换元积分法.

任务一　学习第一类换元积分法

想一想

如何求 $\int\cos 2x dx$？下面我们来尝试一下.

因为 $\cos 2x$ 是一个复合函数,基本积分公式中没有这个积分,但有 $\int \cos x\mathrm{d}x = \sin x + C$,在这里我们不能直接运用. 为了应用基本积分公式,可引进一个新的变量 u,使 $u=2x$,这时 $x=\frac{u}{2}$,$\mathrm{d}x=\frac{1}{2}\mathrm{d}u$,于是原积分可化为 $\int \cos u \cdot \frac{1}{2}\mathrm{d}u = \frac{1}{2}\int \cos u\mathrm{d}u$,然后可用基本积分公式进行计算,再把积分结果中的 u 换回原来的积分变量即可.

$$\int \cos 2x\mathrm{d}x = \int \cos 2x \cdot \frac{1}{2}\mathrm{d}(2x) \xlongequal{\text{令 } 2x = u} \frac{1}{2}\int \cos u\mathrm{d}u = \frac{1}{2}\sin u + C$$

$$\xlongequal{\text{回代 } u=2x} \frac{1}{2}\sin 2x+C.$$

经过验证,上面所得结果确实成立. 在这里,我们看到在 $\int \cos x\mathrm{d}x = \sin x + C$ 成立的情况下,$\int \cos u\mathrm{d}x = \sin u + C$ 也成立;这一结论可以推广到一般情况,若 $\int f(x)\mathrm{d}x = F(x) + C$,则有 $\int f(u)\mathrm{d}x = F(u) + C$. 积分的这一性质叫做积分形式的不变性. 另外,我们注意到上面的解题过程中用到了四个步骤,分别是凑微分、换元、积分、回代,这种积分方法就叫做第一类换元积分法.

学一学

一般地,若被积表达式能化成 $f[\varphi(x)]\varphi'(x)\mathrm{d}x=f[\varphi(x)]\mathrm{d}[\varphi(x)]$ 的形式,则令 $\varphi(x)=u$,若积分 $\int f(u)\mathrm{d}u$ 容易用直接积分法求出,那么我们就可以得到下面的方法.

设 $f(u)$ 具有原函数 $F(u)$,$u=\varphi(x)$ 可导,则有换元积分公式

$$\int f[\varphi(x)]\varphi'(x)\mathrm{d}x = \int f[\varphi(x)]\mathrm{d}[\varphi(x)] \xlongequal{\text{令 } \varphi(x) = u} \int f(u)\mathrm{d}u = F(u) + C$$

$$\xlongequal{\text{回代 } u=\varphi(x)} F[\varphi(x)]+C.$$

通常把这样的积分方法叫做**第一类换元积分法**.

试一试

例 1 求 $\int \mathrm{e}^{5x}\mathrm{d}x$.

解 $\int \mathrm{e}^{5x}\mathrm{d}x = \frac{1}{5}\int \mathrm{e}^{5x}\mathrm{d}(5x) \xlongequal{\text{令 } 5x = u} \frac{1}{5}\int \mathrm{e}^{u}\mathrm{d}u = \frac{1}{5}\mathrm{e}^{u} + C$

$$\xlongequal{\text{回代 } u=5x} \frac{1}{5}\mathrm{e}^{5x}+C.$$

例 2 求 $\int \frac{\mathrm{d}x}{3x + 4}$.

解 $\int \frac{\mathrm{d}x}{3x + 4} = \frac{1}{3}\int \frac{\mathrm{d}(3x + 4)}{3x + 4} \xlongequal{\text{令 } 3x + 4 = u} \frac{1}{3}\int \frac{\mathrm{d}u}{u} = \frac{1}{3}\ln|u| + C$

$$\xlongequal{\text{回代 } u = 3x + 4} \frac{1}{3}\ln|3x + 4| + C .$$

做一做

计算下列不定积分：

（1）$\int \sin 5x\mathrm{d}x$ ；　　　　　　（2）$\int (2x-1)^5\mathrm{d}x$.

学一学

由上面的两个例题可以看出，用第一类换元积分法计算不定积分时，关键是把被积表达式凑成两部分，其中一部分为 $\mathrm{d}[\varphi(x)]$，另一部分为 $\varphi(x)$ 的函数 $f[\varphi(x)]$，所以第一类换元积分法也常称为**凑微分法**.

在凑微分时常用到下面两个微分的性质：

（1）$\mathrm{d}[\varphi(x)]=\frac{1}{a}\mathrm{d}[a\varphi(x)]$；

（2）$\mathrm{d}[\varphi(x)]=\mathrm{d}[\varphi(x)+b]$.

如 $\mathrm{d}x=\frac{1}{2}\mathrm{d}(2x)$，$\mathrm{d}(2x)=\mathrm{d}(2x-1)$，$\mathrm{d}x=\frac{1}{3}\mathrm{d}(3x+4)$ 等.

要运用凑微分法，必须做到以下两点：第一，要熟练掌握基本积分公式，并能广义地理解积分公式，即把积分公式中的变量 x 看作是关于 x 的某一可导函数，如 $\int \sin x\mathrm{d}x=-\cos x+C$ ，可理解为 $\int \sin u\mathrm{d}u=-\cos u+C$ ，其中 $u=\varphi(x)$ 是一可导函数. 第二，必须熟练掌握微分公式，能够根据微分公式熟练地凑微分. 常用到的微分公式有：

$\mathrm{d}x=\frac{1}{a}\mathrm{d}(ax)$；　　　　$\mathrm{d}x=\frac{1}{a}\mathrm{d}(ax+b)$；

$x\mathrm{d}x=\frac{1}{2}\mathrm{d}(x^2)$；　　　　$x^{\mu}\mathrm{d}x=\frac{1}{\mu+1}\mathrm{d}(x^{\mu+1})$；

$\frac{1}{\sqrt{x}}\mathrm{d}x=2\mathrm{d}\sqrt{x}$；　　　　$\frac{1}{x}\mathrm{d}x=\mathrm{d}(\ln x)$；

$\frac{1}{x^2}\mathrm{d}x=-\mathrm{d}(\frac{1}{x})$；　　　　$\cos x\mathrm{d}x=\mathrm{d}(\sin x)$；

$\sin x\mathrm{d}x=-\mathrm{d}(\cos x)$；　　　　$\sec^2 x\mathrm{d}x=\mathrm{d}(\tan x)$；

$\csc^2 x\mathrm{d}x=-\mathrm{d}(\cot x)$；　　　　$\mathrm{e}^x\mathrm{d}x=\mathrm{d}(\mathrm{e}^x)$；

$\frac{1}{1+x^2}\mathrm{d}x=\mathrm{d}(\arctan x)$；　　　　$\frac{1}{\sqrt{1-x^2}}\mathrm{d}x=\mathrm{d}(\arcsin x)$.

事实上，常见的微分公式远不止这些，每一个微分公式都可以用来凑微分. 所以，必须通过大量的练习才能熟练掌握凑微分法.

试一试

例 3　求 $\int x\sin x^2\mathrm{d}x$.

解 $\int x\sin x^2\mathrm{d}x=\frac{1}{2}\int\sin x^2\mathrm{d}(x^2)\xlongequal{令x^2=u}\frac{1}{2}\int\sin u\mathrm{d}u=-\frac{1}{2}\cos u+C$

$\xlongequal{回代u=x^2}-\frac{1}{2}\cos x^2+C.$

例4 求 $\int\frac{\ln x}{x}\mathrm{d}x$.

解 $\int\frac{\ln x}{x}\mathrm{d}x=\int\ln x\mathrm{d}(\ln x)\xlongequal{令\ln x=u}\int u\mathrm{d}u=\frac{1}{2}u^2+C$

$\xlongequal{回代u=\ln x}\frac{1}{2}\ln^2x+C.$

做一做

计算下列不定积分：

(1) $\int x\cos x^2\mathrm{d}x$； (2) $\int\frac{1}{x}\sin(\ln x)\mathrm{d}x$.

当运算比较熟练后，可以把中间变量 $u=\varphi(x)$ 记在心里，代换过程不必写出，直接按 $\int f[\varphi(x)]\varphi'(x)\mathrm{d}x=\int f[\varphi(x)]\mathrm{d}[\varphi(x)]=F[\varphi(x)]+C$ 得出结果即可.

试一试

例5 求 $\int\frac{1}{x^2}\mathrm{e}^{\frac{1}{x}}\mathrm{d}x$.

解 $\int\frac{1}{x^2}\mathrm{e}^{\frac{1}{x}}\mathrm{d}x=-\int\mathrm{e}^{\frac{1}{x}}\mathrm{d}\left(\frac{1}{x}\right)=-\mathrm{e}^{\frac{1}{x}}+C$.

例6 求 $\int\sin x\cos^2x\mathrm{d}x$.

解 $\int\sin x\cos^2x\mathrm{d}x=-\int\cos^2x\mathrm{d}(\cos x)=-\frac{1}{3}\cos^3x+C$.

例7 求 $\int\mathrm{e}^x\sin(\mathrm{e}^x+1)\mathrm{d}x$.

解 $\int\mathrm{e}^x\sin(\mathrm{e}^x+1)\mathrm{d}x=\int\sin(\mathrm{e}^x+1)\mathrm{d}(\mathrm{e}^x+1)=-\cos(\mathrm{e}^x+1)+C$.

例8 求 $\int\frac{\sin(\sqrt{x}+1)}{\sqrt{x}}\mathrm{d}x$.

解 $\int\frac{\sin(\sqrt{x}+1)}{\sqrt{x}}\mathrm{d}x=2\int\sin(\sqrt{x}+1)\mathrm{d}(\sqrt{x}+1)=-2\cos(\sqrt{x}+1)+C$.

例9 求 $\int\frac{\arctan x}{1+x^2}\mathrm{d}x$.

解 $\int\frac{\arctan x}{1+x^2}\mathrm{d}x=\int\arctan x\mathrm{d}(\arctan x)=\frac{1}{2}\arctan^2x+C$.

做一做

计算下列不定积分：

(1) $\int e^x\cos(2-e^x)dx$； (2) $\int \frac{1}{\sqrt{x}}e^{\sqrt{x}}dx$.

在运用换元法求不定积分时，有时需要通过代数或三角恒等变换，对被积函数进行适当变形后，再进行凑微分，从而计算出积分结果.

试一试

例 10 求 $\int \frac{1}{4+x^2}dx$.

解 被积函数可变形为$\frac{1}{4[1+(\frac{x}{2})^2]}$，然后再凑微分，于是有

$$\int \frac{1}{4+x^2}dx=\int \frac{1}{4[1+(\frac{x}{2})^2]}dx=\frac{1}{2}\int \frac{1}{1+(\frac{x}{2})^2}d(\frac{x}{2})=\frac{1}{2}\arctan\frac{x}{2}+C .$$

例 11 求 $\int \frac{1}{\sqrt{9-4x^2}}dx$.

解 被积函数可变形为$\frac{1}{3\sqrt{1-(\frac{2x}{3})^2}}$，然后再凑微分，于是有

$$\int \frac{1}{\sqrt{9-4x^2}}dx=\int \frac{1}{3\sqrt{1-(\frac{2x}{3})^2}}dx=\frac{1}{2}\int \frac{1}{\sqrt{1-(\frac{2x}{3})^2}}d(\frac{2x}{3})$$

$$=\frac{1}{2}\arcsin\frac{2x}{3}+C .$$

例 12 求 $\int \tan x dx$.

解 $\int \tan x dx=\int \frac{\sin x}{\cos x}dx=-\int \frac{1}{\cos x}d(\cos x)=-\ln|\cos x|+C$.

例 13 求 $\int \sec x dx$.

解 $\int \sec x dx=\int \frac{dx}{\cos x}=\int \frac{\cos x dx}{\cos^2 x}=\int \frac{d\sin x}{1-\sin^2 x}=\frac{1}{2}\left(\int \frac{d\sin x}{1+\sin x}+\int \frac{d\sin x}{1-\sin x}\right)$

$$=\frac{1}{2}[\ln|1+\sin x|-\ln|1-\sin x|]+C=\frac{1}{2}\ln\left|\frac{1+\sin x}{1-\sin x}\right|+C$$

$$=\frac{1}{2}\ln\left|\frac{(1+\sin x)^2}{1-\sin^2 x}\right|+C$$

$$=\ln\left|\frac{1+\sin x}{\cos x}\right|+C=\ln|\sec x+\tan x|+C.$$

例 14 求 $\int \sin 2x\mathrm{d}x$.

解 方法一：$\int \sin 2x\mathrm{d}x = \frac{1}{2}\int \sin 2x\mathrm{d}(2x) = -\frac{1}{2}\cos 2x + C$.

方法二：$\int \sin 2x\mathrm{d}x = \int 2\sin x\cos x\mathrm{d}x = \int 2\sin x\mathrm{d}(\sin x)$

$= \sin^2 x+C.$

方法三：$\int \sin 2x\mathrm{d}x = \int 2\sin x\cos x\mathrm{d}x = -\int 2\cos x\mathrm{d}(\cos x)$

$= -\cos^2 x+C.$

因为$-\frac{1}{2}\cos 2x=-\frac{1}{2}(1-2\sin^2 x)=\sin^2 x-\frac{1}{2}=-\cos^2 x+\frac{1}{2}$,所以上面三种方法的结果只相差一个常数.

上例表明,同一个不定积分,所用的积分方法不同,得到的积分结果形式也不相同,但它们只相差一个常数.

做一做

计算下列不定积分：

(1) $\int \frac{1}{16+x^2}\mathrm{d}x$ ；　　　　(2) $\int \frac{1}{\sqrt{1-4x^2}}\mathrm{d}x$.

任务二　学习第二类换元积分法

学一学

第一类换元积分法,是适当地选择 $\varphi(x)$,引进新的变量 $u=\varphi(x)$进行变量替换.但是对于有的不定积分,需要采用相反形式的变量替换,把变量 x 看作新的变量 t 的函数,即令 $x=\psi(t)$,从而计算出积分结果,再把 $x=\psi(t)$的反函数 $t=\varphi(x)$回代即可.

设 $x=\psi(t)$有反函数 $t=\varphi(x)$,$f[\psi(t)]\psi'(t)$有原函数 $F(t)$,则

$$\int f(x)\mathrm{d}x \xlongequal{\text{令 } x=\psi(t)} \int f[\psi(t)]\psi'(t)\mathrm{d}t = F(t)+C$$

$$\xlongequal{\text{回代 } t=\varphi(x)} F[\varphi(x)]+C.$$

这种积分方法称为**第二类换元积分法**.第二类换元积分法的基本步骤是换元、积分、回代.

试一试

例 15 求 $\int \frac{1}{1+\sqrt{x}}\mathrm{d}x$.

解 设 $t=\sqrt{x}$,则 $x=t^2$,$\mathrm{d}x=\mathrm{d}(t^2)=2t\mathrm{d}t$,于是得

$$\int \frac{1}{1+\sqrt{x}}\mathrm{d}x = \int \frac{1}{1+t}\cdot 2t\mathrm{d}t = 2\int \frac{t+1-1}{1+t}\mathrm{d}t = 2\int (1-\frac{1}{1+t})\mathrm{d}t$$

$$= 2t - 2\int \frac{1}{1+t}\mathrm{d}(1+t) = 2t - 2\ln(1+t) + C.$$

把 $t=\sqrt{x}$ 代回上式得

$$\int \frac{1}{1+\sqrt{x}}\mathrm{d}x = 2\sqrt{x} - 2\ln(1+\sqrt{x}) + C.$$

例 16 求 $\int x(3-x)^{10}\mathrm{d}x$.

解 设 $t=3-x$，则 $x=3-t$，$\mathrm{d}x=\mathrm{d}(3-t)=-\mathrm{d}t$，于是得

$$\int x(3-x)^{10}\mathrm{d}x = \int (3-t)t^{10}\cdot(-\mathrm{d}t) = \int (t^{11}-3t^{10})\mathrm{d}t = \frac{1}{12}t^{12} - \frac{3}{11}t^{11} + C.$$

把 $t=3-x$ 代回上式得

$$\int x(3-x)^{10}\mathrm{d}x = \frac{1}{12}(3-x)^{12} - \frac{3}{11}(3-x)^{11} + C.$$

例 17 求 $\int \sqrt{4-x^2}\,\mathrm{d}x$.

解 设 $x=2\sin t$，$-\frac{\pi}{2}<t<\frac{\pi}{2}$，则 $\sqrt{4-x^2}=\sqrt{4-4\sin^2 t}=2\cos t$，$\mathrm{d}x=2\cos t\mathrm{d}t$，于是得

$$\int \sqrt{4-x^2}\,\mathrm{d}x = \int 2\cos t\cdot 2\cos t\mathrm{d}t = 4\int \cos^2 t\mathrm{d}t = 4\int \frac{1+\cos 2t}{2}\mathrm{d}t$$

$$= 2t + 2\sin t\cos t + C = 2\arcsin\frac{x}{2} + \frac{1}{2}x\sqrt{4-x^2} + C.$$

例 18 求 $\int \frac{\mathrm{d}x}{\sqrt{4+x^2}}$.

解 设 $x=2\tan t$，$-\frac{\pi}{2}<t<\frac{\pi}{2}$，则 $\sqrt{4+x^2}=\sqrt{4+4\tan^2 t}=\sqrt{4\sec^2 t}=2\sec t$，$\mathrm{d}x=2\sec^2 t\mathrm{d}t$，于是得

$$\int \frac{\mathrm{d}x}{\sqrt{4+x^2}} = \int \frac{2\sec^2 t}{2\sec t}\mathrm{d}t = \int \sec t\mathrm{d}t = \ln|\sec t + \tan t| + C_1.$$

因为 $x=2\tan t$，$-\frac{\pi}{2}<t<\frac{\pi}{2}$，所以 $\sec t=\sqrt{1+\tan^2 t}=\sqrt{1+\left(\frac{x}{2}\right)^2}=\frac{\sqrt{x^2+4}}{2}$，代入上式，得

$$\int \frac{\mathrm{d}x}{\sqrt{4+x^2}} = \ln\left|\frac{x}{2}+\frac{\sqrt{x^2+4}}{2}\right| + C_1 = \ln\left|x+\sqrt{x^2+4}\right| + C,$$

其中 $C=-\ln 2+C_1$.

类似地，如果设 $x=2\sec t$，$0<t<\frac{\pi}{2}$，可得 $\int \frac{\mathrm{d}x}{\sqrt{x^2-4}} = \ln\left|x+\sqrt{x^2-4}\right| + C$.

一般地，如果被积函数含有 $\sqrt{a^2-x^2}$，可以作代换 $x=a\sin t$ 化去根式；如果被积函数含有 $\sqrt{x^2+a^2}$，可以作代换 $x=a\tan t$ 化去根式；如果被积函数含有 $\sqrt{x^2-a^2}$，可以作代换 $x=a\sec t$ 化去根式. 具体解题时要分析被积函数的具体情况，选择尽可能简捷的代换，不要拘泥于上述的变量代换.

利用换元积分法，可以计算出几个经常用到的积分式子，它们通常也被当作公式使用. 这样，常用的积分公式，除基本积分表中的几个外，再添加下面几个(其中常数 $a>0$)：

$$\int \tan x \mathrm{d}x = -\ln|\cos x| + C;$$

$$\int \cot x \mathrm{d}x = \ln|\sin x| + C;$$

$$\int \sec x \mathrm{d}x = \ln|\sec x + \tan x| + C;$$

$$\int \csc x \mathrm{d}x = \ln|\csc x - \cot x| + C;$$

$$\int \frac{\mathrm{d}x}{a^2 + x^2} = \frac{1}{a}\arctan\frac{x}{a} + C;$$

$$\int \frac{\mathrm{d}x}{x^2 - a^2} = \frac{1}{2a}\ln\left|\frac{x - a}{x + a}\right| + C;$$

$$\int \frac{\mathrm{d}x}{\sqrt{a^2 - x^2}} = \arcsin\frac{x}{a} + C;$$

$$\int \frac{\mathrm{d}x}{\sqrt{x^2 + a^2}} = \ln(x + \sqrt{x^2 + a^2}) + C;$$

$$\int \frac{\mathrm{d}x}{\sqrt{x^2 - a^2}} = \ln\left|x + \sqrt{x^2 - a^2}\right| + C.$$

做一做

计算下列不定积分：

(1) $\int \frac{1}{1 - \sqrt{x}}\mathrm{d}x$；　　(2) $\int \sqrt{1 - x^2}\mathrm{d}x$.

项目练习 5.3

1. 在下列括号中填入适当的内容使等式成立：

(1) $\mathrm{d}x=(\quad)\mathrm{d}(2x+1)$；

(2) $\mathrm{d}x=(\quad)\mathrm{d}(2-3x)$；

(3) $x\mathrm{d}x=(\quad)\mathrm{d}(x^2-1)$；

(4) $x\mathrm{d}x=(\quad)\mathrm{d}(3-2x^2)$；

(5) $(x+1)\mathrm{d}x=(\quad)\mathrm{d}(x^2+2x)$；

(6) $x^2\mathrm{d}x=(\quad)\mathrm{d}(2x^3+5)$；

(7) $x^2\mathrm{d}x=(\quad)\mathrm{d}(2-x^3)$；

(8) $\frac{1}{\sqrt{x}}\mathrm{d}x=(\quad)\mathrm{d}(\sqrt{x})$；

(9) $\frac{1}{\sqrt{x}}\mathrm{d}x=(\quad)\mathrm{d}(2-\sqrt{x})$；

(10) $\frac{1}{\sqrt{1-2x}}\mathrm{d}x=(\quad)\mathrm{d}(\sqrt{1-2x})$；

(11) $\frac{1}{x^2}\mathrm{d}x=(\quad)\mathrm{d}(\frac{1}{x})$；

(12) $\mathrm{e}^x\mathrm{d}x=(\quad)\mathrm{d}(\mathrm{e}^x+1)$；

(13) $\mathrm{e}^{2x}\mathrm{d}x=(\quad)\mathrm{d}(2-3\mathrm{e}^{2x})$；

(14) $\cos x\mathrm{d}x=(\quad)\mathrm{d}(2-3\sin x)$；

(15) $\sin\frac{1}{3}x\mathrm{d}x=(\quad)\mathrm{d}(\cos\frac{1}{3}x)$；

(16) $\frac{1}{4+x^2}\mathrm{d}x=(\quad)\mathrm{d}(\arctan\frac{x}{2})$；

(17) $\frac{1}{1-2x}\mathrm{d}x=(\quad)\mathrm{d}(\ln|1-2x|)$；

(18) $\frac{1}{x}\mathrm{d}x=(\quad)\mathrm{d}(2-3\ln x)$；

(19) $\sec^2x\mathrm{d}x=(\quad)\mathrm{d}(3-\tan x)$；

(20) $x\cos x^2\mathrm{d}x=(\quad)\mathrm{d}(\sin x^2)$.

2. 用第一类换元积分法求下列不定积分：

(1) $\int\cos(3x+1)\mathrm{d}x$；

(2) $\int\sin\frac{x}{2}\mathrm{d}x$；

(3) $\int e^{4x}\mathrm{d}x$；

(4) $\int\frac{1}{2x-3}\mathrm{d}x$；

(5) $\int\frac{1}{1+2t}\mathrm{d}t$；

(6) $\int(3x+2)^{2008}\mathrm{d}x$；

(7) $\int\sqrt[3]{(2x-1)^2}\mathrm{d}x$；

(8) $\int\csc^2(2x+5)\mathrm{d}x$；

(9) $\int\frac{1}{\sqrt{1-9x^2}}\mathrm{d}x$；

(10) $\int\frac{1}{1+4x^2}\mathrm{d}x$；

(11) $\int xe^{x^2}\mathrm{d}x$；

(12) $\int x\cos(3-2x^2)\mathrm{d}x$；

(13) $\int\frac{x}{3+x^2}\mathrm{d}x$；

(14) $\int x^2\sin 2x^3\mathrm{d}x$；

(15) $\int\frac{\mathrm{d}x}{x\ln^2x}$；

(16) $\int\frac{\mathrm{d}x}{x\ln x}$；

(17) $\int\frac{\ln^3(x+1)}{x+1}\mathrm{d}x$；

(18) $\int\frac{2-\ln x}{x}\mathrm{d}x$；

(19) $\int\frac{1}{x^2}\cos\frac{1}{x}\mathrm{d}x$；

(20) $\int\frac{1}{x^2}\sin(3-\frac{2}{x})\mathrm{d}x$；

(21) $\int\sin x\cos x\mathrm{d}x$；

(22) $\int\cot x\mathrm{d}x$；

(23) $\int\frac{\sin x}{\cos^3x}\mathrm{d}x$；

(24) $\int\frac{\cos x}{\sin^2x}\mathrm{d}x$；

(25) $\int\cos^2x\mathrm{d}x$；

(26) $\int\sin^3x\mathrm{d}x$；

(27) $\int\cos^2 2x\mathrm{d}x$；

(28) $\int\sec^2x\tan x\mathrm{d}x$；

(29) $\int\frac{1-\cot x}{\sin^2x}\mathrm{d}x$；

(30) $\int\frac{1+\tan x}{\cos^2x}\mathrm{d}x$；

(31) $\int e^x\sqrt{e^x+1}\mathrm{d}x$；

(32) $\int\frac{e^x}{1+e^{2x}}\mathrm{d}x$；

(33) $\int e^x\cos(2-3e^x)\mathrm{d}x$；

(34) $\int\frac{1}{\sqrt{x}}e^{\sqrt{x}}\mathrm{d}x$；

(35) $\int\frac{1}{\sqrt{x}(1+x)}\mathrm{d}x$；

(36) $\int\frac{1}{\sqrt{x}(\sqrt{x}+1)}\mathrm{d}x$；

(37) $\int \frac{1}{1+x^2} e^{\arctan x} dx$;

(38) $\int \frac{1}{\sqrt{1-x^2}} \arcsin x dx$;

(39) $\int \frac{1}{9+4x^2} dx$;

(40) $\int \frac{1}{\sqrt{9-x^2}} dx$.

3. 用第二类换元积分法求下列不定积分:

(1) $\int \frac{1}{2+\sqrt{x-1}} dx$;

(2) $\int \frac{1}{1+\sqrt{2x-3}} dx$;

(3) $\int x\sqrt{x-3}\, dx$;

(4) $\int \frac{1}{\sqrt{x-1}-1} dx$;

(5) $\int \frac{\sqrt{x}}{1+x} dx$;

(6) $\int \frac{x}{\sqrt[3]{2-x}} dx$;

(7) $\int \frac{x}{(x+1)^5} dx$;

(8) $\int x^2 (2-x)^{10} dx$;

(9) $\int \frac{\sqrt{1-x^2}}{x^2} dx$;

(10) $\int \frac{1}{(x^2+4)^{\frac{3}{2}}} dx$.

项目四　分部积分法

任务一　掌握分部积分公式

直接积分法和换元积分法解决了大部分积分的问题,但是还有一些函数的积分不能计算出来,为此我们需要学习新的积分方法.分部积分法是和两函数乘积的微分法对应的一种积分方法.

学一学

设函数 $u=u(x)$ 和 $v=v(x)$ 具有连续的导数,根据微分法则有

$$d(uv)=u dv+v du,$$

移项得

$$u dv=d(uv)-v du,$$

两边积分,根据积分的运算法则得

$$\int u dv=\int d(uv)-\int v du,$$

即

$$\int u dv=uv-\int v du.$$

上式叫做**分部积分公式**,它的作用在于把左边不容易求出的积分转化为右边容易求出的积分 $\int v du$.在使用公式时,要先把被积表达式分成 u 和 dv 两部分,然后求出 dv 的一

个原函数 v，用分部积分公式求不定积分. 这种积分方法叫做**分部积分法**.

使用分部积分法的关键在于选择适当的 u 和 dv，选取的原则有两个：一是 v 要容易求出，二是 $\int v du$ 要比 $\int u dv$ 容易求出.

如果被积函数是两类基本初等函数的乘积，一般可采用以下的方法来选择 u 和 dv：按照反三角函数、对数函数、幂函数、三角函数、指数函数的顺序（即"反、对、幂、三、指"的顺序），把排在前面的那类函数选作 u，剩余的部分为 dv.

例如，若被积函数是幂函数与指数函数（或三角函数）的乘积，则把幂函数选作 u；若被积函数是幂函数与反三角函数（或对数函数）的乘积，则把反三角函数（或对数函数）选作 u.

做一做

在计算下列不定积分时，u 和 dv 分别是什么？

(1) $\int x^2 \ln x dx$；　　(2) $\int e^{-x} \cos x dx$；

(3) $\int \arctan 2x dx$；　　(4) $\int \frac{1}{x^2} \ln x dx$.

任务二　用分部积分法计算不定积分

学一学

利用分部积分法计算不定积分 $\int f(x) dx$ 的步骤如下：

(1) 把 $f(x)dx$ 分为 u 和 dv 两部分；

(2) 用求微分的方法求出 du，用求不定积分的方法求出 dv 的一个原函数 v；

(3) 把上面得到的 u, dv, v, du 代入分部积分公式，并计算出 $\int v du$.

试一试

例 1　求 $\int x \cos x dx$.

解　(1) 设 $u = x, dv = \cos x dx = d(\sin x)$；

(2) 根据微分公式可知 $du = dx$，根据积分公式可知 dv 的一个原函数为 $v = \sin x$；

(3) 代入分部积分公式，得

$$\int x \cos x dx = \int x d(\sin x) = x \sin x - \int \sin x dx = x \sin x + \cos x + C.$$

想一想

例 1 中如果设 $u = \cos x, dv = x dx$，积分是否变容易了？

例 2　求 $\int x e^x dx$.

解 (1) 被积函数是幂函数与指数函数的乘积,应选幂函数为 u,设 $u=x$, $\mathrm{d}v=\mathrm{e}^x\mathrm{d}x=\mathrm{d}(\mathrm{e}^x)$;

(2) $\mathrm{d}u=\mathrm{d}x$, $\mathrm{d}v$ 的一个原函数为 $v=\mathrm{e}^x$;

(3) 代入公式,得

$$\int x\mathrm{e}^x\mathrm{d}x=\int x\mathrm{d}(\mathrm{e}^x)=x\mathrm{e}^x-\int \mathrm{e}^x\mathrm{d}x=x\mathrm{e}^x-\mathrm{e}^x+C.$$

做一做

计算下列不定积分:

(1) $\int x\sin x\mathrm{d}x$;　　　　(2) $\int x\ln x\mathrm{d}x$.

对分部积分熟悉后,可以把 u 和 $\mathrm{d}v$ 默记在心,不必写出.

试一试

例 3 求 $\int \arctan x\mathrm{d}x$.

解 被积函数是单一函数,可以看作被积表达式"自然"分成了 u 和 $\mathrm{d}v$ 两部分,也可把被积函数看成是反三角函数和幂函数($x^0=1$)的乘积,所以 $u=\arctan x$, $\mathrm{d}v=\mathrm{d}x$.

$$\begin{aligned}\int \arctan x\mathrm{d}x&=x\arctan x-\int x\mathrm{d}(\arctan x)=x\arctan x-\int\frac{x}{1+x^2}\mathrm{d}x\\&=x\arctan x-\frac{1}{2}\int\frac{1}{1+x^2}\mathrm{d}(1+x^2)\\&=x\arctan x-\frac{1}{2}\ln(1+x^2)+C.\end{aligned}$$

有些不定积分在求解的过程中要多次用到分部积分公式,才能计算出结果.

例 4 求 $\int x^2\sin x\mathrm{d}x$.

解 $$\begin{aligned}\int x^2\sin x\mathrm{d}x&=\int x^2\mathrm{d}(-\cos x)=-x^2\cos x-\int(-\cos x)\mathrm{d}(x^2)\\&=-x^2\cos x+2\int x\cos x\mathrm{d}x,\end{aligned}$$

对等式右边的积分 $\int x\cos x\mathrm{d}x$ 再次使用分部积分公式,根据例 1,可知

$$\int x\cos x\mathrm{d}x=x\sin x+\cos x+C_1,$$

代入第一次得到的式子,可得

$$\int x^2\sin x\mathrm{d}x=-x^2\cos x+2x\sin x+2\cos x+C\quad(\text{其中 }C=2C_1).$$

还有些不定积分经过多次运用分部积分后,又回到原来的不定积分,得到一个所求不定积分满足的方程,这时通过解方程,即可得到原积分的结果.

例 5 求 $\int \mathrm{e}^x\cos x\mathrm{d}x$.

解 $\int e^x\cos x\mathrm{d}x = \int \cos x\mathrm{d}(e^x) = e^x\cos x - \int e^x\mathrm{d}(\cos x)$

$$= e^x\cos x + \int e^x\sin x\mathrm{d}x = e^x\cos x + \int \sin x\mathrm{d}(e^x)$$

$$= e^x\cos x + e^x\sin x - \int e^x\mathrm{d}(\sin x)$$

$$= e^x\cos x + e^x\sin x - \int e^x\cos x\mathrm{d}x\ ,$$

移项得

$$2\int e^x\cos x\mathrm{d}x = e^x\cos x + e^x\sin x + C_1\ ,$$

故 $\int e^x\cos x\mathrm{d}x = \frac{1}{2}e^x(\cos x + \sin x) + C$（其中 $C=\frac{1}{2}C_1$）.

做一做

计算下列不定积分：

(1) $\int \arccos x\mathrm{d}x$ ；　　(2) $\int x\cdot 3^x\mathrm{d}x$.

项目练习 5.4

用分部积分法求下列不定积分：

(1) $\int x^2\ln x\mathrm{d}x$ ；　　(2) $\int xe^{-x}\mathrm{d}x$ ；

(3) $\int x\sin 2x\mathrm{d}x$ ；　　(4) $\int \ln x\mathrm{d}x$ ；

(5) $\int \arcsin x\mathrm{d}x$ ；　　(6) $\int \arctan 2x\mathrm{d}x$ ；

(7) $\int x\sec^2 x\mathrm{d}x$ ；　　(8) $\int x^2\cos x\mathrm{d}x$ ；

(9) $\int \frac{1}{x^2}\ln^2 x\mathrm{d}x$ ；　　(10) $\int x^3e^x\mathrm{d}x$ ；

(11) $\int e^x\sin x\mathrm{d}x$ ；　　(12) $\int \sin(\ln x)\mathrm{d}x$.

复习与提问

1. 若在某区间内有 $F'(x)=f(x)$ 或 $\mathrm{d}F(x)=f(x)\mathrm{d}x$，则称函数____是已知函数____在该区间内的一个________.

如果函数 $f(x)$ 存在原函数为 $F(x)$，那么它就有______个原函数，且任意两个原函数

之差是 __________，$f(x)$的全体原函数为__________，称为__________.

2. 函数$f(x)$的______________叫做函数$f(x)$的不定积分，记作___________，其中"$\int$"叫做________，$f(x)$叫做________，$f(x)\mathrm{d}x$叫做__________，x叫做________.

如果$F(x)$是$f(x)$的一个原函数，那么$\int f(x)\mathrm{d}x=$____________，其中任意常数C叫做__________. 在计算不定积分时，切记不能丢掉积分常数____.

3. 不定积分运算和微分运算是__________，不定积分有以下性质：

$\left(\int f(x)\mathrm{d}x\right)'=$______________或$\mathrm{d}\int f(x)\mathrm{d}x=$__________；

$\int F'(x)\mathrm{d}x=$____________或$\int \mathrm{d}F(x)=$____________.

4. 不定积分的几何意义：函数$f(x)$的原函数$F(x)$的图形，称为函数$f(x)$的______，不定积分$\int f(x)\mathrm{d}x$的图形是__________，积分曲线族中的每一条曲线在横坐标为x的点处的切线斜率都等于__________.

5. 不定积分的运算法则：$\int[f(x)+g(x)]\mathrm{d}x=$____________，$\int kf(x)\mathrm{d}x=$________.

6. 直接积分法就是直接利用不定积分的________和________求函数的不定积分，有时需要利用代数和三角恒等式对被积函数先进行适当变形.

7. 第一类换元积分法又叫________法，基本步骤是________________________，即$\int f[\varphi(x)]\varphi'(x)\mathrm{d}x=\int f[\varphi(x)]\mathrm{d}[\varphi(x)]\xlongequal{\text{令}\varphi(x)=u}$______________$=$_____________$=$______________.

第二类换元积分法的基本步骤是____，即$\int f(x)\mathrm{d}x\xlongequal{\text{令}x=\psi(t)}$______________$=$____________$=$______________.

8. 分部积分公式为$\int u\mathrm{d}v=$____________________，在运用分部积分公式时，要选择合适的u和$\mathrm{d}v$，一般地，按照"______、______、______、______、______"的顺序，把排在前面的那类函数看作u，剩余的部分为$\mathrm{d}v$.

复习题五

1. 填空题：

(1) 已知函数$F_1(x)$和$F_2(x)$都是$f(x)$的原函数，且$F_1(x)=\mathrm{e}^{\sin x}$，那么$F_1(x)-F_2(x)=$____________，$F_1(x)+F_2(x)=$___________________.

(2) 若$f(x)$的一个原函数是$F(x)$，则$\int f(x)\mathrm{d}x=$____________，被积函数是______，

被积表达式是__________.

(3) 因为 $d(C)=0$,所以 $\int 0dx=$__________.

(4) $d\int \frac{\sin^2 x}{1+\cos^2 x}dx=$__________, $\int d\frac{\cos x}{1+\sin x}=$__________.

(5) $\left(\int \frac{\sin x}{1+x^2}dx\right)'=$__________, $\int\left(\ln\frac{1+\sqrt{x^2+1}}{x}\right)'dx=$__________.

(6) $\int \frac{2}{1+x^2}dx=$__________, $\int \frac{2x}{1+x^2}dx=$__________.

(7) $\int \frac{2x^2}{1+x^2}dx=$__________, $\int \frac{2x^4}{1+x^2}dx=$__________.

(8) $dx=$______$d(\frac{x}{3})$, $xe^{-x^2}dx=$______$d(e^{-x^2})$.

(9) 若 $\int f(x)dx=x+e^{2x}+C$ 成立,那么 $f(x)=$__________.

2. 选择题:

(1)如果一个函数有原函数,那么它的原函数的个数是(　　).

A. 一个　　B. 两个

C. 无穷多个　　D. 以上答案都不对

(2)设 $f(x)$ 为可导函数,则下列结论正确的是(　　).

A. $\int f(x)dx=f(x)$　　B. $\int f'(x)dx=f(x)$

C. $\left(\int f(x)dx\right)'=f(x)$　　D. $\left(\int f(x)dx\right)'=f(x)+C$

(3)设 $f(x)$ 是可导函数,则 $\left(\int f(x)dx\right)'$ 为(　　).

A. $f(x)$　　B. $f(x)+C$

C. $f'(x)$　　D. $f'(x)+C$

(4)下列等式中正确的是(　　).

A. $\int x^n dx=nx^{n-1}+C$　　B. $\int \sin x dx=\cos x+C$

C. $\int 3^x dx=3^x\ln 3+C$　　D. $\int \cos x dx=\sin x+C$

(5)若 $\int f(x)dx=F(x)+C$,则 $\int f(2x+1)dx=$(　　).

A. $F(2x+1)+C$　　B. $\frac{1}{2}F(2x+1)+C$

C. $\frac{1}{2}F(2x+1)$　　D. $F(x+\frac{1}{2})+C$

(6)下列结果中与 $\int \sin 2x dx$ 不相等的是(　　).

A. $\sin^2 x+C$

B. $\frac{1}{2}\cos 2x+C$

C. $-\frac{1}{2}\cos 2x+C$

D. $-\cos^2 x+C$

(7)若 u,v 都是 x 的可导函数,则 $\int u\mathrm{d}v=$(　　).

A. $uv-\int u'v\mathrm{d}u$

B. $uv-\int v\mathrm{d}u$

C. $uv-\int v'\mathrm{d}u$

D. $uv-\int uv'\mathrm{d}u$

(8)下列结果中与 $\int f'(\frac{1}{x})\frac{1}{x^2}\mathrm{d}x$ 相等的是(　　).

A. $f(-\frac{1}{x})+C$

B. $-f(-\frac{1}{x})+C$

C. $f(\frac{1}{x})+C$

D. $-f(\frac{1}{x})+C$

3. 求下列不定积分:

(1) $\int(4+6x^2+4^x)\mathrm{d}x$;

(2) $\int\frac{2x^2+\sqrt[3]{x}+1}{\sqrt{x}}\mathrm{d}x$;

(3) $\int\frac{5+x^2}{1+x^2}\mathrm{d}x$;

(4) $\int\cos^2\frac{x}{2}\mathrm{d}x$;

(5) $\int\frac{1}{1+9x^2}\mathrm{d}x$;

(6) $\int\frac{1}{2x-1}\mathrm{d}x$;

(7) $\int\frac{x^2}{1+x^6}\mathrm{d}x$;

(8) $\int\frac{1}{(3x-1)^3}\mathrm{d}x$;

(9) $\int\sin(3x+2)\mathrm{d}x$;

(10) $\int(3x^2-2x+1)^{10}(3x-1)\mathrm{d}x$;

(11) $\int\mathrm{e}^{\sin x}\cos x\mathrm{d}x$;

(12) $\int x\cos(x^2-1)\mathrm{d}x$;

(13) $\int\cos^3 x\mathrm{d}x$;

(14) $\int\sin x\cos^5 x\mathrm{d}x$;

(15) $\int\frac{1}{\sqrt{2x}+1}\mathrm{d}x$;

(16) $\int x\sqrt[3]{x+2}\mathrm{d}x$;

(17) $\int x\mathrm{e}^{3x}\mathrm{d}x$;

(18) $\int x\arctan x\mathrm{d}x$;

(19) $\int\ln(1+x^2)\mathrm{d}x$;

(20) $\int x^2\cos 2x\mathrm{d}x$.

读一读

数学家欧拉让微积分长大成人

欧拉被公认为人类历史上成就最为斐然的数学家之一.在数学及许多分支中都可以

见到很多以欧拉命名的常数、公式和定理，他的工作使得数学更接近于现在的形态.他不但为数学界作出贡献，更把数学推至几乎整个物理领域.此外，欧拉还涉及建筑学、弹道学、航海学等领域.瑞士教育与研究国务秘书 Charles Kleiber 曾表示："没有欧拉的众多科学发现，今天的我们将过着完全不一样的生活."法国数学家拉普拉斯则认为："读读欧拉，他是所有人的老师."数学史上公认的 4 名最伟大的数学家分别是阿基米德、牛顿、欧拉和高斯.阿基米德有"翘起地球"的豪言壮语，牛顿因为苹果闻名世界，高斯少年时就显露出计算天赋，唯独欧拉没有戏剧性的故事让人印象深刻.

然而，几乎每一个数学领域都可以看到欧拉的名字——初等几何的欧拉线、多面体的欧拉定理、立体解析几何的欧拉变换公式、数论的欧拉函数、变分法的欧拉方程、复变函数的欧拉公式……欧拉还是数学史上最多产的数学家，他一生写下 886 种书籍论文，平均每年写出 800 多页，彼得堡科学院为了整理他的著作，足足忙碌了 47 年.他的著作《无穷小分析引论》、《微分学》、《积分学》是 18 世纪欧洲标准的微积分教科书.欧拉还创造了一批数学符号，如 $f(x)$，i，e 等，使得数学更容易表述、推广，并且，欧拉把数学应用到数学以外的很多领域.

1707 年，欧拉生于瑞士巴塞尔，13 岁入读巴塞尔大学，15 岁大学毕业，16 岁获硕士学位，19 岁开始发表论文，26 岁时担任了彼得堡科学院教授，约 30 岁时右眼失明，60 岁左右完全失明，1783 年 76 岁的欧拉在俄国彼得堡去世.在失明后，他仍然以口述方式完成了几本书和 400 多篇论文，解决了让牛顿头痛的"月离"等复杂分析问题.

恩格斯曾说，微积分的发明是人类精神的最高胜利.1687 年，牛顿在《自然哲学数学原理》一书中首次公开发表他的微积分学说，几乎同时，莱布尼茨也发表了微积分论文，但牛顿、莱布尼茨创设的微积分基础不稳，应用范围也有限.18 世纪，一批数学家拓展了微积分，并拓广其应用而产生了一系列新的分支，这些分支与微积分自身一起形成了被称为"分析"的广大领域.李文林说："欧拉就生活在这个分析的时代.如果说在此之前数学是代数、几何二雄并立，欧拉和 18 世纪其他一批数学家的工作则使得数学形成了代数、几何、分析三足鼎立的局面.如果没有他们的工作，微积分不可能春色满园，也许会因打不开局面而荒芜凋零.欧拉在其中的贡献是基础性的，被尊为'分析的化身'."

中国科学院数学与系统科学研究院研究员胡作玄说："牛顿形成了一个突破，但是突破不一定能形成学科，还有很多遗留问题."比如，牛顿对无穷小的界定不严格，有时等于 0，有时又参与运算，被称为"消逝量的鬼魂"，当时甚至连教会神父都抓住这点攻击牛顿.另外，由于当时函数有局限，牛顿和莱布尼茨只涉及少量函数及其微积分的求法.而欧拉极大地推进了微积分，并且发展了很多技巧.

"在分析之前，数学主要是解决常量、匀速运动问题.18 世纪工业革命时，以蒸汽机、纺织机等机械为主的技术得到广泛运用，但如果没有微积分、没有分析，就不可能对机械运动与变化进行精确计算."李文林表示，到现在为止，微积分和微分方程仍然是描写运动的最有效工具，教科书中陈述的方法，不少属欧拉的贡献．更重要的是，牛顿、莱布尼茨的微积分的对象是曲线，而欧拉明确地指出，数学分析的中心应该是函数，第一次强调了函数的角色，并对函数的概念作了深化．

变分法来源于微积分，后来由欧拉和拉格朗日从不同的角度把它发展成一门独立学科，用于求解极值问题．而变分学起源颇富戏剧性——1696 年，欧拉的老师、巴塞尔大学教授约翰·伯努利提出这样一个问题，并向其他数学家挑战：设想一个小球从空间一点沿某条曲线滚落到（不在同一垂直线上的）另外一点，问什么形状的曲线使球降落用时最短？这就是著名的“最速降线问题”，半年之后仍没人解出，于是伯努利更明确地表示：“即使是那些对自己的方法自视甚高的数学家也解决不了这个问题．”有人说他在影射牛顿，因为伯努利是莱布尼茨的追随者，而莱布尼茨和牛顿正因为微积分优先权的问题在“打仗”，并导致欧洲大陆和英国数学家的分裂．

当时牛顿任伦敦造币局局长．有一天他收到一个法国朋友转寄的“挑战书”，于是吃过晚饭后挑灯夜战，天亮前将问题解了出来，并将结果匿名发表在剑桥大学《哲学会刊》上．虽是匿名，但约翰·伯努利看到之后惊呼：“从这锋利的爪我认出了这头雄狮．”后来伯努利兄弟和莱布尼茨也都解出了这个问题，发表在同一期刊物上．在这个问题中，变量本身就是函数，因此比微积分的极大极小值问题更为复杂．这个问题和其他一些类似问题的解决，成为变分法的起源．欧拉找到了解决这类问题的一般方法，教科书中变分法的基本方程就叫欧拉方程．欧拉 13 岁上大学时，约翰·伯努利已经是欧洲很有名的数学家，伯努利后来对欧拉说：“我介绍高等分析的时候，它还是个孩子，而你正在将它带大成人．”

除了分析，很多数学领域都绕不开欧拉的名字．如数论，高斯说数学是科学的皇后，而数论是数学的皇后，其难度和地位可想而知．代数数论的形成和费马大定理有很深的关系．费马 17 世纪提出一个猜想——方程 $x^n+y^n=z^n$，当 $n\geqslant 3$ 时没有整数解．费马猜想也称费马大定理，费马在提出这一猜想的同时，在纸边写了一句话宣称：“我已经找到了一个奇妙的证明，但书边空白太窄，写不下．”于是费马的证明已成千古之谜．此后经过 300 年，直到 1993 年费马大定理才被英国数学家最终解决．整个 18 世纪，数学家们都想解决这个猜想，但只有欧拉作出了唯一的成果，证明了 $n=3$ 的情况，成为费马大定理研究的第一个突破．欧拉对费马大定理的证明是在 1753 年给哥德巴赫的信中首次说明的，1754 年正式发表．两人经常通信讨论问题，哥德巴赫猜想的雏形也是在哥德巴赫写给欧拉的信中首先提出的，欧拉在回信中进一步明确．

欧拉是解析数论的奠基人，他提出欧拉恒等式，建立了数论和分析之间的联系，使得可以用微积分研究数论．后来，高斯的学生黎曼将欧拉恒等式推广到复数，提出了黎曼猜想，至今没有解决，成为向 21 世纪数学家挑战的最重大难题之一．

除了做学问，欧拉还很有管理天赋，他曾担任德国柏林科学院院长助理职务，并将工作做得卓有成效．李文林说：“有人认为科学家尤其数学家都是些怪人，其实只不过数学家会有不同的性格、阅历和命运罢了．牛顿、莱布尼茨都终身未婚，欧拉却不同．”欧拉喜欢音乐，生活丰富多彩，结过两次婚，生了 13 个孩子，存活 5 个，据说工作时往往儿孙绕膝．他去世的那天下午，还给孙女上数学课，跟朋友讨论天王星轨道的计算，突然说了一句“我要死了”，说完就倒下，停止了生命．

“牛顿、莱布尼茨、欧拉、拉格朗日、拉普拉斯都是全面的数学家.后来随着科学的发展,全才越来越少,有人说庞加莱也许是最后一个.”但是数学并不会因此枯萎,李文林说:“18世纪末曾有一种悲观主义在数学家中蔓延,连拉格朗日这样的大数学家都认为数学到头了,但事实相反,19世纪初非欧几何的发现、群论的创立以及微积分严格化的突破,使数学获得了意想不到的蓬勃发展.现代数学,特别是它跟计算机结合起来之后,肯定还会有新的形态.”

参考答案

项目练习5.1

1.(1) $F(x)=\frac{1}{4}x^4$; (2) $F(x)=\frac{1}{2}x^2+e^x$; (3) $F(x)=\sin x$; (4) $F(x)=\sqrt{x}$.

2.略.

3.(1) $\sqrt{x}\sin 2x+C$; (2) $\frac{1}{1+x^2}\cos 2x$;

(3) $\sin(\ln x)\,dx$; (4) $e^{2x}\sin x+C$.

4.$y=\frac{1}{3}x^3+\frac{2}{3}$.

项目练习5.2

1.(1) $\frac{1}{4}x^4+\frac{2}{5}x^{\frac{5}{2}}+e^x+C$; (2) $-\cot x+2\sin x+\ln|x|+C$;

(3) $-3\cos x+2\tan x-\arctan x+C$; (4) $\frac{1}{5}x^5+\frac{4^x}{\ln 4}-4\ln|x|+C$;

(5) $\frac{1}{5}x^5+\frac{2}{3}x^3+x+C$; (6) $\frac{1}{2}x^2-3x+C$;

(7) $\frac{2}{5}x^5-\frac{1}{4}x^4+\frac{1}{2}x^2+C$; (8) $\arcsin x+C$;

(9) $2e^x-x+C$; (10) $\frac{1}{3}x^3+x^2-3x+4\ln|x|+C$;

(11) $2\ln|x|-\frac{1}{2x^2}+C$; (12) $4x+\arctan x+C$;

(13) $\sqrt{x}+\arcsin x+C$; (14) $x-\arctan x+C$;

(15) $-\frac{1}{x}-\arctan x+C$; (16) $\frac{1}{2}x-\frac{1}{2}\sin x+C$;

(17) $x+\cos x+C$; (18) $2\sin x+C$;

(19) $-\cot x-\tan x+C$; (20) $\tan x-\cot x+C$;

(21) $\sin x+\cos x+C$; (22) $\frac{1}{2}x^2-\frac{1}{2}x-\frac{1}{2}\sin x+C$;

(23) $-\cot x-x+C$;

(24) $\frac{1}{2}x-\frac{1}{2}\sin x-\frac{1}{2}\cos x+C$.

2. $s=t^3+2t^2+3t+4$.

3. $y=-\frac{1}{2}x^2+x-\frac{11}{2}$.

项目练习 5.3

1. (1) $\frac{1}{2}$; (2) $-\frac{1}{3}$; (3) $\frac{1}{2}$; (4) $-\frac{1}{4}$;

(5) $\frac{1}{2}$; (6) $\frac{1}{6}$; (7) $-\frac{1}{3}$; (8) 2;

(9) -2; (10) -1; (11) -1; (12) 1;

(13) $-\frac{1}{6}$; (14) $-\frac{1}{3}$; (15) -3; (16) $\frac{1}{2}$;

(17) $-\frac{1}{2}$; (18) $-\frac{1}{3}$; (19) -1; (20) $\frac{1}{2}$.

2. (1) $\frac{1}{3}\sin(3x+1)+C$;

(2) $-2\cos\frac{x}{2}+C$;

(3) $\frac{1}{4}e^{4x}+C$;

(4) $\frac{1}{2}\ln|2x-3|+C$;

(5) $\frac{1}{2}\ln|1+2t|+C$;

(6) $\frac{1}{6\ 027}(3x+2)^{2\ 009}+C$;

(7) $\frac{3}{10}(2x-1)^{\frac{5}{3}}+C$;

(8) $-\frac{1}{2}\cot(2x+5)+C$;

(9) $\frac{1}{3}\arcsin 3x+C$;

(10) $\frac{1}{2}\arctan 2x+C$;

(11) $\frac{1}{2}e^{x^2}+C$;

(12) $-\frac{1}{4}\sin(3-2x^2)+C$;

(13) $\frac{1}{2}\ln(3+x^2)+C$;

(14) $-\frac{1}{6}\cos 2x^3+C$;

(15) $-\frac{1}{\ln x}+C$;

(16) $\ln|\ln x|+C$;

(17) $\frac{1}{4}\ln^4(x+1)+C$;

(18) $2\ln x-\frac{1}{2}\ln^2 x+C$;

(19) $-\sin\frac{1}{x}+C$;

(20) $-\frac{1}{2}\cos(3-\frac{2}{x})+C$;

(21) $\frac{1}{2}\sin^2 x+C$;

(22) $\ln|\sin x|+C$;

(23) $\frac{1}{2\cos^2 x}+C$;

(24) $-\frac{1}{\sin x}+C$;

(25) $\frac{1}{2}x+\frac{1}{4}\sin 2x+C$;

(26) $-\cos x+\frac{1}{3}\cos^3 x+C$;

(27) $\frac{1}{2}x+\frac{1}{8}\sin 4x+C$;

(28) $\frac{1}{2}\tan^2 x+C$;

(29) $-\cot x+\frac{1}{2\sin^2 x}+C$;

(30) $\tan x+\frac{1}{2}\sec^2 x+C$;

(31) $\frac{2}{3}(e^x+1)^{\frac{3}{2}}+C$;

(32) $\arctan e^x+C$;

(33) $-\frac{1}{3}\sin(2-3e^x)+C$;

(34) $2e^{\sqrt{x}}+C$;

(35) $2\arctan\sqrt{x}+C$;

(36) $2\ln(\sqrt{x}+1)+C$;

(37) $e^{\arctan x}+C$;

(38) $\frac{1}{2}\arcsin^2 x+C$;

(39) $\frac{1}{6}\arctan\frac{2x}{3}+C$;

(40) $\arcsin\frac{x}{3}+C$.

3. (1) $2\sqrt{x-1}-4\ln(2+\sqrt{x-1})+C$;

(2) $\sqrt{2x-3}-\ln(1+\sqrt{2x-3})+C$;

(3) $\frac{2}{5}\sqrt{(x-3)^5}+2\sqrt{(x-3)^3}+C$;

(4) $2\sqrt{x-1}+2\ln\left|\sqrt{x-1}-1\right|+C$;

(5) $2\sqrt{x}-2\arctan\sqrt{x}+C$;

(6) $-3\sqrt[3]{(2-x)^2}+\frac{3}{5}\sqrt[3]{(2-x)^5}+C$;

(7) $-\frac{1}{3}(x+1)^{-3}+\frac{1}{4}(x+1)^{-4}+C$;

(8) $-\frac{1}{13}(2-x)^{13}+\frac{1}{3}(2-x)^{12}-\frac{4}{11}(2-x)^{11}+C$;

(9) $-\arcsin x-\frac{\sqrt{1-x^2}}{x}+C$;

(10) $\frac{x}{4\sqrt{x^2+4}}+C$.

项目练习 5.4

(1) $\frac{1}{3}x^3\ln x-\frac{1}{9}x^3+C$;

(2) $-xe^{-x}-e^{-x}+C$;

(3) $-\frac{1}{2}x\cos 2x+\frac{1}{4}\sin 2x+C$;

(4) $x\ln x-x+C$;

(5) $x\arcsin x+\sqrt{1-x^2}+C$;

(6) $x\arctan 2x-\frac{1}{4}\ln(1+4x^2)+C$;

(7) $x\tan x+\ln|\cos x|+C$;

(8) $x^2\sin x+2x\cos x-2\sin x+C$;

(9) $-\frac{1}{x}(\ln^2 x+2\ln x+2)+C$;

(10) $e^x(x^3-3x^2+6x-6)+C$;

(11) $\frac{1}{2}e^x(\sin x-\cos x)+C$;

(12) $\frac{1}{2}x[\sin(\ln x)-\cos(\ln x)]+C$.

复习题五

1. (1) C(常数), $2e^{\sin x}+C$;

(2) $F(x)+C$, $f(x)$, $f(x)\mathrm{d}x$;

(3) C;

(4) $\frac{\sin^2 x}{1+\cos^2 x}\mathrm{d}x$, $\frac{\cos x}{1+\sin x}+C$;

(5) $\frac{\sin x}{1+x^2}$, $\ln\frac{1+\sqrt{x^2+1}}{x}+C$; (6) $2\arctan x+C$, $\ln(1+x^2)+C$;

(7) $2x-2\arctan x+C$, $\frac{2}{3}x^3-2x+2\arctan x+C$;

(8) $3, -\frac{1}{2}$; (9) $1+2e^{2x}$.

2. (1) C; (2) C; (3) A; (4) D; (5) B; (6) B; (7) B; (8) D.

3. (1) $4x+2x^3+\frac{4^x}{\ln 4}+C$; (2) $\frac{4}{5}x^{\frac{5}{2}}+\frac{6}{5}x^{\frac{5}{6}}+2\sqrt{x}+C$;

(3) $4\arctan x+x+C$; (4) $\frac{1}{2}x+\frac{1}{2}\sin x+C$;

(5) $\frac{1}{3}\arctan 3x+C$; (6) $\frac{1}{2}\ln|2x-1|+C$;

(7) $\frac{1}{3}\arctan x^3+C$; (8) $-\frac{1}{6}(3x-1)^{-2}+C$;

(9) $-\frac{1}{3}\cos(3x+2)+C$; (10) $\frac{1}{22}(3x^2-2x+1)^{11}+C$;

(11) $e^{\sin x}+C$; (12) $\frac{1}{2}\sin(x^2-1)+C$;

(13) $\sin x-\frac{1}{3}\sin^3 x+C$; (14) $-\frac{1}{6}\cos^6 x+C$;

(15) $\sqrt{2x}-\ln(\sqrt{2x}+1)+C$; (16) $\frac{3}{7}\sqrt[3]{(x+2)^7}-\frac{3}{2}\sqrt[3]{(x+2)^4}+C$;

(17) $\frac{1}{3}xe^{3x}-\frac{1}{9}e^{3x}+C$; (18) $\frac{1}{2}x^2\arctan x-\frac{1}{2}x+\frac{1}{2}\arctan x+C$;

(19) $x\ln(1+x^2)-2x+2\arctan x+C$; (20) $\frac{1}{2}x^2\sin 2x+\frac{1}{2}x\cos 2x-\frac{1}{4}\sin 2x+C$.

第六篇 定积分及其应用

不定积分是积分学的第一个基本问题，定积分属于积分学的第二个基本问题. 定积分是一种和式的极限，在自然科学和经济领域有着广泛的应用，如旋转体的体积、变力做功、水对闸门侧面的压力等，都可以用和式的极限来求解. 定积分和不定积分是两个不同的概念，但牛顿-莱布尼茨公式把它们紧密地联系在了一起.

本篇从几何问题出发引出定积分的概念，然后讨论它的性质、计算方法；继而讨论定积分的简单应用；最后作为定积分的推广，介绍无穷区间上的广义积分.

学习目标

◇ 理解定积分的概念，掌握定积分的几何意义，理解定积分的性质.

◇ 能熟练运用牛顿-莱布尼茨公式计算定积分.

◇ 会用换元积分法和分部积分法计算定积分.

◇ 会计算一些简单的广义积分.

◇ 会用定积分求平面图形面积，初步学会用定积分求几何体的体积.

项目一 定积分的概念

任务一 计算曲边梯形的面积

看一看

设 $f(x)$ 为区间 $[a,b]$ 上的非负且连续函数，由曲线 $y=f(x)$，直线 $x=a$，$x=b$ 以及 x 轴所围成的平面图形就称为曲边梯形.

如图 6-1 所示，M_1MNN_1 就是一曲边梯形. 其中曲线段 MN 称为曲边梯形的曲边，在 x 轴上的线段 M_1N_1 称为曲边梯形的底边.

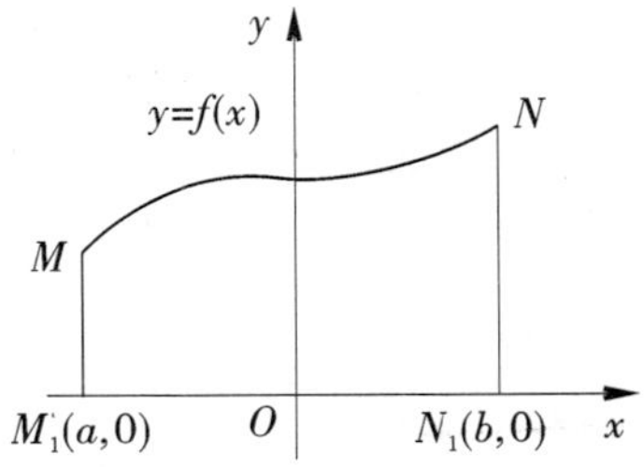

图 6-1

计算图 6-1 所示的曲边梯形的面积，困难在于有一条边是曲线，如果 $f(x)$ 在区间 $[a,b]$ 上为常数，则曲边梯形就变为矩形，其面积可按公式

$$矩形面积=底\times高$$

求出. 而曲边梯形在底边上各处的高 $f(x)$ 随着 x 的变化而变化，故它的面积不能直接利用公式来计算. 然而，$f(x)$ 在区间 $[a,b]$ 上是连续的，当 x 的变化很小时，$f(x)$ 的变化甚微，利用这一性质，我们把区间 $[a,b]$ 划分为许多小区间，过每

个分点作垂直于 x 轴的直线,把整个曲边梯形分割成许多小的曲边梯形,在每个小曲边梯形上,$f(x)$ 可以近似地看作不变,可以用小矩形来近似代替小曲边梯形,于是整个曲边梯形的面积就近似等于许多小矩形面积的和,区间 $[a,b]$ 分割得越细,近似程度就越好. 如果把区间 $[a,b]$ 无限细分,使每个小区间的长度都无限近似于0,则小矩形面积之和的极限值就是曲边梯形面积的精确值. 基于这一事实,我们通过如下四步来计算曲边梯形的面积,如图 6-2 所示.

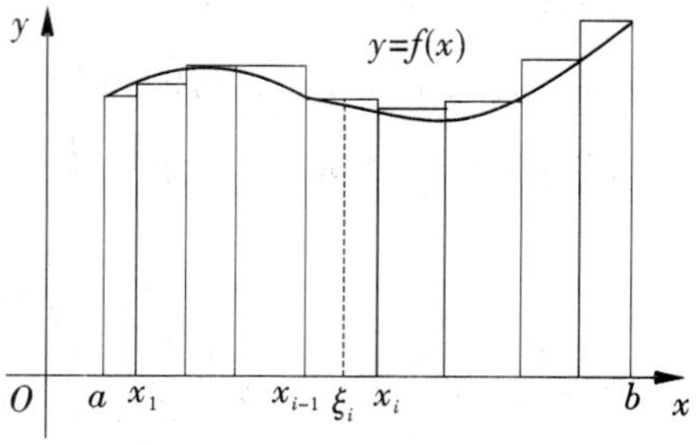

图 6-2

学一学

第一步,分割. 在区间 $[a,b]$ 内任意插入 $n-1$ 个分点:

$$a=x_0<x_1<x_2<\cdots<x_i<\cdots<x_n=b,$$

将 $[a,b]$ 分割成 n 个小区间 $[x_{i-1},x_i]\ (i=1,2,\cdots,n)$,各小区间的长度分别为 $\Delta x_i=x_i-x_{i-1}\ (i=1,2,\cdots,n)$. 过各个分点作 x 轴的垂线,把曲边梯形分割成 n 个小曲边梯形,每个小曲边梯形的面积记为 $\Delta A_i(i=1,2,\cdots,n)$.

第二步,取近似. 在小区间 $[x_{i-1},x_i]$ 上任取一点 ξ_i,以 $f(\xi_i)$ 为高,以 Δx_i 为底作小矩形,小曲边梯形的面积近似等于小矩形的面积,即 $\Delta A_i\approx f(\xi_i)\Delta x_i(i=1,2,\cdots,n)$.

第三步,求和. 将所有小矩形的面积相加,得整个曲边梯形面积的近似值,即

$$A=\sum_{i=1}^{n}\Delta A_i\approx\sum_{i=1}^{n}f(\xi_i)\,\Delta x_i.$$

第四步,取极限. 当区间 $[a,b]$ 内的分点无限增多,每一个小区间的长度都无限减小时,近似程度将不断提高,逐渐逼近精确值. 为了便于表示这个极限过程,记最长的小区间的长度为 λ,即 $\lambda=\max\{\Delta x_1,\Delta x_2,\cdots,\Delta x_n\}$,当 $\lambda\to0$ 时,和式的极限就是曲边梯形的面积,所以

$$A=\lim_{\lambda\to0}\sum_{i=1}^{n}f(\xi_i)\,\Delta x_i.$$

上面求曲边梯形的面积问题,最终归结为求一种特定的和式的极限,还有很多实际问题也可归结为求这类和式的极限,如求变力所做的功、曲线的长度、液体中闸门的静压力等. 抛开这些问题的实际意义,抓住数量关系的特征,从中抽象出的数学模型,就是定积分.

任务二　理解定积分的概念

设函数 $f(x)$ 在区间 $[a,b]$ 上连续,用任意的分点

$$a=x_0<x_1<x_2<\cdots<x_i<\cdots<x_n=b$$

将 $[a,b]$ 分割成 n 个小区间 $[x_{i-1},x_i]\ (i=1,2,\cdots,n)$,每个小区间的长度为 $\Delta x_i=x_i-x_{i-1}\ (i=1,2,\cdots,n)$,记 $\lambda=\max\limits_{1\leqslant i\leqslant n}\{\Delta x_i\}$,在每个小区间 $[x_{i-1},x_i]$ 上任取一点 ξ_i,作乘积 $f(\xi_i)\Delta x_i$

的和式$\sum_{i=1}^{n} f(\xi_i)\Delta x_i$，如果当 $\lambda \to 0$ 时，和式的极限存在，且此极限值与区间$[a,b]$的分法无关，与 ξ_i 的选取无关，则称函数$f(x)$在区间$[a,b]$上是**可积的**，此极限值叫做函数$f(x)$在区间$[a,b]$上的**定积分**，记作$\int_a^b f(x)\mathrm{d}x$，即

$$\int_a^b f(x)\mathrm{d}x = \lim_{\lambda \to 0} \sum_{i=1}^{n} f(\xi_i)\Delta x_i .$$

其中，符号"$\int$"叫做**积分号**，$f(x)$称为**被积函数**，$f(x)\mathrm{d}x$ 称为**被积表达式**，x 称为**积分变量**，区间$[a,b]$称为**积分区间**，a 叫**积分下限**，b 叫**积分上限**.

根据定积分的定义，前面求曲边梯形的面积问题可表述如下：

曲线 $y=f(x)$ $(f(x) \geqslant 0)$，与直线 $x=a$，$x=b$ 以及 x 轴所围成的曲边梯形的面积 S 等于函数$f(x)$在区间$[a,b]$上的定积分，即

$$S = \int_a^b f(x)\mathrm{d}x .$$

对于定积分的定义，要注意以下几点：

(1) 定积分是一个和式的极限，它的值是一个常数，它的大小只与被积函数$f(x)$和积分区间$[a,b]$有关，而与区间$[a,b]$的分法无关，与 ξ_i 的选取无关，与积分变量用什么字母表示也无关，即

$$\int_a^b f(x)\mathrm{d}x = \int_a^b f(t)\mathrm{d}t = \int_a^b f(u)\mathrm{d}u .$$

(2) 在定积分的定义中，我们假定 $a<b$，对于 $a>b$ 和 $a=b$ 两种情况，作如下规定：

当 $a>b$ 时，

$$\int_a^b f(x)\mathrm{d}x = -\int_b^a f(x)\mathrm{d}x .$$

当 $a=b$ 时，

$$\int_a^b f(x)\mathrm{d}x = \int_a^a f(x)\mathrm{d}x = 0 .$$

(3) 当$\lim\limits_{\lambda \to 0}\sum_{i=1}^{n} f(\xi_i)\Delta x_i$ 不存在时，则称函数$f(x)$在区间$[a,b]$上是不可积的.

(4) 若函数 $y=f(x)$ 在区间$[a,b]$上连续，则 $y=f(x)$ 在$[a,b]$上的定积分一定存在.

试一试

例 1 求曲线 $y=x^2$ 与 $x=0$，$x=1$ 及 x 轴所围成的曲边梯形的面积(见图 6-3).

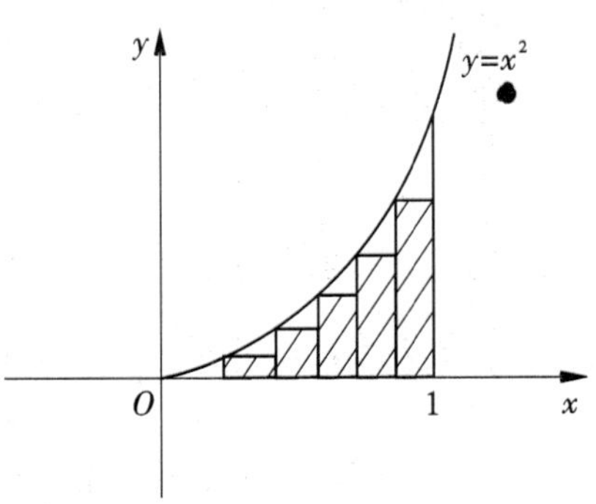

图 6-3

解 (1) 为了便于计算，把区间$[0,1]$分为 n 等份，分点为 $x_i = \frac{1}{n}i$，每个小区间$[x_{i-1}, x_i]$的长度为 $\Delta x_i = \frac{1}{n}$，过各个分点作 x 轴的垂线，把曲边梯形分割成 n 个小曲边梯形，第 i 个小区间$[x_{i-1}, x_i]$所对应的

小曲边梯形的面积为 $\Delta A_i(i=1,2,\cdots,n)$.

(2) 取每个小区间 $[x_{i-1},x_i]$ 的左端点为 ξ_i，即 $\xi_i=x_{i-1}=\frac{1}{n}(i-1)$，以 $f(\xi_i)=\frac{(i-1)^2}{n^2}$ 为高，以 Δx_i 为底作小矩形，小曲边梯形的面积近似等于小矩形的面积，即

$$\Delta A_i \approx f(\xi_i)\Delta x_i=\frac{(i-1)^2}{n^3} \quad (i=1,2,\cdots,n).$$

(3) 将所有小矩形面积相加，得整个曲边梯形面积的近似值，即

$$A=\sum_{i=1}^{n}\Delta A_i \approx \sum_{i=1}^{n}\frac{(i-1)^2}{n^3}=\frac{1}{n^3}\left[1^2+2^2+\cdots+(n-1)^2\right]=\frac{1}{6n^3}(n-1)n(2n-1).$$

(4) 当 n 无限增大时，每一个小区间的长度都无限减少，上述和式的极限就是所求曲边梯形的面积，即

$$A=\int_0^1 x^2\mathrm{d}x=\lim_{n\to\infty}\frac{1}{6n^3}(n-1)n(2n-1)=\frac{1}{3}.$$

做一做

1. 证明：$\int_a^b A\mathrm{d}x=A(b-a)$.

2. 利用定积分的定义计算积分 $\int_a^b x\mathrm{d}x$ $(0<a<b)$.

任务三　理解定积分的几何意义

看一看

如果函数 $f(x)$ 在区间 $[a,b]$ 上连续，且 $f(x)\geqslant 0$，那么定积分 $\int_a^b f(x)\mathrm{d}x$ 就表示由连续曲线 $y=f(x)$，直线 $x=a$，$x=b$ 与 x 轴所围成的曲边梯形的面积(如图 6-4 所示).

如果函数 $f(x)$ 在区间 $[a,b]$ 上连续，且 $f(x)\leqslant 0$，则此时曲边梯形位于 x 轴的下方，那么定积分 $\int_a^b f(x)\mathrm{d}x$ 就是一个负值，从而由连续曲线 $y=f(x)$，直线 $x=a$，$x=b$ 与 x 轴所围成的曲边梯形的面积 $S=-\int_a^b f(x)\mathrm{d}x$ (如图 6-5 所示).

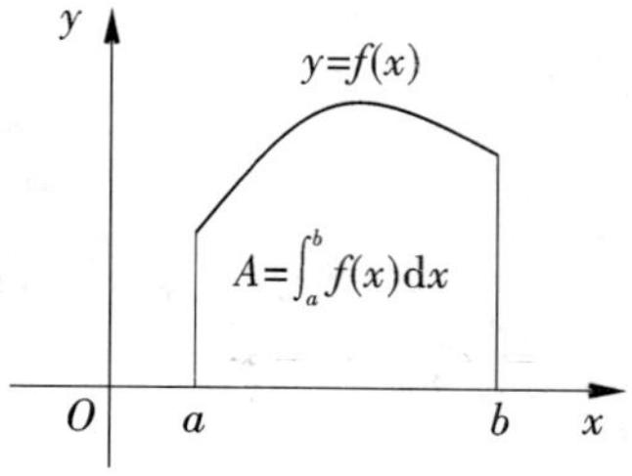

图 6-4

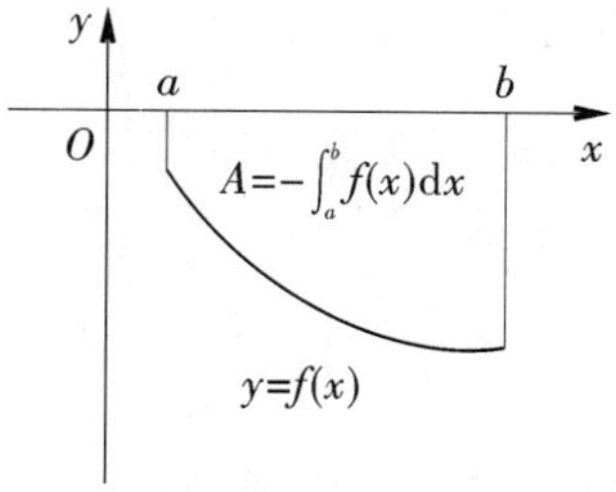

图 6-5

如果函数$f(x)$在区间$[a,b]$上连续，且有时为正有时为负，如图 6-6 所示，连续曲线 $y=f(x)$，直线 $x=a$，$x=b$与 x 轴所围成的图形是由三个曲边梯形组成的，那么由定积分的定义可得 $\int_a^b f(x)\,dx = A_1 - A_2 + A_3$.

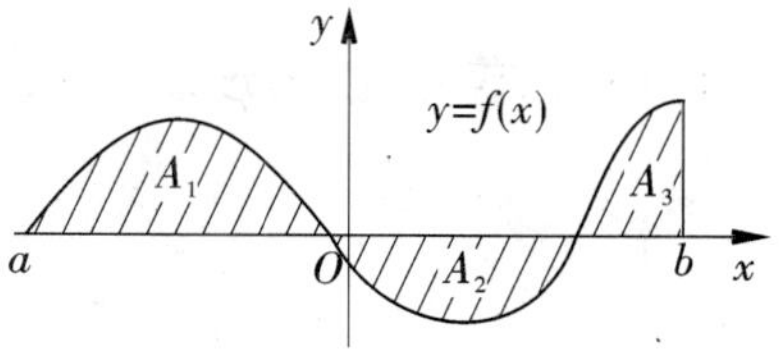

图 6-6

总之，定积分 $\int_a^b f(x)\,dx$ 在几何上表示由连续曲线 $y=f(x)$，直线 $x=a$，$x=b$ 与 x 轴所围成的各曲边梯形面积的代数和.

试一试

例 2 用定积分表示图 6-7 中阴影部分的面积.

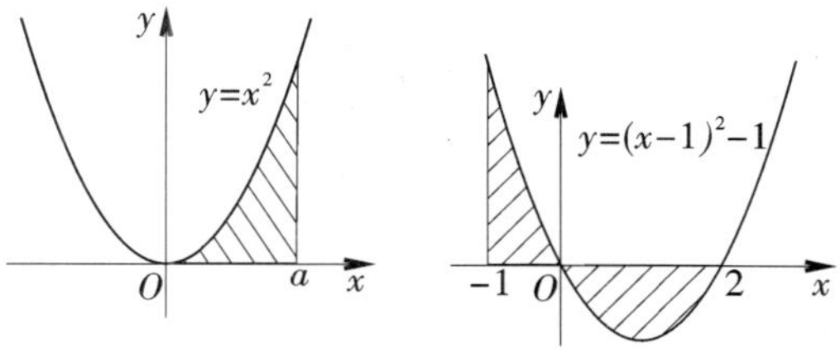

图 6-7

解 (1) $S = \int_0^a x^2\,dx$；

(2) $S = \int_{-1}^0 [(x-1)^2 - 1]\,dx - \int_0^2 [(x-1)^2 - 1]\,dx$.

例 3 利用定积分的几何意义，求 $\int_1^2 (x-3)\,dx$.

解 由于在$[1,2]$上，$f(x)=x-3<0$（见图 6-8），因此按定积分的几何意义，该定积分表示由 $y=x-3$ 和 $x=1$，$x=2$，$y=0$所围成面积的负值，即

$$\int_1^2 (x-3)\,dx = -\frac{1}{2}(1+2)\times 1 = -\frac{3}{2}.$$

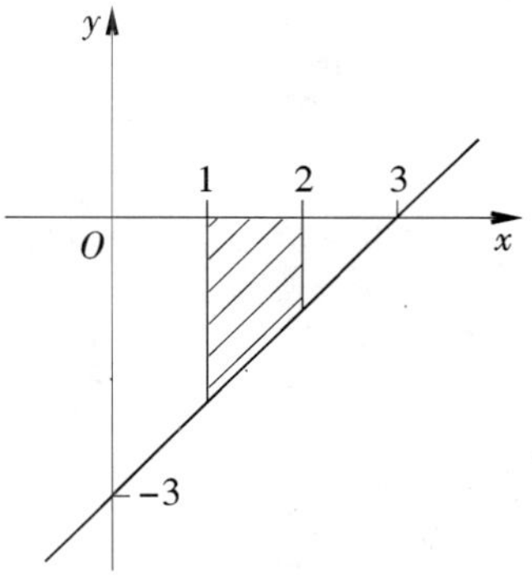

图 6-8

做一做

利用定积分表示图 6-9 中阴影部分的面积.

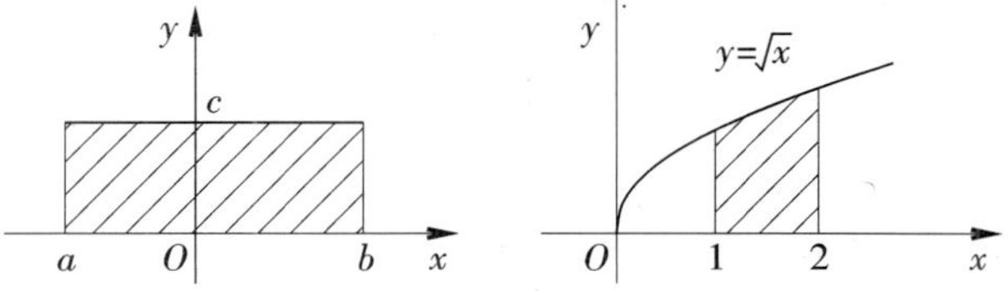

图 6-9

任务四　学习定积分的性质

学一学

性质 1　$\int_a^b [f(x) \pm g(x)] dx = \int_a^b f(x) dx \pm \int_a^b g(x) dx$.

即两个函数代数和的定积分等于它们的定积分的代数和.

性质 2　$\int_a^b kf(x) dx = k \int_a^b f(x) dx$ (k 为常数).

即被积表达式中的常数因子可以移到积分号的外面.

性质 3　$\int_a^b dx = b - a$.

根据定积分的几何意义,可知 $\int_a^b dx$ 表示由直线 $y=1, x=b, x=a$ 和 x 轴所围成的矩形的面积,所以 $\int_a^b dx = b - a$.

性质 4　对于任意实数 c, $\int_a^b f(x) dx = \int_a^c f(x) dx + \int_c^b f(x) dx$.

试一试

例 4　已知 $\int_2^3 f(x) dx = 4$, $\int_2^3 [f(x)]^2 dx = 12$,求 $\int_2^3 [f(x) - 2]^2 dx$.

解　
$$\begin{aligned}\int_2^3 [f(x) - 2]^2 dx &= \int_2^3 \{[f(x)]^2 - 4f(x) + 4\} dx \\ &= \int_2^3 [f(x)]^2 dx - 4\int_2^3 f(x) dx + 4\int_2^3 dx \\ &= 12-4\times4+4\times(3-2) \\ &= 0.\end{aligned}$$

例 5　已知 $\int_1^3 f(x) dx = 4$, $\int_1^5 f(x) dx = 3$,求 $\int_3^5 f(x) dx$.

解　由性质 4 可知
$$\int_1^5 f(x) dx = \int_1^3 f(x) dx + \int_3^5 f(x) dx ,$$
所以
$$\int_3^5 f(x) dx = \int_1^5 f(x) dx - \int_1^3 f(x) dx = 3 - 4 = -1 .$$

做一做

1. 已知 $\int_1^5 f(x) dx = 6$,求 $\int_1^5 [4f(x) + 2] dx$.

2. 已知 $\int_2^5 f(x) dx = 5$, $\int_4^5 f(x) dx = 2$,求 $\int_2^4 f(x) dx$.

项目练习 6.1

1. 试利用定积分表示由下列各组曲线或直线所围成图形的面积：

(1) $y=x^2, x=1, x=2, y=0$；　　(2) $y=\sin x, x=0, x=\frac{\pi}{2}, y=0$；

(3) $y=\cos x, x=\frac{\pi}{2}, x=\frac{3\pi}{2}, y=0$；　　(4) $y=x^2, y=\sqrt{x}$.

2. 不计算，利用定积分的几何意义，判断下列定积分的值是正的还是负的：

(1) $\int_{-1}^{1} x^2 \mathrm{d}x$；　　(2) $\int_{-1}^{0} x^3 \mathrm{d}x$；

(3) $\int_{0}^{\frac{\pi}{2}} \cos x \mathrm{d}x$；　　(4) $\int_{\frac{\pi}{2}}^{\pi} \cos x \mathrm{d}x$.

3. 利用定积分的几何意义计算下列定积分：

(1) $\int_{0}^{3} (2x+1) \mathrm{d}x$；　　(2) $\int_{-2}^{1} 4 \mathrm{d}x$；

(3) $\int_{-2}^{2} \sqrt{4-x^2} \mathrm{d}x$；　　(4) $\int_{-\pi}^{\pi} \sin x \mathrm{d}x$.

4. 已知 $\int_{0}^{2} x^2 \mathrm{d}x = \frac{8}{3}, \int_{-1}^{0} x^2 \mathrm{d}x = \frac{1}{3}$，计算下列定积分：

(1) $\int_{-1}^{2} x^2 \mathrm{d}x$；　　(2) $\int_{-1}^{2} (x^2+3) \mathrm{d}x$.

项目二　微积分基本公式

计算函数在区间上的定积分，我们可以从定积分的定义出发，用求和式极限的方法，但这种方法比较烦琐，如果被积函数较复杂，其难度就更大. 因此，这种方法远不能解决定积分的计算问题，我们必须寻求简单有效的计算定积分的方法.

本项目通过揭示导数与定积分的关系，引出计算定积分的基本公式——牛顿-莱布尼茨公式，把求定积分的问题转化为求被积函数的原函数问题，从而可把求不定积分的方法转移到计算定积分的方法中来.

任务一　学习变上限积分函数

学一学

如果函数 $f(x)$ 在区间 $[a,b]$ 上连续，并设 x 为区间 $[a,b]$ 上的一点，显然 $f(x)$ 在区间

$[a,x]$ 上也是连续的,因此定积分 $\int_a^x f(x)\,dx$ 存在. 因为定积分与积分变量无关,为了明确起见,把积分变量改用其他符号,如 t,则上面的积分可以写成 $\int_a^x f(t)\,dt$.

如果函数 $f(x)$ 在区间 $[a,b]$ 上连续,那么在区间 $[a,b]$ 上每取一点 x,就有一个确定的定积分 $\int_a^x f(t)\,dt$ 的值与 x 对应,即构成一个新的函数,称为**变上限函数**,记作 $\Phi(x)$,即

$$\Phi(x)=\int_a^x f(t)\,dt\ (a\leqslant x\leqslant b).$$

关于变上限函数有如下定理:

定理 如果函数 $f(x)$ 在区间 $[a,b]$ 上连续,那么变上限函数 $\Phi(x)=\int_a^x f(t)\,dt$ 在区间 $[a,b]$ 上可导,且其导数等于被积函数,即

$$\Phi'(x)=\left[\int_a^x f(t)\,dt\right]'=f(x).$$

上述定理表明,如果函数 $f(x)$ 在区间 $[a,b]$ 上连续,则函数 $f(x)$ 的原函数必存在,且函数 $\Phi(x)=\int_a^x f(t)\,dt$ 是函数 $f(x)$ 在区间 $[a,b]$ 上的原函数.

试一试

例 1 求下列函数的导数:

(1) $\frac{d}{dx}\left(\int_0^x \tan t\,dt\right)$; (2) $\frac{d}{dx}\left(\int_x^1 \sin t^2\,dt\right)$;

(3) $\frac{d}{dx}\left(\int_0^{x^2} e^{-t}\,dt\right)$.

解 (1) $\frac{d}{dx}\left(\int_0^x \tan t\,dt\right)=\tan x$;

(2) $\frac{d}{dx}\left(\int_x^1 \sin t^2\,dt\right)=-\frac{d}{dx}\left(\int_1^x \sin t^2\,dt\right)=-\sin x^2$;

(3) 由复合函数求导法则得 $\frac{d}{dx}\left(\int_0^{x^2} e^{-t}\,dt\right)=2xe^{-x^2}$.

例 2 计算 $\lim\limits_{x\to 0}\frac{\int_0^x \ln(1+t^2)\,dt}{x^3}$.

解 这是一个 $\frac{0}{0}$ 型未定式的极限,由洛必达法则,得

$$\lim_{x\to 0}\frac{\int_0^x \ln(1+t^2)\,dt}{x^3}=\lim_{x\to 0}\frac{\ln(1+x^2)}{3x^2}=\lim_{x\to 0}\frac{\frac{2x}{1+x^2}}{6x}=\frac{1}{3}\lim_{x\to 0}\frac{1}{1+x^2}=\frac{1}{3}.$$

做一做

求下列函数的导数:

(1) $f(x)=\int_0^x \frac{1-t^2}{1+t^2}dt$;　　　　(2) $f(x)=\int_{x^3}^0 (1+t^2)dt$.

任务二　利用牛顿-莱布尼茨公式计算定积分

学一学

设函数 $f(x)$ 在区间 $[a,b]$ 上连续，$F(x)$ 是 $f(x)$ 在 $[a,b]$ 上的任一原函数，即 $F'(x)=f(x)$ ，则有

$$\int_a^b f(x)dx = F(b) - F(a) .$$

该公式称为**牛顿-莱布尼茨(Newton-Leibniz)公式**，也称为**微积分基本公式**.

证明　由任务一中的定理知 $\int_a^x f(t)dt$ 是 $f(x)$ 的一个原函数，而 $F(x)$ 也是 $f(x)$ 的一个原函数，上述两个原函数相差一个常数 C_0，即

$$\int_a^x f(t)dt = F(x) + C_0 .$$

用 $x=a$ 代入上式，得

$$C_0 = \int_a^a f(t)dt - F(a) = -F(a) ,$$

再用 $x=b$ 代入前式，得

$$\int_a^b f(t)dt = F(b) + C_0 = F(b) - F(a) ,$$

即

$$\int_a^b f(x)dx = F(b) - F(a) .$$

注意：(1) 牛顿-莱布尼茨公式不但给出了通过原函数求定积分的计算方法，也揭示了定积分与不定积分的内在联系.

(2) 若 $f(x)$ 在区间 $[a,b]$ 上不连续，则不能运用此公式计算定积分. 例如，因为 $\frac{1}{x^2}$ 在 $[-1,1]$ 上不连续，所以不能用公式计算 $\int_{-1}^1 \frac{1}{x^2}dx$.

利用牛顿-莱布尼茨公式计算定积分 $\int_a^b f(x)dx$ 的步骤如下：先利用不定积分求出被积函数 $f(x)$ 的一个原函数 $F(x)$，然后计算 $F(x)$ 在积分区间两端点处的函数值之差 $F(b)-F(a)$. 为了方便常采用下面的格式：

$$\int_a^b f(x)dx = F(b) - F(a) = [F(x)]_a^b .$$

试一试

例 3　计算下列定积分：

(1) $\int_a^b x dx$;　　　　(2) $\int_0^1 x^2 dx$;

(3) $\int_0^{\frac{\pi}{2}}\cos x\mathrm{d}x$；　　　　(4) $\int_{-2}^{-1}\frac{1}{x}\mathrm{d}x$.

解　(1) $\int_a^b x\mathrm{d}x = \left[\frac{1}{2}x^2\right]_a^b = \frac{1}{2}(b^2 - a^2)$；

(2) $\int_0^1 x^2\mathrm{d}x = \left[\frac{1}{3}x^3\right]_0^1 = \frac{1}{3}$；

(3) $\int_0^{\frac{\pi}{2}}\cos x\mathrm{d}x = \left[\sin x\right]_0^{\frac{\pi}{2}} = \sin\frac{\pi}{2} - \sin 0 = 1 - 0 = 1$；

(4) $\int_{-2}^{-1}\frac{1}{x}\mathrm{d}x = \left[\ln|x|\right]_{-2}^{-1} = \ln 1 - \ln 2 = -\ln 2.$

例 4　计算下列定积分：

(1) $\int_0^1(2x-1)^{100}\mathrm{d}x$；　　　　(2) $\int_1^{\mathrm{e}}\frac{\ln x}{x}\mathrm{d}x$.

解　(1) $\int_0^1(2x-1)^{100}\mathrm{d}x = \frac{1}{2}\int_0^1(2x-1)^{100}\mathrm{d}(2x-1)$

$$= \frac{1}{2}\left[\frac{1}{101}(2x-1)^{101}\right]_0^1 = \frac{1}{101};$$

(2) $\int_1^{\mathrm{e}}\frac{\ln x}{x}\mathrm{d}x = \int_1^{\mathrm{e}}\ln x\mathrm{d}(\ln x) = \frac{1}{2}\left[\ln^2 x\right]_1^{\mathrm{e}} = \frac{1}{2}$.

例 5　设 $f(x)=\begin{cases} x+1, & x\leqslant 1, \\ \frac{1}{2}x^2, & x>1 \end{cases}$，求 $\int_0^2 f(x)\mathrm{d}x$.

解　$\int_0^2 f(x)\mathrm{d}x = \int_0^1 f(x)\mathrm{d}x + \int_1^2 f(x)\mathrm{d}x = \int_0^1(x+1)\mathrm{d}x + \int_1^2\frac{1}{2}x^2\mathrm{d}x$

$$=\left[\frac{1}{2}x^2+x\right]_0^1+\left[\frac{1}{6}x^3\right]_1^2=\frac{3}{2}+\frac{7}{6}=\frac{8}{3}.$$

做一做

计算下列定积分：

(1) $\int_{-1}^3(x-1)\mathrm{d}x$；　　　　(2) $\int_0^2(x^2-2x)\mathrm{d}x$；

(3) $\int_{-\frac{1}{2}}^{\frac{1}{2}}\frac{\mathrm{d}x}{\sqrt{1-x^2}}$；　　　　(4) $\int_{-1}^3|2x-1|\mathrm{d}x$.

项目练习 6.2

1. 求下列函数的导数：

(1) $\Phi(x) = \int_0^x \sin t\mathrm{d}t$；　　　　(2) $\Phi(x) = \int_{x^2}^0 \sin t\mathrm{d}t$.

2. 求下列极限：

(1) $\lim\limits_{x\to0}\dfrac{\int_0^x \cos t^2\,\mathrm{d}t}{x}$；　　(2) $\lim\limits_{x\to0}\dfrac{\int_0^x 2t\cos t\,\mathrm{d}t}{1-\cos x}$.

3. 计算下列定积分：

(1) $\int_0^a (3x^2 - x + 1)\,\mathrm{d}x$；　　(2) $\int_1^2 \left(x^2 + \dfrac{1}{x^4}\right)\mathrm{d}x$；

(3) $\int_4^0 \sqrt{x}\,(1+\sqrt{x})\,\mathrm{d}x$；　　(4) $\int_0^1 \dfrac{x^2}{x^2+1}\,\mathrm{d}x$；

(5) $\int_1^{\sqrt{\mathrm{e}}} \dfrac{\mathrm{d}x}{x\sqrt{1-\ln^2 x}}$；　　(6) $\int_0^{2\pi} |\sin x|\,\mathrm{d}x$.

4. 设 $f(x)=\begin{cases} x^2, & x\leqslant 1, \\ x-1, & x>1, \end{cases}$ 求 $\int_0^2 f(x)\,\mathrm{d}x$.

5. 设 $F(x)=\int_0^{x^2} \mathrm{e}^{-t}\,\mathrm{d}t$，求 $F'(1)$.

项目三　定积分的换元积分法和分部积分法

通过求原函数可计算出不定积分，而求原函数的方法有换元积分法与分部积分法. 对定积分的计算也有相应的换元积分法和分部积分法.

任务一　学习定积分的换元积分法

学一学

定理　设 $f(x)$ 在 $[a,b]$ 上连续，函数 $x=\varphi(t)$ 满足：

(1) $\varphi(\alpha)=a$，$\varphi(\beta)=b$；

(2) 在 $[\alpha,\beta]$（或 $[\beta,\alpha]$）上，$\varphi(t)$ 单调且有连续的导数 $\varphi'(t)$，则有

$$\int_a^b f(x)\,\mathrm{d}x = \int_\alpha^\beta f[\varphi(t)]\varphi'(t)\,\mathrm{d}t .$$

这个公式称为**定积分的换元积分公式**.

注意：不定积分的换元法在求得关于新变量 t 的积分后，必须进行变量回代，换回到原变量 x；而定积分的换元法在积分变量由 x 换成 t 的同时，其积分上下限也由原来的 a 和 b 相应地换成了 α 和 β，在计算定积分的值时不必进行变量回代，但是要切记，**“换元必换限”**.

试一试

例 1　求 $\int_0^8 \dfrac{1}{1+\sqrt[3]{x}}\,\mathrm{d}x$.

解 令$\sqrt[3]{x}=t$,则 $x=t^3$,$dx=3t^2dt$,且当 $x=0$ 时,$t=0$,当 $x=8$ 时,$t=2$,于是

$$\int_0^8 \frac{1}{1+\sqrt[3]{x}}dx=\int_0^2 \frac{3t^2}{1+t}dt=3\int_0^2\left(t-1+\frac{1}{1+t}\right)dt$$

$$=3\left[\frac{1}{2}t^2-t+\ln(1+t)\right]_0^2=3\ln 3.$$

例 2 求 $\int_0^4 \frac{x+2}{\sqrt{2x+1}}dx$.

解 令$\sqrt{2x+1}=t$,$x=\frac{t^2-1}{2}$,则 $dx=tdt$,且当 $x=0$ 时,$t=1$,当 $x=4$ 时,$t=3$,于是

$$\int_0^4 \frac{x+2}{\sqrt{2x+1}}dx=\int_1^3 \frac{\frac{t^2-1}{2}+2}{t}tdt=\frac{1}{2}\int_1^3(t^2+3)dt=\frac{1}{2}\left[\frac{1}{3}t^3+3t\right]_1^3=\frac{22}{3}.$$

例 3 求 $\int_0^{\frac{\pi}{2}} \cos^3 x\sin x dx$.

解 令 $t=\cos x$,则 $dt=-\sin x dx$,且当 $x=0$ 时,$t=1$,当 $x=\frac{\pi}{2}$时,$t=0$,于是

$$\int_0^{\frac{\pi}{2}} \cos^3 x\sin x dx=\int_1^0 t^3(-dt)=\int_0^1 t^3 dt=\left[\frac{1}{4}t^4\right]_0^1=\frac{1}{4}.$$

想一想

例 3 有没有其他解法?

做一做

用换元法求下列定积分:

(1) $\int_0^1 \sqrt{4+5x}\,dx$; (2) $\int_4^9 \frac{1}{\sqrt{x}-1}dx$.

任务二 学习定积分的分部积分法

学一学

设函数 $u=u(x)$,$v=v(x)$在区间$[a,b]$上都具有连续导数,根据乘积的微分法则,得

$$d[u(x)v(x)]=u(x)d[v(x)]+v(x)d[u(x)],$$

分别求该等式两端在区间$[a,b]$上的定积分,得

$$\int_a^b d[u(x)v(x)]=\int_a^b u(x)d[v(x)]+\int_a^b v(x)d[u(x)],$$

即
$$\int_a^b u(x)d[v(x)]=[u(x)v(x)]_a^b-\int_a^b v(x)d[u(x)],$$

简记为

$$\int_a^b udv=[uv]_a^b-\int_a^b vdu.$$

这就是**定积分的分部积分公式**.

试一试

例 4 求 $\int_0^1 xe^x\mathrm{d}x$.

解 $\int_0^1 xe^x\mathrm{d}x = \int_0^1 x\mathrm{d}e^x = \left[xe^x\right]_0^1 - \int_0^1 e^x\mathrm{d}x = e - \left[e^x\right]_0^1 = e - (e-1) = 1.$

例 5 求 $\int_{-1}^1 \arctan x\mathrm{d}x$.

解
$$\int_{-1}^1 \arctan x\mathrm{d}x = \left[x\arctan x\right]_{-1}^1 - \int_{-1}^1 x\mathrm{d}(\arctan x) = \frac{\pi}{4} - \frac{\pi}{4} - \int_{-1}^1 \frac{x}{1+x^2}\mathrm{d}x$$
$$= -\frac{1}{2}\left[\ln(1+x^2)\right]_{-1}^1 = 0.$$

例 6 求 $\int_0^{\frac{\pi}{2}} x\cos x\mathrm{d}x$.

解 $\int_0^{\frac{\pi}{2}} x\cos x\mathrm{d}x = \int_0^{\frac{\pi}{2}} x\mathrm{d}(\sin x) = \left[x\sin x\right]_0^{\frac{\pi}{2}} - \int_0^{\frac{\pi}{2}} \sin x\mathrm{d} = \frac{\pi}{2} - \left[-\cos x\right]_0^{\frac{\pi}{2}} = \frac{\pi}{2} - 1.$

做一做

用分部积分法求下列定积分:

(1) $\int_1^5 \ln x\mathrm{d}x$;　　　　(2) $\int_0^{\pi} x\sin x\mathrm{d}x$.

任务三　熟记两个常用定积分公式

学一学

由图 6-10 可知,如果函数 $f(x)$ 在对称区间 $[-a,a]$ 上连续且为奇函数,那么
$$\int_{-a}^{a} f(x)\mathrm{d}x = -A_1 + A_2 = 0 .$$
由图 6-11 可知,如果函数 $f(x)$ 在对称区间 $[-a,a]$ 上连续且为偶函数,那么

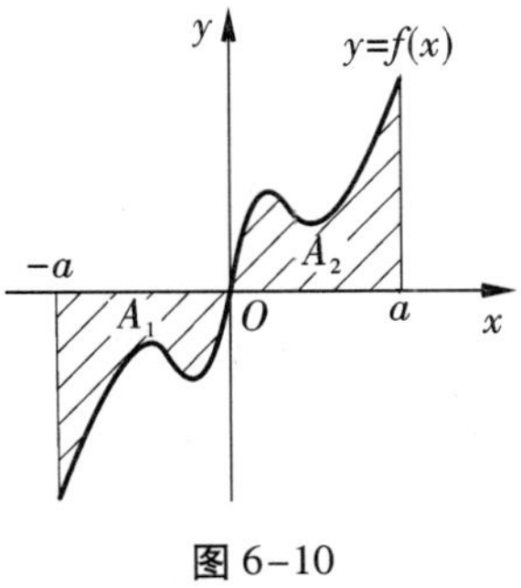

图 6-10

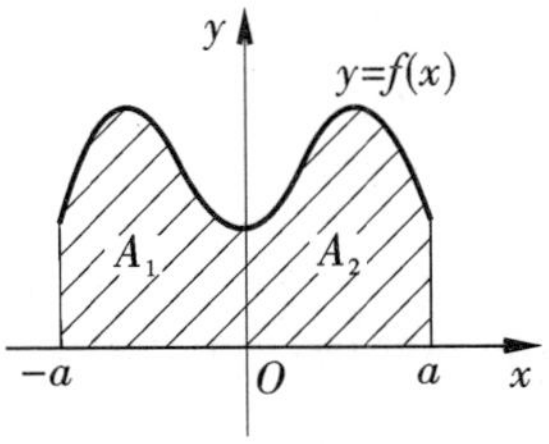

图 6-11

$$\int_{-a}^{a} f(x)\,\mathrm{d}x = A_1 + A_2 = 2A_2 = 2\int_{0}^{a} f(x)\,\mathrm{d}x .$$

由上面的分析可得出下面结论：

如果函数$f(x)$在对称区间$[-a,a]$上连续且为奇函数，则

$$\int_{-a}^{a} f(x)\,\mathrm{d}x = 0 .$$

如果函数$f(x)$在对称区间$[-a,a]$上连续且为偶函数，则

$$\int_{-a}^{a} f(x)\,\mathrm{d}x = 2\int_{0}^{a} f(x)\,\mathrm{d}x .$$

证明 由定积分性质4，有：$\int_{-a}^{a} f(x)\,\mathrm{d}x = \int_{-a}^{0} f(x)\,\mathrm{d}x + \int_{0}^{a} f(x)\,\mathrm{d}x$.

对于积分$\int_{-a}^{0} f(x)\,\mathrm{d}x$，令$x=-t$，则$\mathrm{d}x=-\mathrm{d}t$，于是

$$\int_{-a}^{0} f(x)\,\mathrm{d}x = -\int_{a}^{0} f(-t)\,\mathrm{d}t = \int_{0}^{a} f(-t)\,\mathrm{d}t = \int_{0}^{a} f(-x)\,\mathrm{d}x ,$$

从而

$$\int_{-a}^{a} f(x)\,\mathrm{d}x = \int_{0}^{a}\left[f(-x)+f(x)\right]\mathrm{d}x.$$

当$f(x)$为奇函数时，$f(-x)=-f(x)$，因此$\int_{-a}^{a} f(x)\,\mathrm{d}x = 0$.

当$f(x)$为偶函数时，$f(-x)=f(x)$，因此$\int_{-a}^{a} f(x)\,\mathrm{d}x = 2\int_{0}^{a} f(x)\,\mathrm{d}x$.

试一试

例7 利用函数$f(x)$在对称区间上的定积分的计算公式计算下列定积分：

(1) $\int_{-1}^{1} x^3\,\mathrm{d}x$；　　(2) $\int_{-\frac{\pi}{2}}^{\frac{\pi}{2}} \sin^3 x\,\mathrm{d}x$.

解 (1) 设$f(x)=x^3$，因为$f(-x)=(-x)^3=-x^3=-f(x)$，所以$f(x)$在$[-1,1]$上为奇函数，故

$$\int_{-1}^{1} x^3\,\mathrm{d}x = 0 .$$

(2) 设$f(x)=\sin^3 x$，因为$f(-x)=\sin^3(-x)=-\sin^3 x=-f(x)$，所以$f(x)$在$\left[-\frac{\pi}{2},\frac{\pi}{2}\right]$上为奇函数，故

$$\int_{-\frac{\pi}{2}}^{\frac{\pi}{2}} \sin^3 x\,\mathrm{d}x = 0 .$$

做一做

利用函数的奇偶性计算下列定积分：

(1) $\int_{-\pi}^{\pi} x\,(\cos x)^5\,\mathrm{d}x$；　　(2) $\int_{-1}^{1} (x^2-3)\,\mathrm{d}x$.

项目练习 6.3

1. 用换元积分法计算下列定积分：

(1) $\int_{\frac{\pi}{3}}^{\pi}\sin\left(x+\frac{\pi}{3}\right)\mathrm{d}x$；　　(2) $\int_{0}^{1}\frac{\mathrm{d}x}{(1+2x)^{3}}$；

(3) $\int_{0}^{1}te^{-t^{2}}\mathrm{d}t$；　　(4) $\int_{0}^{1}\frac{x^{2}}{1+x^{6}}\mathrm{d}x$；

(5) $\int_{1}^{2}\frac{1}{x^{2}}e^{\frac{1}{x}}\mathrm{d}x$；　　(6) $\int_{0}^{\frac{\pi}{2}}\sin^{2}x\cos x\mathrm{d}x$；

(7) $\int_{4}^{9}\frac{\sqrt{x}}{\sqrt{x}-1}\mathrm{d}x$；　　(8) $\int_{-\frac{1}{2}}^{0}\frac{\mathrm{d}x}{1+\sqrt{1+2x}}$；

(9) $\int_{0}^{4}\frac{1}{\sqrt{x}+1}\mathrm{d}x$；　　(10) $\int_{1}^{e^{2}}\frac{\mathrm{d}x}{x\sqrt{1+\ln x}}$；

(11) $\int_{0}^{2}\sqrt{4-x^{2}}\mathrm{d}x$；　　(12) $\int_{0}^{1}\frac{1}{\sqrt{4+5x}-1}\mathrm{d}x$.

2. 用分部积分法计算下列定积分：

(1) $\int_{1}^{e}x\ln x\mathrm{d}x$；　　(2) $\int_{0}^{e-1}\ln(1+x)\mathrm{d}x$；

(3) $\int_{0}^{\frac{\pi}{2}}x^{2}\sin x\mathrm{d}x$；　　(4) $\int_{0}^{1}x^{2}e^{-x}\mathrm{d}x$.

3. 设 $f(x)$ 在 $[a,b]$ 上连续，证明：$\int_{a}^{b}f(x)\mathrm{d}x=\int_{a}^{b}f(a+b-x)\mathrm{d}x$.

4. 证明：$\int_{x}^{1}\frac{\mathrm{d}t}{1+t^{2}}=\int_{1}^{\frac{1}{x}}\frac{\mathrm{d}t}{1+t^{2}}\ (x>0)$.

5. 利用函数的奇偶性计算下列定积分：

(1) $\int_{-\pi}^{\pi}x^{4}\sin x\mathrm{d}x$；　　(2) $\int_{-\pi}^{\pi}\frac{x^{3}\cos x}{x^{2}+1}\mathrm{d}x$；

(3) $\int_{-2}^{2}\frac{x}{x^{4}+3x^{2}+1}\mathrm{d}x$；　　(4) $\int_{-2}^{2}(3+x^{2})\mathrm{d}x$.

项目四　广义积分

前面所讨论的定积分，其积分区间 $[a,b]$ 都是有限区间，且被积函数 $f(x)$ 有界，然而，对一些实际问题的研究需要把积分区间推广到无限区间，把被积函数推广到无界函数，这样的积分不是通常意义上的积分(即定积分)，所以称它们为**反常积分**. 相应地，把前面所讨论的积分称为**常义积分**. 为了区别于前面的积分，通常把推广了的积分称为**广义积分**.

任务一　求无穷区间上的广义积分

看一看

如图 6-12 所示,如何求曲线 $y=\frac{1}{x^2}$,x 轴及直线 $x=1$ 右边所围成的"开口曲边梯形"的面积?

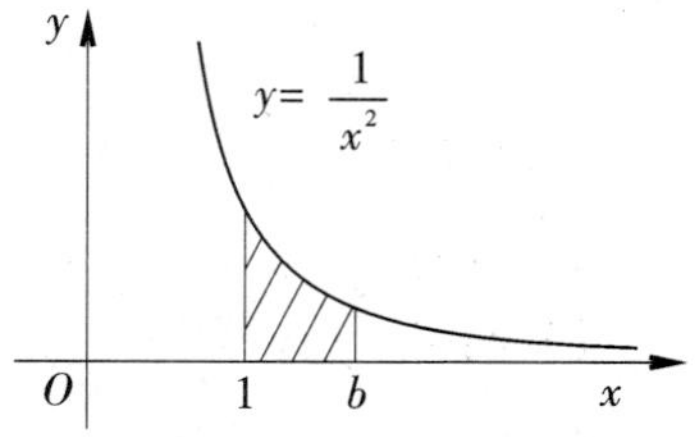

图 6-12

因为所求图形不是封闭的曲边梯形,在 x 轴的正方向是开口的,这时的积分区间是无限区间$[1,+\infty)$,所以不能用定积分来计算它的面积.

如果任取一个大于 1 的数 b,那么在区间 $[1,b]$ 上,由曲线 $y=\frac{1}{x^2}$及直线 $x=1$,$x=b$ 所围成的曲边梯形的面积为

$$\int_1^b \frac{1}{x^2}\mathrm{d}x=\left[-\frac{1}{x}\right]_1^b=1-\frac{1}{b}.$$

显然,当 b 改变时,定积分 $\int_1^b \frac{1}{x^2}\mathrm{d}x$ 的值也随之改变. 因此,我们把 $b\to+\infty$时,曲边梯形面积的极限 $\lim\limits_{b\to+\infty}\int_1^b \frac{1}{x^2}\mathrm{d}x$,理解为所求的"开口曲边梯形"的面积,即

$$A=\lim_{b\to+\infty}\int_1^b \frac{1}{x^2}\mathrm{d}x=\lim_{b\to+\infty}\left(1-\frac{1}{b}\right)=1.$$

学一学

设函数$f(x)$在区间$[a,+\infty)$上连续,任取 $b>a$,若极限 $\lim\limits_{b\to+\infty}\int_a^b f(x)\mathrm{d}x$ 存在,则称此极限为函数$f(x)$在无穷区间$[a,+\infty)$上的**广义积分**,记为 $\int_a^{+\infty}f(x)\mathrm{d}x$,即

$$\int_a^{+\infty}f(x)\mathrm{d}x=\lim_{b\to+\infty}\int_a^b f(x)\mathrm{d}x.$$

这时也称广义积分 $\int_a^{+\infty}f(x)\mathrm{d}x$ **收敛**;如果极限 $\lim\limits_{b\to+\infty}\int_a^b f(x)\mathrm{d}x$ 不存在,则称广义积分 $\int_a^{+\infty}f(x)\mathrm{d}x$ **发散**.

同样地,我们规定:

$$\int_{-\infty}^b f(x)\mathrm{d}x=\lim_{a\to-\infty}\int_a^b f(x)\mathrm{d}x.$$

$$\int_{-\infty}^{+\infty}f(x)\mathrm{d}x=\int_{-\infty}^0 f(x)\mathrm{d}x+\int_0^{+\infty}f(x)\mathrm{d}x=\lim_{a\to-\infty}\int_a^0 f(x)\mathrm{d}x+\lim_{b\to+\infty}\int_0^b f(x)\mathrm{d}x.$$

上述三种广义积分统称为**无穷区间上的广义积分**.

试一试

例 1　判断下列广义积分的敛散性. 若收敛,求其值.

(1) $\int_{-\infty}^{+\infty}\frac{\mathrm{d}x}{1+x^2}$;　　　　(2) $\int_{-\infty}^{+\infty}\frac{x\mathrm{d}x}{1+x^2}$.

解　(1) $\int_{-\infty}^{+\infty}\frac{\mathrm{d}x}{1+x^2}=\lim\limits_{a\to-\infty}\int_a^0\frac{\mathrm{d}x}{1+x^2}+\lim\limits_{b\to+\infty}\int_0^b\frac{\mathrm{d}x}{1+x^2}$

$$=\lim_{a\to-\infty}[\arctan x]_a^0+\lim_{b\to+\infty}[\arctan x]_0^b$$

$$=-\lim_{a\to-\infty}\arctan a+\lim_{b\to+\infty}\arctan b$$

$$=-\left(-\frac{\pi}{2}\right)+\frac{\pi}{2}=\pi;$$

(2) 因为 $\int_{-\infty}^{+\infty}\frac{x\mathrm{d}x}{1+x^2}=\lim\limits_{a\to-\infty}\int_a^0\frac{x\mathrm{d}x}{1+x^2}+\lim\limits_{b\to+\infty}\int_0^b\frac{x\mathrm{d}x}{1+x^2}$,

而 $\lim\limits_{b\to+\infty}\int_0^b\frac{x\mathrm{d}x}{1+x^2}=\lim\limits_{b\to+\infty}\left[\frac{1}{2}\ln(1+x^2)\right]_0^b=\frac{1}{2}\lim\limits_{b\to+\infty}\ln(1+b^2)=+\infty$,

所以广义积分 $\int_{-\infty}^{+\infty}\frac{x\mathrm{d}x}{1+x^2}$ 是发散的.

为了书写方便,在实际解题过程中常常省去极限符号,把∞当成一个"数",直接利用牛顿–莱布尼茨公式的计算格式.

$$\int_a^{+\infty}f(x)\mathrm{d}(x)=\Big[F(x)\Big]_a^{+\infty}=F(+\infty)-F(a),$$

$$\int_{-\infty}^{b}f(x)\mathrm{d}(x)=\Big[F(x)\Big]_{-\infty}^{b}=F(b)-F(-\infty),$$

$$\int_{-\infty}^{+\infty}f(x)\mathrm{d}(x)=\Big[F(x)\Big]_{-\infty}^{+\infty}=F(+\infty)-F(-\infty),$$

其中 $F(x)$ 为 $f(x)$ 的原函数,记号 $F(\pm\infty)$ 应理解为极限运算:

$$F(\pm\infty)=\lim_{x\to\pm\infty}F(x).$$

例 2　讨论广义积分 $\int_a^{+\infty}\frac{\mathrm{d}x}{x^p}$ $(a>0)$ 的敛散性,其中 p 为任意实数.

解　当 $p=1$ 时, $\int_a^{+\infty}\frac{\mathrm{d}x}{x^p}=\int_a^{+\infty}\frac{\mathrm{d}x}{x}=[\ln x]_a^{+\infty}=+\infty$;

当 $p\neq1$ 时, $\int_a^{+\infty}\frac{\mathrm{d}x}{x^p}=\left[\frac{x^{1-p}}{1-p}\right]_a^{+\infty}=\begin{cases}+\infty, & p<1,\\ \frac{a^{1-p}}{p-1}, & p>1.\end{cases}$

因而,当 $p>1$ 时,该广义积分收敛,其值为 $\frac{a^{1-p}}{p-1}$;当 $p\leqslant1$ 时,该广义积分发散.

做一做

判断下列广义积分是否收敛:

(1) $\int_0^{+\infty}\mathrm{e}^{-x}\mathrm{d}x$;　　　　(2) $\int_0^{+\infty}\sin x\mathrm{d}x$.

* 任务二　求无界函数的广义积分

学一学

设函数 $f(x)$ 在区间 $(a,b]$ 上连续，且 $\lim\limits_{x\to a^+}f(x)=\infty$（即 $f(x)$ 在点 a 处无界），取 $\varepsilon>0$，称极限 $\lim\limits_{\varepsilon\to 0^+}\int_{a+\varepsilon}^{b}f(x)\,\mathrm{d}x$ 为 $f(x)$ 在 $(a,b]$ 上的广义积分，记为 $\int_a^b f(x)\,\mathrm{d}x=\lim\limits_{\varepsilon\to 0^+}\int_{a+\varepsilon}^{b}f(x)\,\mathrm{d}x$.

若上式右边的极限存在，则称广义积分 $\int_a^b f(x)\,\mathrm{d}x$ 收敛，否则，就称广义积分 $\int_a^b f(x)\,\mathrm{d}x$ 不存在或发散.

同样地，函数 $f(x)$ 也可以在 b 处无界，或在区间 $[a,b]$ 内点 c 处无界，分别有

$$\int_a^b f(x)\,\mathrm{d}x=\lim_{\varepsilon\to 0^+}\int_a^{b-\varepsilon}f(x)\,\mathrm{d}x\ (\varepsilon>0)\ ,$$

$$\int_a^b f(x)\,\mathrm{d}x=\lim_{\varepsilon\to 0^+}\int_a^{c-\varepsilon}f(x)\,\mathrm{d}x+\lim_{\varepsilon\to 0^+}\int_{c+\varepsilon}^{b}f(x)\,\mathrm{d}x\ .$$

上述三种广义积分统称为**无界函数的广义积分**.

试一试

例 3　求 $\int_0^1\frac{1}{\sqrt{1-x}}\mathrm{d}x$.

解　因为 $\lim\limits_{x\to 1}\frac{1}{\sqrt{1-x}}=+\infty$，所以 $\int_0^1\frac{1}{\sqrt{1-x}}\mathrm{d}x$ 是广义积分.

$$\int_0^1\frac{1}{\sqrt{1-x}}\mathrm{d}x=\lim_{\varepsilon\to 0^+}\int_0^{1-\varepsilon}\frac{\mathrm{d}x}{\sqrt{1-x}}=\lim_{\varepsilon\to 0^+}\left(-2\sqrt{1-x}\right)\Big|_0^{1-\varepsilon}$$

$$=\lim_{\varepsilon\to 0^+}\left(-2\sqrt{\varepsilon}+2\right)=2.$$

例 4　证明当 $\alpha<1$ 时，广义积分 $\int_0^1\frac{1}{x^\alpha}\mathrm{d}x$ 收敛；当 $\alpha\geqslant 1$ 时，广义积分 $\int_0^1\frac{1}{x^\alpha}\mathrm{d}x$ 发散.

证明　当 $\alpha=1$ 时，$\int_0^1\frac{1}{x^\alpha}\mathrm{d}x=\int_0^1\frac{1}{x}\mathrm{d}x=\lim\limits_{\varepsilon\to 0^+}\int_\varepsilon^1\frac{1}{x}\mathrm{d}x=\lim\limits_{\varepsilon\to 0^+}\Big[\ln|x|\Big]_\varepsilon^1=\lim\limits_{\varepsilon\to 0^+}(-\ln\varepsilon)=+\infty$；

当 $\alpha<1$ 时，$\int_0^1\frac{1}{x^\alpha}\mathrm{d}x=\lim\limits_{\varepsilon\to 0^+}\int_\varepsilon^1\frac{1}{x^\alpha}\mathrm{d}x=\lim\limits_{\varepsilon\to 0^+}\left[\frac{1}{1-\alpha}x^{1-\alpha}\right]_\varepsilon^1=\lim\limits_{\varepsilon\to 0^+}\frac{1}{1-\alpha}(1-\varepsilon^{1-\alpha})=\frac{1}{1-\alpha}$；

当 $\alpha>1$ 时，$\int_0^1\frac{1}{x^\alpha}\mathrm{d}x=\lim\limits_{\varepsilon\to 0^+}\frac{1}{1-\alpha}(1-\varepsilon^{1-\alpha})=\infty$.

因此，广义积分 $\int_0^1\frac{1}{x^\alpha}\mathrm{d}x$ 当 $\alpha<1$ 时收敛，当 $\alpha\geqslant 1$ 时发散.

例 5　讨论广义积分 $\int_{-1}^1\frac{1}{x^2}\mathrm{d}x$ 的敛散性.

解　函数 $y=\frac{1}{x^2}$ 在区间 $[-1,1]$ 上除点 $x=0$ 外都连续，且 $\lim\limits_{x\to 0}\frac{1}{x^2}=\infty$，因此

$$\int_{-1}^{1}\frac{1}{x^2}dx=\int_{-1}^{0}\frac{1}{x^2}dx+\int_{0}^{1}\frac{1}{x^2}dx.$$

由例 4 的结论知 $\int_{0}^{1}\frac{1}{x^2}dx$ 发散,所以广义积分 $\int_{-1}^{1}\frac{1}{x^2}dx$ 发散.

做一做

判断下列广义积分是否收敛:

(1) $\int_{0}^{1}\frac{1}{x^3}dx$;　　(2) $\int_{0}^{1}\ln x dx$.

项目练习 6.4

判断下列广义积分的敛散性,如果收敛,计算广义积分的值:

(1) $\int_{1}^{+\infty}\frac{dx}{x^4}$;　　(2) $\int_{1}^{+\infty}\frac{dx}{\sqrt{x}}$;

(3) $\int_{0}^{+\infty}e^{-ax}dx(a>0)$;　　(4) $\int_{-\infty}^{0}\frac{dx}{1-x}$;

*(5) $\int_{0}^{1}\frac{xdx}{\sqrt{1-x^2}}$;　　*(6) $\int_{0}^{1}\frac{dx}{(1-x)^2}$;

*(7) $\int_{1}^{2}\frac{dx}{\sqrt{x-1}}$;　　*(8) $\int_{1}^{e}\frac{dx}{x\sqrt{1-(\ln x)^2}}$.

项目五　定积分的应用

定积分是求某个不均匀分布的整体量的有力工具.实际中有不少几何、物理问题需要用定积分来解决.

任务一　理解定积分的微元法

看一看

为了理解和掌握用定积分解决实际问题的方法,回顾一下用定积分解决问题的方法和步骤是很有必要的.以曲边梯形的面积为例,总的思路是:将区间 $[a,b]$ 分成 n 个子区间,所求曲边梯形的面积 A 为每个子区间上小曲边梯形的面积 $\Delta A_i(i=1,2,\cdots,n)$ 之和,即

$$A=\sum_{i=1}^{n}\Delta A_i,$$

每个子区间上取 ΔA_i 的近似值

$$\Delta A_i \approx f(\xi_i)\Delta x_i,$$

得总和

$$A \approx \sum_{i=1}^{n} f(\xi_i)\Delta x_i,$$

取极限,得

$$A = \lim_{\lambda \to 0}\sum_{i=1}^{n} f(\xi_i)\Delta x_i = \int_a^b f(x)\,\mathrm{d}x,$$

其中 $\lambda = \max\{\Delta x_i\}(i=1,2,\cdots,n)$.

为了简便起见,在实用中将定积分定义中的四步(分割—取近似—求和—取极限)突出两点"分割"和"求和"而变成两步,具体做法是:

设函数 $f(x)$ 在区间 $[a,b]$ 上连续,具体问题中所求的量为 F.

(1) 无限分割,化整为零. 在区间 $[a,b]$ 内任取小区间 $[x,x+\mathrm{d}x]$,在此小区间上量 F 的微元为

$$\mathrm{d}F = f(x)\,\mathrm{d}x.$$

(2) 无限求和,积零为整. 把微元 $\mathrm{d}F$ 在区间 $[a,b]$ 上积分,即

$$F = \int_a^b \mathrm{d}F = \int_a^b f(x)\,\mathrm{d}x,$$

其中 $\mathrm{d}F = f(x)\,\mathrm{d}x$ 称为所求量 F 的微分元素,简称为 F 的**微元**.

这种利用微分元素求定积分的方法称为**元素法**(或**微元法**).

任务二　用定积分计算平面图形的面积

学一学

在本篇项目一中我们利用定积分的几何意义也能求一些平面图形的面积,但对于比较复杂的平面图形的面积,采用元素法来计算就比较简便.

一般地,由曲线 $y=f(x)(f(x)\geqslant 0)$ 和直线 $x=a, x=b$ 及 $y=0$ 所围成的曲边梯形的面积 A 的微元为 $\mathrm{d}A = f(x)\,\mathrm{d}x$(见图 6-13),则

$$A = \int_a^b f(x)\,\mathrm{d}x.$$

由曲线 $y=f(x), y=g(x)(f(x)\geqslant g(x))$ 和直线 $x=a, x=b$ 所围成的平面图形的面积 A 的微元为 $\mathrm{d}A = [f(x)-g(x)]\,\mathrm{d}x$(见图 6-14),则

$$A = \int_a^b [f(x) - g(x)]\,\mathrm{d}x.$$

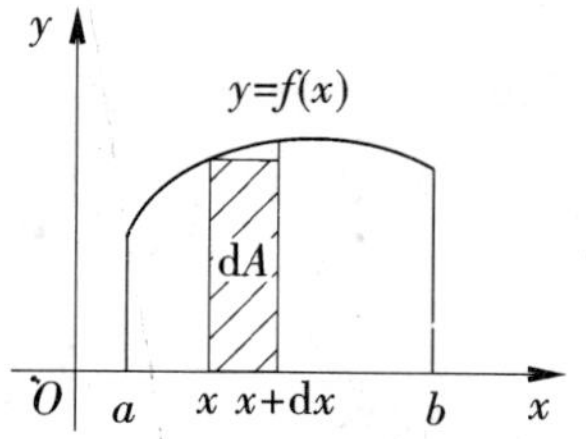

图 6-13

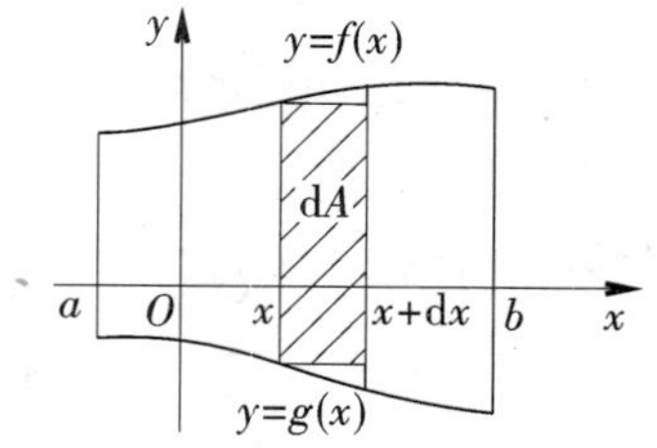

图 6-14

试一试

例 1 求由抛物线 $y=x^2$ 和 $x=y^2$ 所围成的平面图形的面积.

解 (1) 画出图形(见图 6-15),解方程组

$$\begin{cases}y=x^2,\\x=y^2,\end{cases}$$

得两抛物线的交点坐标为(0,0)和(1,1). 可知图形位于直线 $x=0$ 和 $x=1$ 之间. 取 x 为积分变量,则积分区间为[0,1].

(2) 在区间[0,1]上任取一小区间[x,$x+\mathrm{d}x$],与它对应的窄条的面积近似等于高为 $\sqrt{x}-x^2$,宽为 $\mathrm{d}x$ 的小矩形的面积,于是得面积微元

$$\mathrm{d}A=(\sqrt{x}-x^2)\,\mathrm{d}x.$$

(3) 所求平面图形的面积为

$$A=\int_0^1(\sqrt{x}-x^2)\,\mathrm{d}x=\left[\frac{2}{3}x^{\frac{3}{2}}-\frac{1}{3}x^3\right]_0^1=\frac{1}{3}.$$

例 2 求由抛物线 $y=2-x^2$ 与直线 $x+y=0$ 所围成的平面图形的面积.

解 (1) 画出图形(见图 6-16),解方程组

$$\begin{cases}y=2-x^2,\\x+y=0,\end{cases}$$

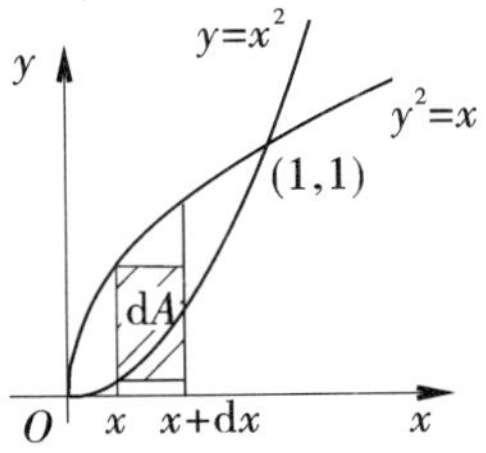

图 6-15

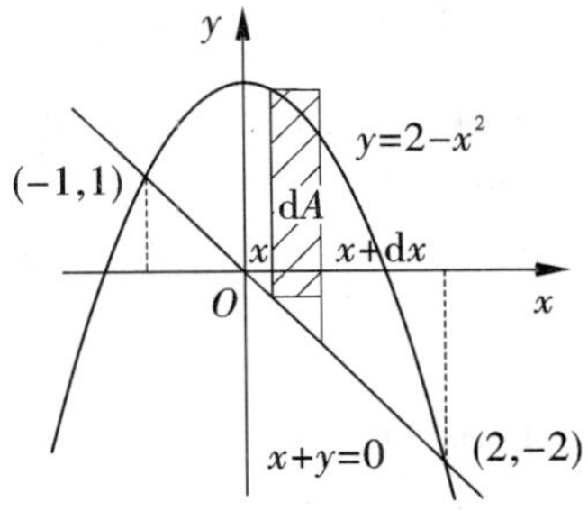

图 6-16

得抛物线和直线的交点坐标为(-1,1)和(2,-2). 可知图形位于直线 $x=-1$ 和 $x=2$ 之间. 取 x 为积分变量,则积分区间为[-1,2].

(2) 在区间[-1,2]上任取一小区间[x,$x+\mathrm{d}x$],与它对应的窄条的面积近似等于高为 $2-x^2-(-x)=2-x^2+x$,宽为 $\mathrm{d}x$ 的小矩形的面积,于是得面积微元

$$\mathrm{d}A=(2-x^2+x)\,\mathrm{d}x.$$

(3) 所求平面图形的面积为

$$A=\int_{-1}^2(2-x^2+x)\,\mathrm{d}x=\left[2x-\frac{1}{3}x^3+\frac{1}{2}x^2\right]_{-1}^2=\frac{9}{2}.$$

做一做

求由曲线 $y=\mathrm{e}^x$,$y=\mathrm{e}^{-x}$ 和直线 $x=1$ 所围成的平面图形的面积.

学一学

用定积分求平面图形的面积,可选取 x 为积分变量,也可选取 y 为积分变量,一般的原则是尽量使图形不分块和少分块,以便于计算.

一般地,由曲线 $x=\varphi(y)$, $x=\psi(y)$ $(\varphi(y)\geqslant\psi(y))$ 和直线 $y=c$, $y=d$ 所围成的平面图形的面积 A 的微元为 $\mathrm{d}A=[\varphi(y)-\psi(y)]\mathrm{d}y$,则

$$A=\int_c^d[\varphi(y)-\psi(y)]\mathrm{d}y.$$

特别地,由曲线 $x=\varphi(y)$ 和直线 $y=c$, $y=d$ 及 $x=0$ 所围成的平面图形的面积 A 的微元为 $\mathrm{d}A=\varphi(y)\mathrm{d}y$,则 $A=\int_c^d\varphi(y)\mathrm{d}y$.

试一试

例 3 求由抛物线 $y^2=x$ 与直线 $y=x-2$ 所围成的平面图形的面积.

解 (1)画出图形(见图 6-17),解方程组 $\begin{cases}y^2=x,\\y=x-2,\end{cases}$ 得抛物线与直线的交点为 $A(4,2)$, $B(1,-1)$. 取积分变量为 y,积分区间为 $[-1,2]$.

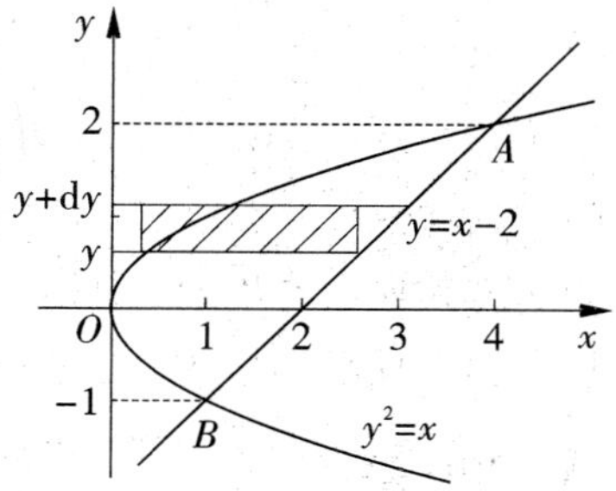

图 6-17

(2)在区间 $[-1,2]$ 上任取一小区间 $[y,y+\mathrm{d}y]$,对应的窄条面积近似等于长为 $(y+2)-y^2$,宽为 $\mathrm{d}y$ 的小矩形的面积,从而得面积微元为

$$\mathrm{d}A=[(y+2)-y^2]\mathrm{d}y.$$

(3)以 $\mathrm{d}A=[(y+2)-y^2]\mathrm{d}y$ 为被积表达式,在闭区间 $[-1,2]$ 上作定积分,便得所求图形的面积为

$$A=\int_{-1}^2(y+2-y^2)\mathrm{d}y=\left[\frac{1}{2}y^2+2y-\frac{1}{3}y^3\right]_{-1}^2=\frac{9}{2}.$$

想一想

如果取 x 为积分变量,如何计算例 3 中平面图形的面积?

做一做

计算由曲线 $y^2=2x$ 和直线 $y=x-4$ 所围成的平面图形的面积.

任务三 利用定积分求体积

学一学

一个平面图形绕这个平面内的一条直线旋转一周而形成的空间立体称为旋转体;这条直线称为旋转轴.

我们现在来求由曲线 $y=f(x)(f(x)\geqslant 0)$,直线 $x=a,x=b(a<b)$ 和 x 轴所围成的曲边梯形 $aABb$(如图 6-18 所示)绕 x 轴旋转一周而生成的旋转体的体积.

用微元法,先确定旋转体的体积 V 的微元 $\mathrm{d}V$.

取横坐标 x 作积分变量,在它的变化区间 $[a,b]$ 上任取一个小区间 $[x,x+\mathrm{d}x]$,以区间 $[x,x+\mathrm{d}x]$ 为底的小曲边梯形绕 x 轴旋转一周可生成一个薄片形的旋转体. 它的体积可以用一个与它同底的小矩形绕 x 轴旋转一周而生成的薄片形的圆柱体的体积近似代替. 这个圆柱体以 $f(x)$ 为底半径,$\mathrm{d}x$ 为高. 由此得体积 V 的微元 $\mathrm{d}V=\pi\,[f(x)]^2\mathrm{d}x$.

因此,所求旋转体的体积为

$$V_x=\pi\int_a^b[f(x)]^2\mathrm{d}x=\pi\int_a^b y^2\mathrm{d}x\,.$$

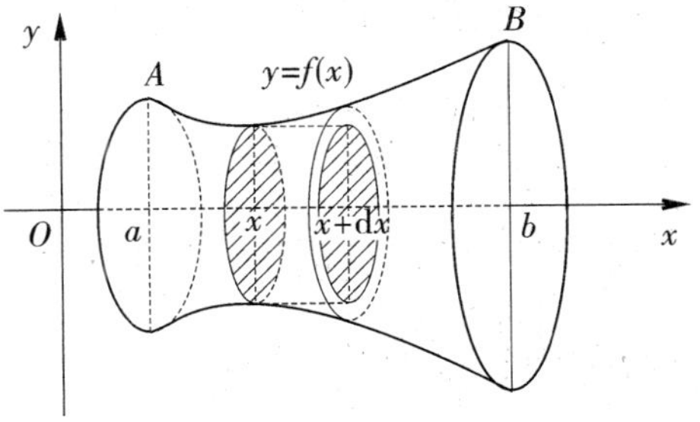

图 6-18

用同样的方法可以推得,由曲线 $x=\varphi(y)(\varphi(y)\geqslant 0)$,直线 $y=c,y=d(c<d)$ 和 y 轴所围成的曲边梯形绕 y 轴旋转一周而生成的旋转体的体积

$$V_y=\pi\int_c^d[\varphi(y)]^2\mathrm{d}y=\pi\int_c^d x^2\mathrm{d}y\,.$$

试一试

例 4 求由直线段 $y=\dfrac{R}{h}x,x\in[0,h]$ 和直线 $x=h$,x 轴所围成的平面图形绕 x 轴旋转一周而形成的旋转体的体积.

解 如图 6-19 所示,所得旋转体是一个锥体. 由旋转体体积公式可知,所求旋转体的体积为

$$V_x=\pi\int_0^h\left(\frac{R}{h}x\right)^2\mathrm{d}x=\frac{\pi R^2}{h^2}\cdot\left[\frac{1}{3}x^3\right]_0^h=\frac{1}{3}\pi R^2h.$$

这就是初等数学中,底半径为 R,高为 h 的圆锥体的体积公式.

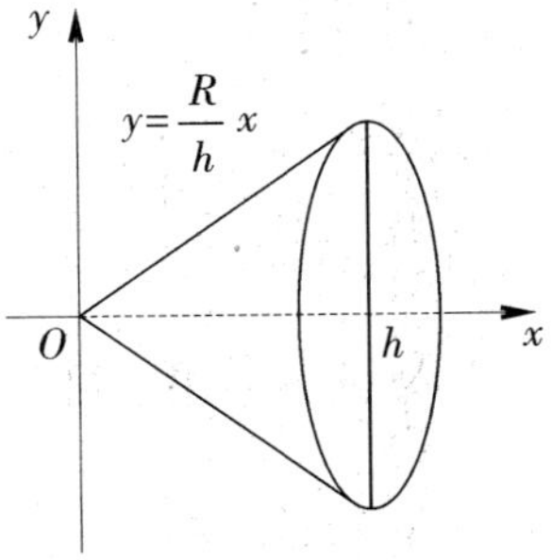

图 6-19

例 5 求椭圆$\dfrac{x^2}{a^2}+\dfrac{y^2}{b^2}=1$ 绕 x 轴旋转一周而形成的旋转体的体积,如图 6-20 所示.

解 将椭圆方程化为

$$y^2=\frac{b^2}{a^2}(a^2-x^2),$$

体积元素为

$$dV=\pi[f(x)]^2dx=\pi\frac{b^2}{a^2}(a^2-x^2)dx,$$

所求体积为

$$V=\frac{\pi b^2}{a^2}\int_{-a}^{a}(a^2-x^2)dx=\frac{2\pi b^2}{a^2}\int_{0}^{a}(a^2-x^2)dx$$

$$=\frac{2\pi b^2}{a^2}\left[a^2x-\frac{1}{3}x^3\right]_0^a=\frac{4}{3}\pi ab^2.$$

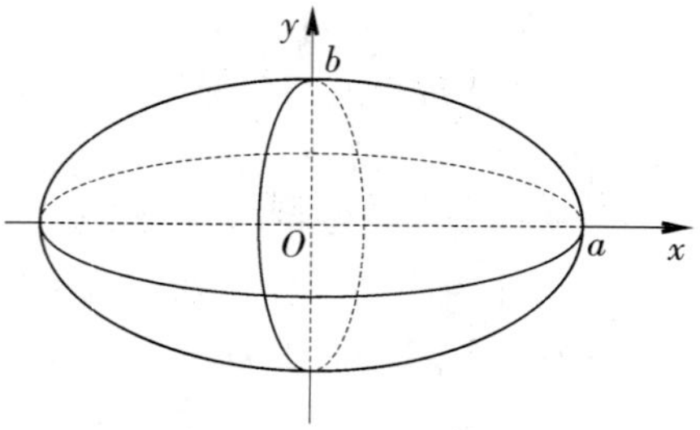

图 6-20

当 $a=b=R$ 时，得球体的体积为

$$V=\frac{4}{3}\pi R^3.$$

做一做

求由直线 $2x-y+4=0$，$x=0$，$y=0$ 所围成的平面图形绕 x 轴旋转一周所形成的旋转体的体积.

学一学

对于空间一立体，如果用垂直于 x 轴的平行平面截立体，得到的截面面积都是已知的，则称其为平行截面面积为已知的立体。如图 6-21 所示，设该立体位于两平面 $x=a$ 和 $x=b$ 之间，过点 x 且垂直于 x 轴的平面截该立体所得到的截面面积 $A(x)(a\leqslant x\leqslant b)$ 是已知的连续函数，利用定积分的微元法可求得该立体的体积为

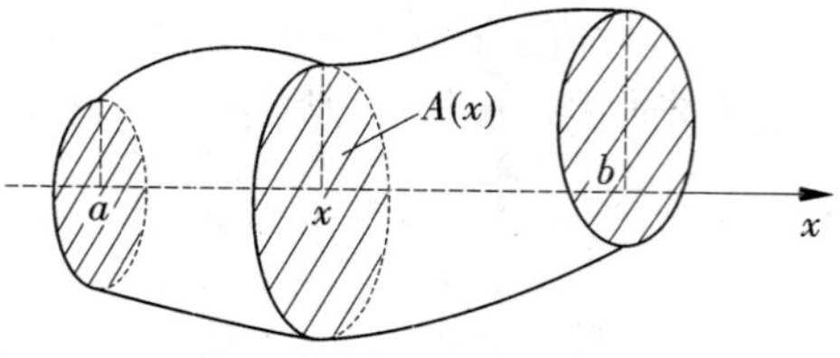

图 6-21

$$V=\int_a^b A(x)dx.$$

试一试

例 6 一平面经过半径为 R 的圆柱体的底面圆的中心，并与底面交成 45°角，求该平面截圆柱体所得立体的体积.

解 如图 6-22 所示，取该平面与圆柱体的底面交线为 x 轴，底面圆的中心为坐标原点，建立直角坐标系，则底面圆的方程为 $x^2+y^2=R^2$，圆柱体中过点 x 且垂直于 x 轴的截面是一个三角形. 其截面面积为

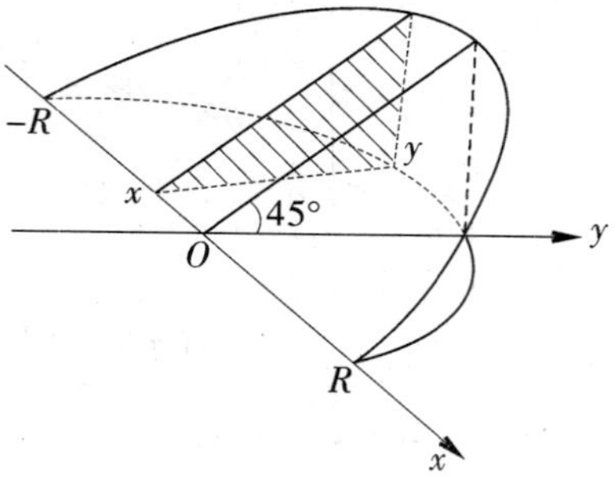

图 6-22

$A(x)=\frac{1}{2}(R^2-x^2)\tan45°=\frac{1}{2}(R^2-x^2)$，故所求立体的体积为

$$V=\int_{-R}^{R}A(x)\mathrm{d}x=\int_{-R}^{R}\frac{1}{2}(R^2-x^2)\mathrm{d}x=\int_{0}^{R}(R^2-x^2)\mathrm{d}x=\left[R^2x-\frac{1}{3}x^3\right]_0^R=\frac{2}{3}R^3.$$

项目练习 6.5

1. 求由下列曲线或直线所围成的平面图形的面积：

(1) $y=x^2$，$y=\sqrt{x}$；　　(2) $y=\frac{1}{x}$，$x=2$ 及 $y=x$；

(3) $y=x^2$，$y=2x$；　　(4) $y=x^3$，$y=1$，$y=2$，$x=0$.

2. 求由抛物线 $y=-x^2+4x-3$ 及其在点$(0,-3)$和$(3,0)$处的切线所围成的平面图形的面积.

3. 求由下列曲线或直线所围成的平面图形绕坐标轴旋转一周所形成的旋转体的体积：

(1) $y=x^2$，$x=2$，$y=0$ 所围图形分别绕 x 轴和 y 轴旋转；

(2) $y=x^2$，$y^2=8x$ 所围图形分别绕 x 轴和 y 轴旋转；

(3) $y=\frac{1}{x}$，$y=4x$，$x=2$，$y=0$ 所围图形绕 x 轴旋转；

(4) $y=\sin x(0\leqslant x\leqslant\pi)$，$y=0$ 所围图形绕 x 轴旋转.

4. 某物体的底面是半径为$\sqrt{3}$的圆，用垂直于底面某一直径的平面截该物体，所得截面都是正方形，求该物体的体积.

5. 证明：由平面图形 $0\leqslant a\leqslant x\leqslant b$，$0\leqslant y\leqslant f(x)$ 绕 y 轴旋转一周而形成的旋转体的体积为 $V=2\pi\int_a^b xf(x)\mathrm{d}x$.

复习与提问

1. 求曲边梯形面积的四个步骤是________，__________，________，__________.

2. 设函数 $f(x)$ 在区间 $[a,b]$ 上连续，用任意的分点 $a=x_0<x_1<x_2<\cdots<x_i<\cdots<x_n=b$，将区间 $[a,b]$ 分割成 n 个小区间 $[x_{i-1},x_i]$ $(i=1,2,\cdots,n)$，小区间的长度为 $\Delta x_i=x_i-x_{i-1}$ $(i=1,2,\cdots,n)$，记 $\lambda=\max\limits_{1\leqslant i\leqslant n}\{\Delta x_i\}$，在小区间 $[x_{i-1},x_i]$ 上任取一点 ξ_i，并作和式________，如果当 $\lambda\to0$ 时，和式的极限存在，且此极限值与区间 $[a,b]$ 的分法无关，与 ξ_i 的选取无关，则称函数 $f(x)$ 在区间 $[a,b]$ 上是______，此极限值叫函数 $f(x)$ 在区间 $[a,b]$ 上的______，记作 $\int_a^b f(x)\mathrm{d}x$，即 $\int_a^b f(x)\mathrm{d}x=$ ________________.

当 $a>b$ 时，$\int_a^b f(x)\mathrm{d}x=$ ________________.

当 $a=b$ 时，$\int_a^b f(x)\mathrm{d}x=$ ________________.

3. 定积分 $\int_a^b f(x)\mathrm{d}x$ 在几何上表示由连续曲线________，直线________，______与 x 轴所围成的各曲边梯形面积的代数和，即____________图形的面积减去__________图形的面积.

4. 定积分的性质：

(1) $\int_a^b [f(x) \pm g(x)]\mathrm{d}x=$ ______________.

(2) $\int_a^b kf(x)\mathrm{d}x=$ ______________.

(3) $\int_a^b \mathrm{d}x=$ ______________.

(4) 对于任意实数 c，都有 $\int_a^b f(x)\mathrm{d}x=$ ______________.

5. 如果函数 $f(x)$ 在区间 $[a,b]$ 上连续，那么在区间 $[a,b]$ 上每取一点 x，就有一个确定的定积分 $\int_a^x f(t)\mathrm{d}t$ 的值与 x 相对应，即构成一个新的函数，称为____________，记作 $\Phi(x)=\int_a^x f(t)\mathrm{d}t(a \leqslant x \leqslant b)$. 如果函数 $f(x)$ 在区间 $[a,b]$ 上连续，那么 $\Phi'(x)=\left[\int_a^x f(t)\mathrm{d}t\right]'=$ __________.

6. 牛顿-莱布尼茨公式：若 $\int f(x)\mathrm{d}x=F(x)+C$，则有 $\int_a^b f(x)\mathrm{d}x=$ ________________.

7. 设 $f(x)$ 在 $[a,b]$ 上连续，函数 $x=\varphi(t)$ 满足：$\varphi(\alpha)=a$，$\varphi(\beta)=b$，在 $[\alpha,\beta]$（或 $[\beta,\alpha]$）上，$\varphi(t)$ 单调且有连续的导数 $\varphi'(t)$，则有 $\int_a^b f(x)\mathrm{d}x=$ ____________________.

8. 定积分的分部积分公式：$\int_a^b u\mathrm{d}v=$ ____________________.

9. 设函数 $f(x)$ 在对称区间 $[-a,a]$ 上连续，若 $f(x)$ 为奇函数，则 $\int_{-a}^a f(x)\mathrm{d}x=$ ______；若 $f(x)$ 为偶函数，则有 $\int_{-a}^a f(x)\mathrm{d}x=$ ________.

10. 无穷区间上的广义积分 $\int_a^{+\infty} f(x)\mathrm{d}x=$ __________________. 设函数 $f(x)$ 在区间 $(a,b]$ 上连续，且 $\lim\limits_{x\to a^+} f(x)=\infty$（即 $f(x)$ 在点 a 处无界），则 $\int_a^b f(x)\mathrm{d}x=$ ______________.

11. 定积分的几何应用：

(1) 由曲线 $y=f(x)$，$y=g(x)$（$f(x)\geqslant g(x)$）和直线 $x=a$，$x=b$ 所围成的平面图形的面积为______________________________.

(2) 由曲线 $x=\varphi(y)$，$x=\psi(y)$（$\varphi(y)\geqslant\psi(y)$）和直线 $y=c$，$y=d$ 所围成的平面图形的

面积为________________________________.

(3) 由连续曲线 $y=f(x)$ 和直线 $x=a,x=b$ 及 x 轴所围成的曲边梯形绕 x 轴旋转一周形成的旋转体的体积为____________________________.

(4) 由连续曲线 $x=\varphi(y)$ 和直线 $y=c,y=d$ 及 y 轴所围成的曲边梯形绕 y 轴旋转一周形成的旋转体的体积为____________________________.

复习题六

1. 选择题:

(1) 已知 $\int_a^b f(x)\,dx=5,\int_a^c f(x)\,dx=4,\int_c^b f(x)\,dx=$ ( ).

A. 9 B. 1 C. −1 D. −9

(2) 定积分 $\int_{-\pi}^{\pi}\frac{x\cos x}{1+x^2}dx$ 等于 ( ).

A. 2 B. −1 C. 0 D. 1

(3) 设函数 $f(x)=x^5-\sin x$,那么 $\int_{-3}^{3}f(x)\,dx$ 等于 ( ).

A. 25 B. $2\int_0^3 f(x)\,dx$ C. 0 D. $\int_0^3 f(x)\,dx$

(4) $\int_{-1}^{1}\sqrt{x^2}\,dx$ 等于 ( ).

A. 1 B. −1 C. 0 D. 不存在

(5) 设 $\int_a^1 e^x\,dx=e-1$,那么常数 a 的值为( ).

A. 1 B. 2 C. 0 D. −1

2. 填空题:

(1) $\left(\int_{-3}^{1}x^2\,dx\right)'=$__________, $\frac{d}{dx}\int_{-1}^{1}f(x)\,dx=$ ________.

(2) $\int_1^1 f(x)\,dx=$____________, $\int_{-2}^{5}3\,dx=$ ________.

(3) 如果 $\int_{-1}^{3}f(x)\,dx=2,\int_{-1}^{2}f(x)\,dx=3$,则 $\int_3^{-1}f(x)\,dx=$______, $\int_2^3 f(x)\,dx=$ ________.

(4) $\int_{-2}^{2}\frac{x^3}{1+\sin^2 x}dx=$__________, $\int_{-1}^{1}x\cos x\,dx=$ ________.

(5) 若函数 $f(x)$ 在 $[-1,2]$ 上的一个原函数是 x^2-x,那么 $\int_{-1}^{2}f(x)\,dx=$ ______.

(6) 若 $\int_1^b(2x+1)\,dx=4$,那么常数 $b=$________.

(7) 在用换元法计算定积分 $\int_0^1\sqrt{1-x^2}\,dx$ 时,如果 $x=\sin t$,那么被积表达式变为____

________，积分区间变为________.

3. 计算下列定积分：

(1) $\int_1^2 \frac{2x^2+1}{x}dx$；　(2) $\int_3^4 \frac{x^2+x-6}{x-2}dx$；

(3) $\int_0^1 x(2x^2-1)^5 dx$；　(4) $\int_1^e \frac{1+\ln x}{x}dx$；

(5) $\int_1^4 \frac{\sqrt{x}-1}{x}dx$；　(6) $\int_2^4 |x-3|dx$；

(7) $\int_{\frac{1}{\pi}}^{\frac{2}{\pi}} \frac{1}{x^2}\sin\frac{1}{x}dx$；　(8) $\int_0^1 (2+xe^{x^2})dx$；

(9) $\int_{-1}^1 \frac{x}{\sqrt{5-4x}}dx$；　(10) $\int_0^e (1+\ln x)dx$.

4. 求由抛物线 $y=x^3$ 和 $y=\sqrt{x}$ 所围成的平面图形的面积.

5. 求由抛物线 $y=x^2$ 和 $y=2-x^2$ 所围成的平面图形的面积.

6. 求由抛物线 $y=x^2-4x$ 和直线 $x=0$，$x=5$ 以及 x 轴所围成的平面图形的面积.

7. 求由曲线 $y=\ln x$，直线 $y=1$ 以及两坐标轴所围成的平面图形的面积.

8. 设平面图形由曲线 $y=x^2-4$ 和 x 轴围成，求该平面图形绕 x 轴旋转一周所得旋转体的体积.

9. 求由曲线 $y=x^2$ 和 $y^2=x$ 所围成的平面图形绕 y 轴旋转一周所得旋转体的体积.

读一读

德国数学家莱布尼茨

莱布尼茨(Gottfried Wilhelm Leibniz，1646—1716)1646 年 7 月 1 日出生于德国莱比锡的一个书香门第. 其父亲是莱比锡大学的哲学教授，在莱布尼茨 6 岁时去世了. 莱布尼茨自幼聪慧好学，童年时代便自学他父亲遗留的藏书，并自学小学、中学课程. 1661 年，15 岁的莱布尼茨进入莱比锡大学学习法律，17 岁时获得学士学位. 1663 年夏季，莱布尼茨前往热奈大学，跟随魏格尔(E. Weigel)系统地学习了欧氏几何，他开始确信毕哥达拉斯—柏拉图(Pythagoras-Plato)的宇宙观：宇宙是一个由数学和逻辑原则所统率的和谐的整体. 1664 年，18 岁的莱布尼茨获得哲学硕士学位. 20 岁时莱布尼茨在阿尔特道夫获得博士学位. 1672 年，他以外交官身份出访巴黎，在那里结识了荷兰学者惠更斯(Huygens)以及其他许多杰出的学者，更激发了他对数学的兴趣. 在惠更斯的指导下，莱布尼茨系统研究了当时一批著名数学家的著作. 1673 年出访伦敦期间，莱布尼茨又与英国学术界知名学者建立了联系，从此，他以非凡的理解力和创造力进入了数学研究的前沿阵地. 1676 年，莱布尼茨定居德国汉诺威，任腓特烈公爵的法律顾问

及图书馆馆长，直到1716年11月4日逝世.莱布尼茨曾历任英国皇家学会会员，巴黎科学院院士，创建柏林科学院并担任第一任院长.

莱布尼茨的研究兴趣非常广泛，他的学识涉及哲学、历史、语言、数学、生物、地质、物理、机械、法学、外交等领域，并在每个领域中都有杰出成就.然而，由于他独立创建了微积分，并精心设计了非常巧妙而简洁的微积分符号，因此他以伟大数学家的称号闻名于世.

莱布尼茨在从事数学研究的过程中，深受他的哲学思想的支配.他说 $\mathrm{d}x$ 和 x 相比，如同点和地球，或地球半径与宇宙半径相比.在其积分法论文中，他从求曲线所围面积的积分概念出发，把积分看作是无穷小的和，并引入积分符号 ，该符号的形状是把拉丁文"Summa"的字头S拉长.他的这个符号，以及微积分的要领和法则一直保留到当今的教材中.莱布尼茨也发现了微分和积分是一对互逆的运算，并建立了沟通微分与积分内在联系的微积分基本定理，从而使原本各自独立的微分学和积分学成为统一的微积分学的整体.

莱布尼茨是数字史上最伟大的符号学者之一，堪称符号大师.他曾说："要发明，就要挑选恰当的符号，要做到这一点，就要用含义简明的少量符号来表达和比较忠实地描绘事物的内在本质，从而最大限度地减少人的思维劳动."正像印度、阿拉伯的数学促进了算术和代数发展一样，莱布尼茨所创造的这些数学符号对微积分的发展起了很大的促进作用.欧洲大陆的数学得以迅速发展，莱布尼茨的巧妙符号功不可没.除积分、微分符号外，他创设的符号还有商"a/b"，比"a : b"，相似"∽"，全等"≌"，并"∪"，交"∩"以及函数和行列式等符号.

牛顿和莱布尼茨对微积分都作出了巨大贡献，但两人的方法和途径是不同的.牛顿是在力学研究的基础上，运用几何方法研究微积分的；莱布尼茨主要是在研究曲线的切线和面积的问题上，运用分析学方法引进微积分要领的.牛顿在微积分的应用上更多地结合了运动学，造诣精深；但莱布尼茨的表达形式简洁准确，胜过牛顿.在对微积分具体内容的研究上，牛顿先有导数概念，后有积分概念；莱布尼茨则先有求积概念，后有导数概念.除此之外，牛顿与莱布尼茨的学风也迥然不同.作为科学家的牛顿，治学严谨，他迟迟不发表微积分著作《流数术》，很可能是因为他没有找到合理的逻辑基础，也可能是"害怕别人反对的心理"所致.但作为哲学家的莱布尼茨比较大胆，富于想象，勇于推广，结果造成在创作年代上牛顿先于莱布尼茨10年左右，而在发表时间上，莱布尼茨却早于牛顿3年.

虽然牛顿和莱布尼茨研究微积分的方法各异，但殊途同归，他们各自独立地完成了创建微积分的盛业，光荣应由他们两人共享.然而在历史上曾出现过一场围绕发明微积分优先权的激烈争论.牛顿的支持者，包括数学家泰勒和麦克劳林，认为莱布尼茨剽窃了牛顿的成果.争论把欧洲科学家分成势不两立的两派：英国和欧洲大陆.争论双方停止学术交流，不仅影响了数学的正常发展，也波及自然科学领域，以致发展到英德两国之间的政治摩擦.自尊心很强的英国民族抱住牛顿的概念和符号不放，拒绝使用更为合理的莱布尼茨的微积分符号和技巧，致使后来的200多年间英国在数学发展上大大落后于欧洲大陆.一场旷日持久的争论变成了科学史上的前车之鉴.

莱布尼茨的科研成果大部分出自青年时代，随着这些成果的广泛传播，荣誉纷纷而来，他也越来越变得保守.到了晚年，他在科学方面已无所作为.他开始为宫廷唱赞歌，为上帝唱赞歌，沉醉于研究神学和公爵家族.莱布尼茨生命中的最后7年，是在别人带给他和牛顿关于微积分发明权的争论中痛苦地度过的.他和牛顿一样,都终生未娶.

参考答案

项目练习6.1

1.（1）$A=\int_1^2 x^2\mathrm{d}x$；（2）$A=\int_0^{\frac{\pi}{2}}\sin x\mathrm{d}x$；

（3）$A=-\int_{\frac{\pi}{2}}^{\frac{3\pi}{2}}\cos x\mathrm{d}x$；（4）$A=\int_0^1(\sqrt{x}-x^2)\mathrm{d}x$.

2.（1）正；（2）负；（3）正；（4）负.

3.（1）12；（2）12；（3）2π；（4）0.

4.（1）3；（2）12.

项目练习6.2

1.（1）$\sin x$；（2）$-2x\sin x^2$.

2.（1）1；（2）2.

3.（1）$a^3-\frac{1}{2}a^2+a$；（2）$\frac{63}{24}$；（3）$-\frac{40}{3}$；（4）$1-\frac{\pi}{4}$；（5）$\frac{\pi}{6}$；（6）4.

4. $\frac{5}{6}$.

5. $\frac{2}{\mathrm{e}}$.

项目练习6.3

1.（1）0；（2）$\frac{2}{9}$；（3）$-\frac{1}{2}(\frac{1}{\mathrm{e}}-1)$；（4）$\frac{\pi}{12}$；（5）$\mathrm{e}-\sqrt{\mathrm{e}}$；

（6）$\frac{1}{3}$；（7）$7+2\ln2$；（8）$1-\ln2$；（9）$4-2\ln3$；（10）$2\sqrt{3}-2$；

（11）π；（12）$\frac{2}{5}(1+\ln2)$.

2.（1）$\frac{1}{4}(\mathrm{e}^2+1)$；（2）1；（3）$\pi-2$；（4）$2-\frac{5}{\mathrm{e}}$.

3. 证明略.

4. 证明略.

5.（1）0；（2）0；（3）0；（4）$\frac{52}{3}$.

项目练习6.4

（1）$\frac{1}{3}$；（2）发散；（3）$\frac{1}{a}$；（4）发散；

(5) 1；　(6) 发散；　(7) 2；　(8) $\frac{\pi}{2}$.

项目练习6.5

1. (1) $\frac{1}{3}$；　(2) $\frac{3}{2}-\ln 2$；　(3) $\frac{4}{3}$；　(4) $\frac{3}{4}(2\sqrt[3]{2}-1)$.

2. $\frac{9}{4}$.

3. (1) $\frac{32}{5}\pi$, 8π；　(2) $\frac{48}{5}\pi$, $\frac{24}{5}\pi$；　(3) $\frac{13}{6}\pi$；　(4) $\frac{1}{2}\pi^2$.

4. $16\sqrt{3}$.

5. 证明略.

复习题六

1. (1) B；(2) C；(3) C；(4) A；(5) C.

2. (1) 0，0；　(2) 0，21；　(3) $-2,-1$；　(4) 0,0；

   (5) 0；　(6) -3 或 2；　(7) $\cos^2 t\mathrm{d}t$, $[0,\frac{\pi}{2}]$.

3. (1) $3+\ln 2$；(2) $\frac{13}{2}$；(3) 0；(4) $\frac{3}{2}$；(5) $2-2\ln 2$；

   (6) 1；(7) 1；(8) $\frac{3}{2}+\frac{1}{2}e$；(9) $\frac{1}{6}$；(10) 1.

4. $\frac{5}{12}$.

5. $\frac{8}{3}$.

6. 13.

7. $e-1$.

8. $\frac{512}{15}\pi$.

9. $\frac{3}{10}\pi$.

第七篇　向量代数与空间解析几何

向量是解决许多数学、物理、力学及工程技术问题的有力工具.本篇介绍在空间直角坐标系中,如何进行向量的坐标表示,如何用代数的方法进行向量的运算.

空间解析几何是利用直角坐标系建立空间的点与有序数组的对应关系,通过方程来研究曲线、曲面等形体的图形与性质,它是学习多元函数微积分的基础.

学习目标

◇ 能说出空间直角坐标系的构成,能阐述向量的有关概念.
◇ 会用坐标表示向量,会计算向量的模、方向余弦及单位向量.
◇ 会进行向量的线性运算、向量的乘法运算.
◇ 会根据简单的几何条件求平面和直线的方程.
◇ 能说出几个常见的曲面及其方程.

项目一　向量及其线性运算

任务一　认识空间直角坐标系

看一看

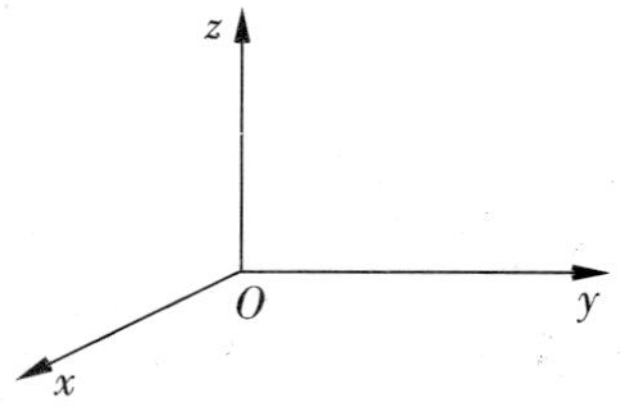

图 7-1

过空间一点 O,作三条互相垂直的数轴 x 轴、y 轴和 z 轴,并按右手法则规定各自的正方向,如图 7-1 所示.这样就建立了空间直角坐标系 $O-xyz$.点 O 叫做**坐标原点**,x 轴、y 轴和 z 轴分别叫做横轴、纵轴和竖轴,统称为**坐标轴**,通常规定它们的正方向遵循右手法则,即将右手伸直,拇指朝上为 z 轴的正方向,其余四指的指向为 x 轴的正方向,四指弯曲 90°后的指向为 y 轴的正方向.

在空间直角坐标系中,每两条坐标轴都能确定一个平面,称为**坐标面**,它们分别是 xOy 面、yOz 面和 zOx 面.

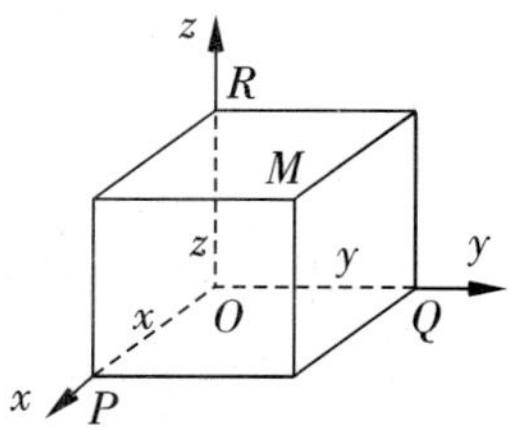

图 7-2

设点 M 是空间一点,过点 M 分别作与三条坐标轴垂直的平面,与 x 轴、y 轴和 z 轴分别交于点 P、Q 和 R,则点 P、Q 和 R 叫做**点 M 在坐标轴上的投影**,如图 7-2 所示.点 P、Q 和 R 在 x 轴、y 轴和 z 轴上的坐标组成的有序数组 (x,y,z) 叫做**点 M 的坐标**.

三个坐标面把整个空间分成八个部分,每个部分叫做一个**卦限**,依次叫做第一至第八卦限,如图 7-3 所示.在八个卦限中,点的坐标有如下特点：

第一卦限　$x>0,y>0,z>0$；
第二卦限　$x<0,y>0,z>0$；
第三卦限　$x<0,y<0,z>0$；
第四卦限　$x>0,y<0,z>0$；
第五卦限　$x>0,y>0,z<0$；
第六卦限　$x<0,y>0,z<0$；
第七卦限　$x<0,y<0,z<0$；
第八卦限　$x>0,y<0,z<0$.

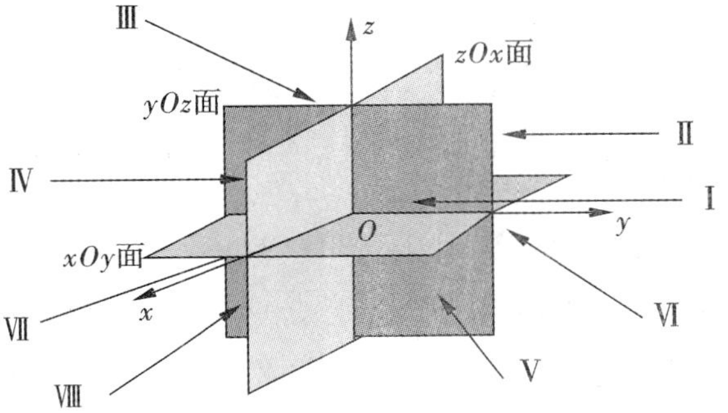

图 7-3

做一做

1. 在空间坐标系中，指出下列各点位置的特点：

$A(0,3,-5)$，　$B(0,-2,0)$，　$C(3,-2,0)$，

$D(0,0,-4)$，　$E(4,0,-2)$，　$F(3,0,0)$.

2. 说出点 $M(2,-3,-1)$ 关于各坐标面、各坐标轴、坐标原点的对称点的坐标.

任务二　学习向量与向量的线性运算

学一学

1. 向量的概念

在日常生活中，常会遇到两种不同类型的量：一类是只有大小的量，如长度、面积、体积、质量等，它们叫做**数量**（或**标量**）；另一类量，不仅有大小，而且有方向，如速度、加速度、力、位移等，它们叫做**向量**（或**矢量**）.

几何上，常用有向线段表示向量，有向线段的长度表示向量的大小，有向线段的方向表示向量的方向，如$\overrightarrow{AB}$. 向量也常用一个字母表示，为避免与数量混淆，印刷上常用小写黑体字母表示，如 $\boldsymbol{a},\boldsymbol{b}$ 等；书写时，常在字母上方标上箭头来表示，如 $\vec{a},\vec{b}$ 等. 起点在原点

O,终点在点 M 的向量$\overrightarrow{OM}$称为点 M 的**向径**,记作 r.

由于向量是由大小和方向所确定的,因此,大小相等、方向相同的向量叫做**相等的向量**,记作 $\boldsymbol{a}=\boldsymbol{b}$. 向量相等的概念,是在不考虑向量的起点在何处的前提下给出的,即一个向量可以在空间任意地平行移动,这样的向量叫做**自由向量**.

向量的大小叫做向量的**模**,记作$|\boldsymbol{a}|$. 模为 1 的向量叫做**单位向量**. 模为 0 的向量叫做**零向量**,记作 $\mathbf{0}$,规定零向量的方向是任意的.

若向量 $\boldsymbol{a}$ 和 $\boldsymbol{b}$ 的方向相同或相反,则称**向量平行**,记作 $\boldsymbol{a}/\!/\boldsymbol{b}$. 由于零向量的方向可以是任意的,因此可以认为零向量与任意向量都平行,即 $\boldsymbol{a}/\!/\mathbf{0}$. 由于平行的向量经平移后,能放在同一条直线上,所以平行向量又叫**共线向量**.

设向量 $\boldsymbol{a}$ 和 $\boldsymbol{b}$ 是两个非零向量,将向量 $\boldsymbol{a}$ 或 $\boldsymbol{b}$ 平移,使它们的起点重合,它们所在射线之间的夹角 $\theta(0\leqslant\theta\leqslant\pi)$ 称为向量 $\boldsymbol{a}$ 和 $\boldsymbol{b}$ 的夹角,记作$(\widehat{\boldsymbol{a},\boldsymbol{b}})$,如图 7-4 所示.

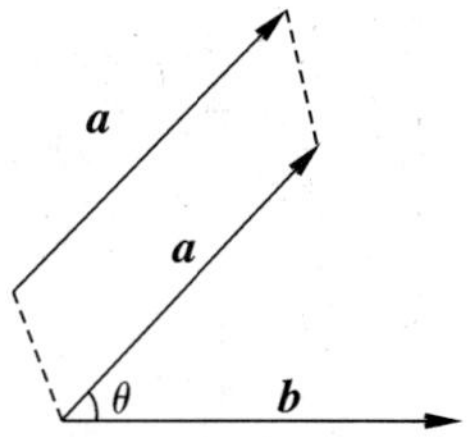

图 7-4

2. 向量的线性运算

向量的加法、数与向量的乘法统称为**向量的线性运算**.

设有两个不平行的非零向量 $\boldsymbol{a}$ 和 $\boldsymbol{b}$,任取一点 O,作$\overrightarrow{OA}=\boldsymbol{a}$,$\overrightarrow{OB}=\boldsymbol{b}$,以 OA、OB 为邻边作平行四边形 $OACB$,则向量$\overrightarrow{OC}$称作向量 $\boldsymbol{a}$ 和 $\boldsymbol{b}$ 的和,记作 $\boldsymbol{a}+\boldsymbol{b}$. 这种方法叫做向量加法的**平行四边形法则**,如图 7-5 所示.

将向量 $\boldsymbol{b}$ 平移,使 $\boldsymbol{b}$ 的起点与 $\boldsymbol{a}$ 的终点重合,则以 $\boldsymbol{a}$ 的起点为起点,$\boldsymbol{b}$ 的终点为终点的向量便是 $\boldsymbol{a}$ 和 $\boldsymbol{b}$ 的和. 这种方法叫做向量加法的**三角形法则**,如图 7-6 所示.

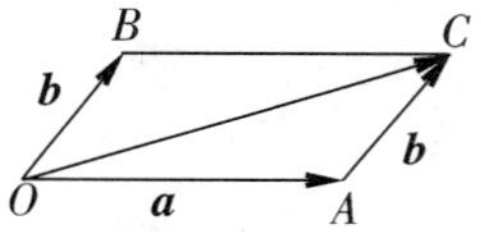

图 7-5

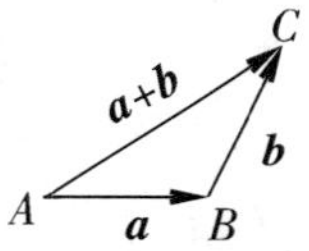

图 7-6

如果一个向量的模与向量 $\boldsymbol{b}$ 大小相同,而方向相反,则称这样的向量为 $\boldsymbol{b}$ 的**负向量**,记作$-\boldsymbol{b}$. 向量 $\boldsymbol{a}$ 和$-\boldsymbol{b}$ 的和称为 $\boldsymbol{a}$ 与 $\boldsymbol{b}$ 的差,即

$$\boldsymbol{a}+(-\boldsymbol{b})=\boldsymbol{a}-\boldsymbol{b},$$

这说明任一向量$\overrightarrow{AB}=\overrightarrow{OB}-\overrightarrow{OA}$,如图 7-7 所示.

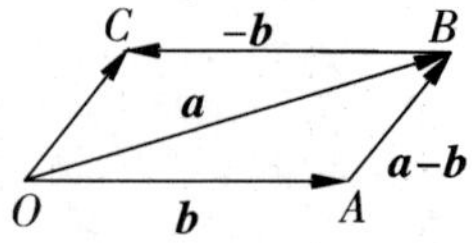

图 7-7

数 λ 与向量 $\boldsymbol{a}$ 的乘积 $\lambda\boldsymbol{a}$ 是一个平行于 $\boldsymbol{a}$ 的向量,它的模为

$$|\lambda\boldsymbol{a}|=|\lambda|\cdot|\boldsymbol{a}|.$$

规定:当 $\lambda>0$ 时,$\lambda\boldsymbol{a}$ 与 $\boldsymbol{a}$ 的方向相同;当 $\lambda<0$ 时,$\lambda\boldsymbol{a}$ 与 $\boldsymbol{a}$ 的方向相反;当 $\lambda=0$ 时,$\lambda\boldsymbol{a}$ 为零向量.

向量的线性运算的性质如下:

(1) 交换律 $\boldsymbol{a}+\boldsymbol{b}=\boldsymbol{b}+\boldsymbol{a}$;

(2) 结合律 $(\boldsymbol{a}+\boldsymbol{b})+\boldsymbol{c}=\boldsymbol{a}+(\boldsymbol{b}+\boldsymbol{c})$,

$$\lambda(\mu \boldsymbol{a})=(\lambda\mu)\boldsymbol{a};$$

(3) 分配律 $$(\lambda+\mu)\boldsymbol{a}=\lambda\boldsymbol{a}+\mu\boldsymbol{a},$$

$$\lambda(\boldsymbol{a}+\boldsymbol{b})=\lambda\boldsymbol{a}+\lambda\boldsymbol{b}.$$

定理 向量 $\boldsymbol{a}$ 与非零向量 $\boldsymbol{b}$ 平行的充要条件是存在唯一实数 λ,使 $\boldsymbol{a}=\lambda\boldsymbol{b}$.

证明略.

想一想

与向量 $\boldsymbol{a}$ 同方向的单位向量怎么表示?

试一试

例 1 已知平行四边形 $ABCD$ 的对角线向量 $\overrightarrow{AC}=\boldsymbol{a}$,$\overrightarrow{BD}=\boldsymbol{b}$,试用向量 $\boldsymbol{a}$ 和 $\boldsymbol{b}$ 表示向量 $\overrightarrow{AB}$ 和 $\overrightarrow{DA}$.

解 如图 7-8 所示,可知

$$\overrightarrow{AO}=\frac{1}{2}\overrightarrow{AC}=\frac{1}{2}\boldsymbol{a},$$

$$\overrightarrow{BO}=\overrightarrow{OD}=\frac{1}{2}\overrightarrow{BD}=\frac{1}{2}\boldsymbol{b},$$

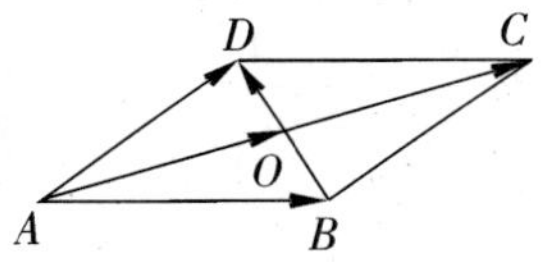

图 7-8

所以根据三角形法则,有

$$\overrightarrow{AB}=\overrightarrow{AO}+\overrightarrow{OB}=\overrightarrow{AO}-\overrightarrow{BO}=\frac{1}{2}(\boldsymbol{a}-\boldsymbol{b}),$$

$$\overrightarrow{DA}=-\overrightarrow{AD}=-(\overrightarrow{AO}+\overrightarrow{OD})=-\frac{1}{2}(\boldsymbol{a}+\boldsymbol{b}).$$

做一做

试用向量的线性运算说明:三角形两边中点的连线平行于第三边且等于第三边的一半.

任务三　探究向量的坐标表示

学一学

在空间直角坐标系 $O-xyz$ 中,设向量 $\boldsymbol{i}$,$\boldsymbol{j}$,$\boldsymbol{k}$ 分别表示方向与 x,y,z 轴正方向相同的单位向量,它们又称为直角坐标系 $O-xyz$ 的基本单位向量. 现在讨论空间内任一向量如何用基本单位向量来表示.

先讨论空间内一点 $M(x,y,z)$ 的向径 $\overrightarrow{OM}$ 与基本单位向量之间的关系. 过点 M 分别作三个与坐标轴垂直的平面,分别交 x,y,z 轴于点 P,Q,R,如图 7-9所示.

根据数与向量的乘法,易得

$$\overrightarrow{OP}=x\boldsymbol{i},\quad \overrightarrow{PA}=\overrightarrow{OQ}=y\boldsymbol{j},\quad \overrightarrow{AM}=\overrightarrow{OR}=z\boldsymbol{k},$$

于是有

$$\overrightarrow{OM}=\overrightarrow{OP}+\overrightarrow{PA}+\overrightarrow{AM}=x\boldsymbol{i}+y\boldsymbol{j}+z\boldsymbol{k},$$

或

$$\overrightarrow{OM}=(x,y,z).$$

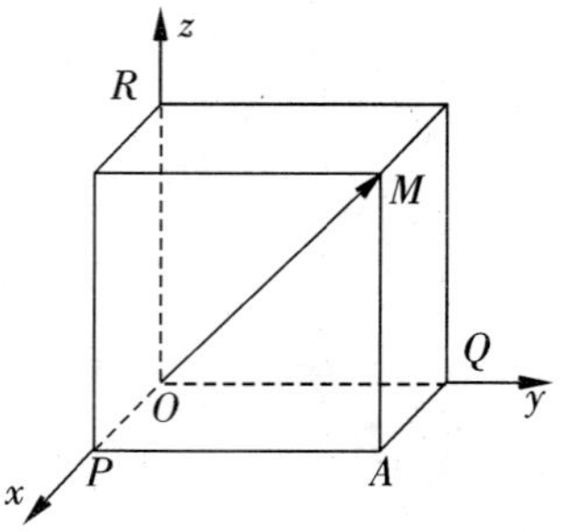

图 7-9

上式称为向径$\overrightarrow{OM}$的**坐标表示式**. 有序数组(x,y,z)称为向径$\overrightarrow{OM}$的**坐标**,也是向径$\overrightarrow{OM}$在三条坐标轴上的投影.

对于一般向量,类似地,设向量$\boldsymbol{a}=\overrightarrow{M_1M_2}$的起点和终点坐标分别为$M_1(x_1,y_1,z_1)$和$M_2(x_2,y_2,z_2)$,根据向量的线性运算,如图 7-10 所示,有

$$\begin{aligned}\boldsymbol{a}&=\overrightarrow{M_1M_2}=\overrightarrow{OM_2}-\overrightarrow{OM_1}\\&=(x_2\boldsymbol{i}+y_2\boldsymbol{j}+z_2\boldsymbol{k})-(x_1\boldsymbol{i}+y_1\boldsymbol{j}+z_1\boldsymbol{k})\\&=(x_2-x_1)\boldsymbol{i}+(y_2-y_1)\boldsymbol{j}+(z_2-z_1)\boldsymbol{k}\\&=a_x\boldsymbol{i}+a_y\boldsymbol{j}+a_z\boldsymbol{k},\end{aligned}$$

或

$$\boldsymbol{a}=(a_x,a_y,a_z).$$

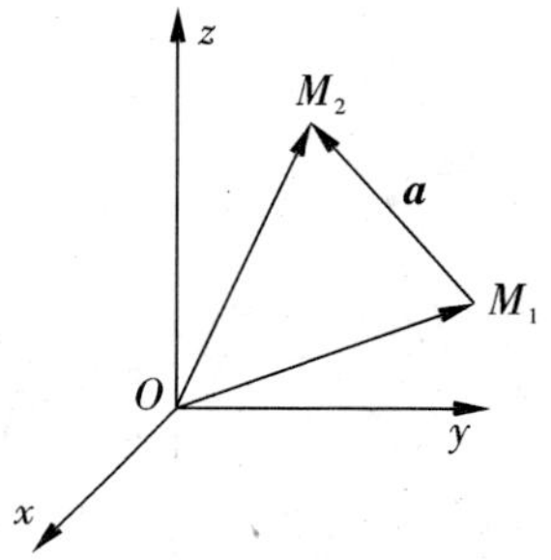

图 7-10

上述两式称为向量 $\boldsymbol{a}$ 的**基本单位向量分解式**或**坐标表示式**. 有序数组(a_x,a_y,a_z)称为向量 $\boldsymbol{a}$ 的**坐标**,也是向量 $\boldsymbol{a}$ 在三条坐标轴上的**投影**.

用坐标作向量的线性运算:

设向量$\boldsymbol{a}=(a_x,a_y,a_z)$,$\boldsymbol{b}=(b_x,b_y,b_z)$,则

$$\boldsymbol{a}\pm\boldsymbol{b}=(a_x\pm b_x,a_y\pm b_y,a_z\pm b_z),$$

$$\lambda\boldsymbol{a}=(\lambda a_x,\lambda a_y,\lambda a_z).$$

根据前面的定理,向量 $\boldsymbol{a}$ 与非零向量 $\boldsymbol{b}$ 平行的充要条件是存在唯一实数 λ,使 $\boldsymbol{a}=\lambda\boldsymbol{b}$,即

$$(a_x,a_y,a_z)=(\lambda b_x,\lambda b_y,\lambda b_z),$$

所以向量平行的定理又能表示成

$$a_x=\lambda b_x,\quad a_y=\lambda b_y,\quad a_z=\lambda b_z,$$

或写成

$$\frac{a_x}{b_x}=\frac{a_y}{b_y}=\frac{a_z}{b_z}=\lambda,$$

即向量$\boldsymbol{a}=(a_x,a_y,a_z)$与$\boldsymbol{b}=(b_x,b_y,b_z)$平行的充要条件是$\frac{a_x}{b_x}=\frac{a_y}{b_y}=\frac{a_z}{b_z}$.

注意:当上式中某个分母为 0 时,相应分子也为 0.

试一试

例 2 已知$\overrightarrow{AB}=(-2,3,1)$,终点为$B(3,1,4)$,求起点 A 的坐标.

解 因为 $\overrightarrow{AB}=\overrightarrow{OB}-\overrightarrow{OA}$,

所以

$$\overrightarrow{OA}=\overrightarrow{OB}-\overrightarrow{AB}=(3,1,4)-(-2,3,1)=(5,-2,3).$$

例 3 设向量$\boldsymbol{a}=\lambda\boldsymbol{i}+2\boldsymbol{j}-\boldsymbol{k}$,$\boldsymbol{b}=-\boldsymbol{j}+\mu\boldsymbol{k}$,问 λ 和 μ 为何值时,向量 $\boldsymbol{a}/\!/\boldsymbol{b}$?

解 因为 $\boldsymbol{a}/\!/\boldsymbol{b}$，

所以
$$\frac{\lambda}{0}=\frac{2}{-1}=\frac{-1}{\mu},$$

故
$$\lambda=0,\quad \mu=\frac{1}{2}.$$

做一做

1. 已知点 $M_1(1,2,-1)$ 和 $M_2(0,-1,1)$，写出向量 $\overrightarrow{M_1M_2}$ 的坐标.

2. 设向量 $\boldsymbol{a}=(a_x,a_y,a_z)$ 满足下列条件之一，说出向量的坐标有何特征：

(1) 与 x 轴垂直；　(2) 垂直于 xOz 平面；　(3) 平行于 xOz 平面.

3. 已知 $\boldsymbol{a}=(-2,3,m)$，$\boldsymbol{b}=(n,-6,2)$，若 $\boldsymbol{a}/\!/\boldsymbol{b}$，求 m 和 n.

任务四　用坐标表示向量的模和方向余弦

学一学

由图 7-9 知，原点 $O(0,0,0)$ 到点 $M(x,y,z)$ 的向径 $\overrightarrow{OM}$ 的模为
$$|\overrightarrow{OM}|=\sqrt{x^2+y^2+z^2}.$$

一般地，向量 $\overrightarrow{M_1M_2}$ 的模为
$$|\overrightarrow{M_1M_2}|=\sqrt{(x_2-x_1)^2+(y_2-y_1)^2+(z_2-z_1)^2},$$
上式称为**空间两点之间的距离公式**.

设向量 $\boldsymbol{a}=(a_x,a_y,a_z)$，则由两点间的距离公式，可得向量 $\boldsymbol{a}$ 的模为
$$|\boldsymbol{a}|=\sqrt{a_x^2+a_y^2+a_z^2}.$$

向量 $\boldsymbol{a}$ 与三条坐标轴正向的夹角 α,β,γ 称为 $\boldsymbol{a}$ 的**方向角**$(0\leqslant\alpha\leqslant\pi,0\leqslant\beta\leqslant\pi,0\leqslant\gamma\leqslant\pi)$，三个方向角的余弦 $\cos\alpha,\cos\beta$ 和 $\cos\gamma$ 称为 $\boldsymbol{a}$ 的**方向余弦**.

如图 7-11 所示，容易得到
$$\cos\alpha=\frac{a_x}{|\boldsymbol{a}|}=\frac{a_x}{\sqrt{a_x^2+a_y^2+a_z^2}},$$
$$\cos\beta=\frac{a_y}{|\boldsymbol{a}|}=\frac{a_y}{\sqrt{a_x^2+a_y^2+a_z^2}},$$
$$\cos\gamma=\frac{a_z}{|\boldsymbol{a}|}=\frac{a_z}{\sqrt{a_x^2+a_y^2+a_z^2}}.$$

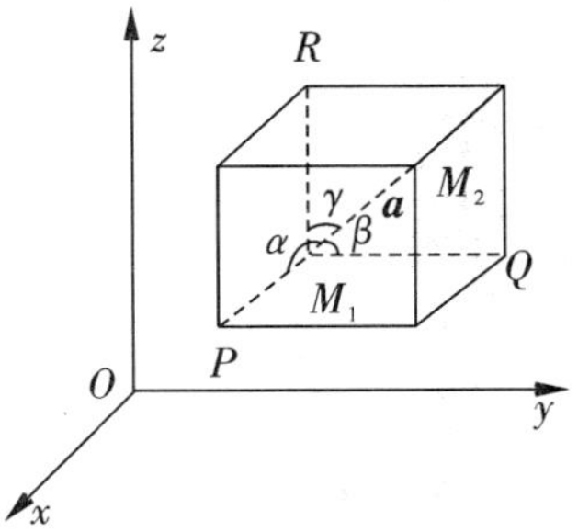

图 7-11

将上述三个等式平方后相加，有
$$\cos^2\alpha+\cos^2\beta+\cos^2\gamma=1.$$

如果以 $\boldsymbol{a}$ 的三个方向余弦构成一个向量
$$\boldsymbol{e}=(\cos\alpha,\cos\beta,\cos\gamma),$$
那么 $\boldsymbol{e}$ 是与 $\boldsymbol{a}$ 方向相同的单位向量.

试一试

例4 已知点 $M_1(2,-1,3)$ 和 $M_2(3,0,1)$，求向量 $\overrightarrow{M_1M_2}$ 的模、方向余弦及与 $\overrightarrow{M_1M_2}$ 方向相同的单位向量.

解 $\overrightarrow{M_1M_2}=(3,0,1)-(2,-1,3)=(1,1,-2)$，

故
$$|\overrightarrow{M_1M_2}|=\sqrt{1^2+1^2+(-2)^2}=\sqrt{6},$$
$$\cos\alpha=\frac{1}{\sqrt{6}},\quad \cos\beta=\frac{1}{\sqrt{6}},\quad \cos\gamma=\frac{-2}{\sqrt{6}},$$

所以，与 $\overrightarrow{M_1M_2}$ 方向相同的单位向量为
$$\boldsymbol{e}=\left(\frac{1}{\sqrt{6}},\frac{1}{\sqrt{6}},\frac{-2}{\sqrt{6}}\right).$$

例5 设向量 $\boldsymbol{a}$ 的方向角 $\alpha=\frac{\pi}{4}$，$\beta=\frac{\pi}{2}$，γ 为锐角，且 $|\boldsymbol{a}|=2$，求向量 $\boldsymbol{a}$ 的坐标表示式.

解 因为
$$\cos^2\frac{\pi}{4}+\cos^2\frac{\pi}{2}+\cos^2\gamma=1,$$

所以
$$\cos\gamma=\frac{\sqrt{2}}{2}\quad（因为 \gamma 是锐角）.$$

又因为
$$a_x=|\boldsymbol{a}|\cos\alpha=2\cos\frac{\pi}{4}=\sqrt{2},$$
$$a_y=|\boldsymbol{a}|\cos\beta=2\cos\frac{\pi}{2}=0,$$
$$a_z=|\boldsymbol{a}|\cos\gamma=2\cdot\frac{\sqrt{2}}{2}=\sqrt{2},$$

所以，向量的坐标式为
$$\boldsymbol{a}=(\sqrt{2},0,\sqrt{2}).$$

做一做

1. 若一向量与三条坐标轴正向的夹角相等，则方向角 $\alpha=\beta=\gamma=\frac{\pi}{3}$，对吗？

2. 已知向量 $\boldsymbol{a}=(-1,2,-2)$，求向量 $\boldsymbol{a}$ 的模，方向余弦及与 $\boldsymbol{a}$ 方向相同的单位向量.

项目练习 7.1

1. 填空题：

(1) 向量 $\boldsymbol{a}=(6,-2,-3)$ 的模为 $|\boldsymbol{a}|=$____，方向余弦为 $\cos\alpha=$______，$\cos\beta=$______，

$\cos\gamma=$______，与 $\boldsymbol{a}$ 方向相同的单位向量 $\boldsymbol{e}=$________.

（2）设向量 $\boldsymbol{a}=(2,-1,4)$ 与 $\boldsymbol{b}=(1,k,2)$ 平行，则 $k=$________.

2. 已知点 $M_1(-2,0,5)$ 和 $M_2(2,0,2)$，求向量 $\overrightarrow{M_1M_2}$ 的模和方向余弦.

3. 设向量 $\boldsymbol{a}=(a_x,a_y,a_z)$，若它满足下列条件之一：（1）$\boldsymbol{a}$ 与 z 轴垂直；（2）$\boldsymbol{a}$ 垂直于 xOy 面；（3）$\boldsymbol{a}$ 平行于 yOz 面，那么它的坐标有何特征？

4. 已知向量 $\overrightarrow{AB}=(4,-4,7)$，它的终点坐标为 $B(2,-1,7)$，求它的起点 A 的坐标.

5. 已知向量 $\boldsymbol{a}=(6,1,-1)$，$\boldsymbol{b}=(1,2,0)$，求：（1）向量 $\boldsymbol{c}=\boldsymbol{a}-2\boldsymbol{b}$；（2）向量 $\boldsymbol{c}$ 的方向余弦及与 $\boldsymbol{c}$ 平行的单位向量.

6. 设向量 $\boldsymbol{a}$ 与各坐标轴成相等的锐角，$|\boldsymbol{a}|=2\sqrt{3}$，求向量 $\boldsymbol{a}$ 的坐标表示式.

项目二　向量的乘法运算

任务一　学习向量的数量积

数量积是从物理、力学问题中抽象出来的一个数学概念.

看一看

设有一物体在常力 $\boldsymbol{F}$ 的作用下沿直线运动，产生了位移 $\boldsymbol{S}$，则常力 $\boldsymbol{F}$ 做的功为

$$W=|\boldsymbol{F}|\cdot|\boldsymbol{S}|\cos\theta,$$

其中 θ 是 $\boldsymbol{F}$ 与 $\boldsymbol{S}$ 的夹角，如图 7-12 所示. 上式右边可以看成两个向量进行某种运算的结果，这种运算就叫做两个向量的数量积.

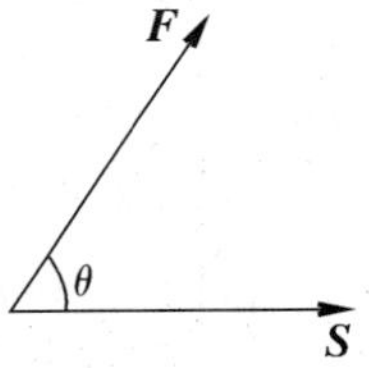

图 7-12

学一学

设有两个非零向量 $\boldsymbol{a}$ 和 $\boldsymbol{b}$，它们的模及夹角余弦的乘积称为向量 $\boldsymbol{a}$ 与向量 $\boldsymbol{b}$ 的**数量积**（又称**点积**或**内积**），记作 $\boldsymbol{a}\cdot\boldsymbol{b}$，即

$$\boldsymbol{a}\cdot\boldsymbol{b}=|\boldsymbol{a}|\cdot|\boldsymbol{b}|\cos(\widehat{\boldsymbol{a},\boldsymbol{b}}).$$

依据以上定义，力 $\boldsymbol{F}$ 所做的功，可简记为

$$W=\boldsymbol{F}\cdot\boldsymbol{S}.$$

如图 7-13 所示，数 $|\boldsymbol{a}|\cos(\widehat{\boldsymbol{a},\boldsymbol{b}})$ 等于有向线段 OB 的值，这个数称为向量 $\boldsymbol{a}$ 在向量 $\boldsymbol{b}$ 上的**投影**（Projection），记作 $\mathrm{Prj}_{\boldsymbol{b}}\boldsymbol{a}$，即

$$\mathrm{Prj}_{\boldsymbol{b}}\boldsymbol{a}=|\boldsymbol{a}|\cos(\widehat{\boldsymbol{a},\boldsymbol{b}}).$$

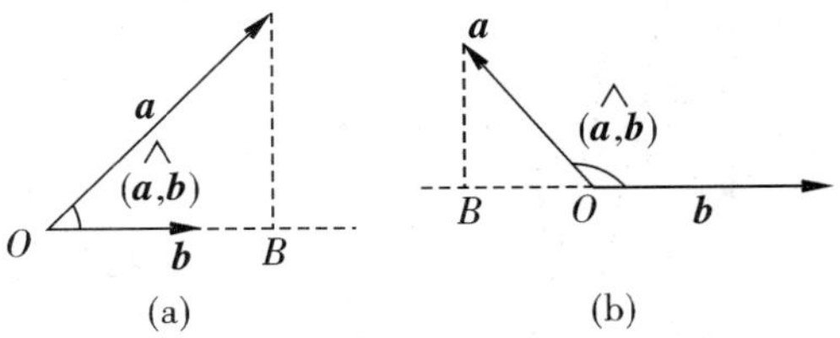

图 7-13

同样地，向量 $\boldsymbol{b}$ 在向量 $\boldsymbol{a}$ 上的投影，记作 $\mathrm{Prj}_{\boldsymbol{a}}\boldsymbol{b}$，即

$$\mathrm{Prj}_{\boldsymbol{a}}\boldsymbol{b}=|\boldsymbol{b}|\cos(\widehat{\boldsymbol{a},\boldsymbol{b}}).$$

于是数量积 $\boldsymbol{a}\cdot\boldsymbol{b}$ 又能写成

$$\boldsymbol{a}\cdot\boldsymbol{b}=|\boldsymbol{a}|\mathrm{Prj}_{\boldsymbol{a}}\boldsymbol{b}=|\boldsymbol{b}|\mathrm{Prj}_{\boldsymbol{b}}\boldsymbol{a}.$$

数量积的运算性质如下：

(1) $\boldsymbol{a}\cdot\boldsymbol{a}=|\boldsymbol{a}|^2$；

(2) $\boldsymbol{a}\cdot\boldsymbol{0}=0$ ；

(3) 交换律 $\boldsymbol{a}\cdot\boldsymbol{b}=\boldsymbol{b}\cdot\boldsymbol{a}$；

(4) 结合律 $(\lambda\boldsymbol{a})\cdot\boldsymbol{b}=\lambda(\boldsymbol{a}\cdot\boldsymbol{b})$（$\lambda$ 是常数）；

(5) 分配律 $(\boldsymbol{a}+\boldsymbol{b})\cdot\boldsymbol{c}=\boldsymbol{a}\cdot\boldsymbol{c}+\boldsymbol{b}\cdot\boldsymbol{c}$.

定理 向量 $\boldsymbol{a}$ 与 $\boldsymbol{b}$ 垂直的充要条件是 $\boldsymbol{a}\cdot\boldsymbol{b}=0$.

证明略.

下面用向量的坐标表示向量的数量积.

设 $\boldsymbol{a}=(a_x,a_y,a_z)=a_x\boldsymbol{i}+a_y\boldsymbol{j}+a_z\boldsymbol{k}$，$\boldsymbol{b}=(b_x,b_y,b_z)=b_x\boldsymbol{i}+b_y\boldsymbol{j}+b_z\boldsymbol{k}$，利用数量积的运算性质，可得

$$\begin{aligned}\boldsymbol{a}\cdot\boldsymbol{b}&=(a_x\boldsymbol{i}+a_y\boldsymbol{j}+a_z\boldsymbol{k})\cdot(b_x\boldsymbol{i}+b_y\boldsymbol{j}+b_z\boldsymbol{k})\\&=a_xb_x(\boldsymbol{i}\cdot\boldsymbol{i})+a_yb_x(\boldsymbol{j}\cdot\boldsymbol{i})+a_zb_x(\boldsymbol{k}\cdot\boldsymbol{i})+a_xb_y(\boldsymbol{i}\cdot\boldsymbol{j})+a_yb_y(\boldsymbol{j}\cdot\boldsymbol{j})+\\&\quad a_zb_y(\boldsymbol{k}\cdot\boldsymbol{j})+a_xb_z(\boldsymbol{i}\cdot\boldsymbol{k})+a_yb_z(\boldsymbol{j}\cdot\boldsymbol{k})+a_zb_z(\boldsymbol{k}\cdot\boldsymbol{k}).\end{aligned}$$

因为 $\boldsymbol{i}$，$\boldsymbol{j}$，$\boldsymbol{k}$ 是两两互相垂直的单位向量，故有

$$\boldsymbol{i}\cdot\boldsymbol{i}=|\boldsymbol{i}|^2=1,\quad \boldsymbol{j}\cdot\boldsymbol{j}=|\boldsymbol{j}|^2=1,\quad \boldsymbol{k}\cdot\boldsymbol{k}=|\boldsymbol{k}|^2=1,$$

$$\boldsymbol{i}\cdot\boldsymbol{j}=\boldsymbol{j}\cdot\boldsymbol{i}=0,\quad \boldsymbol{i}\cdot\boldsymbol{k}=\boldsymbol{k}\cdot\boldsymbol{i}=0,\quad \boldsymbol{j}\cdot\boldsymbol{k}=\boldsymbol{k}\cdot\boldsymbol{j}=0,$$

所以

$$\boldsymbol{a}\cdot\boldsymbol{b}=a_xb_x+a_yb_y+a_zb_z,$$

上式称为**数量积的坐标表示式**.

利用数量积的坐标表示式可以得到：

向量 $\boldsymbol{a}$ 与 $\boldsymbol{b}$ 垂直的充要条件是 $a_xb_x+a_yb_y+a_zb_z=0$.

两个非零向量 $\boldsymbol{a}$ 与 $\boldsymbol{b}$ 的夹角余弦为

$$\cos(\widehat{\boldsymbol{a},\boldsymbol{b}})=\frac{a_xb_x+a_yb_y+a_zb_z}{\sqrt{a_x^2+a_y^2+a_z^2}\sqrt{b_x^2+b_y^2+b_z^2}}.$$

试一试

例 1 设向量 $\boldsymbol{a}=-\boldsymbol{i}+\boldsymbol{j}$，$\boldsymbol{b}=2\boldsymbol{i}+\boldsymbol{j}-2\boldsymbol{k}$，求 $\boldsymbol{a}\cdot\boldsymbol{b}$ 和 $\mathrm{Prj}_{\boldsymbol{b}}\boldsymbol{a}$.

解
$$\boldsymbol{a}\cdot\boldsymbol{b}=(-1)\times2+1\times1+0\times(-2)=-1;$$

因为
$$|\boldsymbol{b}|=\sqrt{2^2+1^2+(-2)^2}=3,$$

所以
$$\mathrm{Prj}_{\boldsymbol{b}}\boldsymbol{a}=\frac{\boldsymbol{a}\cdot\boldsymbol{b}}{|\boldsymbol{b}|}=-\frac{1}{3}.$$

例 2 已知三点 $A(-1,2,3)$，$B(1,1,1)$ 和 $C(0,0,5)$，求 $\angle ABC$.

解 向量$\overrightarrow{BA}$与$\overrightarrow{BC}$的夹角就是 $\angle ABC$. 因为

$$\overrightarrow{BA}=(-2,1,2),\quad \overrightarrow{BC}=(-1,-1,4),$$

故
$$\overrightarrow{BA}\cdot\overrightarrow{BC}=(-2)\times(-1)+1\times(-1)+2\times4=9,$$

$$|\overrightarrow{BA}|=\sqrt{(-2)^2+1^2+2^2}=3,\quad |\overrightarrow{BC}|=\sqrt{(-1)^2+(-1)^2+4^2}=3\sqrt{2},$$

于是
$$\cos\angle ABC=\frac{\overrightarrow{BA}\cdot\overrightarrow{BC}}{|\overrightarrow{BA}||\overrightarrow{BC}|}=\frac{\sqrt{2}}{2},$$

所以
$$\angle ABC=\frac{\pi}{4}.$$

做一做

1. 设 $\boldsymbol{a}=3\boldsymbol{i}-\boldsymbol{j}-2\boldsymbol{k}$，$\boldsymbol{b}=\boldsymbol{i}+2\boldsymbol{j}-\boldsymbol{k}$，求 $\boldsymbol{a}\cdot\boldsymbol{b}$，$\mathrm{Prj}_{\boldsymbol{b}}\boldsymbol{a}$，$\cos(\widehat{\boldsymbol{a},\boldsymbol{b}})$.

2. 设 $\boldsymbol{a}=(1,2,3)$，$\boldsymbol{b}=(-2,k,4)$，求数 k，使得 $\boldsymbol{a}\perp\boldsymbol{b}$.

任务二　学习向量的向量积

看一看

设 O 为一杠杆的支点，有一力 $\boldsymbol{F}$ 作用于杠杆的点 A 处，由力学知道，力 $\boldsymbol{F}$ 对支点 O 的力矩是一个向量 $\boldsymbol{M}$，它的模为

$$|\boldsymbol{M}|=|\boldsymbol{F}|\cdot|\overrightarrow{OP}|=|\boldsymbol{F}|\cdot|\overrightarrow{OA}|\sin(\widehat{\boldsymbol{F},\overrightarrow{OA}}),$$

力矩 $\boldsymbol{M}$ 的方向为：$\boldsymbol{M}$ 同时垂直于 $\boldsymbol{F}$ 和 $\overrightarrow{OA}$，且 $\overrightarrow{OA}$，$\boldsymbol{F}$，$\boldsymbol{M}$ 构成右手系（见图 7-14）. 这一种向量在数学上叫做向量积.

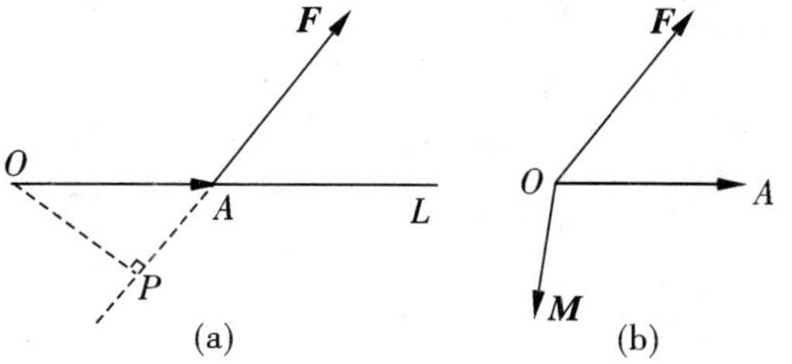

图 7-14

学一学

两个向量 $\boldsymbol{a}$ 和 $\boldsymbol{b}$ 的**向量积**（又称**叉积**或**外积**）是一个向量，记作 $\boldsymbol{a}\times\boldsymbol{b}$，且

（1）它的模为 $|\boldsymbol{a}\times\boldsymbol{b}|=|\boldsymbol{a}|\cdot|\boldsymbol{b}|\sin(\widehat{\boldsymbol{a},\boldsymbol{b}})$；

（2）它的方向与向量 $\boldsymbol{a}$ 和 $\boldsymbol{b}$ 都垂直，且 $\boldsymbol{a}$，$\boldsymbol{b}$ 和 $\boldsymbol{a}\times\boldsymbol{b}$ 构成右手系，即当右手的四手指指向 $\boldsymbol{a}$ 的方向，握拳转向 $\boldsymbol{b}$ 时，大拇指所指的方向为 $\boldsymbol{a}\times\boldsymbol{b}$ 的方向（见图 7-15）.

依照定义，前面提到的力矩 $\boldsymbol{M}$，可简单地表示成

$$\boldsymbol{M}=\overrightarrow{OA}\times\boldsymbol{F}.$$

在几何上，向量积的模 $|\boldsymbol{a}\times\boldsymbol{b}|$ 表示以 $\boldsymbol{a}$ 和 $\boldsymbol{b}$ 为邻边的平行四边形的面积(见图 7–16).

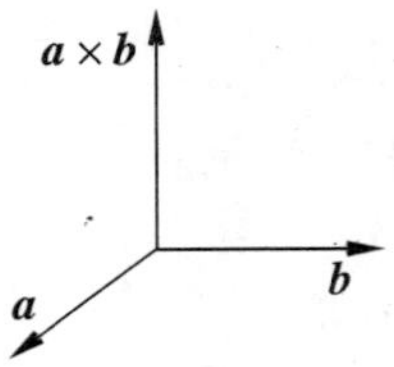

图 7–15

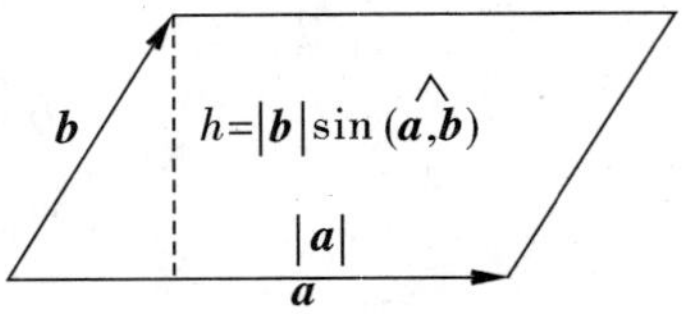

图 7–16

向量积的运算性质如下：

(1) $\boldsymbol{a}\times\boldsymbol{a}=\boldsymbol{0}$,　$\boldsymbol{a}\times\boldsymbol{0}=\boldsymbol{0}$;

(2) $\boldsymbol{a}\times\boldsymbol{b}=-\boldsymbol{b}\times\boldsymbol{a}$;

(3) 结合律　$(\lambda\boldsymbol{a})\times\boldsymbol{b}=\lambda(\boldsymbol{a}\times\boldsymbol{b})=\boldsymbol{a}\times(\lambda\boldsymbol{b})$;

(4) 分配律　$(\boldsymbol{a}+\boldsymbol{b})\times\boldsymbol{c}=\boldsymbol{a}\times\boldsymbol{c}+\boldsymbol{b}\times\boldsymbol{c}$.

下面用坐标表示向量的向量积.

设 $\boldsymbol{a}=a_x\boldsymbol{i}+a_y\boldsymbol{j}+a_z\boldsymbol{k}$, $\boldsymbol{b}=b_x\boldsymbol{i}+b_y\boldsymbol{j}+b_z\boldsymbol{k}$，因为 $\boldsymbol{i}\times\boldsymbol{i}=\boldsymbol{0}$, $\boldsymbol{j}\times\boldsymbol{j}=\boldsymbol{0}$, $\boldsymbol{k}\times\boldsymbol{k}=\boldsymbol{0}$，又根据定义可知 $\boldsymbol{i}\times\boldsymbol{j}=\boldsymbol{k}$, $\boldsymbol{j}\times\boldsymbol{k}=\boldsymbol{i}$, $\boldsymbol{k}\times\boldsymbol{i}=\boldsymbol{j}$, $\boldsymbol{j}\times\boldsymbol{i}=-\boldsymbol{k}$, $\boldsymbol{k}\times\boldsymbol{j}=-\boldsymbol{i}$, $\boldsymbol{i}\times\boldsymbol{k}=-\boldsymbol{j}$，所以

$$\begin{aligned}\boldsymbol{a}\times\boldsymbol{b}&=(a_x\boldsymbol{i}+a_y\boldsymbol{j}+a_z\boldsymbol{k})\times(b_x\boldsymbol{i}+b_y\boldsymbol{j}+b_z\boldsymbol{k})\\&=(a_yb_z-a_zb_y)\boldsymbol{i}+(a_zb_x-a_xb_z)\boldsymbol{j}+(a_xb_y-a_yb_x)\boldsymbol{k}.\end{aligned}$$

为了便于记忆，上式可以写成三阶行列式的形式

$$\boldsymbol{a}\times\boldsymbol{b}=\begin{vmatrix}\boldsymbol{i}&\boldsymbol{j}&\boldsymbol{k}\\a_x&a_y&a_z\\b_x&b_y&b_z\end{vmatrix},$$

这就是**向量积的坐标表示式**.

想一想

如何找出与向量 $\boldsymbol{a}$ 和 $\boldsymbol{b}$ 都垂直的向量?

试一试

例 3　设 $\boldsymbol{a}=(1,-2,3)$，$\boldsymbol{b}=(0,1,-2)$，求 $\boldsymbol{a}\times\boldsymbol{b}$ 和 $\boldsymbol{b}\times\boldsymbol{a}$.

解　$$\boldsymbol{a}\times\boldsymbol{b}=\begin{vmatrix}\boldsymbol{i}&\boldsymbol{j}&\boldsymbol{k}\\1&-2&3\\0&1&-2\end{vmatrix}=\begin{vmatrix}-2&3\\1&-2\end{vmatrix}\boldsymbol{i}-\begin{vmatrix}1&3\\0&-2\end{vmatrix}\boldsymbol{j}+\begin{vmatrix}1&-2\\0&1\end{vmatrix}\boldsymbol{k}=\boldsymbol{i}+2\boldsymbol{j}+\boldsymbol{k},$$

$$\boldsymbol{b}\times\boldsymbol{a}=-\boldsymbol{a}\times\boldsymbol{b}=-\boldsymbol{i}-2\boldsymbol{j}-\boldsymbol{k}.$$

例 4　已知三点 $A(1,1,1)$，$B(2,0,-1)$，$C(-1,1,2)$，求 $\triangle ABC$ 的面积.

解　因为 $\overrightarrow{AB}=(2,0,-1)-(1,1,1)=(1,-1,-2)$,

$$\overrightarrow{AC}=(-1,1,2)-(1,1,1)=(-2,0,1),$$

$$\overrightarrow{AB}\times\overrightarrow{AC}=\begin{vmatrix} \boldsymbol{i} & \boldsymbol{j} & \boldsymbol{k} \\ 1 & -1 & -2 \\ -2 & 0 & 1 \end{vmatrix}=-\boldsymbol{i}+3\boldsymbol{j}-2\boldsymbol{k},$$

所以
$$S_{\triangle ABC}=\frac{1}{2}|\overrightarrow{AB}\times\overrightarrow{AC}|=\frac{1}{2}\sqrt{(-1)^2+3^2+(-2)^2}=\frac{1}{2}\sqrt{14}.$$

做一做

设 $\boldsymbol{a}=3\boldsymbol{i}-\boldsymbol{j}-2\boldsymbol{k}$，$\boldsymbol{b}=\boldsymbol{i}+2\boldsymbol{j}-\boldsymbol{k}$，求 $\boldsymbol{a}\times\boldsymbol{b}$.

项目练习 7.2

1. 填空题：

(1) 已知三点 $M_1(1,-2,3)$，$M_2(1,1,4)$，$M_3(2,0,2)$，则 $\overrightarrow{M_1M_2}\cdot\overrightarrow{M_1M_3}=$________，$\overrightarrow{M_1M_2}\times\overrightarrow{M_1M_3}=$________.

(2) 向量 $\boldsymbol{a}=(3,2,1)$ 与 $\boldsymbol{b}=(2,k,0)$ 垂直，则 $k=$________.

(3) 以点 $A(2,-1,-2)$，$B(0,2,1)$，$C(2,3,0)$ 为顶点，作平行四边形 $ABCD$，此平行四边形的面积等于______.

(4) 向量 $\boldsymbol{a}=(4,-3,1)$ 在 $\boldsymbol{b}=(2,1,2)$ 上的投影 $\mathrm{Prj}_{\boldsymbol{b}}\boldsymbol{a}=$______.

2. 已知三点 $A(1,1,1)$，$B(2,2,1)$ 和 $C(2,1,2)$，求 $\angle BAC$.

3. 设向量 $\boldsymbol{a}=2\boldsymbol{i}+\boldsymbol{j}$，$\boldsymbol{b}=-\boldsymbol{i}+2\boldsymbol{k}$，求以 $\boldsymbol{a}$，$\boldsymbol{b}$ 为邻边的平行四边形的面积.

4. 求以点 $M_1(1,2,3)$，$M_2(0,0,4)$，$M_3(3,1,0)$ 为顶点的三角形的面积.

项目三　平面与直线

看一看

在平面解析几何中，把平面曲线看作动点的轨迹，从而得到轨迹方程（曲线方程）的概念. 同样，在空间解析几何中，任何曲面和曲线都可看作满足一定几何条件的动点的轨迹，动点的轨迹也能用方程（表示曲面）或方程组（表示曲线）来表示，从而得到曲面方程或曲线方程的概念.

如果曲面 S 与三元方程

$$F(x,y,z)=0$$

有如下关系：

(1) 曲面 S 上任意一点的坐标都满足方程；

(2) 不在曲面 S 上的点的坐标都不满足方程,
则称方程 $F(x,y,z)=0$ 是**曲面 S 的方程**,而曲面 S 称为**方程 $F(x,y,z)=0$ 的图形**,如图 7-17 所示.

如果空间曲线 Γ 是两个曲面 $S_1:F(x,y,z)=0$ 和 $S_2:G(x,y,z)=0$ 的交线,那么方程组

$$\begin{cases}F(x,y,z)=0,\\G(x,y,z)=0\end{cases}$$

称为**曲线 Γ 的方程**,空间曲线 Γ 称为**方程组的图形**,如图 7-18 所示.

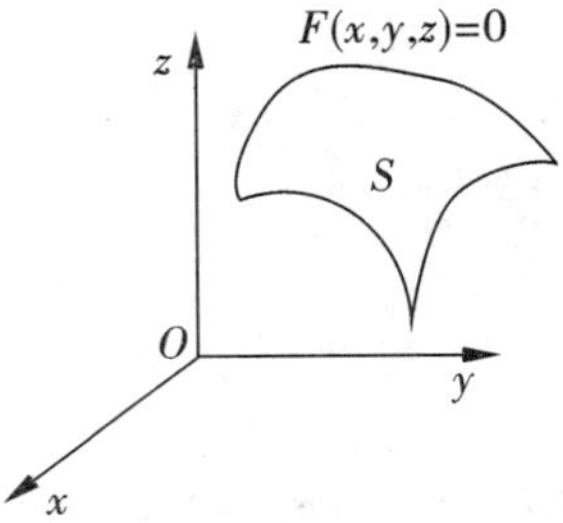

图 7-17

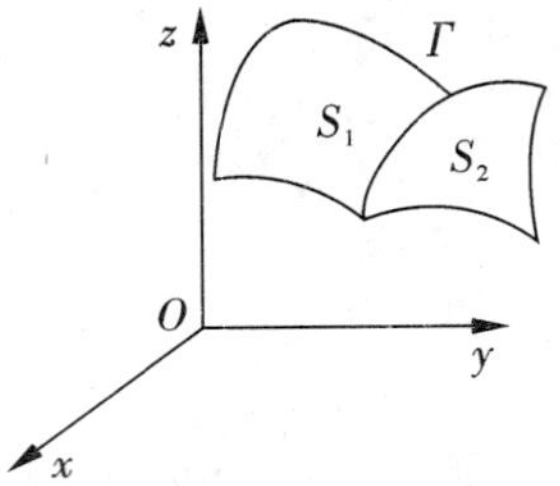

图 7-18

任务一　学习平面的方程

学一学

我们知道,过空间一点,且与已知直线垂直的平面是唯一的. 因此,如果已知平面上一点及垂直于该平面的一个非零向量,那么这个平面的位置就确定了. 现在,根据这个几何条件来建立平面的方程.

垂直于平面的非零向量称为平面的**法向量**. 显然,一个平面的法向量有无数多个,它们之间相互平行,且法向量与平面上任一向量都垂直.

如图 7-19 所示,设点 $M_0(x_0,y_0,z_0)$ 是平面 π 上的一个点,向量 $\boldsymbol{n}=(A,B,C)\neq\boldsymbol{0}$ 是平面 π 的一个法向量,点 $M(x,y,z)$ 是平面 π 上的任意一点. 因为向量 $\overrightarrow{M_0M}=(x-x_0,y-y_0,z-z_0)$ 在平面 π 上,故 $\boldsymbol{n}\perp\overrightarrow{M_0M}$,于是由向量垂直的充要条件,得

$$\boldsymbol{n}\cdot\overrightarrow{M_0M}=0,$$

即

$$A(x-x_0)+B(y-y_0)+C(z-z_0)=0,$$

上式称为平面 π 的**点法式方程**.

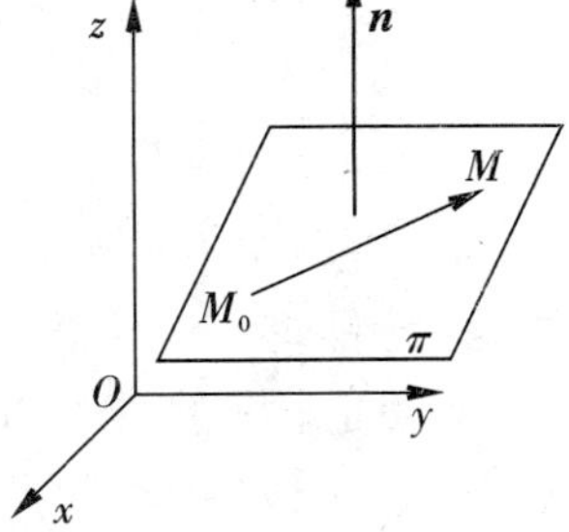

图 7-19

试一试

例 1　求过点(1,-2,0)且与向量 $\boldsymbol{a}=(-1,3,-2)$ 垂直的平面方程.

解 因为向量 $\boldsymbol{a}$ 与所求平面垂直，所以向量 $\boldsymbol{a}$ 是平面的一个法向量. 由平面的点法式方程得

$$-(x-1)+3(y+2)-2(z-0)=0,$$

即

$$x-3y+2z-7=0.$$

例 2 求过三点 $M_1(1,-1,-2)$，$M_2(-1,2,0)$，$M_3(1,3,1)$ 的平面方程.

解 因为点 M_1，M_2，M_3 在平面上，故向量 $\overrightarrow{M_1M_2}$ 和 $\overrightarrow{M_1M_3}$ 都在平面上，根据向量积的概念，向量积 $\overrightarrow{M_1M_2}\times\overrightarrow{M_1M_3}$ 与向量 $\overrightarrow{M_1M_2}$ 和 $\overrightarrow{M_1M_3}$ 都垂直，又根据立体几何知识可知，向量积与所求平面垂直，所以它是平面的一个法向量.

$$\overrightarrow{M_1M_2}=(-1,2,0)-(1,-1,-2)=(-2,3,2),$$

$$\overrightarrow{M_1M_3}=(1,3,1)-(1,-1,-2)=(0,4,3),$$

于是平面的一个法向量为

$$\boldsymbol{n}=\overrightarrow{M_1M_2}\times\overrightarrow{M_1M_3}=\begin{vmatrix}\boldsymbol{i} & \boldsymbol{j} & \boldsymbol{k}\\ -2 & 3 & 2\\ 0 & 4 & 3\end{vmatrix}=\boldsymbol{i}+6\boldsymbol{j}-8\boldsymbol{k},$$

所求平面方程为

$$(x-1)+6(y+1)-8(z+2)=0,$$

即

$$x+6y-8z-11=0.$$

学一学

把平面的点法式方程展开，令 $D=-(Ax_0+By_0+Cz_0)$，于是平面方程又能写成

$$Ax+By+Cz+D=0.$$

设有一个三元方程

$$Ax+By+Cz+D=0,$$

任取满足方程的一组数 (x_0,y_0,z_0)，即有

$$Ax_0+By_0+Cz_0=0,$$

两式相减得

$$A(x-x_0)+B(y-y_0)+C(z-z_0)=0.$$

可见，方程 $Ax+By+Cz+D=0$ 是通过点 (x_0,y_0,z_0)，法向量为 $\boldsymbol{n}=(A,B,C)$ 的平面方程，称为**平面的一般方程**. 例如，$2x-y+3z-7=0$ 表示一个平面，它的一个法向量为 $\boldsymbol{n}=(2,-1,3)$.

以下是几种特殊的平面方程：

(1) 过原点的平面方程 $Ax+By+Cz=0$.

(2) 平行于 x 轴（或与 yOz 平面垂直）的平面方程 $By+Cz+D=0$；

平行于 y 轴（或与 zOx 平面垂直）的平面方程 $Ax+Cz+D=0$；

平行于 z 轴（或与 xOy 平面垂直）的平面方程 $Ax+By+D=0$.

特别地，过 x 轴、y 轴、z 轴的平面方程分别为 $By+Cz=0$，$Ax+Cz=0$，$Ax+By=0$.

(3) 平行于 xOy 面的平面方程 $Cz+D=0$；

平行于 yOz 面的平面方程 $Ax+D=0$；

平行于 zOx 面的平面方程 $By+D=0$.

特别地,xOy 面方程 $z=0$, yOz 面方程 $x=0$, zOx 面方程 $y=0$.

试一试

例 3 求过 x 轴和点 $M(2,-4,1)$ 的平面方程.

解 方法一:因为平面过 x 轴,设平面方程为

$$By+Cz=0,$$

又因为点 $M(2,-4,1)$ 在平面上,所以点 M 的坐标满足方程,于是有

$$-4B+C=0, \quad 即\ C=4B.$$

代入所设方程,得

$$By+4Bz=0.$$

因 $B\neq0$,故所求平面方程为

$$y+4z=0.$$

方法二:因为平面过 x 轴,故原点 O 在平面上,向量 $\overrightarrow{OM}=(2,-4,1)$ 在平面上. 又因为单位向量 $\boldsymbol{i}=(1,0,0)$ 与平面平行,于是平面的一个法向量为

$$\boldsymbol{n}=\overrightarrow{OM}\times\boldsymbol{i}=\begin{vmatrix}\boldsymbol{i} & \boldsymbol{j} & \boldsymbol{k}\\ 2 & -4 & 1\\ 1 & 0 & 0\end{vmatrix}=\boldsymbol{j}+4\boldsymbol{k}.$$

根据平面的点法式方程,得所求平面方程为

$$(y+4)+4(z-1)=0,$$

即

$$y+4z=0.$$

例 4 设一平面与 x,y,z 轴的交点依次为 $P(a,0,0)$,$Q(0,b,0)$,$R(0,0,c)$ $(a,b,c\neq0)$,求它的方程.

解 设所求平面方程为

$$Ax+By+Cz+D=0,$$

把点 P,Q,R 的坐标分别代入平面方程,得

$$\begin{cases}Aa+D=0,\\ Bb+D=0,\\ Cc+D=0,\end{cases}$$

解方程组,得

$$A=-\frac{D}{a},\ B=-\frac{D}{b},\ C=-\frac{D}{c},$$

代入一般方程,得

$$-\frac{D}{a}x-\frac{D}{b}y-\frac{D}{c}z+D=0.$$

因为平面不经过原点 O,故 $D\neq0$,方程两边同除以 D,得所求平面方程为

$$\frac{x}{a}+\frac{y}{b}+\frac{z}{c}=1.$$

上述方程称为平面的**截距式方程**,平面与三条坐标轴的交点的坐标 a,b,c 叫做**平面在坐标轴上的截距**.

做一做

1. 指出下列平面的位置特点:

(1) $3x-2z+1=0$;　　　　(2) $x+2y-1=0$;

(3) $2x-y+3z=0$;　　　　(4) $2x-1=0$.

2. 求过点 $P(1,1,1)$,且与平面 $3x-y+2z-1=0$ 平行的平面方程.

任务二　学习直线的方程

学一学

空间任一直线都可看成两个相交平面的交线,设直线 l 是平面 $A_1x+B_1y+C_1z+D_1=0$ 和 $A_2x+B_2y+C_2z+D_2=0$ 的交线,则方程组

$$\begin{cases}A_1x+B_1y+C_1z+D_1=0,\\A_2x+B_2y+C_2z+D_2=0\end{cases}$$

称为**直线 l 的一般方程**.

我们知道,过空间一点且平行于已知直线的直线是唯一的.因此,如果知道直线上一点及与直线平行的某一向量,那么该直线的位置就确定了.现在,根据这个几何条件来建立直线的方程.

与直线平行的非零向量称为直线的**方向向量**,一条直线的方向向量有无数多个,它们之间互相平行.

设点 $M_0(x_0,y_0,z_0)$ 是直线 l 上的一个定点,向量 $\boldsymbol{s}=(m,n,p)$ 是直线 l 的一个方向向量,点 $M(x,y,z)$ 是直线 l 上的任意一点,如图 7–20 所示.因为 $\overrightarrow{M_0M}=(x-x_0,y-y_0,z-z_0)$ 在直线 l 上,它是直线 l 的一个方向向量,故 $\overrightarrow{M_0M}\parallel\boldsymbol{s}$,根据向量平行的充要条件,得

$$\frac{x-x_0}{m}=\frac{y-y_0}{n}=\frac{z-z_0}{p},$$

该方程称为直线 l 的**对称式方程**(或**点向式方程**).

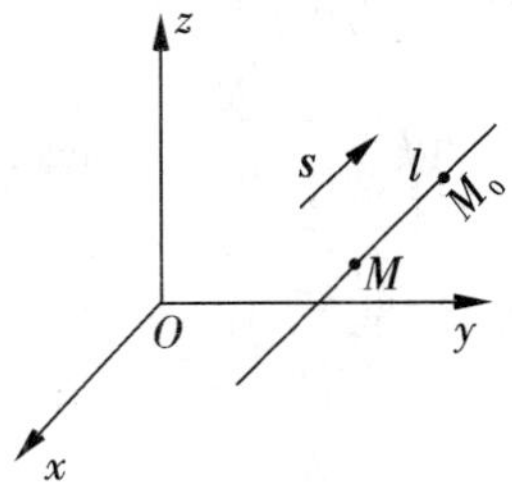

图 7–20

特别地,当上式中的某个分母为 0 时,相应的分子也为 0.

如果令

$$\frac{x-x_0}{m}=\frac{y-y_0}{n}=\frac{z-z_0}{p}=t,$$

则有

$$\begin{cases}x=x_0+mt,\\y=y_0+nt,\\z=z_0+pt,\end{cases}$$

上式称为**直线的参数方程**,t 叫做参数.

试一试

例5 求过点 $A(1,0,1)$ 和 $B(-2,1,1)$ 的直线方程.

解 直线的一个方向向量 $\overrightarrow{AB}=(-3,1,0)$,
所以所求直线方程为

$$\frac{x-1}{-3}=\frac{y}{1}=\frac{z-1}{0},$$

即

$$\begin{cases}x+3y-1=0,\\ z=1.\end{cases}$$

例6 把直线 l 的一般方程

$$\begin{cases}2x-4y+z=0,\\ 3x-y-2z+9=0\end{cases}$$

化为点向式方程和参数方程.

解 方法一:先在直线 l 上找一点 $M_0(x_0,y_0,z_0)$,取 $x_0=0$,代入直线 l 的一般方程中,得

$$\begin{cases}-4y_0+z_0=0,\\ -y_0-2z_0+9=0,\end{cases}$$

解方程组,得 $y_0=1,z_0=4$,则点$(0,1,4)$在直线 l 上.

因为直线 l 是两个平面的交线,故直线 l 与两个平面的法向量 $\boldsymbol{n}_1=(2,-4,1)$ 和 $\boldsymbol{n}_2=(3,-1,-2)$ 都垂直,则直线 l 的一个方向向量为

$$\boldsymbol{s}=\boldsymbol{n}_1\times\boldsymbol{n}_2=\begin{vmatrix}\boldsymbol{i} & \boldsymbol{j} & \boldsymbol{k}\\ 2 & -4 & 1\\ 3 & -1 & -2\end{vmatrix}=9\boldsymbol{i}+7\boldsymbol{j}+10\boldsymbol{k}.$$

所以,直线 l 的点向式方程为

$$\frac{x}{9}=\frac{y-1}{7}=\frac{z-4}{10}.$$

方法二:从所给方程组中消去 z,得

$$7x-9y+9=0,\qquad 即\quad \frac{x}{9}=\frac{y-1}{7};$$

从方程组中消去 y,得

$$10x-9z+36=0,\qquad 即\quad \frac{x}{9}=\frac{z-4}{10}.$$

所以,直线 l 的点向式方程为

$$\frac{x}{9}=\frac{y-1}{7}=\frac{z-4}{10}.$$

因此,参数方程为

$$\begin{cases}x=9t,\\y=7t+1,\\z=10t+4.\end{cases}$$

例7 求直线 $l:\frac{x-1}{2}=\frac{y+1}{-1}=\frac{z}{2}$ 在平面 $\pi:2x-y=0$ 上的投影直线的方程.

解 过直线 l 作平面 π_1 与平面 π 垂直,显然直线 l 的方向向量 $\boldsymbol{s}=(2,-1,2)$ 和平面 π 的法向量为 $\boldsymbol{n}=(2,-1,0)$ 都与平面 π_1 平行,所以平面 π_1 的一个法向量为

$$\boldsymbol{s}\times\boldsymbol{n}=\begin{vmatrix}\boldsymbol{i}&\boldsymbol{j}&\boldsymbol{k}\\2&-1&2\\2&-1&0\end{vmatrix}=2\boldsymbol{i}+4\boldsymbol{j}.$$

又因为平面 π_1 过直线 l,所以直线 l 上的点 $(1,-1,0)$ 在平面 π_1 上,于是平面 π_1 的方程为

$$2(x-1)+4(y+1)=0,$$

即

$$x+2y+1=0.$$

因此,投影直线的方程为

$$\begin{cases}x+2y+1=0,\\2x-y=0.\end{cases}$$

做一做

1. 求过点 $M(2,-1,4)$,且与直线 $\frac{x-1}{3}=\frac{y}{-1}=\frac{z+1}{2}$ 平行的直线方程.

2. 求过点 $M(2,-3,5)$,且与平面 $5x-3y+2z-1=0$ 垂直的直线方程.

任务三 探究平面、直线间的夹角

学一学

两平面法向量的夹角中的锐角,称为**两平面的夹角**.

设平面 π_1 和 π_2 的方程为

$$A_1x+B_1y+C_1z+D_1=0 \quad 和 \quad A_2x+B_2y+C_2z+D_2=0,$$

则它们的法向量依次为 $\boldsymbol{n}_1=(A_1,B_1,C_1)$ 和 $\boldsymbol{n}_2=(A_2,B_2,C_2)$,两平面的夹角 θ 为 $(\widehat{\boldsymbol{n}_1,\boldsymbol{n}_2})$ 和 $(\widehat{-\boldsymbol{n}_1,\boldsymbol{n}_2})=\pi-(\widehat{\boldsymbol{n}_1,\boldsymbol{n}_2})$ 中的锐角,所以

$$\cos\theta=|\cos(\widehat{\boldsymbol{n}_1,\boldsymbol{n}_2})|=\frac{|\boldsymbol{n}_1\cdot\boldsymbol{n}_2|}{|\boldsymbol{n}_1|\cdot|\boldsymbol{n}_2|}=\frac{|A_1A_2+B_1B_2+C_1C_2|}{\sqrt{A_1^2+B_1^2+C_1^2}\sqrt{A_2^2+B_2^2+C_2^2}}.$$

从两向量平行、垂直的充要条件可推得:

两平面 π_1 和 π_2 平行的充要条件为

$$\frac{A_1}{A_2}=\frac{B_1}{B_2}=\frac{C_1}{C_2}.$$

两平面 π_1 和 π_2 垂直的充要条件为

$$A_1A_2+B_1B_2+C_1C_2=0.$$

类似地,**两直线 L_1 和 L_2 的夹角** φ 为它们的方向向量夹角中的锐角.

设两直线的方向向量依次为 $\boldsymbol{s}_1=(m_1,n_1,p_1)$ 和 $\boldsymbol{s}_2=(m_2,n_2,p_2)$,则 $\varphi=(\widehat{\boldsymbol{s}_1,\boldsymbol{s}_2})$ 或 $\varphi=(\widehat{-\boldsymbol{s}_1,\boldsymbol{s}_2})=\pi-(\widehat{\boldsymbol{s}_1,\boldsymbol{s}_2})$,因此

$$\cos\varphi=|\cos(\widehat{\boldsymbol{s}_1,\boldsymbol{s}_2})|=\frac{|\boldsymbol{s}_1\cdot\boldsymbol{s}_2|}{|\boldsymbol{s}_1|\cdot|\boldsymbol{s}_2|}=\frac{|m_1m_2+n_1n_2+p_1p_2|}{\sqrt{m_1^2+n_1^2+p_1^2}\sqrt{m_2^2+n_2^2+p_2^2}}.$$

两直线平行的充要条件为 $\quad \dfrac{m_1}{m_2}=\dfrac{n_1}{n_2}=\dfrac{p_1}{p_2}.$

两直线垂直的充要条件为 $\quad m_1m_2+n_1n_2+p_1p_2=0.$

直线 l 与平面 π 的夹角 φ 规定为:当 l 与 π 垂直时,$\varphi=\dfrac{\pi}{2}$;当 l 与 π 不垂直时,φ 等于 l 与 l 在 π 上的投影直线 l_1 的夹角,如图 7-21 所示.

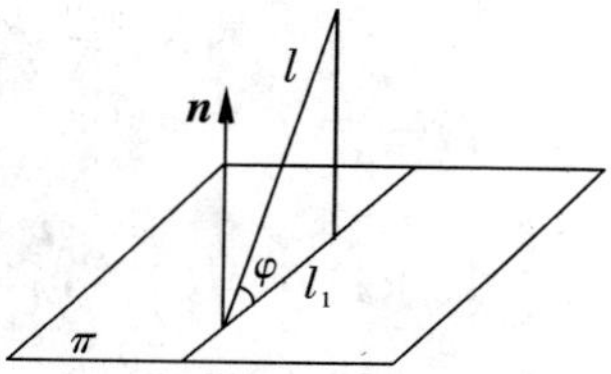

图 7-21

设直线 l 的方向向量为 $\boldsymbol{s}=(m,n,p)$,平面 π 的法向量为 $\boldsymbol{n}=(A,B,C)$,则

$$\varphi=\left|\frac{\pi}{2}-(\widehat{\boldsymbol{s},\boldsymbol{n}})\right|,$$

于是

$$\sin\varphi=|\cos(\widehat{\boldsymbol{s},\boldsymbol{n}})|=\frac{|\boldsymbol{s}\cdot\boldsymbol{n}|}{|\boldsymbol{s}|\cdot|\boldsymbol{n}|}=\frac{|Am+Bn+Cp|}{\sqrt{A^2+B^2+C^2}\sqrt{m^2+n^2+p^2}}.$$

试一试

例 8 求两平面 $x-y+2z-6=0$ 和 $2x+y+z+5=0$ 的夹角.

解 因为 $\quad \boldsymbol{n}_1=(1,-1,2),\ \boldsymbol{n}_2=(2,1,1),$

由两平面的夹角公式,得

$$\cos\theta=\frac{|1\times2+(-1)\times1+2\times1|}{\sqrt{1^2+(-1)^2+2^2}\sqrt{2^2+1^2+1^2}}=\frac{1}{2},$$

所以两平面的夹角 $\theta=\dfrac{\pi}{3}$.

做一做

1. 若平面 $x+y+kz+1=0$ 与直线$\frac{x-1}{2}=\frac{y}{-1}=\frac{z+1}{1}$平行，求 k 的值.

2. 判定下列直线与平面的位置关系：

（1）$\frac{x}{3}=\frac{y}{-2}=\frac{z}{7}$ 和 $3x-2y+7z+1=0$；

（2）$\frac{x-2}{3}=\frac{y+2}{1}=\frac{z-3}{-4}$ 和 $x+y+z-3=0$.

任务四　学习点到平面的距离公式

学一学

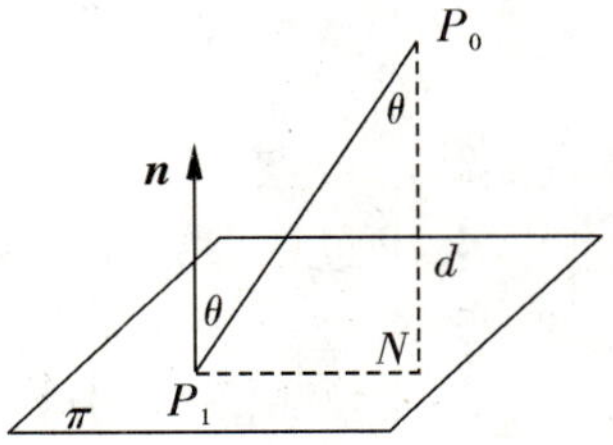

图 7-22

设点 $P_0(x_0,y_0,z_0)$是平面 π：$Ax+By+Cz+D=0$ 外一点，在平面 π 上任取一点 $P_1(x_1,y_1,z_1)$，作向量 $\overrightarrow{P_1P_0}=(x_0-x_1,y_0-y_1,z_0-z_1)$，如图 7-22 所示.

点 P_0到平面 π 的距离为

$$d=|\overrightarrow{P_1P_0}|\cdot|\cos\theta|,$$

其中 θ 是$\overrightarrow{P_1P_0}$与平面 π 的法向量 $\boldsymbol{n}$ 的夹角. 由于

$$\overrightarrow{P_1P_0}\cdot\boldsymbol{n}=A(x_0-x_1)+B(y_0-y_1)+C(z_0-z_1)=Ax_0+By_0+Cz_0+D,$$

从而
$$|\cos\theta|=\frac{|\overrightarrow{P_1P_0}\cdot\boldsymbol{n}|}{|\overrightarrow{P_1P_0}|\cdot|\boldsymbol{n}|}=\frac{|Ax_0+By_0+Cz_0+D|}{|\overrightarrow{P_1P_0}|\sqrt{A^2+B^2+C^2}},$$

所以，点 P_0到平面 π 的距离是

$$d=\frac{|Ax_0+By_0+Cz_0+D|}{\sqrt{A^2+B^2+C^2}}.$$

试一试

例 9　求点 $P(2,3,-1)$到平面 $x+2y+2z-10=0$ 的距离.

解
$$d=\frac{|1\times2+2\times3+2\times(-1)-10|}{\sqrt{1^2+2^2+2^2}}=\frac{4}{3}.$$

做一做

求点 $M(1,2,1)$到平面 $x+2y+2z-10=0$ 的距离.

项目练习 7.3

1. 填空题:

(1) 过原点,且与直线$\frac{x-1}{2}=\frac{y}{-1}=\frac{z+1}{1}$垂直的平面方程为______________.

(2) 过点 $M(4,-1,0)$,且与向量 $\boldsymbol{a}=(2,1,3)$ 平行的直线方程为______________.

(3) 若平面 $x+y+kz-1=0$ 与直线$\frac{x}{2}=\frac{y}{-1}=\frac{z}{1}$平行,则 $k=$__________.

(4) 与 x,y,z 轴的交点分别为$(2,0,0),(0,-3,0),(0,0,-1)$的平面方程为________.

(5) 直线$\frac{x-3}{-2}=\frac{y+4}{-7}=\frac{z}{3}$与平面 $4x-2y-2z-3=0$ 的位置关系是__________.

2. 求过 z 轴和点 $M(-3,1,-2)$ 的平面方程.

3. 求过点 $A(1,2,-1)$ 和 $B(-5,2,7)$,且与 x 轴平行的平面方程.

4. 求过三点 $A(2,3,0),B(-2,-3,4),C(0,6,0)$ 的平面方程.

5. 求过 $A(3,4,-4)$ 和 $B(3,-2,2)$ 的直线方程.

6. 求过点 $M(1,1,1)$,且同时与平面 $2x-y-3z=0$ 和 $x+2y-5z-1=0$ 平行的直线方程.

7. 将直线的一般方程$\begin{cases}x+2y-z-6=0,\\2x-y+z-1=0\end{cases}$化为点向式方程和参数方程.

项目四　曲面与曲线

任务一　认识几种常见的曲面及其方程

学一学

在空间中,到一定点的距离为定值的动点的轨迹称为**球面**,定点叫**球心**,定值叫**半径**.

设动点为 $M(x,y,z)$,球心为 $M_0(x_0,y_0,z_0)$,半径为 R,由两点间的距离公式得球面方程为

$$(x-x_0)^2+(y-y_0)^2+(z-z_0)^2=R^2.$$

特别地,球心在原点 $O(0,0,0)$,半径为 R 的球面方程为

$$x^2+y^2+z^2=R^2.$$

球面方程的特点如下:它是关于 x,y,z 的二元方程,其中含 x^2,y^2,z^2 的三项的系数相等,且不含 xy,yz,xz 等项.

试一试

例 1　方程 $x^2+y^2+z^2-4x+2z=0$ 表示怎样的曲面?

解　原方程配方得

$$(x-2)^2+y^2+(z+1)^2=5,$$

它表示球心在点$(2,0,-1)$,半径为$\sqrt{5}$的球面.

做一做

1. 求球心坐标为$(-1,2,0)$,半径为 3 的球面方程.
2. 求球面 $2x^2+2y^2+2z^2-z=0$ 的球心和半径.

学一学

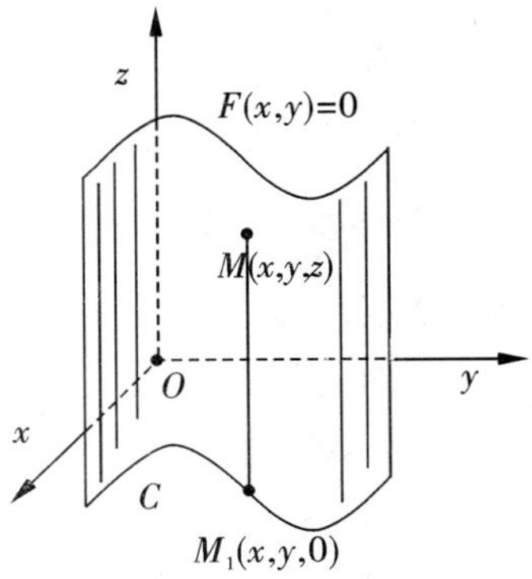

图 7-23

一动直线 L 沿定曲线 C 移动,且始终与定直线 l 平行,则称动直线 L 的轨迹为**柱面**. 定曲线 C 叫做柱面的**准线**,动直线 L 叫做柱面的**母线**.

下面主要讨论母线平行于坐标轴的柱面. 设柱面的准线是 xOy 面上的曲线 C

$$\begin{cases}F(x,y)=0,\\ z=0,\end{cases}$$

柱面的母线平行于 z 轴(见图 7-23),点 $M(x,y,z)$ 是柱面上任意一点,过点 M 作平行于 z 轴的直线,交曲线 C 于点 $M_1(x,y,0)$,由于点 M_1 在曲线 C 上,故它的坐标满足曲线 C 的方程,即

$$F(x,y)=0.$$

上式就是母线平行于 z 轴,准线为曲线 C 的柱面方程.

类似地,母线平行于 x 轴,准线为 yOz 面上的曲线$\begin{cases}G(y,z)=0,\\ x=0\end{cases}$的柱面方程为

$$G(y,z)=0.$$

母线平行于 y 轴,准线为 zOx 面上的曲线$\begin{cases}H(x,z)=0,\\ y=0\end{cases}$的柱面方程为

$$H(x,z)=0.$$

柱面方程的特点如下:母线平行于哪条坐标轴,方程中就不含有该坐标变量.

试一试

例 2　指出下列方程表示什么曲面:

(1) $x^2+y^2=a^2$;　　　　(2) $z=-x^2+1$.

解　(1) $x^2+y^2=a^2$ 表示母线平行于 z 轴,准线是 xOy 面上的圆周 $x^2+y^2=a^2$ 的圆柱面,如图 7-24 所示.

(2) $z=-x^2+1$ 表示母线平行于 y 轴,准线是 zOx 面上的抛物线 $z=-x^2+1$ 的抛物柱面,如图 7-25 所示.

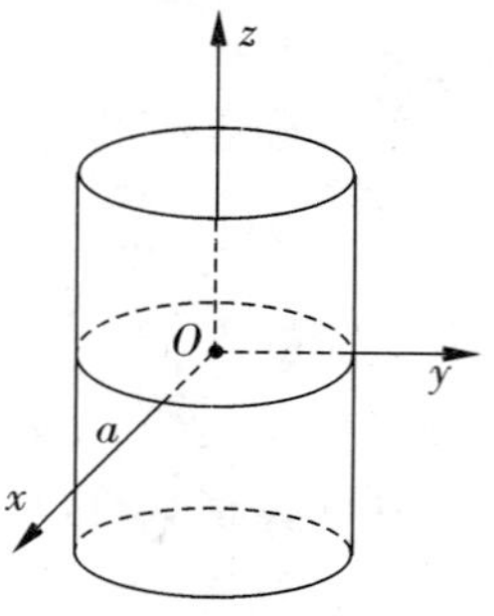

图 7-24

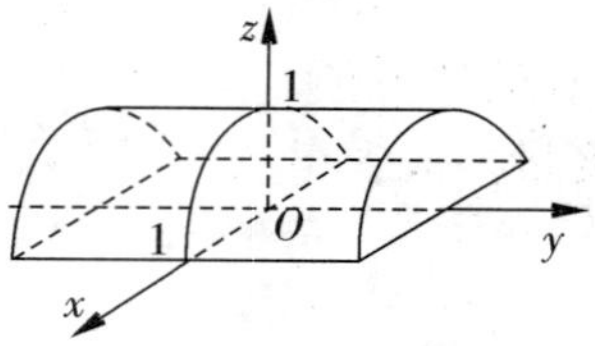

图 7-25

做一做

说出下列方程表示的曲面：

（1）$y^2-z^2=4$；　　　　（2）$\frac{x^2}{9}+\frac{y^2}{16}=1$.

学一学

一条曲线 C 绕一定直线 l 旋转所形成的曲面称为**旋转曲面**. 曲线 C 叫做旋转曲面的**母线**，定直线 l 叫做旋转曲面的**轴**（或**旋转轴**）.

下面主要讨论母线是坐标面上的平面曲线，旋转轴是该坐标面上的一条坐标轴的旋转曲面. 设旋转曲面 S 的母线是 yOz 面上的曲线 C

$$\begin{cases}f(y,z)=0,\\x=0,\end{cases}$$

旋转轴是 z 轴，点 $M(x,y,z)$ 是曲面 S 上任意一点，它是由曲线 C 上一点 $M_1(0,y_1,z_1)$ 旋转而来的. 显然有，$z=z_1$，$\sqrt{x^2+y^2}=|y_1|$. 由于点 $M_1(0,y_1,z_1)$ 在曲线 C 上，故

$$f(y_1,z_1)=0.$$

所以，点 $M(x,y,z)$ 的坐标满足方程

$$f(\pm\sqrt{x^2+y^2},z)=0.$$

上式就是以曲线 C 为母线，z 轴为旋转轴的曲面 S 的方程，如图 7-26所示.

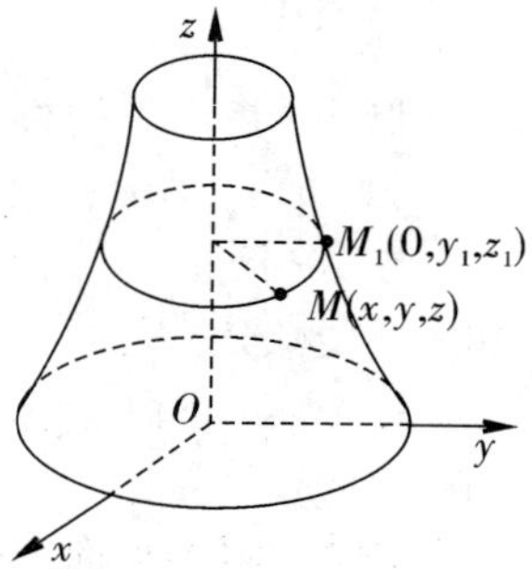

图 7-26

类似地，母线是 yOz 面上的曲线 C

$$\begin{cases}f(y,z)=0,\\x=0,\end{cases}$$

旋转轴是 y 轴时，曲面方程为 $f(y,\pm\sqrt{x^2+z^2})=0$.

母线是 xOz 面上的曲线 $\begin{cases}g(x,z)=0,\\y=0,\end{cases}$ 旋转轴是 z 轴时，曲面方程为 $g(\pm\sqrt{x^2+y^2},z)=0$；旋转轴是 x 轴时，曲面方程

为$g(x,\pm\sqrt{y^2+z^2})=0$.

母线是 xOy 面上的曲线$\begin{cases}h(x,y)=0,\\ z=0,\end{cases}$旋转轴是 x 轴时,曲面方程为 $h(x,\pm\sqrt{y^2+z^2})=0$;旋转轴是 y 轴时,曲面方程为 $h(\pm\sqrt{x^2+z^2},y)=0$.

旋转曲面方程的特点如下:曲线 C 绕哪条坐标轴旋转,曲面方程中该坐标轴对应的变量不变,另一变量换成它与第三变量平方和的平方根.

试一试

例 3 将 yOz 面上的椭圆$\frac{y^2}{a^2}+\frac{z^2}{b^2}=1$ 分别绕 z 轴和 y 轴旋转一周,求所形成的旋转曲面的方程(见图 7-27).

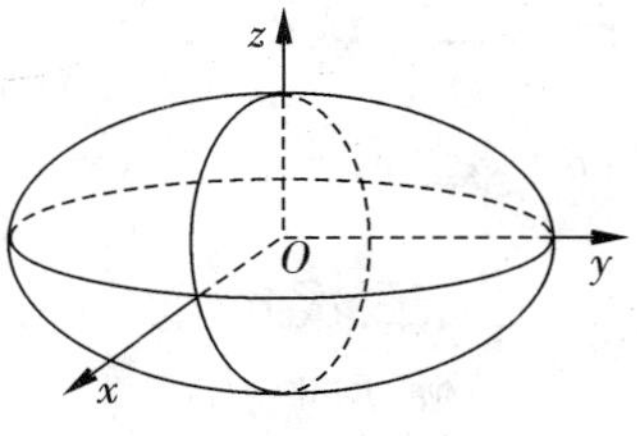

图 7-27

解 将方程中的 y 换成$\pm\sqrt{x^2+y^2}$,得绕 z 轴旋转一周所形成的旋转曲面的方程为

$$\frac{x^2}{a^2}+\frac{y^2}{a^2}+\frac{z^2}{b^2}=1;$$

将方程中的 z 换成$\pm\sqrt{x^2+z^2}$,得绕 y 轴旋转一周所形成的旋转曲面的方程为

$$\frac{x^2}{b^2}+\frac{y^2}{a^2}+\frac{z^2}{b^2}=1.$$

例 4 求 xOy 面上的抛物线 $x=ay^2(a>0)$绕 x 轴旋转一周所形成的旋转抛物面的方程(见图 7-28).

解 将方程中的 y 换成$\pm\sqrt{y^2+z^2}$,得旋转抛物面方程为

$$x=a(y^2+z^2).$$

直线 L 绕另一条与它相交的直线 l 旋转一周形成的旋转曲面称为**圆锥面**. 两直线的交点叫做圆锥面的**顶点**,两直线的夹角叫做圆锥面的**半顶角**,如图 7-29 所示.

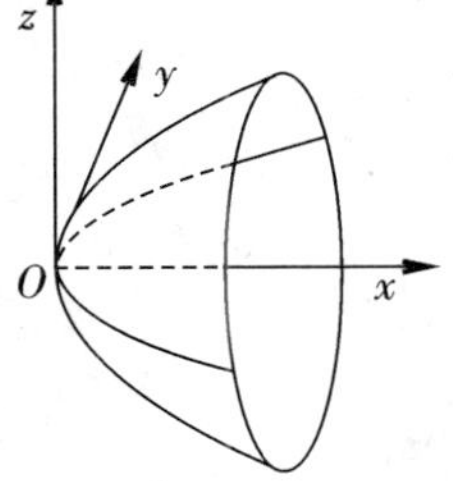

图 7-28

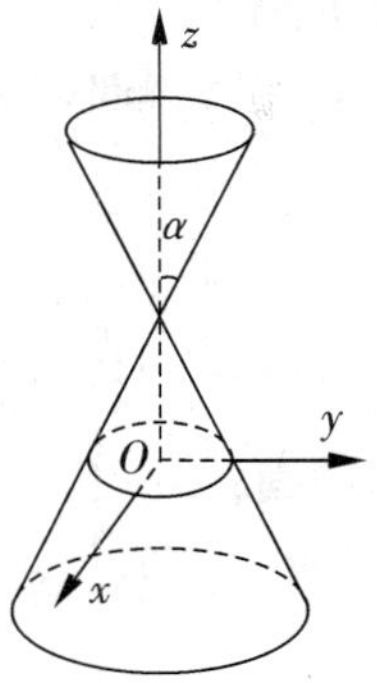

图 7-29

例 5 求 yOz 面上的直线 $z=ky(k>0)$绕 z 轴旋转一周而形成的圆锥面的方程.

解 所求圆锥面的方程为

$$z=\pm k\sqrt{x^2+y^2},$$

即

$$z^2=k^2(x^2+y^2).$$

做一做

1. 写出 xOz 面上的抛物线 $z=x^2+1$ 绕 z 轴旋转一周所形成的旋转曲面的方程.

2. 写出 xOy 面上的直线 $x+y=1$ 绕 y 轴旋转一周所形成的圆锥面的方程.

任务二　认识几个二次曲面

学一学

三元二次方程表示的曲面称为**二次曲面**.

1. 椭球面

方程　$\dfrac{x^2}{a^2}+\dfrac{y^2}{b^2}+\dfrac{z^2}{c^2}=1$　$(a>0,b>0,c>0)$

表示的曲面称为**椭球面**,如图 7-30 所示.

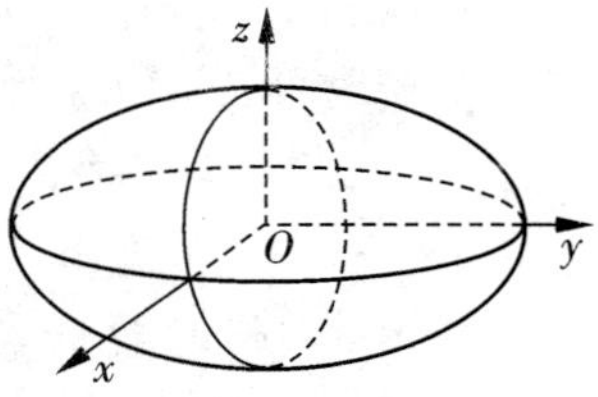

图 7-30

当 $a=b=c$ 时,方程为

$$x^2+y^2+z^2=a^2,$$

表示球心在原点,半径为 a 的球面.

当 a,b,c 中有两个相等时,例如,$a=b\neq c$ 时,方程为

$$\frac{x^2}{a^2}+\frac{y^2}{a^2}+\frac{z^2}{c^2}=1,$$

表示**旋转椭球面**,可以看成是曲线$\begin{cases}\dfrac{x^2}{a^2}+\dfrac{z^2}{c^2}=1,\\ y=0\end{cases}$ 或 $\begin{cases}\dfrac{y^2}{a^2}+\dfrac{z^2}{c^2}=1,\\ x=0\end{cases}$绕 z 轴旋转一周而形成的旋转曲面.

a,b,c 称为**椭球面的半轴**,原点称为**椭球面的中心**.

平行于坐标面的平面与椭球面的交线为椭圆.

2. 椭圆抛物面

方程

$$\frac{x^2}{2p}+\frac{y^2}{2q}=z\ (p,q\text{ 同号}),$$

表示的曲面称为**椭圆抛物面**,如图 7-31 所示.

当 $p=q$ 时,方程为

$$x^2+y^2=2pz,$$

表示旋转抛物面,可以看成是曲线$\begin{cases}x^2=2pz,\\ y=0\end{cases}$或$\begin{cases}y^2=2pz,\\ x=0\end{cases}$绕 z 轴旋转一周而形成的旋转曲面.

椭圆抛物面过原点,原点是其顶点. 平行于 xOy 面的平面与椭圆抛物面的交线是椭

圆. 平行于 zOx 及 yOz 面的平面与椭圆抛物面的交线是抛物线(见图 7-31).

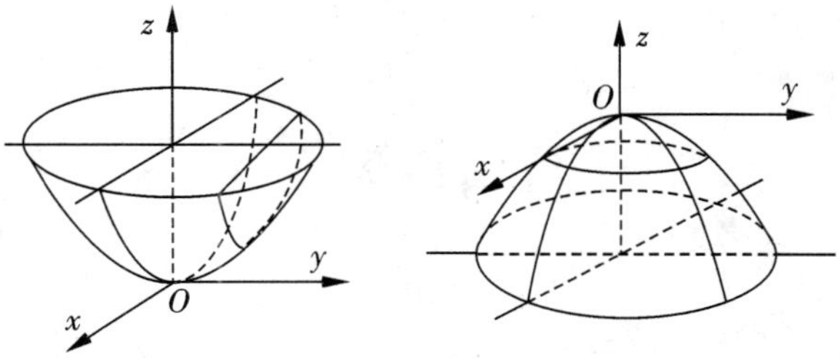

图 7-31

做一做

指出下列方程表示什么曲面:

(1) $\frac{x^2}{1}+\frac{y^2}{4}+\frac{z^2}{9}=1$;　　(2) $\frac{x^2}{2}+\frac{y^2}{3}=z$.

任务三　认识一般曲线的方程

学一学

如果曲线 Γ 是曲面 S_1: $F_1(x,y,z)=0$ 和 S_2: $F_2(x,y,z)=0$ 的交线,那么方程组

$$\begin{cases}F_1(x,y,z)=0,\\F_2(x,y,z)=0\end{cases}$$

称为**曲线 Γ 的一般方程**.

例如,方程组

$$\begin{cases}z=\sqrt{5-x^2-y^2},\\x^2+y^2=4\end{cases}$$

表示半球面与圆柱面的交线,是一个圆,如图 7-32 所示.

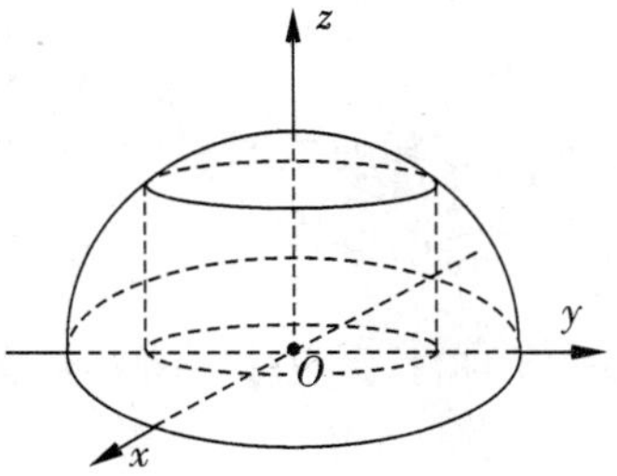

图 7-32

如果曲线 Γ 上任意一点 $M(x,y,z)$ 的三个坐标都能表示成参数 t 的函数

$$\begin{cases}x=x(t),\\y=y(t),\\z=z(t),\end{cases}$$

则上式叫做**曲线 Γ 的参数方程**.

做一做

说出下列方程组表示什么曲线:

(1) $\begin{cases}x^2+y^2=1,\\z=0;\end{cases}$ (2) $\begin{cases}z=x^2+y^2,\\y=1.\end{cases}$

项目练习 7.4

1. 填空题：

(1) 方程 $x^2+y^2+z^2-2x+4y+2z=0$ 表示______面，球心为______，半径为________.

(2) 方程 $x^2+y^2=4$ 表示__________面.

2. 已知球面的一条直径的两个端点是 $A(2,-3,5)$ 和 $B(4,1,-3)$，写出球面方程.

* 项目五　行列式简介

这里仅介绍本教材所需的二阶与三阶行列式.

学一学

设有四个数排成正方形表

$$\begin{bmatrix}a_{11} & a_{12}\\a_{21} & a_{22}\end{bmatrix},$$

则数 $a_{11}a_{22}-a_{12}a_{21}$ 称为对应于这个表的二阶行列式，记作

$$\begin{vmatrix}a_{11} & a_{12}\\a_{21} & a_{22}\end{vmatrix},$$

即

$$\begin{vmatrix}a_{11} & a_{12}\\a_{21} & a_{22}\end{vmatrix}=a_{11}a_{22}-a_{12}a_{21}.$$

其中数 $a_{11},a_{12},a_{21},a_{22}$ 称为行列式的元素，横排为行，竖排为列，元素 a_{ij} 中的 i 和 j 分别表示行数和列数. 利用对角线把行列式展开的法则叫做对角线法.

试一试

例 1　计算二阶行列式：

$$\begin{vmatrix}7 & 4\\-3 & 2\end{vmatrix}.$$

解　根据二阶行列式的定义：

$$\begin{vmatrix}7 & 4\\-3 & 2\end{vmatrix}=7\times2-(-3)\times4=26.$$

做一做

计算下列二阶行列式：

(1) $\begin{vmatrix} 3 & -2 \\ 1 & 3 \end{vmatrix}$；　　　　(2) $\begin{vmatrix} 2 & -8 \\ 5 & 6 \end{vmatrix}$.

学一学

设有九个数排成三行三列，并在两旁各加一竖线，即为三阶行列式，即

$$\begin{vmatrix} a_{11} & a_{12} & a_{13} \\ a_{21} & a_{22} & a_{23} \\ a_{31} & a_{32} & a_{33} \end{vmatrix} = a_{11}a_{22}a_{33}+a_{12}a_{23}a_{31}+a_{13}a_{21}a_{32}-a_{13}a_{22}a_{31}-a_{12}a_{21}a_{33}-a_{11}a_{23}a_{32},$$

上式右端相当复杂，我们可以借助图 7－33 记住它的计算规则.

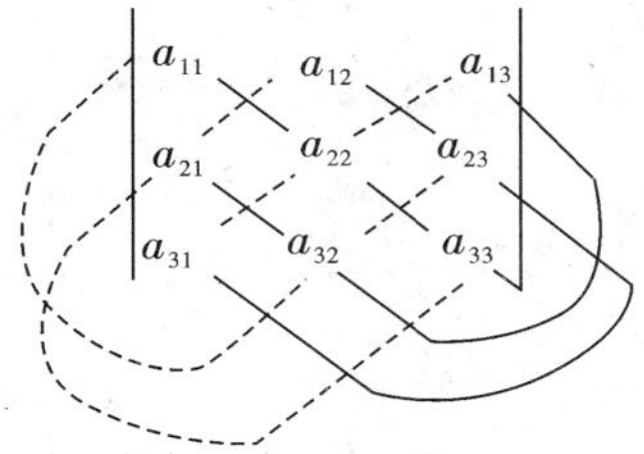

图 7－33

图 7－33 中由左上角到右下角的对角线（如实线所示）称为主对角线，另一对角线（如虚线所示）称为次对角线.

试一试

例 2　计算三阶行列式：

$$\begin{vmatrix} 2 & 1 & 2 \\ -4 & 3 & 1 \\ 2 & 3 & 5 \end{vmatrix}.$$

解　根据三阶行列式的定义：

$$\begin{vmatrix} 2 & 1 & 2 \\ -4 & 3 & 1 \\ 2 & 3 & 5 \end{vmatrix} = 2\times3\times5+1\times1\times2+2\times(-4)\times3-2\times3\times2-1\times(-4)\times5-2\times1\times3$$

$$=10.$$

学一学

由于数的运算满足结合律、交换律和分配律，可把三阶行列式改写为

$$\begin{vmatrix} a_{11} & a_{12} & a_{13} \\ a_{21} & a_{22} & a_{23} \\ a_{31} & a_{32} & a_{33} \end{vmatrix} = a_{11}(a_{22}a_{33}-a_{23}a_{32})-a_{12}(a_{21}a_{33}-a_{23}a_{31})+a_{13}(a_{21}a_{32}-a_{22}a_{31}),$$

即

$$\begin{vmatrix} a_{11} & a_{12} & a_{13} \\ a_{21} & a_{22} & a_{23} \\ a_{31} & a_{32} & a_{33} \end{vmatrix} = a_{11}\begin{vmatrix} a_{22} & a_{23} \\ a_{32} & a_{33} \end{vmatrix} - a_{12}\begin{vmatrix} a_{21} & a_{23} \\ a_{31} & a_{33} \end{vmatrix} + a_{13}\begin{vmatrix} a_{21} & a_{22} \\ a_{31} & a_{32} \end{vmatrix},$$

上式称为三阶行列式按第一行的展开式.

试一试

例 3　计算三阶行列式：

$$\begin{vmatrix} 3 & 2 & -4 \\ 1 & 5 & 2 \\ 3 & 2 & 1 \end{vmatrix}.$$

解 $\begin{vmatrix} 3 & 2 & -4 \\ 1 & 5 & 2 \\ 3 & 2 & 1 \end{vmatrix} = 3\begin{vmatrix} 5 & 2 \\ 2 & 1 \end{vmatrix} - 2\begin{vmatrix} 1 & 2 \\ 3 & 1 \end{vmatrix} - 4\begin{vmatrix} 1 & 5 \\ 3 & 2 \end{vmatrix}$

$= 3\times1 - 2\times(-5) - 4\times(-13) = 65.$

做一做

计算下列三阶行列式：

(1) $\begin{vmatrix} 3 & -2 & 1 \\ -2 & 1 & 3 \\ 2 & 0 & -2 \end{vmatrix}$;　　(2) $\begin{vmatrix} -1 & 2 & 2 \\ 2 & -1 & 2 \\ 2 & 2 & -1 \end{vmatrix}$.

读一读

向量的来源

向量又称为矢量，最初应用于物理学.很多物理量如力、速度、位移以及电场强度、磁感应强度等都是向量.大约公元前350年前，古希腊著名学者亚里士多德就知道了力可以表示成向量，两个力的组合作用可用著名的平行四边形法则来得到."向量"一词来自力学、解析几何中的有向线段.最先使用有向线段表示向量的是英国大科学家牛顿.

课本上讨论的向量是一种带几何性质的量，除零向量外，总可以画出箭头表示方向.但是在高等数学中还有更广泛的向量.例如，把所有实系数多项式的全体看成一个多项式空间，这里的多项式都可看成一个向量.在这种情况下，要找出起点和终点甚至画出箭头表示方向是办不到的.这种空间中的向量比几何中的向量要广泛得多，可以是任意数学对象或物理对象.这样，就可以指导线性代数方法应用到广阔的自然科学领域中去了.因此，向量空间的概念，已成了数学中最基本的概念和线性代数的中心内容，它的理论和方法在自然科学的各领域中得到了广泛的应用.而向量及其线性运算也为"向量空间"这一抽象的概念提供了一个具体的模型.

从数学发展史来看，历史上很长一段时间，空间的向量结构并未被数学家们所认识，直到19世纪末20世纪初，人们才把空间的性质与向量运算联系起来，使向量成为具有一套优良运算通性的数学体系.

向量能够进入数学并得到发展，首先应从复数的几何表示谈起.18世纪末期，挪威测量学家威塞尔首次利用坐标平面上的点来表示复数 $a+bi$，并利用具有几何意义的复数运算来定义向量的运算.他把坐标平面上的点用向量表示出来，并把向量的几何表示用于研究几何问题与三角问题.人们逐步接受了复数，也学会了利用复数来表示和研究平面中的向量，向量就这样平静地进入了数学.

但复数的利用是受限制的，因为它仅能用于表示平面，若有不在同一平面上的力作用于同一物体，则需要寻找所谓的三维“复数”以及相应的运算体系. 19 世纪中期，英国数学家汉密尔顿发明了四元数(包括数量部分和向量部分)，以代表空间的向量. 他的工作为向量代数和向量分析的建立奠定了基础. 随后，电磁理论的发现者，英国数学物理学家麦克思韦尔把四元数的数量部分和向量部分分开处理，从而创造了大量的向量分析.

三维向量分析的开创，以及同四元数的正式分裂，是英国的居伯斯和海维塞德于 19 世纪 80 年代各自独立完成的. 他们提出，一个向量不过是四元数的向量部分，但不独立于任何四元数. 他们引进了两种类型的乘法，即数量积和向量积，并把向量代数推广到变向量的向量微积分. 从此，向量的方法被引进到分析和解析几何中来，并逐步完善，成为了一套优良的数学工具.

复习与提问

1. 在空间直角坐标系中，有______个坐标原点，__________条坐标轴，________个坐标面，______个卦限. 每个卦限中，点的坐标的特点分别为____________________________.

2. 构成向量的两要素是________________. 单位向量是________________，零向量是________，向量相等指的是_______________________，平行向量又叫______________.

3. 向量的加法运算有______________法则和_______________法则，数和向量的乘积是_______________量.

4. 设有一点 $M(x,y,z)$，则向径$\overrightarrow{OM}$的坐标为_________________________；设有空间两点 $M_1(x_1,y_1,z_1)$ 和 $M_2(x_2,y_2,z_2)$，则向量$\overrightarrow{M_1M_2}$的坐标为_______________；空间两点之间的距离$|\overrightarrow{M_1M_2}|$为____________________________.

5. 设向量 $\boldsymbol{a}=(a_x,a_y,a_z)$，则向量 $\boldsymbol{a}$ 的模为________________；向量 $\boldsymbol{a}$ 的方向余弦为__________________________________；与 $\boldsymbol{a}$ 同方向的单位向量为________________.

6. 两个向量 $\boldsymbol{a}$ 和 $\boldsymbol{b}$ 的数量积定义为___________________或___________________；设 $\boldsymbol{a}=(a_x,a_y,a_z)$，$\boldsymbol{b}=(b_x,b_y,b_z)$，则数量积的坐标表示式为________________.

7. 向量 $\boldsymbol{a}$ 与 $\boldsymbol{b}$ 垂直的充要条件是_____________或_______________________.

8. 向量 $\boldsymbol{a}$ 和 $\boldsymbol{b}$ 的向量积是________量，记作_____________，它的模为_____________，它的方向为_____________________；向量积的模 $|\boldsymbol{a}\times\boldsymbol{b}|$ 的几何意义表示_____________.

9. 设 $\boldsymbol{a}=a_x\boldsymbol{i}+a_y\boldsymbol{j}+a_z\boldsymbol{k}$，$\boldsymbol{b}=b_x\boldsymbol{i}+b_y\boldsymbol{j}+b_z\boldsymbol{k}$，则向量积 $\boldsymbol{a}\times\boldsymbol{b}$ 的坐标表示式为__________.

10. 向量 $\boldsymbol{a}$ 与 $\boldsymbol{b}$ 平行的充要条件是______________或_______________________.

11. 平面方程的点法式为________________________，一般式为____________________，截距式为_______________________.

12. 过原点的平面方程为_______________，平行于 x 轴的平面方程为_____________，平行于 y 轴的平面方程为___________________，平行于 z 轴的平面方程为_____________，过 x 轴的平面方程为_______________，过 y 轴的平面方程为___________________，过 z 轴

的平面方程为________________.

13. 平行于 xOy 面的平面方程为________________________,平行于 yOz 面的平面方程为_________________________,平行于 zOx 面的平面方程为______________,xOy 面方程为______,yOz 面方程为________,zOx 面方程为__________.

14. 直线方程的对称式(点向式)为__________________,一般式为______________,参数方程为______________.

15. 设平面 π_1 和 π_2 的方程分别为 $A_1x+B_1y+C_1z+D_1=0$ 和 $A_2x+B_2y+C_2z+D_2=0$,则平面 π_1 和 π_2 平行的充要条件是__________,平面 π_1 和 π_2 垂直的充要条件是______________,两个平面夹角的余弦值是__________________________.

16. 设两直线的方向向量分别为 $\boldsymbol{s}_1=(m_1,n_1,p_1)$ 和 $\boldsymbol{s}_2=(m_2,n_2,p_2)$,则两直线平行的条件是______,两直线垂直的条件是______,两直线夹角的余弦值是________________.

17. 设直线 l 的方向向量为 $\boldsymbol{s}=(m,n,p)$,平面 π 的法向量为 $\boldsymbol{n}=(A,B,C)$,则直线和平面平行的条件是____________________,直线和平面垂直的条件是________________,直线和平面夹角的正弦值是____________________.

18. 点 $P_0(x_0,y_0,z_0)$ 到平面 $\pi:Ax+By+Cz+D=0$ 的距离公式为__________________.

19. 球心为 $M_0(x_0,y_0,z_0)$,半径为 R 的球面方程为__________________,球面方程的特点是____________,母线平行于坐标轴的柱面方程的特点是______________________,坐标面上的平面曲线绕某坐标轴旋转后所形成的旋转曲面方程的特点是____________________________.

20. 椭球面方程为__________________,椭圆抛物面方程为________________.

复习题七

1. 填空题:

(1) 点 $M(2,-3,-1)$ 关于 x 轴对称的点是__________,到 z 轴的距离是______,到坐标原点的距离是________;

(2) 已知 $\overrightarrow{AB}=(2,-1,3)$,点 B 的坐标为 $(3,1,2)$,则点 A 的坐标为__________;

(3) 若 $|\boldsymbol{a}|=2$, $|\boldsymbol{b}|=3$, $(\widehat{\boldsymbol{a},\boldsymbol{b}})=\dfrac{\pi}{6}$,则 $\boldsymbol{a}\cdot\boldsymbol{b}=$______,$\mathrm{Prj}_{\boldsymbol{b}}\boldsymbol{a}=$______,以 $\boldsymbol{a}$ 和 $\boldsymbol{b}$ 为邻边的平行四边形的面积等于______;

(4) 设 $\boldsymbol{a}=2\boldsymbol{i}+3\boldsymbol{j}-2\boldsymbol{k}$,则 $\boldsymbol{a}\cdot\boldsymbol{i}=$__________,$\boldsymbol{a}\times\boldsymbol{i}=$__________;

(5) 设 $\boldsymbol{a}=\boldsymbol{i}+\boldsymbol{j}-4\boldsymbol{k}$, $\boldsymbol{b}=2\boldsymbol{i}+\lambda\boldsymbol{k}$,且 $\boldsymbol{a}\perp\boldsymbol{b}$,则 $\lambda=$__________;

(6) 与平面 $x-y+2z+1=0$ 垂直的单位向量为______________;

(7) 过原点且垂直于平面 $2y-z+2=0$ 的直线方程为__________;

(8) 点 $(-1,2,-1)$ 到平面 $x+2y+2z-3=0$ 的距离为______;

(9) 若平面 $2x-5y+11z-12=0$ 与平面 $3x+my+4z-21=0$ 垂直,则 $m=$______;

(10) 球面的 $x^2+y^2+z^2+4x-2y+2z+5=0$ 球心坐标为__________,半径为______;

(11) 准线为$\begin{cases}2x^2+y^2+z^2=16,\\z=3,\end{cases}$母线平行于 z 轴的柱面方程是________;

(12) 直线$\begin{cases}x=1,\\y=0\end{cases}$绕 z 轴旋转一周所形成的旋转曲面的方程为________.

2. 选择题:

(1) 设 $\boldsymbol{a}=(-1,-1,1)$, $\boldsymbol{b}=(2,2,-2)$,则有(　　).

A. $\boldsymbol{a}/\!/\boldsymbol{b}$　　B. $\boldsymbol{a}\perp\boldsymbol{b}$

C. $(\widehat{\boldsymbol{a},\boldsymbol{b}})=\frac{\pi}{3}$　　D. $(\widehat{\boldsymbol{a},\boldsymbol{b}})=\frac{2\pi}{3}$

(2) 设 $|\boldsymbol{a}|=2$, $|\boldsymbol{b}|=\sqrt{3}$, $|\boldsymbol{a}\times\boldsymbol{b}|=3$, $\boldsymbol{a}$ 与 $\boldsymbol{b}$ 成锐角,则 $\boldsymbol{a}\cdot\boldsymbol{b}=$(　　).

A. $\sqrt{3}$　　B. 3

C. $2\sqrt{3}$　　D. $2+\sqrt{3}$

(3) 向量 $\boldsymbol{a}=(a_x,a_y,a_z)$ 与 x 轴垂直,则(　　).

A. $a_x=0$　　B. $a_y=0$

C. $a_z=0$　　D. $a_y=a_x=0$

(4) 下列平面中,过 y 轴的是(　　).

A. $x+y+z=0$　　B. $x+y+z=1$

C. $x+z=1$　　D. $x+z=0$

(5) 已知直线 L: $\frac{x-1}{2}=\frac{y}{0}=\frac{z+2}{-3}$,则直线 L(　　).

A. 过点(1,0,-2)且垂直于 x 轴

B. 过点(1,0,-2)且垂直于 y 轴

C. 过点(1,0,-2)且垂直于 xOy 面

D. 过点(1,0,-2)且垂直于 yOz 面

(6) 直线 L: $\frac{x-1}{2}=\frac{y}{1}=\frac{z+1}{-1}$与平面 $x-y+z=1$ 的关系是(　　).

A. 平行　　B. 垂直

C. 夹角为$\frac{\pi}{4}$　　D. 直线在平面内

(7) 柱面 $x^2+y=0$ 的母线平行于(　　).

A. z 轴　　B. x 轴

C. y 轴　　D. xOy 平面

3. 设 $\boldsymbol{a}=(1,-2,1)$, $\boldsymbol{b}=(1,1,2)$,计算:

(1) $\boldsymbol{a}\times\boldsymbol{b}$;　(2) $(2\boldsymbol{a}-\boldsymbol{b})\cdot(\boldsymbol{a}+\boldsymbol{b})$;　(3) $|\boldsymbol{a}-\boldsymbol{b}|^2$.

4. 已知一直线过点 $A(1,2,1)$,且垂直于直线 L_1: $\frac{x-1}{3}=\frac{y}{2}=\frac{z+1}{1}$和 L_2: $x=y=z$,求该直线方程.

5. 求过点 $M(1,2,1)$,且同时与平面 $x+y-2z+1=0$ 和 $2x-y+z=0$ 垂直的平面方程.

6. 一平面过直线$\begin{cases}x+5y+z=0,\\x-z+4=0,\end{cases}$且与平面 $x-4y-8z+12=0$ 垂直，求该平面方程.

7. 求过点 $A(1,1,-1)$ 和原点，且与平面 $4x+3y+z=1$ 垂直的平面方程.

8. 指出下列方程表示的图形的名称：

(1) $y=2$；　　(2) $x^2+2y^2=1$；

(3) $x^2+y^2+z^2=2z$；　　(4) $x^2=y^2+z^2$；

(5) $z=2x^2+2y^2$；　　(6) $\begin{cases}z=x^2+y^2,\\z=2.\end{cases}$

参考答案

项目练习 7.1

1. (1) 7，$\frac{6}{7},-\frac{2}{7},-\frac{3}{7},\left(\frac{6}{7},-\frac{2}{7},-\frac{3}{7}\right)$；　　(2) $k=-\frac{1}{2}$.

2. 5，$\frac{4}{5}$,0，$-\frac{3}{5}$；

3. (1) $a_z=0$；　　(2) $a_x=a_y=0$；　　(3) $a_x=0$.

4. $(-2,3,0)$；

5. (1) $\boldsymbol{c}=(4,-3,-1)$；

(2) $\frac{4}{\sqrt{26}}$，　$-\frac{3}{\sqrt{26}}$，　$-\frac{1}{\sqrt{26}}$；　$\pm\left(\frac{4}{\sqrt{26}},-\frac{3}{\sqrt{26}},-\frac{1}{\sqrt{26}}\right)$.

6. $(2,2,2)$.

项目练习 7.2

1. (1) 5，　$(-5,1,-3)$；　　(2) $k=-\frac{1}{3}$；

(3) $2\sqrt{29}$；　　(4) $\frac{7}{3}$.

2. $\frac{\pi}{3}$.

3. $\sqrt{21}$.

4. $\frac{5}{2}\sqrt{3}$.

项目练习 7.3

1. (1) $2x-y+z=0$；　　(2) $\frac{x-4}{2}=\frac{y+1}{1}=\frac{z}{3}$；　　(3) $k=-1$；

(4) $\frac{x}{2}-\frac{y}{3}-\frac{z}{1}=1$；　　(5) 平行.

2. $x+3y=0$.

3. $y=2$.

4. $3x+2y+6z-12=0$.

5. $\frac{x-3}{0}=\frac{y-4}{-1}=\frac{z+4}{1}$.

6. $\frac{x-1}{11}=\frac{y-1}{7}=\frac{z-1}{5}$.

7. $\frac{x-1}{1}=\frac{y-6}{-3}=\frac{z-6}{-5}$, $\begin{cases}x=t,\\ y=-3t+6,\\ z=-5t+6.\end{cases}$

项目练习 7.4

1. (1) 球, $(1,-2,-1)$, $\sqrt{6}$; (2) 圆柱.

2. $(x-3)^2+(y+1)^2+(z-1)^2=21$.

复习题七

1. (1) $(2,3,1)$, $\sqrt{13}$, $\sqrt{14}$; (2) $(1,2,-1)$;
   (3) $3\sqrt{3}$, $\sqrt{3}$, 3; (4) 2, $(0,-2,-3)$; (5) $\lambda=\frac{1}{2}$;
   (6) $\pm(\frac{1}{\sqrt{6}},-\frac{1}{\sqrt{6}},\frac{2}{\sqrt{6}})$; (7) $\frac{x}{0}=\frac{y}{2}=\frac{z}{-1}$; (8) $\frac{2}{3}$;
   (9) 10; (10) $(-2,1,-1)$, 1; (11) $2x^2+y^2=7$;
   (12) $x^2+y^2=1$.

2. (1) A; (2) A; (3) A; (4) D; (5) B; (6) A; (7) A.

3. (1) $(-5,-1,3)$; (2) 7; (3) 10.

4. $\frac{x-1}{1}=\frac{y-2}{-2}=\frac{z-1}{1}$.

5. $x+5y+3z-14=0$.

6. $4x+5y-2z+12=0$.

7. $4x-5y-z=0$.

8. (1) 平面; (2) 椭圆柱面; (3) 球面; (4) 圆锥面; (5) 旋转抛物面;
   (6) 圆.

第八篇　多元函数微分

在自然科学和工程技术中经常会遇到多于一个自变量的函数,这种函数称为多元函数.本篇将在一元函数的基础上,重点讨论二元函数的基本概念及其微分法和应用.

学习目标

◇ 知道二元函数的概念,能说出二元函数与一元函数的概念的区别.
◇ 会表示二元函数定义域,会描述二元函数的极限与连续性.
◇ 能阐述偏导数和全微分的概念,会求二元初等函数的偏导数和全微分.
◇ 会求复合函数和隐函数的偏导数.
◇ 会求空间曲线的切线和法平面及曲面的切平面和法线.
◇ 知道二元函数极值的概念,会求二元函数的极值.
◇ 了解求条件极值的拉格朗日乘数法,会解决一些简单的最值应用题.

项目一　多元函数

任务一　认识区域和邻域

看一看

我们知道,一元函数的定义域一般为数轴上的点或区间,而二元函数的定义域通常为平面上的点或区域.这里,由一条或几条曲线所围成的一部分平面称为**区域**.有的区域会延伸到无限远处,如 $D=\{(x,y)\mid xy>0\}$,称这类区域为**无界区域**,否则为**有界区域**.围成区域的曲线叫做**区域的边界**.包括边界在内的区域,如 $\{(x,y)\mid x^2+y^2\leqslant 1\}$,叫做**闭区域**,记作 $\overline{D}$,否则为**开区域**.

常见的区域有矩形域 $D=\{(x,y)\mid a<x<b,c<y<d\}$ 及圆域 $D=\{(x,y)\mid (x-x_0)^2+(y-y_0)^2<\delta^2\}(\delta>0)$.圆域一般又称为平面上 $P_0(x_0,y_0)$ 点的**邻域**,记为 $U(P_0,\delta)$.

做一做

说出下面集合表示怎样的区域:
(1) $D=\{(x,y)\mid 0<x^2+y^2<1\}$;　　(2) $D=\{(x,y)\mid x<1\}$.

任务二　学习二元函数概念

看一看

我们来观察圆锥体的体积 V 和高 h 及底面半径 r 之间的关系

$$V=\frac{1}{3}\pi r^2 h.$$

上式反映了三个变量 V,h,r 之间的一种关系，当 r,h 在集合$\{(r,h)\mid r>0,h>0\}$内取定一组数(r,h)时，通过关系 $V=\frac{1}{3}\pi r^2 h$，体积 V 有唯一确定的值与之对应.

这说明，在一定的条件下，三个变量之间存在着一种依赖关系. 这种关系给出了一个变量与另两个变量之间的对应法则，依照这个法则，当两个变量在允许的范围内取定一组数时，另一个变量有唯一确定的值与之对应，于是便有了二元函数的定义.

学一学

设 D 是 xOy 面上的一个点集，如果对于 D 内任意一点 $P(x,y)$，变量 z 按照一定的法则总有唯一确定的值与之对应，则称 z 是变量 x,y 的**二元函数**，记作

$$z=f(x,y).$$

点集 D 称为函数的定义域，x,y 称为自变量，z 称为因变量，数集$\{z\mid z=f(x,y),(x,y)\in D\}$称为值域.

从方程的角度看，二元函数 $z=f(x,y)$ 是三元方程，一般它表示一个曲面，这个曲面就是二元函数 $z=f(x,y)$ 的图形. 例如 $z=\sqrt{a^2-x^2-y^2}$ 的图形是一个半球面.

试一试

例 1　求 $z=\ln(xy)$ 的定义域及在 $P(1,\mathrm{e})$ 点处的函数值.

解　因为 $xy>0$，所以定义域为 $D=\{(x,y)\mid xy>0\}$.

在 $P(1,\mathrm{e})$ 点处的函数值为　$z(1,\mathrm{e})=\ln\mathrm{e}=1$.

做一做

写出下面函数的定义域：

(1) $z=\sqrt{a^2-x^2-y^2}$；　　　　(2) $z=\ln(x^2+y^2-1)+\sqrt{9-x^2-y^2}$.

任务三　探究二元函数的极限

类似于一元函数极限的定义，对于二元函数 $z=f(x,y)$，在点 $P(x,y)$ 趋向点 $P_0(x_0,y_0)$ 时，函数 $z=f(x,y)$ 的变化趋势怎样呢？

学一学

设二元函数 $z=f(x,y)$ 在点 $P_0(x_0,y_0)$ 的某个邻域 $U(P_0)$ 内有定义（点 P_0 可以除外），点

$P(x,y)$是$U(P_0)$内异于P_0的任意一点,如果当$P(x,y)$以任何方式无限接近$P_0(x_0,y_0)$时,对应的函数值都无限接近某个确定的常数A,则称A为$x\to x_0,y\to y_0$时,二元函数$f(x,y)$的**极限**(又叫二重极限),记作

$$\lim_{\substack{x\to x_0\\y\to y_0}} f(x,y)=A.$$

二元函数极限是一元函数极限的推广,有关一元函数极限的运算法则和定理,基本上可以类推到二元函数极限上.

试一试

例2 求$\lim\limits_{\substack{x\to 0\\y\to 0}}\dfrac{x^2+y^2}{\sqrt{1+x^2+y^2}-1}$.

解

$$\lim_{\substack{x\to 0\\y\to 0}}\frac{x^2+y^2}{\sqrt{1+x^2+y^2}-1}=\lim_{\substack{x\to 0\\y\to 0}}\frac{(x^2+y^2)(\sqrt{1+x^2+y^2}+1)}{(\sqrt{1+x^2+y^2}-1)(\sqrt{1+x^2+y^2}+1)}$$
$$=\lim_{\substack{x\to 0\\y\to 0}}(\sqrt{1+x^2+y^2}+1)=2.$$

注意:二元函数极限存在,是指$P(x,y)$以任何方式趋于$P_0(x_0,y_0)$时,函数值$f(x,y)$都无限地趋于常数A.如果当点$P(x,y)$以某两种方式趋于$P_0(x_0,y_0)$时,函数值$f(x,y)$趋于不同的常数,则函数$z=f(x,y)$的极限肯定不存在.

例3 讨论$\lim\limits_{\substack{x\to 0\\y\to 0}}\dfrac{xy}{x^2+y^2}$是否存在.

解 因当点$P(x,y)$沿直线$y=0$趋于点$(0,0)$时,有

$$\lim_{\substack{x\to 0\\y\to 0}}\frac{xy}{x^2+y^2}=\lim_{x\to 0}\frac{x\cdot 0}{x^2+0^2}=0,$$

而当点$P(x,y)$沿直线$y=x$趋于点$(0,0)$时,有

$$\lim_{\substack{x\to 0\\y\to 0}}\frac{xy}{x^2+y^2}=\lim_{x\to 0}\frac{x\cdot x}{x^2+x^2}=\frac{1}{2},$$

所以$\lim\limits_{\substack{x\to 0\\y\to 0}}\dfrac{xy}{x^2+y^2}$不存在.

想一想

二元函数$z=f(x,y)$的极限与一元函数$y=f(x)$的极限有什么不同?

做一做

求下列二元函数极限:

(1) $\lim\limits_{\substack{x\to 0\\y\to 0}}\dfrac{xy}{1+x^2+y^2}$;　　(2) $\lim\limits_{\substack{x\to 1\\y\to 0}}\dfrac{\ln(x+e^y)}{x^2+y^2}$.

任务四　探讨二元函数的连续性

一元函数连续的有关概念和结论都可以类似推广到二元函数上.

学一学

设函数 $f(x,y)$ 在点 $P_0(x_0,y_0)$ 的某个邻域内有定义,点 $P(x,y)$ 是邻域内任意一点,如果

$$\lim_{\substack{x\to x_0\\y\to y_0}} f(x,y)=f(x_0,y_0),$$

则称二元函数 $z=f(x,y)$ 在**点 $P_0(x_0,y_0)$ 连续**.

如果函数 $f(x,y)$ 在区域 D 内每一点都连续,则称函数 $f(x,y)$ **在区域 D 内连续**,也称函数 $f(x,y)$ 是 D 内的连续函数;如果 $f(x,y)$ 又在边界上每一点都连续,则称 $f(x,y)$ 在**闭区域 $\overline{D}$ 上连续**,又称 $f(x,y)$ 是 $\overline{D}$ 上的连续函数.

可以证明:二元初等函数在其定义区域内都是连续的.

试一试

例 4　求 $\lim\limits_{\substack{x\to 1\\y\to 1}} \dfrac{2x-y^2}{x^2+y^2}$.

解　$f(x,y)=\dfrac{2x-y^2}{x^2+y^2}$ 是初等函数,其定义域是

$$D=\{(x,y)\mid x^2+y^2\neq 0\},$$

而点 $(1,1)\in D$,所以

$$\lim_{\substack{x\to 1\\y\to 1}} \frac{2x-y^2}{x^2+y^2}=\frac{2\times 1-1^2}{1^2+1^2}=\frac{1}{2}.$$

看一看

二元连续函数在有界闭区域上的性质如下:

最大值和最小值定理　如果二元函数 $f(x,y)$ 在有界闭区域 $\overline{D}$ 上连续,那么它在 $\overline{D}$ 上一定有最大值和最小值,即在 $\overline{D}$ 上至少存在两点 $P_1(x_1,y_1)$ 和 $P_2(x_2,y_2)$,对任意的 $P(x,y)\in\overline{D}$,都有

$$f(x_1,y_1)\leqslant f(x,y)\leqslant f(x_2,y_2).$$

介值定理　设二元函数 $f(x,y)$ 在有界闭区域 $\overline{D}$ 上连续,且在 $\overline{D}$ 上取得两个不同的函数值,如果常数 c 介于这两个函数值之间,则至少存在一点 $(\xi,\eta)\in D$,使得

$$f(\xi,\eta)=c.$$

特别地,如果 $f(x,y)$ 在 $\overline{D}$ 上取得两个异号的函数值,那么至少存在一点 $(\xi,\eta)\in D$,使得

$$f(\xi,\eta)=0.$$

项目练习 8.1

1. 填空题：

（1）函数 $z=\dfrac{1}{\sqrt{2x-y}}+\ln(x^2+y^2-1)$ 的定义域为____________；

（2）若 $f(u,v)=u^2+v^2$，则 $f(\sin x,xy)=$____________；

（3）$\lim\limits_{\substack{x\to0\\y\to1}}\dfrac{\arctan(x^2+y)}{1+\ln(x+y^2)}=$________；

（4）设 $f(x-y,x+y)=xy$，则 $f(x,y)=$____________，设 $f(xy,x-y)=x^2+y^2$，则 $f(x,y)=$____________.

2. 求定义域：

（1）$z=\dfrac{\sqrt{4x-y^2}}{\ln(1-x^2-y^2)}$；　　（2）$z=\dfrac{1}{\sqrt{1-x^2-y^2}}+\ln(x+y-1)$.

3. 已知 $f(x,y)=x^2-y^2$，求 $f\left(x+y,\dfrac{y}{x}\right)$.

4. 求极限：

（1）$\lim\limits_{\substack{x\to0\\y\to0}}\dfrac{\sin(x^2+y^2)}{\sqrt{x^2+y^2}}$；　　（2）$\lim\limits_{\substack{x\to0\\y\to0}}\dfrac{3-\sqrt{x^2+y^2+9}}{x^2+y^2}$.

项目二　偏导数

在多元函数中，当某一个自变量变化，而其他自变量不变化时，函数关于这个自变量的变化率叫做多元函数对这个自变量的偏导数.

任务一　学习多元函数的偏导数

学一学

设函数 $z=f(x,y)$ 在点 (x_0,y_0) 的某一邻域内有定义，当自变量 y 保持定值 y_0，而自变量 x 在 x_0 处有增量 Δx 时，函数 $z=f(x,y)$ 相应地有增量为

$$\Delta z_x=f(x_0+\Delta x,y_0)-f(x_0,y_0)\quad（称为关于自变量 x 的偏增量）.$$

如果极限

$$\lim_{\Delta x\to0}\frac{\Delta z_x}{\Delta x}=\lim_{\Delta x\to0}\frac{f(x_0+\Delta x,y_0)-f(x_0,y_0)}{\Delta x}$$

存在，则称此极限为函数 $f(x,y)$ 在点 (x_0,y_0) 处**对 x 的偏导数**，记作

$$\left.\frac{\partial z}{\partial x}\right|_{\substack{x=x_0\\y=y_0}},\ \left.\frac{\partial f}{\partial x}\right|_{\substack{x=x_0\\y=y_0}},\ z_x(x_0,y_0)\text{或}f_x(x_0,y_0).$$

类似地，函数 $f(x,y)$ 在点 (x_0,y_0) 处**对 y 的偏导数**为

$$\lim_{\Delta y\to 0}\frac{\Delta z_y}{\Delta y}=\lim_{\Delta y\to 0}\frac{f(x_0,y_0+\Delta y)-f(x_0,y_0)}{\Delta y},$$

记作 $\left.\frac{\partial z}{\partial y}\right|_{\substack{x=x_0\\y=y_0}}$，$\left.\frac{\partial f}{\partial y}\right|_{\substack{x=x_0\\y=y_0}}$，$z_y(x_0,y_0)$ 或 $f_y(x_0,y_0)$.

如果函数 $z=f(x,y)$ 在区域 D 内的每一点处对 x 的偏导数都存在，那么这个偏导数是 x,y 的函数，称为函数 $z=f(x,y)$ **对自变量 x 的偏导函数**，记作

$$\frac{\partial z}{\partial x},\ \frac{\partial f}{\partial x},\ z_x \text{ 或 } f_x(x,y);$$

同理，函数 $z=f(x,y)$ **对自变量 y 的偏导函数**记作

$$\frac{\partial z}{\partial y},\ \frac{\partial f}{\partial y},\ z_y \text{ 或 } f_y(x,y).$$

偏导函数也简称为偏导数.

由定义可以看出，求二元函数 $z=f(x,y)$ 的偏导数时，只需要把其中一个自变量视为常数对待，按照一元函数的求导方法进行求导就可以了，即利用一元函数的微分法，在求 $\frac{\partial z}{\partial x}$ 时，把 y 看作常量，对 x 求导；在求 $\frac{\partial z}{\partial y}$ 时，把 x 看作常量，对 y 求导.

想一想

二元函数 $z=f(x,y)$ 的偏导函数与其在点 (x_0,y_0) 处的偏导数的区别是什么？联系是什么？

试一试

例 1　求函数 $z=\frac{x^2y^2}{x-y}$ 在点 $(2,1)$ 处的偏导数.

解　将 y 视为常数，对 x 求导，得

$$\frac{\partial z}{\partial x}=\frac{2xy^2(x-y)-x^2y^2}{(x-y)^2}=\frac{x^2y^2-2xy^3}{(x-y)^2},\qquad \left.\frac{\partial z}{\partial x}\right|_{\substack{x=2\\y=1}}=0;$$

将 x 视为常数，对 y 求导，得

$$\frac{\partial z}{\partial y}=\frac{2x^2y(x-y)-(-1)x^2y^2}{(x-y)^2}=\frac{2x^3y-x^2y^2}{(x-y)^2},\qquad \left.\frac{\partial z}{\partial y}\right|_{\substack{x=2\\y=1}}=12.$$

例 2　设 $z=x^y$，求 $\frac{\partial z}{\partial x},\frac{\partial z}{\partial y}$.

解　将 y 看成常数，对 x 求导，得

$$\frac{\partial z}{\partial x}=yx^{y-1};$$

将 x 看成常数，对 y 求导，得

$$\frac{\partial z}{\partial y}=x^y\ln x.$$

二元函数偏导数的定义和求法可以推广到三元以及三元以上的函数.

例 3　求三元函数 $u=xy+yz+zx$ 的偏导数.

解　将 y,z 看成常数,对 x 求导,得

$$\frac{\partial u}{\partial x}=y+z;$$

同理,可得

$$\frac{\partial u}{\partial y}=x+z,$$

$$\frac{\partial u}{\partial z}=x+y.$$

做一做

1. 求 $z=xy+\dfrac{x}{y}$ 的偏导数.

2. 求 $z=x^2+3xy+y^2$ 在点$(1,2)$处的偏导数.

任务二　探讨高阶偏导数的求法

学一学

设函数 $z=f(x,y)$ 在区域 D 内的每一点处都存在偏导数 $f_x(x,y)$ 和 $f_y(x,y)$,如果偏导数 $f_x(x,y)$ 和 $f_y(x,y)$ 对 x 和对 y 的偏导数也存在,则称这些偏导数是函数 $f(x,y)$ 的**二阶偏导数**. 二阶偏导数有以下四种类型:

(1) 对 x 的二阶偏导数,记作

$$\frac{\partial^2 z}{\partial x^2},\ \frac{\partial^2 f}{\partial x^2},\ z_{xx},\ f_{xx};$$

(2) 先对 x 再对 y 的二阶偏导数,记作

$$\frac{\partial^2 z}{\partial x\partial y},\ \frac{\partial^2 f}{\partial x\partial y},\ z_{xy},\ f_{xy};$$

(3) 对 y 的二阶偏导数,记作

$$\frac{\partial^2 z}{\partial y^2},\ \frac{\partial^2 f}{\partial y^2},\ z_{yy},\ f_{yy};$$

(4) 先对 y 再对 x 的二阶偏导数,记作

$$\frac{\partial^2 z}{\partial y\partial x},\ \frac{\partial^2 f}{\partial y\partial x},\ z_{yx},\ f_{yx}.$$

类型(2)和(4)称为**二阶混合偏导数**.

类似地,可以给出更高阶偏导数的概念和记号. 二阶及二阶以上的偏导数统称为**高阶偏导数**.

试一试

例 4　设 $z=2xy^2-x^3+5x^2y^3$,求 $\dfrac{\partial^2 z}{\partial x^2},\ \dfrac{\partial^2 z}{\partial x\partial y},\ \dfrac{\partial^2 z}{\partial y\partial x},\ \dfrac{\partial^2 z}{\partial y^2}$.

解 因为$\frac{\partial z}{\partial x}=2y^2-3x^2+10xy^3$， $\frac{\partial z}{\partial y}=4xy+15x^2y^2$，

所以 $\frac{\partial^2 z}{\partial x^2}=-6x+10y^3$， $\frac{\partial^2 z}{\partial x\partial y}=4y+30xy^2$，

$\frac{\partial^2 z}{\partial y^2}=4x+30x^2y$， $\frac{\partial^2 z}{\partial y\partial x}=4y+30xy^2$.

由例 4 可以看到，函数的两个混合偏导数相等. 关于这个问题，有下面结论：

如果函数 $z=f(x,y)$ 的两个混合偏导数$\frac{\partial^2 z}{\partial x\partial y}$和$\frac{\partial^2 z}{\partial y\partial x}$在区域 D 内连续，则在该区域内必有

$$\frac{\partial^2 z}{\partial x\partial y}=\frac{\partial^2 z}{\partial y\partial x}.$$

证明从略.

这说明，在二阶混合偏导数连续的条件下，它与求导次序无关.

做一做

求 $z=2x^3+x^2y+y^2$ 的二阶偏导数.

项目练习 8.2

1. 填空题：

(1) 设 $z=xy$，则$\frac{\partial z}{\partial x}=$____________，$\frac{\partial z}{\partial y}=$____________；

(2) 设$f(x,y)=x^y$，则$f_x(2,2)=$________，$f_y(2,2)=$____________.

2. 求下列函数的偏导数：

(1) $z=x^3y-3x^2y^3$； (2) $z=x^2\sin 2y$；

(3) $z=2xy^2-\sin x+5y^3$； (4) $z=\frac{xy}{x+y}$；

(5) $z=\ln(1+x^2+y^2)$； (6) $u=xy^2+yz^2+zx^2$.

3. 求下列函数在指定点处的偏导数：

(1) $f(x,y)=\sin(x+2y)$，求 $f_x(0,0)$，$f_y(0,0)$；

(2) $f(x,y)=x+y-\sqrt{x^2+y^2}$，求$f_x(1,0)$，$f_y(1,0)$.

4. 求下列函数的二阶偏导数：

(1) $z=x^3+3x^2y+y^4+2$； (2) $z=y\ln x$.

项目三　全微分

一元函数的微分与函数改变量的差是一个比 Δx 高阶的无穷小，所以当 $|\Delta x|$ 很小时，

可以用微分近似代替函数的改变量. 对于二元函数也有类似情形.

任务一　学习全微分概念

看一看

先看一个实例.

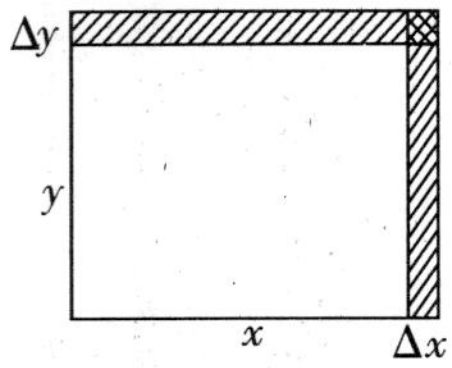

图 8-1

设有一长为 x,宽为 y 的矩形金属薄片,其面积为 z,即 $z=xy$;当受热膨胀后,它的长增加了 Δx,宽增加了 Δy(见图 8-1),那么面积的相应改变量为

$$\begin{aligned}\Delta z &= (x+\Delta x)(y+\Delta y)-xy \\ &= y\Delta x+x\Delta y+\Delta x\Delta y,\end{aligned}$$

上式由两部分组成:第一部分是关于 Δx,Δy 的线性函数 $y\Delta x+x\Delta y$;第二部分是 $\Delta x\Delta y$. 如果设 $y=A$,$x=B$,$\rho=\sqrt{(\Delta x)^2+(\Delta y)^2}$,则当 $\rho\to 0$ 时,$\Delta x\Delta y$ 是 ρ 的高阶无穷小,即 $\Delta x\Delta y=o(\rho)$,于是面积的改变量可表示为

$$\Delta z=A\Delta x+B\Delta y+o(\rho).$$

所以,用 $A\Delta x+B\Delta y$ 来近似地代替面积的改变量 Δz,其差仅仅是一个比 $\rho=\sqrt{(\Delta x)^2+(\Delta y)^2}$ 高阶的无穷小.

把 $A\Delta x+B\Delta y$ 称为面积函数 $z=xy$ 在点 (x,y) 处的全微分(这里 $A=y$,$B=x$),而把函数的改变量 $\Delta z=(x+\Delta x)(y+\Delta y)-xy$ 称为 $z=xy$ 在点 (x,y) 处的全增量.

学一学

设函数 $z=f(x,y)$ 在点 (x,y) 的某个邻域内有定义,点 $(x+\Delta x,y+\Delta y)$ 在该邻域内,如果函数在点 (x,y) 处的全增量

$$\Delta z=f(x+\Delta x,y+\Delta y)-f(x,y)$$

可以表示为

$$\Delta z=A\Delta x+B\Delta y+o(\rho),$$

其中 A,B 仅与 x 和 y 有关,与 Δx 和 Δy 无关,$o(\rho)$ 是当 $\rho=\sqrt{(\Delta x)^2+(\Delta y)^2}\to 0$ 时比 ρ 高阶的无穷小,则称 $z=f(x,y)$ 在点 (x,y) 处**可微**,$A\Delta x+B\Delta y$ 称为 $z=f(x,y)$ 在点 (x,y) 处的**全微分**,记作 $\mathrm{d}z$,即

$$\mathrm{d}z=A\Delta x+B\Delta y.$$

可微的必要条件　如果函数 $z=f(x,y)$ 在点 (x,y) 处可微,则它在该点处必连续,且两个偏导数都存在,并有

$$\frac{\partial z}{\partial x}=A,\ \frac{\partial z}{\partial y}=B,$$

即

$$\mathrm{d}z=\frac{\partial z}{\partial x}\Delta x+\frac{\partial z}{\partial y}\Delta y.$$

证明从略.

和一元函数类似,习惯上将自变量的改变量 Δx 和 Δy 分别记作 $\mathrm{d}x$ 和 $\mathrm{d}y$,并分别称它

们为自变量 x,y 的微分. 这样,函数 $z=f(x,y)$ 的全微分就可以写为

$$dz=\frac{\partial z}{\partial x}dx+\frac{\partial z}{\partial y}dy.$$

试一试

例 1 求函数 $z=\frac{x}{y}$ 在点(2,1)处的全微分.

解 因为 $$\left.\frac{\partial z}{\partial x}\right|_{\substack{x=2\\y=1}}=\left.\frac{1}{y}\right|_{\substack{x=2\\y=1}}=1,\ \left.\frac{\partial z}{\partial y}\right|_{\substack{x=2\\y=1}}=\left.-\frac{x}{y^2}\right|_{\substack{x=2\\y=1}}=-2,$$

所以 $$\left.dz\right|_{\substack{x=2\\y=1}}=dx-2dy.$$

例 2 求函数 $z=x^2y+\tan(x+y)$ 的全微分.

解 因为 $$\frac{\partial z}{\partial x}=2xy+\sec^2(x+y),\ \frac{\partial z}{\partial y}=x^2+\sec^2(x+y),$$

所以 $$dz=[2xy+\sec^2(x+y)]dx+[x^2+\sec^2(x+y)]dy.$$

上述二元函数全微分的概念和公式,可类似推广到三元函数及三元以上的函数. 例如,三元函数 $u=f(x,y,z)$ 的全微分为

$$du=\frac{\partial u}{\partial x}dx+\frac{\partial u}{\partial y}dy+\frac{\partial u}{\partial z}dz.$$

例 3 求函数 $u=z\cos(xy)$ 的全微分.

解 因为 $$\frac{\partial u}{\partial x}=-yz\sin(xy),\ \frac{\partial u}{\partial y}=-xz\sin(xy),\ \frac{\partial u}{\partial z}=\cos(xy),$$

所以 $$du=-yz\sin(xy)dx-xz\sin(xy)dy+\cos(xy)dz.$$

做一做

1. 设 $f(x,y)=x^2y^3$,求函数在点(1,-2)处的全微分.
2. 设 $z=xy$, $x=1$, $y=2$, $\Delta x=0.1$, $\Delta y=0.2$,计算 Δz 和 dz.

任务二 利用全微分进行近似计算

看一看

若函数 $z=f(x,y)$ 在点 (x,y) 处的两个偏导数 $\frac{\partial z}{\partial x}$ 和 $\frac{\partial z}{\partial y}$ 都存在且连续,当 $|\Delta x|$ 和 $|\Delta y|$ 都很小时,有

(1) $\Delta z\approx f_x(x,y)\Delta x+f_y(x,y)\Delta y$;

(2) $f(x+\Delta x,y+\Delta y)\approx f(x,y)+f_x(x,y)\Delta x+f_y(x,y)\Delta y$.

试一试

例 4 当圆锥体变形时,它的底面半径由 30 cm 增大到 30.1 cm,高由 60 cm 减少到

59.5 cm.求圆锥体体积变化的近似值.

解 圆锥体体积为 $V=\frac{1}{3}\pi r^2 h$,

由于

$$dV=\frac{2}{3}\pi rh\Delta r+\frac{1}{3}\pi r^2\Delta h,$$

所以

$$\begin{aligned}\Delta V&\approx\frac{2}{3}\pi rh\Delta r+\frac{1}{3}\pi r^2\Delta h\\&=\frac{2}{3}\pi\times30\times60\times0.1+\frac{1}{3}\pi\times30^2\times(-0.5)\\&=-30\pi(\text{cm}^3).\end{aligned}$$

即圆锥体的体积约减少了 30π cm^3.

例5 计算$\sqrt{(1.02)^3+(1.97)^3}$的近似值.

解 设$f(x,y)=\sqrt{x^3+y^3}$,则

$$f(1,2)=\sqrt{1^3+2^3}=3,$$

$$f_x(1,2)=\left.\frac{3x^2}{2\sqrt{x^3+y^3}}\right|_{\substack{x=1\\y=2}}=0.5,$$

$$f_y(1,2)=\left.\frac{3y^2}{2\sqrt{x^3+y^3}}\right|_{\substack{x=1\\y=2}}=2,$$

所以

$$\begin{aligned}\sqrt{(1.02)^3+(1.97)^3}&\approx f(1,2)+f_x(1,2)\Delta x+f_y(1,2)\Delta y\\&=3+0.5\times0.02+2\times(-0.03)\\&=2.95.\end{aligned}$$

项目练习 8.3

1.求下列函数的全微分:

(1) $z=\ln(3x-2y)$;　　(2) $z=\frac{x+y}{x-y}$;

(3) $z=e^{xy}$;　　(4) $u=x+\sin y+e^{yz}$.

2.求函数$f(x,y)=\ln\sqrt{1+x^2+y^2}$在点(1,2)处的全微分.

3.求函数$z=\frac{y}{x}$在$x=2,y=1,\Delta x=0.1,\Delta y=-0.2$时的全增量和全微分.

4.利用全微分计算近似值:

(1) $(1.04)^{2.02}$;　　(2) $\sqrt{(1.01)^3+(1.99)^3}$.

5.设有一无盖的圆柱形容器,容器的壁与底的厚度均为0.1 cm,内高为20 cm,内半

径为 4 cm,求容器外壳体积的近似值.

6. 要用水泥建造一个无盖的圆柱形水槽,其内半径为 2 m,高为 4 m,侧壁及底的厚度均为 0.01 m. 问需要多少水泥才能建成?

项目四　多元复合函数的求导法则

任务一　学习多元复合函数的求导法则

在讨论一元函数问题的时候,复合函数的求导法是一个重要的方法. 在多元函数问题中,复合函数的求导法也是非常重要的. 这里主要对二元函数的复合函数进行讨论.

学一学

设函数 $u=\varphi(x,y)$, $v=\psi(x,y)$ 在点 (x,y) 处都具有偏导数 $\frac{\partial u}{\partial x},\frac{\partial u}{\partial y}$ 及 $\frac{\partial v}{\partial x},\frac{\partial v}{\partial y}$,函数 $z=f(u,v)$ 在对应的点 (u,v) 处具有连续的偏导数 $\frac{\partial z}{\partial u}$ 和 $\frac{\partial z}{\partial v}$,则复合函数 $z=f[\varphi(x,y),\psi(x,y)]$ 在点 (x,y) 处的两个偏导数都存在,且有

$$\frac{\partial z}{\partial x}=\frac{\partial z}{\partial u}\frac{\partial u}{\partial x}+\frac{\partial z}{\partial v}\frac{\partial v}{\partial x},$$

$$\frac{\partial z}{\partial y}=\frac{\partial z}{\partial u}\frac{\partial u}{\partial y}+\frac{\partial z}{\partial v}\frac{\partial v}{\partial y}.$$

证明从略.

函数结构如图 8-2 所示. 从图中可以看出,由 z 通过中间变量 u 和 v 到达 x, y 各有两条途径,途径的条数恰好与公式中和式的项数相等,每条途径上的偏导数和偏导数相乘,如 $\frac{\partial z}{\partial u}\frac{\partial u}{\partial x}$ 和 $\frac{\partial z}{\partial v}\frac{\partial v}{\partial x}$ 恰是第一个和式中的项. 这说明通过函数结构图,能直接写出求导公式.

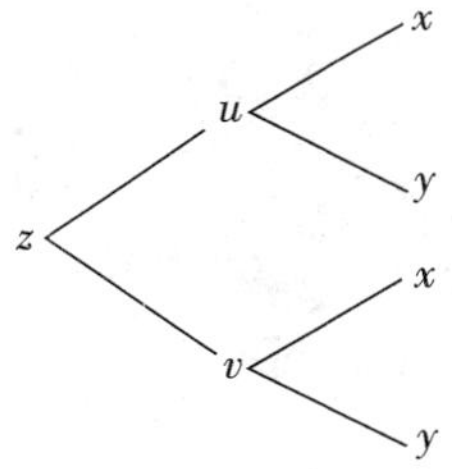

图 8-2

求多元复合函数导数的步骤如下:

(1) 画函数结构图;

(2) 分路相加,连线相乘,分清变量,逐层求导.

试一试

例 1　设 $z=u^2\ln v$, $u=\frac{x}{y}$, $v=3x-2y$,求 $\frac{\partial z}{\partial x}$ 和 $\frac{\partial z}{\partial y}$.

解　函数的复合结构如图 8-2 所示,则有

$$\frac{\partial z}{\partial x}=\frac{\partial z}{\partial u}\frac{\partial u}{\partial x}+\frac{\partial z}{\partial v}\frac{\partial v}{\partial x}$$

$$=2u\ln v\cdot\frac{1}{y}+\frac{u^2}{v}\cdot 3$$

$$=\frac{2x}{y^2}\ln(3x-2y)+\frac{3x^2}{y^2(3x-2y)},$$

$$\frac{\partial z}{\partial y}=\frac{\partial z}{\partial u}\frac{\partial u}{\partial y}+\frac{\partial z}{\partial v}\frac{\partial v}{\partial y}$$

$$=2u\ln v\left(-\frac{x}{y^2}\right)+\frac{u^2}{v}(-2)$$

$$=-\frac{2x^2}{y^3}\ln(3x-2y)-\frac{2x^2}{y^2(3x-2y)}.$$

例 2　求 $z=(x^2+y^2)^{xy}$ 的偏导数 $\frac{\partial z}{\partial x}$ 和 $\frac{\partial z}{\partial y}$.

解　令 $u=x^2+y^2, v=xy$，则 $z=u^v$. z 是 x,y 的复合函数.

$$\frac{\partial z}{\partial x}=\frac{\partial z}{\partial u}\frac{\partial u}{\partial x}+\frac{\partial z}{\partial v}\frac{\partial v}{\partial x}$$

$$=vu^{v-1}\cdot 2x+u^v\ln u\cdot y$$

$$=(x^2+y^2)^{xy}\left[\frac{2x^2y}{x^2+y^2}+y\ln(x^2+y^2)\right],$$

$$\frac{\partial z}{\partial y}=\frac{\partial z}{\partial u}\frac{\partial u}{\partial y}+\frac{\partial z}{\partial v}\frac{\partial v}{\partial y}$$

$$=vu^{v-1}\cdot 2y+u^v\ln u\cdot x$$

$$=(x^2+y^2)^{xy}\left[\frac{2xy^2}{x^2+y^2}+x\ln(x^2+y^2)\right].$$

做一做

设 $z=\ln(e^u+v)$，$u=xy$，$v=x^2-y^2$，求 $\frac{\partial z}{\partial x}$ 和 $\frac{\partial z}{\partial y}$.

看一看

在中间变量 u,v 只有一个自变量的情况下，即如果 $z=f(u,v)$，$u=\varphi(t)$，$v=\psi(t)$，则 $z=f[\varphi(t),\psi(t)]$ 就是 t 的一元函数. 函数的复合结构如图 8-3 所示. 这时，z 对 t 的导数称为**全导数**，相应有公式

$$\frac{dz}{dt}=\frac{\partial z}{\partial u}\frac{du}{dt}+\frac{\partial z}{\partial v}\frac{dv}{dt}.$$

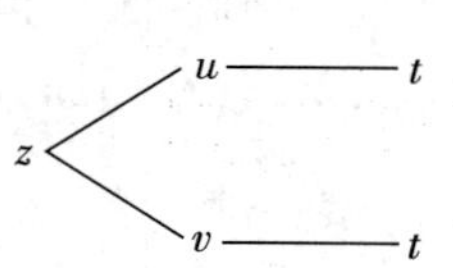

图 8-3

试一试

例 3　设 $z=e^{uv}$，$u=\sin t$，$v=\cos t$，求全导数 $\frac{dz}{dt}$.

解　函数的复合结构如图 8-3 所示,则有

$$\begin{aligned}\frac{dz}{dt}&=\frac{\partial z}{\partial u}\frac{du}{dt}+\frac{\partial z}{\partial v}\frac{dv}{dt}\\&=ve^{uv}\cos t+ue^{uv}(-\sin t)\\&=(\cos^2 t-\sin^2 t)e^{\sin t\cos t}\\&=e^{\frac{1}{2}\sin 2t}\cos 2t.\end{aligned}$$

由于多元复合函数的复合结构比较复杂,因此要结合具体情况灵活使用法则. 下面再举两例.

例 4　设 $z=\arcsin u, u=x^2+y^2$,求$\frac{\partial z}{\partial x}$和$\frac{\partial z}{\partial y}$.

解　函数的复合结构如图 8-4 所示,则有

$$\frac{\partial z}{\partial x}=\frac{dz}{du}\frac{\partial u}{\partial x}=\frac{2x}{\sqrt{1-(x^2+y^2)^2}},$$

$$\frac{\partial z}{\partial y}=\frac{dz}{du}\frac{\partial u}{\partial y}=\frac{2y}{\sqrt{1-(x^2+y^2)^2}}.$$

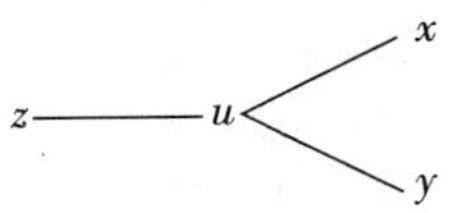

图 8-4

例 5　设 $z=e^{u^2+v^2}, u=x^2, v=xy$,求$\frac{\partial z}{\partial x}$和$\frac{\partial z}{\partial y}$.

解　函数的复合结构如图 8-5 所示,则有

$$\begin{aligned}\frac{\partial z}{\partial x}&=\frac{\partial z}{\partial u}\frac{du}{dx}+\frac{\partial z}{\partial v}\frac{\partial v}{\partial x}\\&=2ue^{u^2+v^2}\cdot 2x+2ve^{u^2+v^2}\cdot y\\&=(4x^3+2xy^2)e^{x^4+x^2y^2},\end{aligned}$$

$$\begin{aligned}\frac{\partial z}{\partial y}&=\frac{\partial z}{\partial v}\frac{\partial v}{\partial y}\\&=2ve^{u^2+v^2}\cdot x\\&=2x^2ye^{x^4+x^2y^2}.\end{aligned}$$

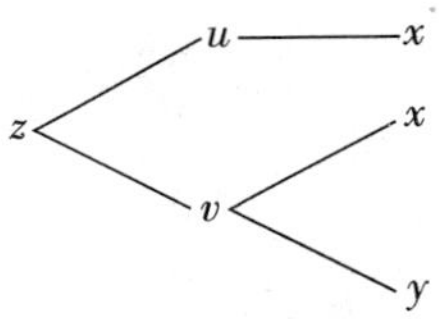

图 8-5

做一做

1. 设 $z=xy^2, x=\cos t, y=\sin t$,求全导数$\frac{dz}{dt}$.

2. 设 $z=e^u\cdot\sin v, u=x^2, v=\frac{y}{x}$,求$\frac{\partial z}{\partial x}$和$\frac{\partial z}{\partial y}$.

任务二　探讨隐函数导数的求法

学一学

设方程 $F(x,y)=0$ 所确定的隐函数为 $y=f(x)$,把函数 $y=f(x)$ 代入 $F(x,y)=0$ 中,得恒等式

$$F(x,f(x))\equiv 0,$$

左边的函数 $F(x,f(x))$ 是一个复合函数，函数结构如图 8－6 所示.

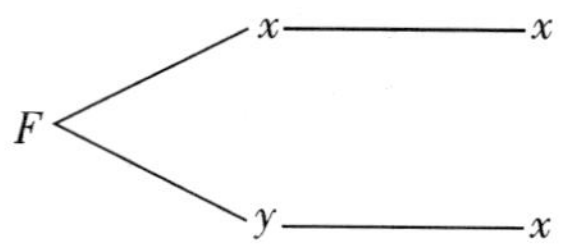

图 8–6

方程 $F(x,f(x))=0$ 的两边对 x 求全导数，得

$$\frac{\partial F}{\partial x}+\frac{\partial F}{\partial y}\frac{\mathrm{d}y}{\mathrm{d}x}=0,$$

假设$\frac{\partial F}{\partial y}\neq 0$，则得

$$\frac{\mathrm{d}y}{\mathrm{d}x}=-\frac{\frac{\partial F}{\partial x}}{\frac{\partial F}{\partial y}}=-\frac{F_x}{F_y}.$$

试一试

例 6　设 $y-\frac{1}{2}\sin y=x$，求$\frac{\mathrm{d}y}{\mathrm{d}x}$.

解　设 $F(x,y)=y-\frac{1}{2}\sin y-x$，则

$$F_x=-1,\ F_y=1-\frac{1}{2}\cos y,$$

由公式得

$$\frac{\mathrm{d}y}{\mathrm{d}x}=-\frac{F_x}{F_y}=-\frac{-1}{1-\frac{1}{2}\cos y}=\frac{2}{2-\cos y}.$$

想一想

在例 6 的求解中，除公式法外，还可以怎么求？

学一学

设方程 $F(x,y,z)=0$ 所确定的隐函数为 $z=f(x,y)$，把函数 $z=f(x,y)$ 代入方程 $F(x,y,z)=0$中，得恒等式

$$F(x,y,f(x,y))\equiv 0,$$

左边的函数 $F(x,y,f(x,y))$ 是一个复合函数，函数结构如图 8–7 所示.

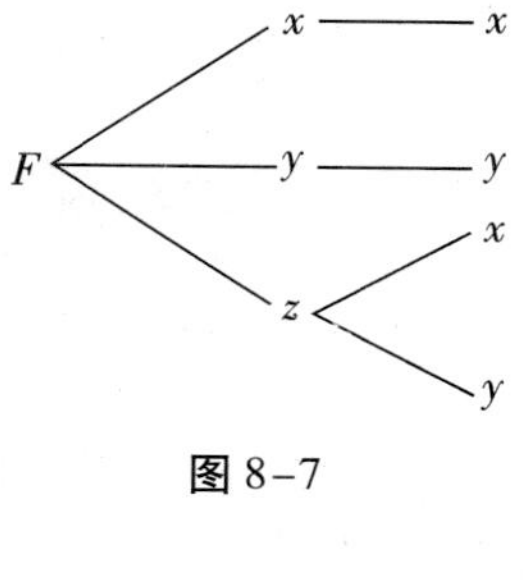

图 8–7

方程 $F(x,y,f(x,y))\equiv 0$ 两边分别对 x 和 y 求偏导，得

$$\frac{\partial F}{\partial x}+\frac{\partial F}{\partial z}\frac{\partial z}{\partial x}=0,$$

$$\frac{\partial F}{\partial y}+\frac{\partial F}{\partial z}\frac{\partial z}{\partial y}=0,$$

当$\frac{\partial F}{\partial z}\neq 0$ 时，则得

$$\frac{\partial z}{\partial x}=-\frac{\frac{\partial F}{\partial x}}{\frac{\partial F}{\partial z}}=-\frac{F_x}{F_z},$$

$$\frac{\partial z}{\partial y}=-\frac{\frac{\partial F}{\partial y}}{\frac{\partial F}{\partial z}}=-\frac{F_y}{F_z}.$$

试一试

例 7 设 $z^2y-xz^3=1$，求$\frac{\partial z}{\partial x}$和$\frac{\partial z}{\partial y}$.

解 设 $F(x,y,z)=z^2y-xz^3-1$，则

$$F_x=-z^3,\ F_y=z^2,\ F_z=2zy-3xz^2,$$

所以

$$\frac{\partial z}{\partial x}=-\frac{F_x}{F_z}=\frac{z^2}{2y-3xz},$$

$$\frac{\partial z}{\partial y}=-\frac{F_y}{F_z}=\frac{-z}{2y-3xz}.$$

做一做

1. 设 $x^2+4y^2=1$，求$\frac{\mathrm{d}y}{\mathrm{d}x}$.

2. 设 $x^2+y^2+z^2=1$，求$\frac{\partial z}{\partial x}$和$\frac{\partial z}{\partial y}$.

项目练习 8.4

1. 设 $z=\mathrm{e}^{2x-y}$，$x=3t^2$，$y=2t^3$，求全导数$\frac{\mathrm{d}z}{\mathrm{d}t}$.

2. 设 $z=uv+\sin x$，$u=\mathrm{e}^x$，$v=\cos x$，求全导数$\frac{\mathrm{d}z}{\mathrm{d}x}$.

3. 设 $u=y^2+z^2+yz$，$y=\mathrm{e}^t$，$z=\sin t$，求全导数$\frac{\mathrm{d}u}{\mathrm{d}t}$.

4. 设 $z=u^2v+uv^3$，$u=2x$，$v=x+y$，求$\frac{\partial z}{\partial x}$和$\frac{\partial z}{\partial y}$.

5. 设 $z=\ln 2u$，$u=\mathrm{e}^x+2y^3$，求$\frac{\partial z}{\partial x}$和$\frac{\partial z}{\partial y}$.

6. 设 $z=u\arcsin v$，$u=1-x^2-y^2$，$v=\ln(x^4+y^4)$，求$\frac{\partial z}{\partial x}$和$\frac{\partial z}{\partial y}$.

7. 设 $\mathrm{e}^{xy}-xy^2=\sin y$，求$\frac{\mathrm{d}y}{\mathrm{d}x}$.

8. 设 $\ln\sqrt{x^2+y^2}=\arctan\frac{y}{x}$，求 $\frac{dy}{dx}$.

9. 设 $e^z=xyz$，求 $\frac{\partial z}{\partial x}$ 和 $\frac{\partial z}{\partial y}$.

10. 设 $2\sin(x+2y-3z)=x+2y-3z$，求 $\frac{\partial z}{\partial x}$ 和 $\frac{\partial z}{\partial y}$.

项目五　偏导数在几何上的应用

任务一　学习空间曲线的切线与法平面方程

学一学

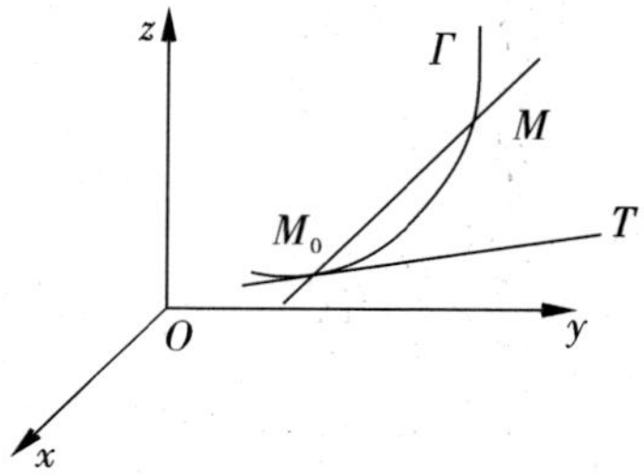

图 8-8

如图 8-8 所示，在曲线 Γ 上过点 $M(x_0+\Delta x, y_0+\Delta y, z_0+\Delta z)$ 和 $M_0(x_0,y_0,z_0)$ 作割线 M_0M，当点 M 沿曲线 Γ 趋近于点 M_0 时，割线 M_0M 的极限位置 M_0T 称为空间曲线 Γ 在点 M_0 处的**切线**，点 M_0 为切点.

过点 $M_0(x_0,y_0,z_0)$ 且与切线 M_0T 垂直的平面称为空间曲线 Γ 在点 M_0 处的**法平面**.

设空间曲线 Γ 的参数方程为

$$x=\varphi(t), y=\psi(t), z=\omega(t),$$

其中 $\varphi(t),\psi(t),\omega(t)$ 都可导，且导数不全为 0. $M_0(x_0,y_0,z_0)$ 和 $M(x_0+\Delta x, y_0+\Delta y, z_0+\Delta z)$ 分别对应于参数 $t=t_0$ 和 $t=t_0+\Delta t$. 显然，当 $M\to M_0$ 时，有 $\Delta t\to 0$.

由于向量 $\overrightarrow{M_0M}=(\Delta x,\Delta y,\Delta z)$ 是割线 M_0M 的一个方向向量，点 $M_0(x_0,y_0,z_0)$ 在割线 M_0M 上，于是割线 M_0M 的方程为

$$\frac{x-x_0}{\Delta x}=\frac{y-y_0}{\Delta y}=\frac{z-z_0}{\Delta z},$$

上式各个分母同除以 Δt，得

$$\frac{x-x_0}{\frac{\Delta x}{\Delta t}}=\frac{y-y_0}{\frac{\Delta y}{\Delta t}}=\frac{z-z_0}{\frac{\Delta z}{\Delta t}}.$$

由于 $M\to M_0$ 时，有 $\Delta t\to 0$，所以对上式求极限，得空间曲线 Γ 在点 M_0 处的切线方程为

$$\frac{x-x_0}{\varphi'(t_0)}=\frac{y-y_0}{\psi'(t_0)}=\frac{z-z_0}{\omega'(t_0)}.$$

向量 $\boldsymbol{\tau}=(\varphi'(t_0),\psi'(t_0),\omega'(t_0))$ 是切线的一个方向向量，又叫做**切向量**.

由于空间曲线 Γ 在 M_0 处的切线与法平面垂直，故切向量 $\boldsymbol{\tau}=(\varphi'(t_0),\psi'(t_0),\omega'(t_0))$ 就是法平面的法向量，又因为点 $M_0(x_0,y_0,z_0)$ 在法平面上，所以曲线 Γ 在 M_0 处的法平面

方程为

$$\varphi'(t_0)(x-x_0)+\psi'(t_0)(y-y_0)+\omega'(t_0)(z-z_0)=0.$$

试一试

例 1 求曲线 $x=a\cos t, y=a\sin t, z=bt$（$a,b$ 为不等于 0 的常数）在点 $M(a,0,0)$ 处的切线方程和法平面方程.

解 点 $M(a,0,0)$ 对应的参数为 $t=0$，由于

$$\left.\frac{\mathrm{d}x}{\mathrm{d}t}\right|_{t=0}=-a\sin t\,|_{t=0}=0,\ \left.\frac{\mathrm{d}y}{\mathrm{d}t}\right|_{t=0}=a\cos t\,|_{t=0}=a,\ \left.\frac{\mathrm{d}z}{\mathrm{d}t}\right|_{t=0}=b,$$

所以，曲线在点 $M(a,0,0)$ 处的切线方程为

$$\frac{x-a}{0}=\frac{y}{a}=\frac{z}{b},$$

即

$$\begin{cases}x-a=0,\\ \dfrac{y}{a}=\dfrac{z}{b},\end{cases}$$

法平面方程为

$$0(x-a)+a(y-0)+b(z-0)=0,$$

即

$$ay+bz=0.$$

例 2 求曲线 $\Gamma:\begin{cases}y=2x^3,\\ z=x+3\end{cases}$ 在点 $M(1,2,4)$ 处的切线方程和法平面方程.

解 如果取 $x=t$ 为参数，则曲线 Γ 的参数方程为

$$x=t,\ y=2t^3,\ z=t+3,$$

因为

$$\left.\frac{\mathrm{d}x}{\mathrm{d}t}\right|_{t=1}=1,\quad \left.\frac{\mathrm{d}y}{\mathrm{d}t}\right|_{t=1}=6t^2\,|_{t=1}=6,\quad \left.\frac{\mathrm{d}z}{\mathrm{d}t}\right|_{t=1}=1,$$

所以，曲线在点 $M(1,2,4)$ 处的切线方程为

$$\frac{x-1}{1}=\frac{y-2}{6}=\frac{z-4}{1},$$

法平面方程为

$$(x-1)+6(y-2)+(z-4)=0,$$

即

$$x+6y+z-17=0.$$

做一做

求曲线 $\Gamma:\begin{cases}y=\sin x,\\ z=\dfrac{x}{2}\end{cases}$ 在点 $M(\pi,0,\dfrac{\pi}{2})$ 处的切线方程和法平面方程.

任务二　学习曲面的切平面与法线方程

学一学

过曲面 S 上一点 M_0，在曲面 S 上的曲线有无数多条，每一条曲线在点 M_0 处都有一条切线，可以证明，它们都在同一平面上，这个平面就叫做曲面 S 在点 M_0 处的**切平面**.

过点 M_0 且垂直于该点处的切平面的直线称为曲面 S 在点 M_0 处的**法线**.

设曲面 S 的方程为

$$F(x,y,z)=0,$$

点 $M_0(x_0,y_0,z_0)$ 是曲面 S 上一点，函数 $F(x,y,z)$ 在点 M_0 处有连续的偏导数，且三个偏导数不全为 0. 现在在曲面 S 上过点 M_0 的无数多条曲线中任取一条曲线 Γ，假设曲线 Γ 的方程为

$$x=\varphi(t),\ y=\psi(t),\ z=\omega(t),$$

$t=t_0$ 是 $M_0(x_0,y_0,z_0)$ 对应的参数，$\varphi'(t_0)$，$\psi'(t_0)$，$\omega'(t_0)$ 不全为 0.

由于曲线 Γ 在曲面 S 上，于是有

$$F[\varphi(t),\psi(t),\omega(t)]\equiv 0,$$

等式两边在 t_0 处对 t 求全导数，有

$$F_x(x_0,y_0,z_0)\varphi'(t_0)+F_y(x_0,y_0,z_0)\psi'(t_0)+F_z(x_0,y_0,z_0)\omega'(t_0)=0.$$

上式说明向量

$$\boldsymbol{n}=(F_x(x_0,y_0,z_0),F_y(x_0,y_0,z_0),F_z(x_0,y_0,z_0))$$

与向量

$$\boldsymbol{\tau}=(\varphi'(t_0),\psi'(t_0),\omega'(t_0))$$

垂直. 向量 $\boldsymbol{\tau}$ 是曲线 Γ 在点 M_0 处的切向量，故曲线 Γ 在点 M_0 处的切线与向量 $\boldsymbol{n}$ 垂直. 由曲线 Γ 的任意性知，曲面 S 上过点 M_0 的所有曲线的切线都与向量 $\boldsymbol{n}$ 垂直，也就是说，这些切线都在以向量 $\boldsymbol{n}$ 为法向量，并通过点 M_0 的平面上. 所以，曲面 S 上在点 M_0 处的切平面方程为

$$F_x(x_0,y_0,z_0)(x-x_0)+F_y(x_0,y_0,z_0)(y-y_0)+F_z(x_0,y_0,z_0)(z-z_0)=0.$$

向量 $\boldsymbol{n}=(F_x(x_0,y_0,z_0),F_y(x_0,y_0,z_0),F_z(x_0,y_0,z_0))$ 是切平面的一个**法向量**.

由于曲面 S 上过点 M_0 处的法线与切平面垂直，所以切平面的法向量 $\boldsymbol{n}$ 就是法线的方向向量，故曲面 S 上在点 M_0 处的法线方程为

$$\frac{x-x_0}{F_x(x_0,y_0,z_0)}=\frac{y-y_0}{F_y(x_0,y_0,z_0)}=\frac{z-z_0}{F_z(x_0,y_0,z_0)}.$$

试一试

例 3　求曲面 $x^2+3y^2+2z^2=6$ 在点 $M(1,1,1)$ 处的切平面方程和法线方程.

解　因为 $F(x,y,z)=x^2+3y^2+2z^2-6$，所以

$$F_x(1,1,1)=2x|_{(1,1,1)}=2,$$
$$F_y(1,1,1)=6y|_{(1,1,1)}=6,$$

$$F_z(1,1,1)=4z|_{(1,1,1)}=4,$$

故曲面在点 $M(1,1,1)$ 处的切平面方程为

$$2(x-1)+6(y-1)+4(z-1)=0,$$

即

$$x+3y+2z-6=0,$$

法线方程为

$$\frac{x-1}{1}=\frac{y-1}{3}=\frac{z-1}{2}.$$

例 4 求圆锥面 $z=\sqrt{x^2+y^2}$ 在点 $M(1,0,1)$ 处的切平面方程和法线方程.

解 因为 $F(x,y,z)=\sqrt{x^2+y^2}-z$,所以

$$F_x(1,0,1)=\frac{x}{\sqrt{x^2+y^2}}\bigg|_{(1,0,1)}=1,$$

$$F_y(1,0,1)=\frac{y}{\sqrt{x^2+y^2}}\bigg|_{(1,0,1)}=0,$$

$$F_z(1,0,1)=-1,$$

故圆锥面在点 $M(1,0,1)$ 处的切平面方程为

$$(x-1)-(z-1)=0,$$

$$x-z=0,$$

法线方程为

$$\frac{x-1}{1}=\frac{y}{0}=\frac{z-1}{-1},$$

即

$$\begin{cases}x+z-2=0,\\ y=0.\end{cases}$$

做一做

求曲面 $3x^2+y^2-z^2=27$ 在点 $M(3,1,1)$ 处的切平面方程和法线方程.

项目练习 8.5

1. 求曲线 $x=1-\cos t, y=t-\sin t, z=4\sin\frac{t}{2}$ 在点 $M\left(1,\frac{\pi}{2}-1,2\sqrt{2}\right)$ 处的切线方程和法平面方程.

2. 求曲线 $\Gamma:\begin{cases}y=2x^2,\\ z=3x+1\end{cases}$ 在点 $M(0,0,1)$ 处的切线方程和法平面方程.

3. 求曲线 $x=t,y=t^2,z=t^3$ 上的点,使在该点的切线平行于平面 $x+2y+z=3$.

4. 求曲面 $z=x^2-2y^2$ 在点$(2,1,2)$处的切平面方程和法线方程.

5. 求曲面 $e^z-z+xy=2$ 在点$(1,1,0)$处的切平面方程和法线方程.

项目六　多元函数的极值

任务一　学习无条件极值的求法

与一元函数类似,我们可以利用偏导数来讨论多元函数的极值.

学一学

设函数 $z=f(x,y)$ 在点 $P_0(x_0,y_0)$ 的某一邻域内有定义,如果对该邻域内任一异于 P_0 的点 $P(x,y)$ 都有

$$f(x,y)<f(x_0,y_0)\quad(\text{或}f(x,y)>f(x_0,y_0)),$$

则称函数 $z=f(x,y)$ 在点 $P_0(x_0,y_0)$ 有**极大值**(或**极小值**)$f(x_0,y_0)$. 函数的极大值和极小值统称为函数的**极值**,使函数取得极值的点叫做**极值点**.

例如,函数 $z=\sqrt{x^2+y^2}$ 在点(0,0)处有极小值 $f(0,0)=0$(见图 8-9);函数 $z=2-\sqrt{x^2+y^2}$ 在点(0,0)处有极大值 $f(0,0)=2$(见图 8-10);$z=x+y$ 在点(0,0)处无极值.

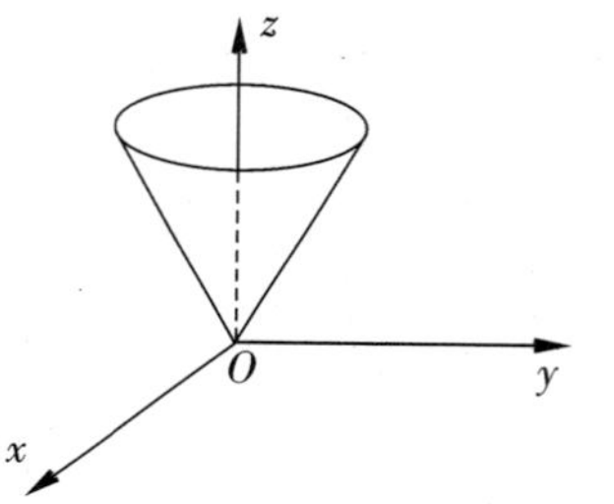

图 8-9

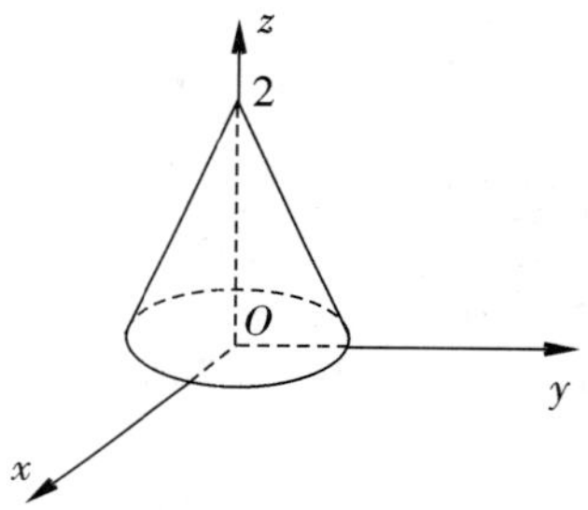

图 8-10

下面来探讨二元函数的极值求法.

极值的必要条件　设函数 $z=f(x,y)$ 在点 $P_0(x_0,y_0)$ 处有极值,且在点 $P_0(x_0,y_0)$ 处的两个偏导数都存在,则

$$f_x(x_0,y_0)=0,\ f_y(x_0,y_0)=0.$$

证明从略.

满足方程组 $\begin{cases}f_x(x,y)=0,\\ f_y(x,y)=0\end{cases}$ 的点叫做函数的**驻点**.

由极值的必要条件可知,驻点不一定是极值点,极值点也不一定是驻点. 同一元函数类似,二元函数的极值点可能是驻点,也可能是偏导数不存在的点. 例如,点(0,0)是 $z=xy$ 的驻点,但不是极值点;点(0,0)不是 $z=\sqrt{x^2+y^2}$ 的驻点,但是极小点.

上述二元函数极值的定义及定理都可以推广到三元或三元以上的函数.

极值的充分条件　设 $z=f(x,y)$ 在点 $P_0(x_0,y_0)$ 的某一邻域内连续,且具有连续的二

阶偏导数,又有$f_x(x_0,y_0)=0$,$f_y(x_0,y_0)=0$(即点$P_0(x_0,y_0)$是驻点),记

$$A=f_{xx}(x_0,y_0),\ B=f_{xy}(x_0,y_0),\ C=f_{yy}(x_0,y_0),$$

$$\Delta=AC-B^2,$$

则有

(1) 当$\Delta>0$时,函数$z=f(x,y)$在点$P_0(x_0,y_0)$处有极值,且当$A>0$时,有极小值,当$A<0$时,有极大值;

(2) 当$\Delta<0$时,函数$z=f(x,y)$在点$P_0(x_0,y_0)$处没有极值;

(3) 当$\Delta=0$时,函数$z=f(x,y)$在点$P_0(x_0,y_0)$处可能有也可能没有极值.

证明从略.

从上述讨论中可以得到,求二元函数极值的步骤:

(1) 求偏导数$f_x(x,y)$和$f_y(x,y)$;

(2) 解方程组$\begin{cases}f_x(x,y)=0,\\f_y(x,y)=0,\end{cases}$求驻点;

(3) 求二阶偏导数;

(4) 求出$\Delta=AC-B^2$;

(5) 判断驻点是否为极值点,并求出极值.

试一试

例 1 求函数$z=3xy-x^3-y^3$的极值.

解 (1) $f_x=3y-3x^2$, $f_y=3x-3y^2$;

(2) 解方程组

$$\begin{cases}3y-3x^2=0,\\3x-3y^2=0,\end{cases}$$

得驻点(0,0)和(1,1);

(3) $A=f_{xx}=-6x$, $B=f_{xy}=3$, $C=f_{yy}=-6y$;

(4) $\Delta=AC-B^2=36xy-9$;

(5) 在点(0,0)处,$\Delta|_{(0,0)}=-9<0$,所以点(0,0)不是极值点;

在点(1,1)处,$\Delta|_{(1,1)}=27>0$,所以点(1,1)是极值点,又因为在点(1,1)处$A|_{(1,1)}=-6<0$,所以函数在点(1,1)处有极大值$f(1,1)=1$.

例 2 求函数$z=(x-1)^2+(y-4)^2$的极值.

解 (1) $f_x=2(x-1)$, $f_y=2(y-4)$;

(2) 解方程组

$$\begin{cases}2(x-1)=0,\\2(y-4)=0,\end{cases}$$

得驻点(1,4);

(3) $A=f_{xx}=2$, $B=f_{xy}=0$, $C=f_{yy}=2$;

(4) $\Delta=AC-B^2=4$;

(5) 在点(1,4)处,$\Delta=4>0$,所以点(1,4)是极值点,又因为 $A=2>0$,所以函数在点(1,4)处有极小值 $f(1,4)=0$.

做一做

求函数 $z=1-x^2-y^2$ 的极值.

任务二　探求二元函数的最大值与最小值

在实际问题中,常可根据问题的性质知道函数在区域 D 内有最大(小)值,如果函数在区域 D 内有唯一的驻点,则可断定驻点就是极值点,驻点处的函数值就是所求最大(小)值.

试一试

例 3　要做一容积为 32 cm^3 的无盖长方体箱子,问长、宽、高各为多少时,才能使所用材料最省?

解　设长方体箱子的长、宽、高分别为 x cm,y cm 和 z cm,箱子的表面积为

$$A=xy+2xz+2yz \quad (x>0,y>0,z>0).$$

根据已知条件 $xyz=32$,则 $z=\dfrac{32}{xy}$,故

$$A=xy+\frac{64}{x}+\frac{64}{y}, \quad \text{其定义域 } D=\{(x,y)\mid x>0,y>0\}.$$

求偏导数,得

$$A_x=y-\frac{64}{x^2},\ A_y=x-\frac{64}{y^2},$$

解方程组

$$\begin{cases} y-\dfrac{64}{x^2}=0, \\ x-\dfrac{64}{y^2}=0, \end{cases}$$

得驻点(4,4).

因为面积 A 有最小值,且在区域 D 内函数有唯一驻点,所以驻点(4,4)就是函数取得最小值的点,当 $x=4,y=4$ 时,$z=2$.

因此,当长方体箱子的长、宽、高分别为 4 cm,4 cm,2 cm 时,箱子的表面积最小,即所用材料最省.

例 4　设某工厂生产甲、乙两种产品,其出售价格(单价)分别为 10 元、9 元. 若生产 x 单位的甲产品和 y 单位的乙产品,所需的总费用为

$$400+2x+3y+0.01(3x^2+xy+3y^2),$$

问欲取得最大利润,甲、乙两种产品的产量应为多少?

解　设 $L(x,y)$ 表示生产 x 单位的甲产品和生产 y 单位的乙产品所取得的利润,依题意可知

$$L(x,y)=10x+9y-[400+2x+3y+0.01(3x^2+xy+3y^2)],$$

即 $$L(x,y)=8x+6y-400-0.01(3x^2+xy+3y^2),$$
其定义域为 $D=\{(x,y)\mid x>0,y>0\}$.

求偏导数,得

$$L_x=8-0.01(6x+y),\ L_y=6-0.01(x+6y),$$

解方程组 $$\begin{cases}8-0.01(6x+y)=0,\\6-0.01(x+6y)=0,\end{cases}$$

得驻点(120,80).

因为在区域 D 内,函数 $L(x,y)$ 有唯一驻点,所以驻点(120,80)也是函数取得最大值的点. 因此,当两种产品的产量分别为 $x=120$ 单位和 $y=80$ 单位时,可获得最大利润.

做一做

设某工厂生产甲、乙两种产品,其销售价格分别为 $p_1=12$ 万元,$p_2=18$ 万元,总成本 C 是两种产品的产量 x 和 y(百台)的函数,即 $C(x,y)=2x^2+xy+2y^2$,问当两种产品的产量为多少时,可获得最大利润?最大利润是多少?

任务三　探究条件极值的求法

学一学

在求一些函数极值时,自变量除有定义域的限制外,还要满足某些附加条件,这类极值问题称为**条件极值**. 关于条件极值,通常有以下两种求法.

1. 转化为无条件极值

对于一些简单的条件极值问题,可以利用附加条件,消去函数中的某些自变量,将条件极值转化为无条件极值. 如本项目中的例 3.

2. 拉格朗日乘数法

例如,求函数 $z=f(x,y)$ 在条件 $\varphi(x,y)=0$ 下的极值的步骤:

(1) 构造辅助函数(拉格朗日函数)

$$F(x,y)=f(x,y)+\lambda\varphi(x,y),$$

其中 λ 是待定常数,叫做拉格朗日乘数.

(2) 组建方程组 $$\begin{cases}F_x=f_x(x,y)+\lambda\varphi_x(x,y)=0,\\F_y=f_y(x,y)+\lambda\varphi_y(x,y)=0,\\\varphi(x,y)=0.\end{cases}$$

(3) 解方程组,其解为可能的极值点. 若所讨论的实际问题有最值,且求得的可能极值点只有一个,那么该点就是极值点,也是最值点.

试一试

例 5　利用拉格朗日乘数法求解例 3.

解　设长方体箱子的长、宽、高分别为 x cm,y cm,z cm,所要解决的问题为求函数

$$A=xy+2xz+2yz\qquad(x>0,y>0,z>0)$$

在条件 $xyz=32$ 下的极值.

设 $F(x,y,z)=xy+2yz+2xz+\lambda(xyz-32)$,其中 λ 是常数.

解方程组
$$\begin{cases}F_x=y+2z+\lambda yz=0,\\F_y=x+2z+\lambda xz=0,\\F_z=2y+2x+\lambda xy=0,\\xyz=32,\end{cases}$$

得 $x=4,y=4,z=2$.

因为点(4,4,2)是唯一的可能极值点,且已知 A 有最小值,所以当长方体箱子的长、宽、高分别为 4 cm,4 cm,2 cm 时,所用的材料最省.

做一做

求周长为 a 而面积最大的长方形.

项目练习 8.6

1. 求函数 $z=x^2+y^2-xy$ 的极值.

2. 求函数 $z=x^2+xy+y^2+x-y+1$ 的极值.

3. 求函数 $z=(6x-x^2)(4y-y^2)$ 的极值.

4. 欲围一个面积为 600 m^2 的矩形场地,正面所用的材料每米造价为 100 元,其余三面每米造价为 50 元,求场地长、宽各为多少时,所用的材料费用最少?

5. 用 a 元购料,建造一个宽与深相同的长方体水池,已知四周的单位面积材料费为底面单位面积材料费的 1.2 倍,假设底面单位面积材料费为 1 元,求水池长与宽(深)各多少,才能使池的容积最大?

6. 设生产某种产品的数量与所用两种原料 A,B 的数量 x,y 间有关系式

$$p(x,y)=0.005x^2y,$$

欲用 1 500 元购料,已知 A,B 原料的单价分别为 10 元、20 元,问购进两种原料各多少,可使生产的产品数量最多?

7. 求抛物线 $y^2=4x$ 上的点,使它与直线 $x-y+4=0$ 相距最近.

复习与提问

1. 二元函数的一般形式为________________,定义域为________________,图形是__________.

2. 二元函数 $z=f(x,y)$ 在点 $P_0(x_0,y_0)$ 的某个邻域 $U(P_0)$ 内有定义(点 P_0 可以除外),如果当 $P(x,y)$ 以____________方式无限接近 $P_0(x_0,y_0)$ 时,$z=f(x,y)$ 无限接近______,

则________为 $x\to x_0, y\to y_0$ 时二元函数的__________,又叫做__________.

3. 二元函数 $z=f(x,y)$ 在点 $P_0(x_0,y_0)$ 的某个邻域 $U(P_0)$ 内有定义,如果________________,则称 $z=f(x,y)$ 在点 $P_0(x_0,y_0)$ 连续.

4. 函数 $f(x,y)$ 在点 (x_0,y_0) 处对 x 的偏导数为____________________________,函数 $f(x,y)$ 在点 (x_0,y_0) 处对 y 的偏导数为____________________________;$z=f(x,y)$ 对自变量 x 的偏导函数为________________________________,$z=f(x,y)$ 对自变量 y 的偏导函数为________________________.

5. 已知 $z=f(x,y)$,在求 $\frac{\partial z}{\partial x}$ 时,把____看作常量,对____求导;在求 $\frac{\partial z}{\partial y}$ 时,把____看作常量,对____求导.

6. 函数 $z=f(x,y)$ 在点 (x,y) 处的全微分为____________,全增量为___________.

7. 设 $z=f(u,v)$,$u=\varphi(x,y)$,$v=\psi(x,y)$,则复合函数 $z=f[\varphi(x,y),\psi(x,y)]$ 在点 (x,y) 处的偏导数 $\frac{\partial z}{\partial x}=$__________________,$\frac{\partial z}{\partial y}=$__________________.

8. 由方程 $F(x,y)=0$ 所确定的隐函数为 $y=f(x)$ 的导数 $\frac{\mathrm{d}y}{\mathrm{d}x}=$____________________;由方程 $F(x,y,z)=0$ 所确定的隐函数为 $z=f(x,y)$ 的偏导数 $\frac{\partial z}{\partial x}=$____________________,$\frac{\partial z}{\partial y}=$____________________.

9. 空间曲线 $x=\varphi(t)$,$y=\psi(t)$,$z=\omega(t)$ 在点 (x_0,y_0,z_0) 处对应的参数为 t_0,该点处的切线方程为_____________,法平面方程为________________.

10. 曲面 $F(x,y,z)=0$ 在点 (x_0,y_0,z_0) 处的切平面方程为_______________________,法线方程为___________________________.

11. 函数 $z=f(x,y)$ 在点 $P_0(x_0,y_0)$ 的某一邻域内有定义,如果对该邻域内任一异于 P_0 的点 $P(x,y)$ 恒有__________________________成立,则 $z=f(x,y)$ 在点 $P_0(x_0,y_0)$ 有极大值,如果恒有_______________________成立,则 $z=f(x,y)$ 在点 $P_0(x_0,y_0)$ 有极小值.

12. 函数 $z=f(x,y)$ 的驻点指的是__________________________.

13. 可导函数 $z=f(x,y)$ 的极值点一定是____________,驻点不一定是___________.

14. 求二元函数 $z=f(x,y)$ 极值的步骤:______________________________________.

15. 解条件极值通常有两种方法:______________________和____________________.拉格朗日乘数法求条件极值的步骤:____.

复习题八

1. 填空题:

(1) 函数 $z=\sqrt{1-x^2}+\sqrt{y^2-1}$ 的定义域为_______________;

(2) 二元函数 $z=2x-3y+5$ 表示的图形为_______________,$z=\sqrt{1-x^2-y^2}$ 表示的图形

为＿＿＿＿＿＿＿＿；

(3) $\lim\limits_{\substack{x\to 0\\ y\to 0}}\dfrac{2-\sqrt{xy+4}}{xy}=$＿＿＿＿＿＿；

(4) 设 $z=x^2+y^2$，则 $f_x(1,0)=$＿＿＿＿＿，$f_y(1,0)=$＿＿＿＿＿；

(5) 若 $u=xy+yz+zx$，则 $\mathrm{d}u=$＿＿＿＿＿＿＿；

(6) 设 $z=\mathrm{e}^x\sin y$，则 $\mathrm{d}z=$＿＿＿＿＿；

(7) 若 $f(x,x+y)=x^2+xy$，则 $\dfrac{\partial f}{\partial x}=$＿＿＿＿＿；

(8) 设 $z+\mathrm{e}^z=xy$，则 $\dfrac{\partial z}{\partial y}=$＿＿＿＿＿；

(9) 函数 $z=x^2+y^2-2x-8y+3$ 的驻点为＿＿＿＿＿＿；

(10) 函数 $z=2-\sqrt{x^2+y^2}$ 在点＿＿＿＿＿＿处取得极大值 2.

2. 选择题：

(1) 函数 $z=\sin(x+y)+\sqrt{xy}$ 的定义域为(　　).

A. $xy>0$　　B. $x>0,y>0$

C. $xy\geqslant 0$　　D. $x\geqslant 0,y\geqslant 0$

(2) 设 $f(x,y)=\dfrac{xy}{x^2+y^2}$，则下列式中正确的是(　　).

A. $f\left(x,\dfrac{y}{x}\right)=f(x,y)$　　B. $f(x+y,x-y)=f(x,y)$

C. $f(y,x)=f(x,y)$　　D. $f(x,-y)=f(x,y)$

(3) 设 $z=x\mathrm{e}^{-xy}$，则 $\dfrac{\partial z}{\partial x}=$(　　).

A. e^{-xy}　　B. $\mathrm{e}^{-xy}(x+1)$

C. $\mathrm{e}^{-xy}(1-xy)$　　D. $-y\mathrm{e}^{-xy}$

(4) 设 $z=\mathrm{e}^x\cos y$，则 $\dfrac{\partial^2 z}{\partial x\partial y}=$(　　).

A. $\mathrm{e}^x\sin y$　　B. $\mathrm{e}^x+\mathrm{e}^x\sin y$

C. $-\mathrm{e}^x\cos y$　　D. $-\mathrm{e}^x\sin y$

(5) 已知 $f(x+y,x-y)=x^2-y^2$，则 $\dfrac{\partial f}{\partial x}+\dfrac{\partial f}{\partial y}=$(　　).

A. $2x+2y$　　B. $x-y$

C. $2x-2y$　　D. $x+y$

(6) 函数 $z=x^3+y^3-3xy$ 的驻点为(　　).

A. $(0,0)$ 和 $(-1,0)$　　B. $(0,0)$ 和 $(1,1)$

C. $(0,0)$ 和 $(2,2)$　　D. $(0,1)$ 和 $(1,1)$

(7) 若 $f_x(x_0,y_0)=0$，$f_y(x_0,y_0)=0$，则 $f(x,y)$ 在 (x_0,y_0) 处(　　).

A. 一定有极值　　B. 无极值

C. 不一定有极值　　D. 有极大值

(8) 函数 $z=x^2-y^2+1$ 的极值点为(　　).

A. (0,0)　　B. (0,1)

C. (1,0)　　D. 不存在

3. 求下列函数的偏导数:

(1) $z=xy+\frac{y}{x}$;　　(2) $z=\ln\sin(x-2y)$;

(3) $z=\frac{xe^y}{y^2}$;　　(4) $z=\sqrt{x}\sin\frac{y}{x}$.

4. 设 $z=u+(x+y)^u$, $u=xy$, 求 $\frac{\partial z}{\partial x}$ 和 $\frac{\partial z}{\partial y}$.

5. 设 $z=\frac{x^2}{y}$, $x=u-2v$, $y=v+2u$, 求 $\frac{\partial z}{\partial u}$ 和 $\frac{\partial z}{\partial v}$.

6. 设 $z=x^3+3x^2y^3-2xy^2$, 求 $\frac{\partial^2 z}{\partial x^2}$, $\frac{\partial^2 z}{\partial y^2}$ 和 $\frac{\partial^2 z}{\partial x\partial y}$.

7. 求隐函数的导数:

(1) 设 $\sin y+e^x-xy^2=0$, 求 $\frac{dy}{dx}$;

(2) 设 $xy+\ln y+\ln x=0$, 求 $\frac{dy}{dx}$;

(3) 设 $x+2y+2z-2\sqrt{xyz}=0$, 求 $\frac{\partial z}{\partial x}$ 和 $\frac{\partial z}{\partial y}$.

8. 设 $x^2y+xz^2-yz^3=1$, 求 dz.

9. 求函数 $f(x,y)=x^3-y^3+3x^2+3y^2-9x$ 的极值.

10. 求函数 $f(x,y)=x^2+5y^2-6x+10y+6$ 的极值.

11. 已知 $x^2+y^2+z^2=1$,在位于第一卦限的球面上求一点,使其三个坐标的乘积最大.

12. 将周长为 18 m 的矩形绕它的一边旋转形成一个圆柱体,问矩形的边长各为多少时,才能使圆柱体体积最大?

13. 某工厂要建造一座长方形的厂房,其体积为 1.5×10^3 m^3,已知前墙和屋顶单位面积的造价分别是其他墙身单位面积造价的 3 倍和 1.5 倍,问厂房前墙的长度和厂房的高度为多少时,厂房的造价最少?

读一读

成功破译"白宫密码"的中国女数学家

王小云又一次站到闪光灯下,这位山东大学数学与系统科学学院信息安全研究所所长,除获得清华大学"长江特聘教授"等荣誉外,又荣获了中国青年女科学家奖.

2004 年以前,在王小云任教的山东大学,很多人都不知道有这么一位年轻教师. 从 1996 年研究 Hash 函数开始,到 2004 年,王小云一共才发表了一篇论文. 直到 2004 年 8 月,在美国加州圣巴巴拉召开的国际密码学大会上,王小云才突然成为世界同行瞩目的焦点.

密码学家在设计密码协议的时候,可以灵活地使用 Hash 函数来增加安全性. Hash 函数的种类很多,当前国际上使用最广泛的是 MD5 和 SHA-1 两种。

这位貌不惊人的中国女教师在大会上宣读了她和自己的研究小组苦心研究多年的成果:对 MD5、HAVAL-128、MD4 和 RIPEMD 4 个著名密码算法的破译结果.

RonRivest 是麻省理工学院的教授,图灵奖的获得者,也是 MD5 的设计者. 王小云做完演讲后,他第一个冲上台去表示祝贺,他说:“我不愿意看到 MD5 倒下,但是人们必须推崇真理.”

当年国际密码大会的总结报告这样写道:我们该怎么办? MD5 被重创了,它即将在应用中被淘汰. SHA-1 仍然活着,但也见到了它的末日. 现在就得开始更换 SHA-1 了. SHA-1 是由美国专门制定密码算法的标准机构——美国国家标准技术研究院(NIST)与美国国家安全局(NSA)设计的,被称为“白宫密码”.

2005 年 2 月 7 日,美国国家标准技术研究院发表声明:SHA-1 没有被攻破,并且没有足够的理由怀疑它会很快被攻破,开发人员在 2010 年前应该转向更为安全的 SHA-256 和 SHA-512 算法. 但仅仅一周之后,王小云就宣布了破译 SHA-1 的消息.

有人说王小云是密码界的精灵,有人说她是密码界的女杀手,更多的人对密码充满了好奇与幻想. 在电视剧《暗算》热播之后,很多人见到她的第一句话就是:你的工作是不是跟《暗算》中说的一样?

“不太一样.”王小云只看了不到一集的电视剧. 她会耐心地告诉对方:电视剧中说的是传统密码学,用的工具是算盘,而我从事的是现代密码学,已经用计算机了.

很多人说王小云“愚”,10 年的时间只在做一件事情. 这 10 年里,她的思路基本在围着 Hash 函数打转. 在破解 MD5 的时候,有 3 个月的时间非常辛苦,她经常每天干到凌晨两三点钟. 王小云不觉得苦,“只要受得了科研的苦,没有吃不了的苦”是她经常挂在口头上的一句话. 正是因为她的“愚”,王小云这 10 年的研究基本没走弯路,心思全放在破译上面了. 即使在破解两大函数时,每走一步,她都准确地知道算法的难点在哪里.

“我还年轻,还要继续工作.”她说. 今后,国际密码界的核心是围绕新的 Hash 函数标准设计展开. 王小云为自己定下了新目标:破解旧的标准,制定新的标准.

参考答案

项目练习 8.1

1. (1) $\{(x,y)\mid 2x-y>0 \text{ 且 } x^2+y^2>1\}$;　　(2) $\sin^2x+x^2y^2$;

(3) $\frac{\pi}{4}$;　　(4) $\frac{1}{4}(y^2-x^2)$, y^2+2x.

2. (1) $\{(x,y)\mid 4x-y^2\geqslant 0 \text{ 且 } 0<x^2+y^2<1\}$;

(2) $\{(x,y)\mid x+y>1 \text{ 且 } x^2+y^2<1\}$.

3. $(x+y)^2-\frac{y^2}{x^2}$.

4. (1) 0;　(2) $-\frac{1}{6}$.

项目练习 8.2

1. (1) y, x;　　(2) 4, 4ln2.

2. (1) $z_x=3x^2y-6xy^3$, $z_y=x^3-9x^2y^2$;

(2) $z_x=2x\sin 2y$, $z_y=2x^2\cos 2y$;

(3) $z_x=2y^2-\cos x$, $z_y=4xy+15y^2$;

(4) $z_x=\frac{y^2}{(x+y)^2}$, $z_y=\frac{x^2}{(x+y)^2}$;

(5) $z_x=\frac{2x}{1+x^2+y^2}$, $z_y=\frac{2y}{1+x^2+y^2}$;

(6) $u_x=y^2+2xz$, $u_y=2xy+z^2$, $u_z=2yz+x^2$.

3. (1) 1,2;　(2) 0,1.

4. (1) $z_{xx}=6x+6y$, $z_{xy}=6x$, $z_{yx}=6x$, $z_{yy}=12y^2$;

(2) $z_{xx}=-\frac{y}{x^2}$, $z_{xy}=\frac{1}{x}$, $z_{yx}=\frac{1}{x}$, $z_{yy}=0$.

项目练习 8.3

1. (1) $dz=\frac{3}{3x-2y}dx-\frac{2}{3x-2y}dy$;　　(2) $dz=-\frac{2y}{(x-y)^2}dx+\frac{2x}{(x-y)^2}dy$;

(3) $dz=e^{xy}(ydx+xdy)$;　　(4) $du=dx+(\cos y+ze^{yz})dy+ye^{yz}dz$.

2. $df=\frac{1}{6}dx+\frac{1}{3}dy$.

3. $\Delta z=-0.12$, $dz=-0.125$.

4. (1) 1.08;　　(2) 2.985.

5. 17.6π cm^3.

6. 0.2π m^3.

项目练习 8.4

1. $\frac{dz}{dt}=6t(2-t)e^{6t^2-2t^3}$.

2. $\frac{dz}{dx}=\cos x\cdot e^x-\sin x\cdot e^x+\cos x$.

3. $\frac{du}{dt}=2e^{2t}+(\sin t+\cos t)e^t+\sin 2t$.

4. $\frac{\partial z}{\partial x}=2(x+y)(4x^2+y^2+5xy+4x)+4x^2$,　$\frac{\partial z}{\partial y}=4x^2+6x(x+y)^2$.

5. $\frac{\partial z}{\partial x}=\frac{e^x}{e^x+2y^3}$,　$\frac{\partial z}{\partial y}=\frac{6y^2}{e^x+2y^3}$.

6. $\frac{\partial z}{\partial x}=-2x\arcsin\ln(x^4+y^4)+\frac{4x^3}{x^4+y^4}\cdot\frac{1-x^2-y^2}{\sqrt{1-\ln^2(x^4+y^4)}}$,

$\frac{\partial z}{\partial y}=-2y\arcsin\ln(x^4+y^4)+\frac{4y^3}{x^4+y^4}\cdot\frac{1-x^2-y^2}{\sqrt{1-\ln^2(x^4+y^4)}}$.

7. $\frac{\mathrm{d}y}{\mathrm{d}x}=\frac{y^2-y\mathrm{e}^{xy}}{x\mathrm{e}^{xy}-2xy-\cos y}$.

8. $\frac{\mathrm{d}y}{\mathrm{d}x}=\frac{x+y}{x-y}$.

9. $\frac{\partial z}{\partial x}=\frac{yz}{\mathrm{e}^z-xy}$,　$\frac{\partial z}{\partial y}=\frac{xz}{\mathrm{e}^z-xy}$.

10. $\frac{\partial z}{\partial x}=\frac{1}{3}$,　$\frac{\partial z}{\partial y}=\frac{2}{3}$.

项目练习 8.5

1. $\frac{x-1}{1}=\frac{y-\frac{\pi}{2}+1}{1}=\frac{z-2\sqrt{2}}{\sqrt{2}}$,　$x+y+\sqrt{2}z-\frac{\pi}{2}-4=0$.

2. $\frac{x}{1}=\frac{y}{0}=\frac{z-1}{3}$,　$x+3z-3=0$.

3. $(-1,1,-1)$,　$(-\frac{1}{3},\frac{1}{9},-\frac{1}{27})$.

4. $4x-4y-z-2=0$,　$\frac{x-2}{4}=\frac{y-1}{-4}=\frac{z-2}{-1}$.

5. $x+y-2=0$,　$\frac{x-1}{1}=\frac{y-1}{1}=\frac{z}{0}$.

项目练习 8.6

1. 极小值　$z(0,0)=0$.
2. 极小值　$z(-1,1)=0$.
3. 极大值　$f(3,2)=36$.
4. 长为 30 m,宽为 20 m.
5. 长为$\frac{4}{17}\sqrt{5a}$，宽(深)为$\frac{1}{6}\sqrt{5a}$.
6. A 为 100,B 为 25.
7. (1,2).

复习题八

1. (1) $\{(x,y)\mid x^2\leqslant 1,y^2\geqslant 1\}$;　(2) 平面,半球面;　(3) $-\frac{1}{4}$;

(4) 2,0;　(5) $\mathrm{d}u=(y+z)\mathrm{d}x+(x+z)\mathrm{d}y+(x+y)\mathrm{d}z$;　(6) $\mathrm{d}z=\mathrm{e}^x\sin y\mathrm{d}x+\mathrm{e}^x\cos y\mathrm{d}y$.

(7) y; (8) $\dfrac{x}{1+e^z}$; (9) $(1,4)$; (10) $(0,0)$.

2. (1) C; (2) C; (3) C; (4) D;
(5) D; (6) B; (7) C; (8) D.

3. (1) $z_x=y-\dfrac{y}{x^2}$, $z_y=x+\dfrac{1}{x}$;

(2) $z_x=\cot(x-2y)$, $z_y=-2\cot(x-2y)$;

(3) $z_x=\dfrac{e^y}{y^2}$, $z_y=\dfrac{xe^y}{y^3}(y-2)$;

(4) $z_x=\dfrac{1}{2\sqrt{x}}\sin\dfrac{y}{x}-\dfrac{y}{x\sqrt{x}}\cos\dfrac{y}{x}$, $z_y=\dfrac{1}{\sqrt{x}}\cos\dfrac{y}{x}$.

4. $\dfrac{\partial z}{\partial x}=y[1+(x+y)^{xy}\ln(x+y)]+xy(x+y)^{xy-1}$,

$\dfrac{\partial z}{\partial y}=x[1+(x+y)^{xy}\ln(x+y)]+xy(x+y)^{xy-1}$.

5. $\dfrac{\partial z}{\partial u}=\dfrac{2(u-2v)}{v+2u}-\dfrac{2(u-2v)^2}{(v+2u)^2}$, $\dfrac{\partial z}{\partial v}=-\dfrac{4(u-2v)}{v+2u}-\dfrac{(u-2v)^2}{(v+2u)^2}$.

6. $\dfrac{\partial^2 z}{\partial x^2}=6x+6y^3$, $\dfrac{\partial^2 z}{\partial y^2}=18x^2y-4x$, $\dfrac{\partial^2 z}{\partial x\partial y}=18xy^2-4y$.

7. (1) $\dfrac{dy}{dx}=\dfrac{y^2-e^x}{\cos y-2xy}$; (2) $\dfrac{dy}{dx}=-\dfrac{\dfrac{1}{x}+y}{x+\dfrac{1}{y}}$;

(3) $\dfrac{\partial z}{\partial x}=\dfrac{yz-\sqrt{xyz}}{2\sqrt{xyz}-xy}$, $\dfrac{\partial z}{\partial y}=\dfrac{xz-2\sqrt{xyz}}{2\sqrt{xyz}-xy}$.

8. $dz=\dfrac{2xy+z^2}{3yz^2-2xz}dx+\dfrac{x^2-z^3}{3yz^2-2xz}dy$.

9. 极大值 $f(-3,2)=31$，极小值 $f(1,0)=-5$.

10. 极小值 $f(3,-1)=-8$.

11. $\left(\dfrac{\sqrt{3}}{3},\dfrac{\sqrt{3}}{3},\dfrac{\sqrt{3}}{3}\right)$.

12. 长为 6 m，宽为 3 m.

13. 厂房前墙的长度为 10 m，厂房的高度为 7.5 m.

第九篇　多元函数积分

在一元函数积分学中我们知道,定积分是某种确定形式的和式极限.将这种和式极限的概念加以推广,得到定义在区域、曲线、曲面上的多元函数的情形,便是重积分、曲线积分、曲面积分的概念.本篇我们重点学习二重积分及其应用.

学习目标

◇ 知道求曲顶柱体体积的思想方法,理解二重积分的概念.
◇ 掌握二重积分的几何意义,了解二重积分的性质.
◇ 会在直角坐标系下计算二重积分,学会交换积分次序.
◇ 能把直角坐标系下的二重积分化成极坐标系下的二重积分.
◇ 会用二重积分计算几何体的体积.
◇ 会求薄片的质量和质心坐标.

项目一　二重积分的概念

任务一　学习求曲顶柱体体积的思想方法

看一看

已知一个几何体,它的底是 xOy 平面上的有界闭区域 D(可求面积的区域),它的侧面是以 D 的边界曲线为准线而母线平行于 z 轴的柱面,它的顶是二元函数 $z=f(x,y)$ 所表示的曲面,$f(x,y)\geqslant 0$ 且在 D 上连续,这样的几何体叫**曲顶柱体**(见图 9-1).

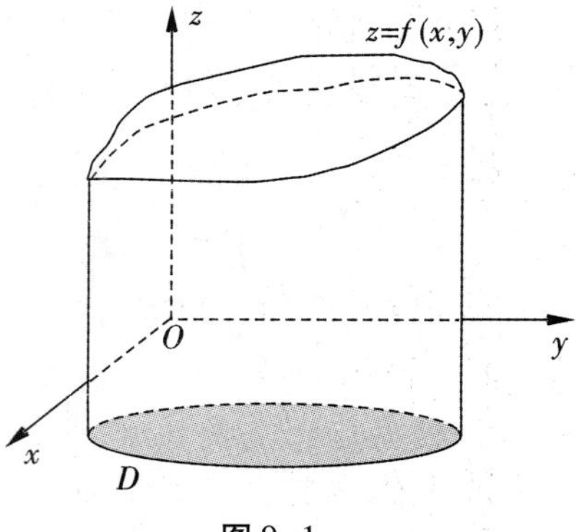

图 9-1

由于曲顶柱体的高是变量,所以它的体积不能直接用体积公式“底面积×高”来计算,那么如何求曲顶柱体的体积 V 呢?我们可以借鉴研究曲边梯形面积时的做法,采用“分割、取近似、求和、取极限”的四步,将曲顶柱体分成若干个小曲顶柱体,当分割成的每个小曲顶柱体“横向尺度”都很小时,可以近似把小曲顶柱体当作平顶的柱体来计算.为了能规范刻画上面涉及的所谓“横向尺度”大小,便于以下重积分概念的叙述,在这里引进区域直径的概念.

设 D 为闭区域(平面区域或空间区域),我们称区域 D 内两点间距离的最大值为**区域 D 的直径**.

学一学

求曲顶柱体体积的四个步骤：

第一步，分割. 用一组曲线网把区域 D 任意分割成 n 个小闭区域 $\Delta\sigma_1,\Delta\sigma_2,\cdots,\Delta\sigma_i,\cdots,\Delta\sigma_n(i=1,2,3,\cdots,n)$，同时 $\Delta\sigma_i$ 也表示这 n 个小闭区域的面积. 分别以这些小闭区域为底把曲顶柱体分成相应的 n 个小曲顶柱体，其体积分别记为 ΔV_i（见图 9-2）.

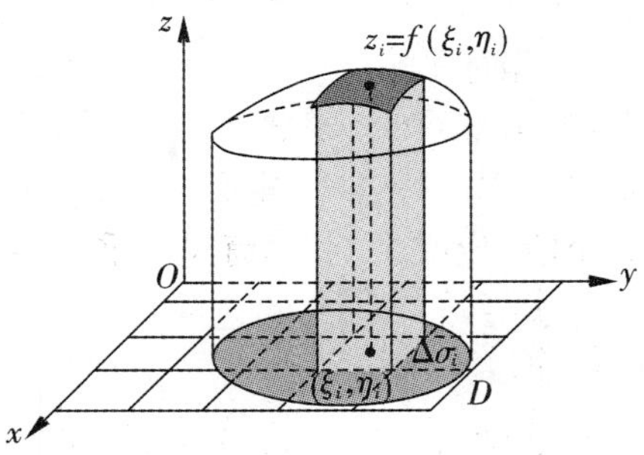

图 9-2

第二步，取近似. 当每个小闭区域的直径都很小时，由于 $f(x,y)$ 连续，在区域内各点的函数值变化也很小. 在每个小闭区域上任取一点 (ξ_i,η_i)，以 $f(\xi_i,\eta_i)$ 作为相应小平顶柱体的高，用平顶柱体的体积来近似代替相应的小曲顶柱体的体积，即

$$\Delta V_i\approx f(\xi_i,\eta_i)\Delta\sigma_i.$$

第三步，求和. n 个小曲顶柱体体积近似值之和即为所求曲顶柱体体积的近似值，即

$$V\approx\sum_{i=1}^{n}f(\xi_i,\eta_i)\Delta\sigma_i.$$

第四步，取极限. 区域 D 分割得越细密，每个小闭区域的面积 $\Delta\sigma_i$ 就越小，和式 $\sum\limits_{i=1}^{n}f(\xi_i,\eta_i)\Delta\sigma_i$ 的值越接近于曲顶柱体的体积. 为了得出体积的精确值，记 λ 为 n 个小闭区域直径中的最大者，则当 λ 趋于 0 时，下面的和式极限就是曲顶柱体的体积，即

$$V=\lim_{\lambda\to 0}\sum_{i=1}^{n}f(\xi_i,\eta_i)\Delta\sigma_i.$$

任务二　理解二重积分的概念

学一学

在物理学和其他学科中，有许多量的计算都可以归结为同“求曲顶柱体体积”一样的积分和式极限的计算，我们不考虑问题的实际意义，抽象出来的数学模型，通常称为二重积分.

设 $z=f(x,y)$ 是有界闭区域 D 上的有界函数，将闭区域 D 任意分成 n 个小闭区域 $\Delta\sigma_1,\Delta\sigma_2,\cdots,\Delta\sigma_i,\cdots,\Delta\sigma_n(i=1,2,3,\cdots,n)$，$\Delta\sigma_i$ 也表示这 n 个小闭区域的面积. 在每个小闭区域上任取一点 (ξ_i,η_i)，作和式 $\sum\limits_{i=1}^{n}f(\xi_i,\eta_i)\Delta\sigma_i$. 如果当各区域的直径中的最大值 λ 趋于 0 时和式极限存在，则称此极限值为函数 $f(x,y)$ 在闭区域 D 上的**二重积分**，记作

$$\iint\limits_D f(x,y)\,\mathrm{d}\sigma=\lim_{\lambda\to 0}\sum_{i=1}^{n}f(\xi_i,\eta_i)\Delta\sigma_i.$$

其中 $f(x,y)$ 称为**被积函数**，$f(x,y)\,\mathrm{d}\sigma$ 称为**被积表达式**，$\mathrm{d}\sigma$ 称为**面积元素**，D 称为**积分区**

域,x 和 y 称为**积分变量**, $\sum_{i=1}^{n} f(\xi_i,\eta_i)\Delta\sigma_i$ 称为**积分和式**.

注意:(1)二元函数 $f(x,y)$ 在闭区域 D 上的二重积分存在,也称 $f(x,y)$ 在闭区域 D 上可积.

(2)如果函数 $f(x,y)$ 在有界闭区域 D 上连续,则函数 $f(x,y)$ 在 D 上可积.

(3)二重积分的值与区域的分法和点 (ξ_i,η_i) 的选取无关,只与被积函数和积分区域有关.

(4)定义中对闭区域 D 的划分是任意的,如果在直角坐标系中用平行于坐标轴的直线网来划分 D,那么除包含边界点的一些小闭区域外,其余的小闭区域都是矩形闭区域.设区域 $\Delta\sigma_i$ 的边长为 Δx_j 和 Δy_k,则 $\Delta\sigma_i=\Delta x_j\Delta y_k$.因此,在直角坐标系中,有时也把面积元素 $\mathrm{d}\sigma$ 记作 $\mathrm{d}x\mathrm{d}y$,而把二重积分记作 $\iint\limits_D f(x,y)\,\mathrm{d}x\mathrm{d}y$,其中 $\mathrm{d}x\mathrm{d}y$ 叫做直角坐标系中的面积元素(见图 9-3).

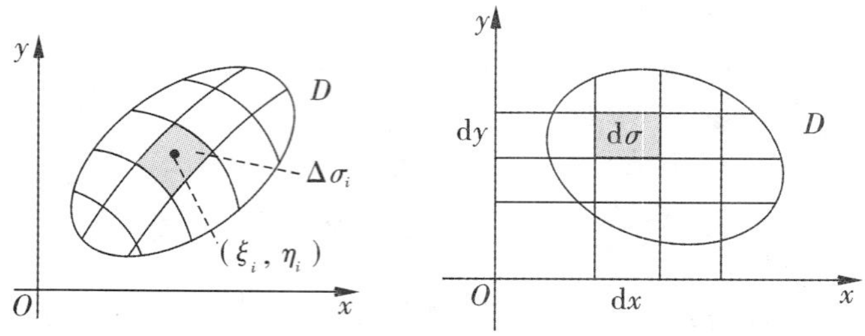

图 9-3

想一想

$\iint\limits_D f(x,y)\,\mathrm{d}\sigma$ 和 $\iint\limits_D f(u,v)\,\mathrm{d}\sigma$ 有什么关系? 如果 D_1 和 D_2 是两个不同的平面区域,那么二重积分 $\iint\limits_{D_1} f(x,y)\,\mathrm{d}\sigma$ 和 $\iint\limits_{D_2} f(x,y)\,\mathrm{d}\sigma$ 相等吗? 为什么?

学一学

根据二重积分的定义,曲顶柱体的体积就是其变高 $f(x,y)$ 在区域 D 上的二重积分,即 $\iint\limits_D f(x,y)\,\mathrm{d}\sigma$.于是可知,二重积分的几何意义如下:

(1) 当 $f(x,y)\geqslant 0$ 时,二重积分表示以曲面 $f(x,y)$ 为顶,以区域 D 为底的曲顶柱体的体积.

(2)当 $f(x,y)\leqslant 0$ 时,二重积分是负值,而这时曲顶柱体位于 xOy 平面的下方,二重积分的绝对值仍等于曲顶柱体的体积,这时二重积分表示曲顶柱体体积的负值.

(3)当 $f(x,y)$ 在 D 上有正有负时,则二重积分的值就等于各个部分区域上的曲顶柱体体积的代数和.

想一想

1. 如果 $f(x,y)=1$ 在区域 D 上可积，区域 D 的面积为 σ，那么 $\iint\limits_D f(x,y)\mathrm{d}\sigma$ 的值是什么？

2. 二重积分 $\iint\limits_D f(x,y)\mathrm{d}\sigma$ 表示曲顶柱体的体积，对吗？为什么？

做一做

试用二重积分表示半球 $x^2+y^2+z^2\leqslant 1, z\geqslant 0$ 的体积 V，并写出积分区域 D.

任务三　探讨二重积分的性质

二重积分与定积分有类似的性质，现不加证明叙述如下，其中 D 是 xOy 平面上的有界闭区域.

学一学

性质 1　被积函数的常数因子可以提到二重积分号的外面，即

$$\iint\limits_D kf(x,y)\mathrm{d}\sigma = k\iint\limits_D f(x,y)\mathrm{d}\sigma \quad (k\text{ 为常数}).$$

性质 2　两个函数和（或差）的二重积分等于两个函数的二重积分的和（或差），即

$$\iint\limits_D [f(x,y)\pm g(x,y)]\mathrm{d}\sigma = \iint\limits_D f(x,y)\mathrm{d}\sigma \pm \iint\limits_D g(x,y)\mathrm{d}\sigma.$$

此性质可以推广到有限个函数的和（或差）的情形.

性质 3　若积分区域 D 被分割为两个闭区域 D_1 与 D_2，则在 D 上的二重积分等于在各部分闭区域上的二重积分的和，即

$$\iint\limits_D f(x,y)\mathrm{d}\sigma = \iint\limits_{D_1} f(x,y)\mathrm{d}\sigma \pm \iint\limits_{D_2} g(x,y)\mathrm{d}\sigma.$$

此性质表示二重积分对于积分区域具有可加性，且当闭区域 D 被有限条曲线分为有限个部分闭区域时，该性质仍然成立.

性质 4　如果在 D 上，$f(x,y)=1$，σ 为 D 的面积，则

$$\iint\limits_D f(x,y)\mathrm{d}\sigma = \iint\limits_D 1\mathrm{d}\sigma = \sigma.$$

此性质的几何意义很明显，因为高为 1 的平顶柱体的体积在数值上就等于柱体的底面积.

想一想

设 D 是矩形闭区域，$|x|\leqslant 2$，$|y|\leqslant 3$，那么 $\iint\limits_D 1\mathrm{d}\sigma$ 等于多少？

做一做

设 D 是由 $\{(x,y)\mid x^2+y^2\leqslant 1\}$ 所确定的闭区域,求 $\iint\limits_D \mathrm{d}x\mathrm{d}y$.

性质 5 如果在 D 上,$f(x,y)\leqslant g(x,y)$,则有不等式

$$\iint\limits_D f(x,y)\,\mathrm{d}\sigma \leqslant \iint\limits_D g(x,y)\,\mathrm{d}\sigma.$$

试一试

例 1 比较二重积分 $\iint\limits_D \ln(x+y)\,\mathrm{d}\sigma$ 与 $\iint\limits_D [\ln(x+y)]^2\mathrm{d}\sigma$ 的大小,其中 D 是由三点 $(1,0)$,$(1,1)$,$C(2,0)$ 所围成的三角形闭区域.

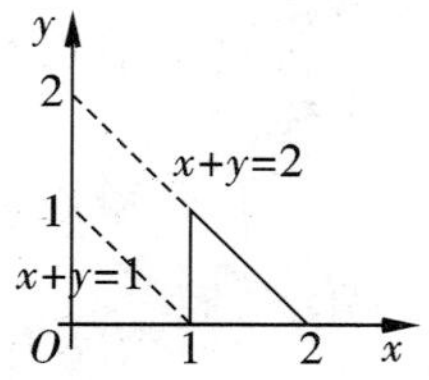

图 9-4

解 如图 9-4 所示,在 D 上,$1\leqslant x+y\leqslant 2$,则

$$0=\ln 1\leqslant \ln(x+y)\leqslant \ln 2<1,$$

所以

$$\ln(x+y)\geqslant \ln[(x+y)]^2,$$

由性质 5 得

$$\iint\limits_D \ln(x+y)\,\mathrm{d}\sigma \geqslant \iint\limits_D [\ln(x+y)]^2\mathrm{d}\sigma.$$

做一做

比较二重积分 $\iint\limits_D (x+y)\,\mathrm{d}\sigma$ 与 $\iint\limits_D (x+y)^2\mathrm{d}\sigma$ 的大小,其中 D 是由 x 轴、y 轴及直线 $x+y=1$ 所围成的闭区域.

性质 6 设 M,m 分别是 $f(x,y)$ 在闭区域 D 上的最大值和最小值,则有不等式

$$m\sigma\leqslant \iint\limits_D f(x,y)\,\mathrm{d}\sigma\leqslant M\sigma,$$

其中 σ 为区域 D 的面积.

上述不等式是对二重积分进行估值的不等式.

试一试

例 2 估计二重积分 $\iint\limits_D (x+3y+7)\,\mathrm{d}\sigma$ 的值,其中 $0\leqslant x\leqslant 1$,$0\leqslant y\leqslant 2$.

解 因为 $0\leqslant x\leqslant 1$,$0\leqslant y\leqslant 2$,所以在 D 上有 $7\leqslant x+3y+7\leqslant 14$. 又因为 D 的面积 $\sigma=2$,由性质 6 得

$$14\leqslant \iint\limits_D (x+3y+7)\,\mathrm{d}\sigma\leqslant 28.$$

做一做

利用性质估计二重积分 $\iint\limits_D (x+y+3)\mathrm{d}\sigma$ 的值,其中 $0\leqslant x\leqslant 1,0\leqslant y\leqslant 1$.

项目练习 9.1

1. 试利用二重积分表示下列几何体的体积,并指出积分区域 D:

(1) 椭圆抛物面 $z=1-\dfrac{x^2}{4}-\dfrac{y^2}{9}$ 和 xOy 平面围成的几何体;

(2) 上半椭球 $\dfrac{x^2}{4}+\dfrac{y^2}{9}+\dfrac{z^2}{4}=1,z\geqslant 0$.

2. 利用二重积分的性质计算 $\iint\limits_D \mathrm{d}x\mathrm{d}y$:

(1) D 是由 $\{(x,y)\mid 4\leqslant x^2+y^2\leqslant 9\}$ 所确定的闭区域;

(2) D 是由直线 $x+y=2,x=1,y=0$ 所围成的闭区域;

(3) D 是由直线 $x-2y=0,x-y=0,y=2$ 所围成的闭区域.

3. 设 D 是由直线 $x+y=2,x=2,y=2$ 所围成的闭区域,比较二重积分 $\iint\limits_D (x+y)^3\mathrm{d}\sigma$ 与 $\int\limits_L (x+y)^4\mathrm{d}\sigma$ 的大小.

4. 利用性质估计二重积分 $\iint\limits_D (x+2y+1)\mathrm{d}\sigma$ 的值,其中 $0\leqslant x\leqslant 1,0\leqslant y\leqslant 2$.

项目二　利用直角坐标计算二重积分

利用二重积分的定义计算二重积分,对少数特别简单的被积函数和积分区域来说是可行的,但对一般的函数和积分区域来说,计算较困难. 下面我们将介绍一种简便的方法,把二重积分化为两次定积分来计算.

任务一　学习 X-型积分区域上的二重积分

学一学

设函数 $z=f(x,y)$ 在有界区域 D 上连续且 $f(x,y)\geqslant 0$,积分区域 D 可以用不等式表示为 $\varphi_1(x)\leqslant y\leqslant \varphi_2(x),a\leqslant x\leqslant b$,其中函数 $\varphi_1(x)$ 和 $\varphi_2(x)$ 在区间 $[a,b]$ 上连续. 这样的区域称为 **X-型区域**,其特点是:穿过 D 内部且平行于 y 轴的直线与 D 的边界相交不多于两点,如图 9-5 所示.

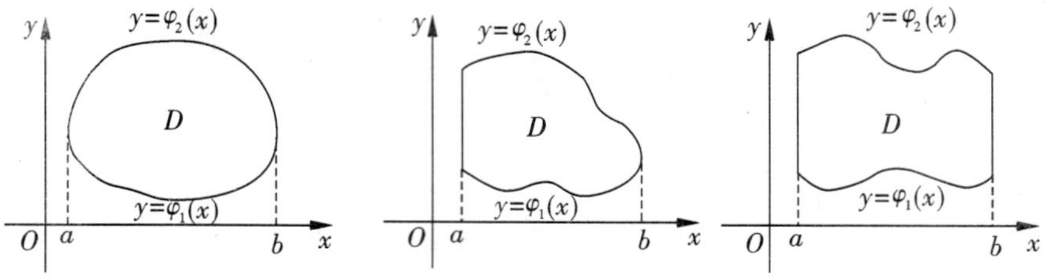

图 9-5

我们已经知道 $\iint\limits_D f(x,y)\mathrm{d}\sigma$ 等于以积分区域 D 为底,以曲面 $z=f(x,y)$ 为顶的曲顶柱体的体积,下面我们用定积分的"切片法",来计算这个曲顶柱体的体积.

为计算截面面积 $S(x)$,在区间$[a,b]$上任意取一点 x_0,作垂直于 x 轴(或平行于 yOz 面)的平面 $x=x_0$. 该平面截曲顶柱体所得截面是一个以区间$[\varphi_1(x_0),\varphi_2(x_0)]$为底,以曲线 $z=f(x_0,y)$ 为曲边的曲边梯形(见图 9-6),由定积分的几何意义可知,该截面的面积为

$$S(x_0)=\int_{\varphi_1(x_0)}^{\varphi_2(x_0)} f(x_0,y)\mathrm{d}y.$$

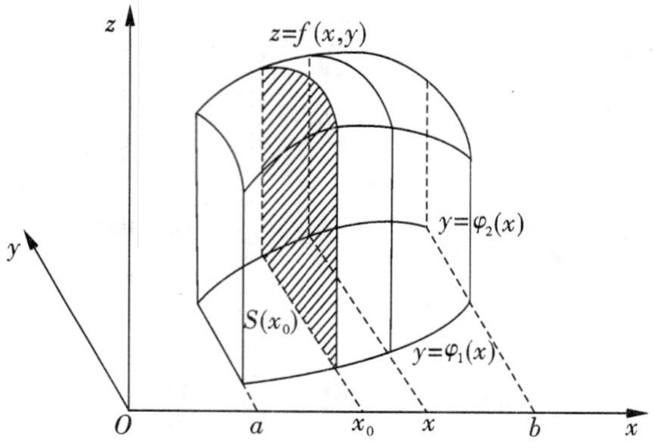

图 9-6

一般地,过区间$[a,b]$上任一点 x 且垂直于 x 轴的平面,截曲顶柱体所得截面的面积为

$$S(x)=\int_{\varphi_1(x)}^{\varphi_2(x)} f(x,y)\mathrm{d}y.$$

由定积分的"平行截面面积为已知,求立体体积"的方法可知,所求曲顶柱体的体积为

$$V=\int_a^b S(x)\mathrm{d}x=\int_a^b\left[\int_{\varphi_1(x)}^{\varphi_2(x)} f(x,y)\mathrm{d}y\right]\mathrm{d}x,$$

所以有

$$\iint\limits_D f(x,y)\mathrm{d}\sigma=\int_a^b\left[\int_{\varphi_1(x)}^{\varphi_2(x)} f(x,y)\mathrm{d}y\right]\mathrm{d}x.$$

上式右端的积分叫做先对 y、后对 x 的二次积分. 进行第一次定积分计算时,先把 x 看作常数,把 y 看作变量,把 $f(x,y)$ 只看作 y 的函数,对变量 y 计算从 $\varphi_1(x)$ 到 $\varphi_2(x)$ 的定积分,计算所得的结果是 x 的函数,不再含有变量 y. 进行第二次定积分计算时,积分变量是 x,积分区间是 $[a,b]$,最后计算结果是常数.

这个先对 y、后对 x 的二次积分也常记作

$$\iint_D f(x,y)\,\mathrm{d}\sigma = \int_a^b \mathrm{d}x \int_{\varphi_1(x)}^{\varphi_2(x)} f(x,y)\,\mathrm{d}y. \tag{1}$$

上式就是二重积分化为二次积分的计算方法,也称为**累次积分法**.

注意:在上述讨论中,假定 $f(x,y)\geqslant 0$,但实际上公式的成立并不受此条件限制.

想一想

根据上面的分析,能否根据所学知识计算图 9-7 中吐司面包的体积?

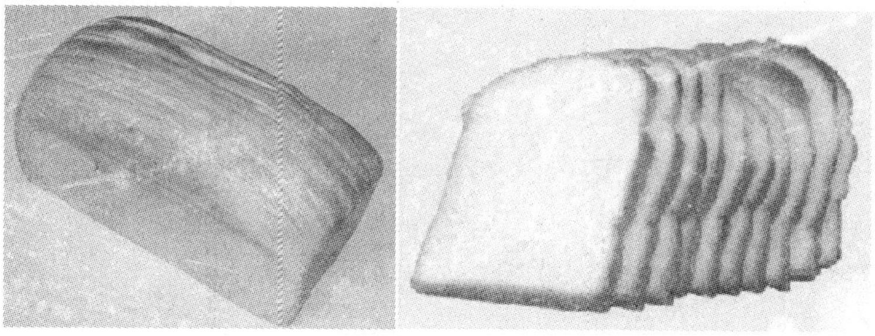

图 9-7

学一学

二重积分化为二次积分时,确定积分限是关键. 而积分限是根据积分区域 D 来确定的. 如果区域是 X-型区域,在区间 $[a,b]$ 上任意取一点 x,作一条平行于 y 轴的直线,顺着 y 轴正向看,点 A 是直线穿入区域 D 的点,其纵坐标 $\varphi_1(x)$ 就是积分下限,点 B 是直线穿出区域 D 的点,其纵坐标 $\varphi_2(x)$ 就是积分上限(见图 9-8). 对 y 积分后,再把计算结果(x 的函数)在区间 $[a,b]$ 上对 x 积分.

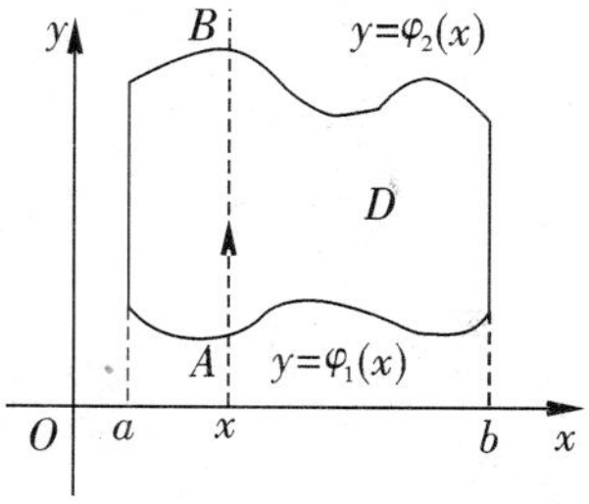

图 9-8

试一试

例 1 计算 $\iint\limits_D xy^2\,\mathrm{d}x\mathrm{d}y$,其中 D 是由直线 $x=0$, $x=1$, $y=1$ 和 $y=2$ 所围成的闭区域.

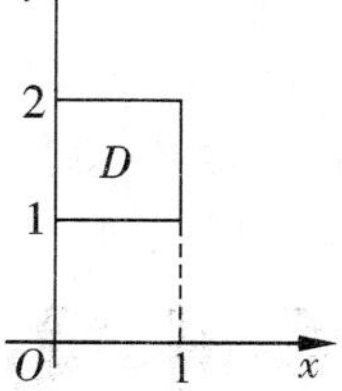

图 9-9

解 (1) 画积分区域 D(见图 9-9),D 是矩形区域.

(2) 化为二次积分时,积分的上下限均为常数. 若先对 y 积分,把 x 暂定为常数,y 的变化范围由 1 到 2,然后再对 x 从 0 到 1 积分.

(3) $\iint\limits_D xy^2\mathrm{d}x\mathrm{d}y=\int_0^1\left[\int_1^2 xy^2\mathrm{d}y\right]\mathrm{d}x=\int_0^1 x\mathrm{d}x\int_1^2 y^2\mathrm{d}y=\int_0^1 x\left[\frac{y^3}{3}\right]_1^2\mathrm{d}x=\frac{7}{3}\int_0^1 x\mathrm{d}x=\frac{7}{6}.$

做一做

计算 $\iint\limits_D xy\mathrm{d}x\mathrm{d}y$,其中 D 是由直线 $x=0,x=1,y=0$ 和 $y=1$ 所围成的闭区域.

任务二　学习 Y-型积分区域上的二重积分

学一学

假定 $z=f(x,y)$ 在有界区域 D 上连续,且积分区域 D 可以用不等式 $\psi_1(y)\leqslant x\leqslant\psi_2(y),c\leqslant y\leqslant d$ 来表示,其中函数 $\psi_1(y)$ 和 $\psi_2(y)$ 在区间 $[c,d]$ 上连续.这样的区域称为 ***Y*-型区域**,其特点是:穿过 D 内部且平行于 x 轴的直线与 D 的边界相交不多于两点,如图 9-10 所示.

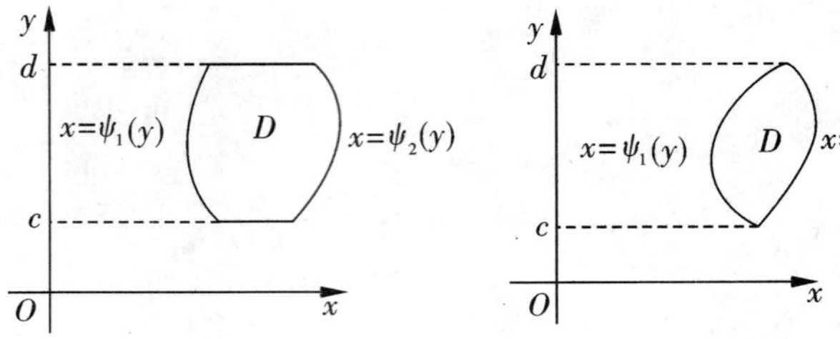

图 9-10

如果积分区域是 Y-型区域,可把二重积分化为

$$\iint\limits_D f(x,y)\mathrm{d}\sigma=\int_c^d\left[\int_{\psi_1(y)}^{\psi_2(y)}f(x,y)\mathrm{d}x\right]\mathrm{d}y=\int_c^d\mathrm{d}y\int_{\psi_1(y)}^{\psi_2(y)}f(x,y)\mathrm{d}x. \tag{2}$$

上式右端的积分叫做先对 x、后对 y 的二次积分.即先把 y 看作常数,把 $f(x,y)$ 只看作 x 的函数,对 x 计算从 $\psi_1(y)$ 到 $\psi_2(y)$ 的定积分,然后把计算所得的结果在区间 $[c,d]$ 上对 y 进行定积分.

如果积分区域是 Y-型区域,在区间 $[c,d]$ 上任意取一点 y,作一条平行于 x 轴的直线,顺着 x 轴正向看,点 A 是直线穿入区域 D 的点,其横坐标 $\psi_1(y)$ 就是积分下限,点 B 是直线穿出区域 D 的点,其横坐标 $\psi_2(y)$ 就是积分上限(见图 9-11).对 x 积分后,再把计算结果(y 的函数)在区间 $[c,d]$ 上对 y 积分.

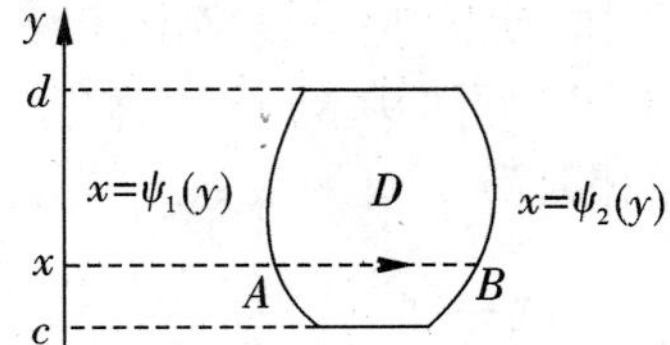

图 9-11

试一试

例 2 设积分区域 $D=\{(x,y)\mid 0\leqslant x\leqslant 1,0\leqslant y\leqslant 1\}$,计算二重积分 $\iint\limits_D e^{x+y}dxdy$.

解 (1) 画积分区域 D(见图 9-12),D 是矩形区域.

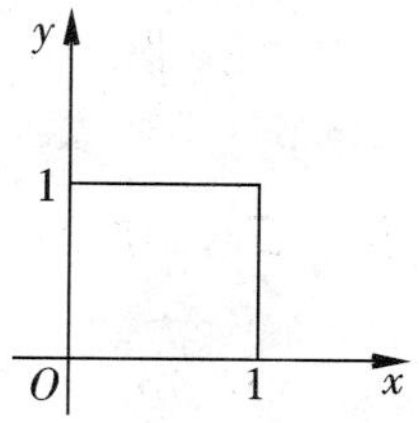

图 9-12

(2) 化为二次积分时,积分的上下限均为常数.若先对 x 积分,把 y 暂定为常数,x 的变化范围由 0 到 1,然后再对 y 从 0 到 1 积分.

(3) $\iint\limits_D e^{x+y}dxdy=\int_0^1\left[\int_0^1 e^{x+y}dx\right]dy=\int_0^1 e^y dy\int_0^1 e^x dx=\int_0^1 e^y[e^x]_0^1 dy$

$$=(e-1)\int_0^1 e^y dy=(e-1)^2.$$

做一做

计算 $\iint\limits_D xydxdy$,把积分区域看作 Y-型区域进行计算,其中 D 是由直线 $x=0,x=1$,$y=0$ 和 $y=1$ 所围成的闭区域.

想一想

如果积分区域为矩形区域,即积分区域 D 可以用不等式 $a\leqslant x\leqslant b,c\leqslant y\leqslant d$ 来表示,等式 $\iint\limits_D f(x,y)d\sigma=\int_a^b dx\int_c^d f(x,y)dy=\int_c^d dy\int_a^b f(x,y)dx$ 成立吗?

学一学

对于不同类型的积分区域,在进行二重积分计算时要使用不同的公式,如果积分区域 D 既不是 X-型的,也不是 Y-型的,我们可以把 D 分成几个部分,使每个部分是 X-型区域或是 Y-型区域(见图 9-13),由二重积分的性质可知,在区域 D 上的积分就等于在各个部分区域上的积分之和.

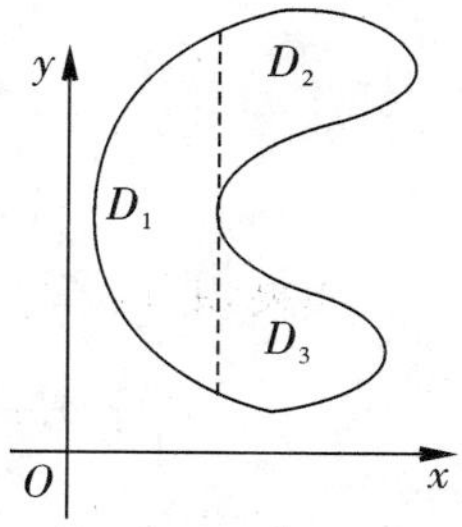

图 9-13

如果积分区域 D 既是 X-型区域,又是 Y-型区域,则由式(1)及式(2)可得

$$\int_a^b dx\int_{\varphi_1(x)}^{\varphi_2(x)}f(x,y)dy=\int_c^d dy\int_{\psi_1(y)}^{\psi_2(y)}f(x,y)dx.$$

试一试

例 3 计算 $\iint\limits_D xyd\sigma$,其中 D 是由直线 $y=1,x=2$ 及 $y=x$ 所围成的闭区域.

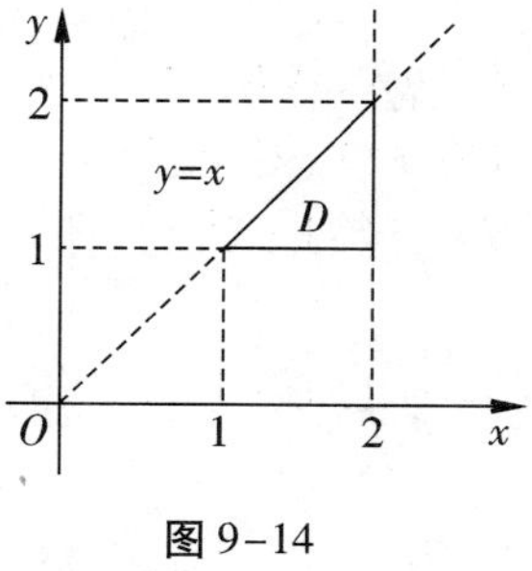

图 9-14

解 方法一:画积分区域 D(见图 9-14),把 D 看作 X-型区域,利用式(1)得

$$\iint_D xy\mathrm{d}\sigma=\int_1^2\left[\int_1^x xy\mathrm{d}y\right]\mathrm{d}x=\int_1^2 x\left[\frac{1}{2}y^2\right]_1^x\mathrm{d}x=\int_1^2\left(\frac{1}{2}x^3-\frac{1}{2}x\right)\mathrm{d}x=\left[\frac{1}{8}x^4-\frac{1}{4}x^2\right]_1^2=\frac{9}{8}.$$

方法二：把积分区域 D 看作 Y-型区域，利用式(2)得

$$\iint_D xy\mathrm{d}\sigma=\int_1^2\left[\int_y^2 xy\mathrm{d}x\right]\mathrm{d}y=\int_1^2 y\left[\frac{1}{2}x^2\right]_y^2\mathrm{d}y=\int_1^2\left(2y-\frac{1}{2}y^3\right)\mathrm{d}y=\left[y^2-\frac{1}{8}y^4\right]_1^2=\frac{9}{8}.$$

例 4 计算二重积分 $\iint_D 3x^2y^2\mathrm{d}x\mathrm{d}y$，其中 D 是由 x 轴、y 轴和抛物线 $y=1-x^2$ 所围成的在第一象限内的区域.

解 方法一：画积分区域 D(见图 9-15(a))，把积分区域看作 X-型区域，利用式(1)得

$$\begin{aligned}\iint_D 3x^2y^2\mathrm{d}x\mathrm{d}y&=\int_0^1\mathrm{d}x\int_0^{1-x^2}3x^2y^2\mathrm{d}y=\int_0^1 x^2\left[y^3\right]_0^{1-x^2}\mathrm{d}x=\int_0^1 x^2(1-x^2)^3\mathrm{d}x\\&=\int_0^1(x^2-3x^4+3x^6-x^8)\mathrm{d}x=\frac{16}{315}.\end{aligned}$$

方法二：画积分区域 D(见图 9-15(b))，把积分区域看作 Y-型区域，利用式(2)得

$$\iint_D 3x^2y^2\mathrm{d}x\mathrm{d}y=\int_0^1\mathrm{d}y\int_0^{\sqrt{1-y}}3x^2y^2\mathrm{d}x=\int_0^1 y^2(1-y)^{\frac{3}{2}}\mathrm{d}y.$$

从上面的解题过程可以看出，这个积分较麻烦，所以解本题时先对 y 积分较为方便.

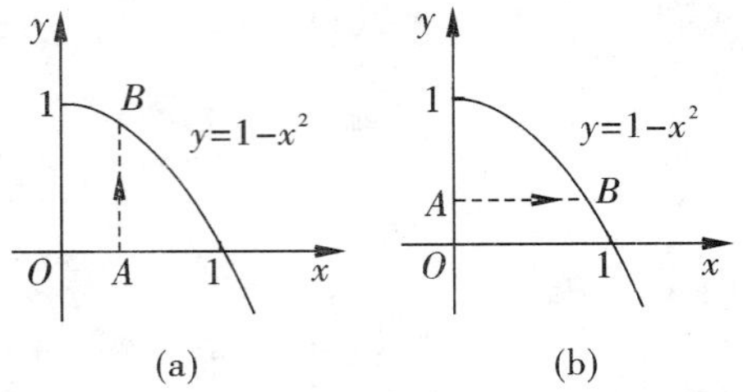

图 9-15

上例说明，积分次序选择不同，二重积分计算的难易程度也不同，甚至会出现计算不出二重积分结果的现象. 对于较复杂的积分区域，在化二重积分为二次积分时，为了计算简便，需要选择恰当的二次积分的次序，这时，既要考虑积分区域 D 的形状，又要考虑被积函数 $f(x,y)$ 的特性. 当用一种方法计算较麻烦或计算不出结果时，可以交换积分次序.

做一做

计算二重积分 $\iint_D(x^2+y^2)\mathrm{d}x\mathrm{d}y$，其中 D 是由 $y=x^2$，$x=1$ 及 $y=0$ 围成的闭区域.

任务三　交换二次积分的积分次序

学一学

交换二次积分的次序可分三步进行：

第一步，根据已知二次积分，找出相应的二重积分的积分区域 D 的边界，画出积分区域；

第二步，按照交换后的次序，将区域 D 用不等式组表示；

第三步，写出交换积分次序后的二次积分.

试一试

例 5　交换二次积分 $\int_0^2 \mathrm{d}y \int_{y^2}^{2y} f(x,y)\,\mathrm{d}x$ 的积分次序.

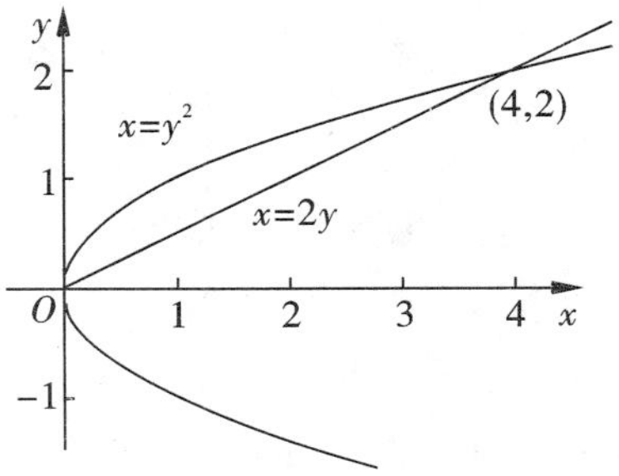

图 9-16

解　(1) 画出积分区域 D. 作曲线 $x=y^2$，直线 $x=2y$，围成的封闭图形即积分区域 D，如图 9-16 所示.

解方程组 $\begin{cases} x=y^2, \\ x=2y, \end{cases}$ 得交点坐标 $(0,0)$ 和 $(4,2)$.

(2) 把积分区域看作 X-型区域，则 $0 \leqslant x \leqslant 4, \frac{1}{2}x \leqslant y \leqslant \sqrt{x}$.

(3) 交换积分次序后，得 $\int_0^2 \mathrm{d}y \int_{y^2}^{2y} f(x,y)\,\mathrm{d}x = \int_0^4 \mathrm{d}x \int_{\frac{1}{2}x}^{\sqrt{x}} f(x,y)\,\mathrm{d}y$.

做一做

交换二次积分 $\int_0^1 \mathrm{d}y \int_0^y f(x,y)\,\mathrm{d}x$ 的积分次序.

试一试

例 6　交换积分 $\int_0^{\frac{1}{4}} \mathrm{d}x \int_{-\sqrt{x}}^{\sqrt{x}} f(x,y)\,\mathrm{d}y + \int_{\frac{1}{4}}^1 \mathrm{d}x \int_{2x-1}^{\sqrt{x}} f(x,y)\,\mathrm{d}y$ 的积分次序.

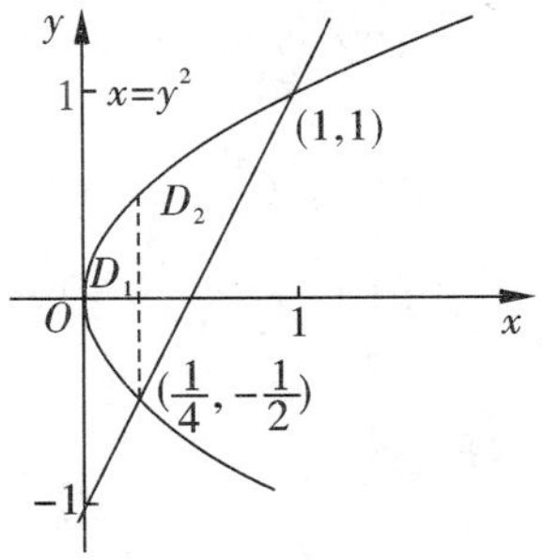

图 9-17

解　(1) 画出积分区域 D. 区域 $D=D_1+D_2$，其中 D_1 由抛物线 $x=y^2$ 和直线 $x=\frac{1}{4}$ 围成，D_2 由抛物线 $x=y^2$，直线 $x=\frac{1}{4}$ 和 $y=2x-1$ 围成，如图 9-17 所示.

解方程组 $\begin{cases} x=y^2, \\ y=2x-1, \end{cases}$ 得交点坐标 $(1,1)$ 和 $(\frac{1}{4},-\frac{1}{2})$.

(2) 把积分区域看作 Y-型区域,则 D 的范围可用不等式表示为 $y^2\leqslant x\leqslant\frac{y+1}{2},-\frac{1}{2}\leqslant y\leqslant 1$.

(3) 交换积分次序后,得

$$\int_0^{\frac{1}{4}}dx\int_{-\sqrt{x}}^{\sqrt{x}}f(x,y)dy+\int_{\frac{1}{4}}^{1}dx\int_{2x-1}^{\sqrt{x}}f(x,y)dy=\int_{-\frac{1}{2}}^{1}dy\int_{y^2}^{\frac{y+1}{2}}f(x,y)dy.$$

做一做

交换二次积分 $\int_0^1dx\int_0^x f(x,y)dy+\int_1^2dx\int_0^{2-x}f(x,y)dy$ 的积分次序.

项目练习 9.2

1. 计算下列二重积分:

(1) $\iint\limits_D xyd\sigma$,其中 D 是由直线 $y=1,y=2$ 和直线 $x=-1,x=2$ 围成的闭区域;

(2) $\iint\limits_D x^2yd\sigma$,其中 D 是由 $y=x^2$ 和直线 $y=x$ 围成的闭区域;

(3) $\iint\limits_D xyd\sigma$,其中 D 是由 $y=x^2+1,y=2x$ 和直线 $x=0$ 围成的闭区域;

(4) $\iint\limits_D \frac{x^2}{y^2}d\sigma$,其中 D 是由 $y=\frac{1}{x},y=x$ 和直线 $x=2$ 围成的闭区域;

(5) $\iint\limits_D yd\sigma$,其中 D 是由直线 $x+y-2=0,y=x$ 和直线 $y=0$ 围成的闭区域;

(6) $\iint\limits_D \sin(x+y)d\sigma$,其中 D 是由直线 $x=0,y=\pi$ 和直线 $y=x$ 围成的闭区域.

2. 用两种方法,分别化二重积分 $\iint\limits_D f(x,y)d\sigma$ 为二次积分,其中积分区域 D 为:

(1) 由直线 $x=1,x=3$ 和直线 $y=-2,y=1$ 围成的闭区域;

(2) 由 $x^2+y^2\leqslant 1,x\geqslant 0$ 和 $y\geqslant 0$ 围成的闭区域;

(3) 由直线 $y=x,y=3x$ 和直线 $x=1,x=3$ 围成的闭区域;

(4) 由直线 $x+y-1=0,x-y-1=0$ 和直线 $x=0$ 围成的闭区域.

3. 画出下列二次积分的积分区域,并交换二次积分的积分次序:

(1) $\int_0^1dy\int_{e^y}^{e}f(x,y)dx$;　　(2) $\int_0^1dx\int_{x^2}^{x}f(x,y)dy$;

(3) $\int_0^{\frac{1}{2}}dy\int_{y^2}^{\frac{1}{2}y}f(x,y)dx$;　　(4) $\int_1^2dy\int_1^y f(x,y)dx+\int_2^4dy\int_{\frac{1}{2}y}^{2}f(x,y)dx$.

* 项目三　利用极坐标计算二重积分

根据被积函数的特点和积分区域的形状，使用不同的坐标系，计算二重积分的难易程度不同. 有些二重积分，积分区域 D 的边界曲线用极坐标方程来表示比较方便，且被积函数用极坐标变量 r,θ 比较简单. 这时，我们就可以考虑利用极坐标来计算二重积分 $\iint\limits_{D} f(x,y)\mathrm{d}\sigma$.

任务一　把直角坐标系下的二重积分化为极坐标系下的二重积分

学一学

对于积分区域是圆形、扇形、环形等区域上的二重积分，在极坐标系下计算较为简便.

在极坐标系下，假定从极点 O 出发且穿过闭区域 D 内部的射线与 D 的边界曲线相交不多于两点. 首先分割积分区域 D，我们取 r 等于一系列的常数，得到一族以极点为中心的同心圆弧，再取 θ 等于一系列的常数，得到一族从极点出发的射线，两族线把积分区域 D 分成 n 个小闭区域，其可以看作是"弯曲的矩形"（见图 9-18）. 当 $\mathrm{d}r$ 和 $\mathrm{d}\theta$ 很小时，除包含边界点的一些小闭区域外，小闭区域可近似看作边长为 $\mathrm{d}r$ 和 $r\mathrm{d}\theta$ 的小矩形，所以在极坐标系下，面积元素为

$$\mathrm{d}\sigma = r\mathrm{d}r\mathrm{d}\theta.$$

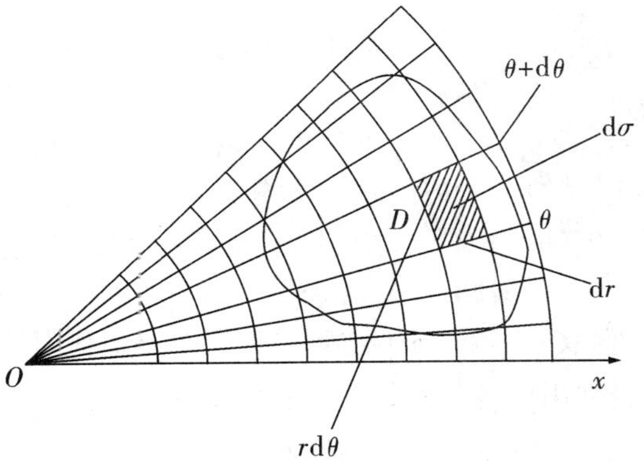

图 9-18

将直角坐标系下的二重积分化为极坐标系下的二重积分的方法如下：

(1) 通过变换 $x=r\cos\theta$ 和 $y=r\sin\theta$，将被积函数 $f(x,y)$ 化为 r,θ 的函数，即

$$f(x,y)=f(r\cos\theta,r\sin\theta);$$

(2) 将积分区域 D 的边界曲线用极坐标方程 $r=r(\theta)$ 表示；

(3) 将面积元素 $\mathrm{d}\sigma$ 表示成极坐标系下的面积元素 $\mathrm{d}\sigma=r\mathrm{d}r\mathrm{d}\theta$.

于是可得

$$\iint_D f(x,y)\,\mathrm{d}\sigma = \iint_D f(r\cos\theta, r\sin\theta)\,r\mathrm{d}r\mathrm{d}\theta.$$

这就是二重积分的变量从直角坐标变换为极坐标的变换公式. 公式表明,要把二重积分中的变量从直角坐标变换为极坐标,只要把被积函数中的 x,y 分别换成 $r\cos\theta, r\sin\theta$,并把直角坐标系下的面积元素 $\mathrm{d}x\mathrm{d}y$ 换成极坐标系下的面积元素 $r\mathrm{d}r\mathrm{d}\theta$ 即可.

做一做

把下列二重积分化成极坐标系下的二重积分:

(1) $\iint_D (x+y^2)\,\mathrm{d}\sigma$;　　(2) $\iint_D 3x^2y\,\mathrm{d}\sigma$;　　(3) $\iint_D (x^2+y^2)\,\mathrm{d}\sigma$.

想一想

当积分区域具有什么样的特征时,选择在极坐标系下计算二重积分较方便? 当被积函数具有什么特征时,选择在极坐标系下计算二重积分较方便?

任务二　把极坐标系下的二重积分化为二次积分

利用极坐标计算二重积分时,也要把二重积分化为二次积分来计算,下面只学习先积 r、后积 θ 的积分次序的二次积分.

学一学

在极坐标系下,把二重积分化为二次积分时,要根据极点和积分区域的位置来确定二次积分的上下限,分为如下三种情况:

(1) 极点在积分区域 D 的外面(见图 9-19). 积分区域 D 位于两条射线 $\theta=\alpha$ 和 $\theta=\beta$ 之间,两条射线和 D 的边界的交点把区域边界分为两部分,这两段边界曲线的极坐标方程分别为 $r=\varphi_1(\theta)$ 和 $r=\varphi_2(\theta)$. 积分区域可用不等式表示为

$$\varphi_1(\theta)\leqslant r\leqslant\varphi_2(\theta),\ \alpha\leqslant\theta\leqslant\beta.$$

在区间 $[\alpha,\beta]$ 上任意取一个确定的 θ 值,对应这个 θ 值作射线,穿入区域 D 的点 A 的极径 $\varphi_1(\theta)$ 为积分下限,穿出区域 D 的点 B 的极径 $\varphi_2(\theta)$ 为积分上限,于是

$$\iint_D f(r\cos\theta, r\sin\theta)\,r\mathrm{d}r\mathrm{d}\theta = \int_\alpha^\beta \mathrm{d}\theta\int_{\varphi_1(\theta)}^{\varphi_2(\theta)} f(r\cos\theta, r\sin\theta)\,r\mathrm{d}r\mathrm{d}\theta.$$

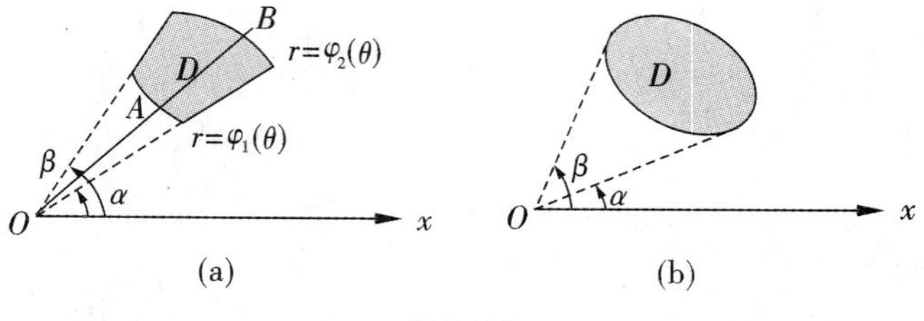

(a)　　(b)

图 9-19

（2）极点在积分区域 D 的边界上（见图 9-20）. 积分区域可用不等式表示为

$$0\leqslant r\leqslant\varphi(\theta),\ \alpha\leqslant\theta\leqslant\beta,$$

于是有

$$\iint\limits_D f(r\cos\theta,r\sin\theta)r\mathrm{d}r\mathrm{d}\theta=\int_\alpha^\beta \mathrm{d}\theta\int_0^{\varphi(\theta)} f(r\cos\theta,r\sin\theta)r\mathrm{d}r\mathrm{d}\theta.$$

（3）极点在积分区域 D 的内部（见图 9-21）. 积分区域可用不等式表示为

$$0\leqslant r\leqslant\varphi(\theta),\ 0\leqslant\theta\leqslant 2\pi,$$

于是有

$$\iint\limits_D f(r\cos\theta,r\sin\theta)r\mathrm{d}r\mathrm{d}\theta=\int_0^{2\pi} \mathrm{d}\theta\int_0^{\varphi(\theta)} f(r\cos\theta,r\sin\theta)r\mathrm{d}r\mathrm{d}\theta.$$

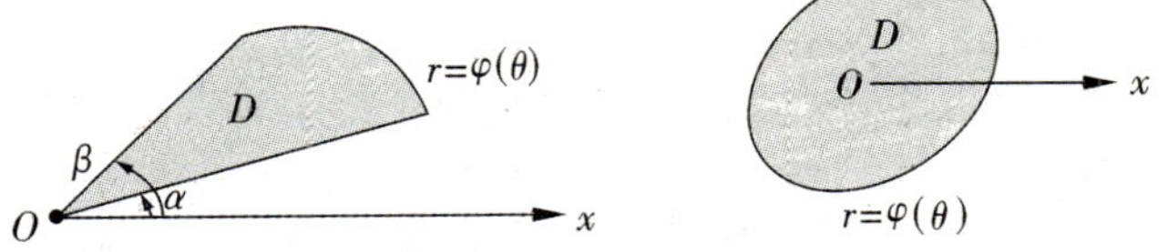

图 9-20　　　　图 9-21

想一想

当 $f(r\cos\theta,r\sin\theta)=1$ 时，二重积分的 $\iint\limits_D f(r\cos\theta,r\sin\theta)r\mathrm{d}r\mathrm{d}\theta$ 等于什么？

试一试

例 1　将区域 $D:x^2+y^2\leqslant 2y$ 用极坐标变量表示.

解　画出积分区域（见图 9-22）.

将直角坐标方程 $x^2+y^2=2y$ 化为极坐标方程，得 $(r\cos\theta)^2+(r\sin\theta)^2=2r\sin\theta$，即

$$r=2\sin\theta.$$

用极角射线去扫描区域 D，得到 θ 的范围为 $[0,\pi]$. 在 $[0,\pi]$ 内作一射线穿过区域 D，与边界有两个交点，穿入点的极径长为 $r=0$，穿出点为 B，极径长为 $r=2\sin\theta$.

因此，积分区域 D 的范围是 $0\leqslant\theta\leqslant\pi$，$0\leqslant r\leqslant 2\sin\theta$.

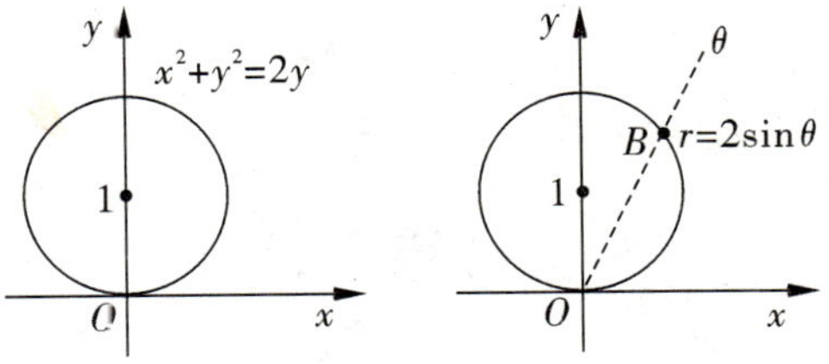

图 9-22

做一做

区域 D 是圆域 $x^2+y^2\leqslant 4$，用极坐标变量表示区域 D.

试一试

例 2 计算二重积分 $\iint\limits_D \frac{1}{(x^2+y^2)^{\frac{3}{2}}}\mathrm{d}\sigma$，其中区域 D 是扇环形闭区域(见图 9-23).

解 在极坐标系下，区域 D 可表示为

$$1\leqslant r\leqslant 2,\quad 0\leqslant\theta\leqslant\frac{\pi}{4},$$

于是得

$$\iint\limits_D \frac{1}{(x^2+y^2)^{\frac{3}{2}}}\mathrm{d}\sigma=\iint\limits_D \frac{1}{r^3}r\mathrm{d}r\mathrm{d}\theta=\int_0^{\frac{\pi}{4}}\mathrm{d}\theta\int_1^2\frac{1}{r^2}\mathrm{d}r=\int_0^{\frac{\pi}{4}}\left[-\frac{1}{r}\right]_1^2\mathrm{d}\theta=\frac{\pi}{8}.$$

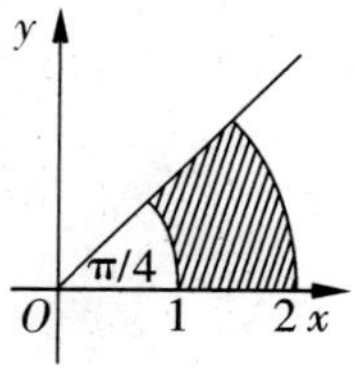

图 9-23

例 3 计算 $\iint\limits_D \mathrm{e}^{-x^2-y^2}\mathrm{d}\sigma$，其中区域 D 是由中心在原点、半径为 2 的圆周所围成的闭区域(见图 9-24).

解 在极坐标系下，闭区域 D 可表示为

$$0\leqslant r\leqslant 2,\quad 0\leqslant\theta\leqslant 2\pi,$$

于是得

$$\iint\limits_D \mathrm{e}^{-x^2-y^2}\mathrm{d}\sigma=\iint\limits_D \mathrm{e}^{-r^2}r\mathrm{d}r\mathrm{d}\theta=\int_0^{2\pi}\mathrm{d}\theta\int_0^2\mathrm{e}^{-r^2}r\mathrm{d}r$$

$$=\int_0^{2\pi}\left[-\frac{1}{2}\mathrm{e}^{-r^2}\right]_0^2\mathrm{d}\theta=\frac{1}{2}(1-\mathrm{e}^{-4})\int_0^{2\pi}\mathrm{d}\theta=\pi(1-\mathrm{e}^{-4}).$$

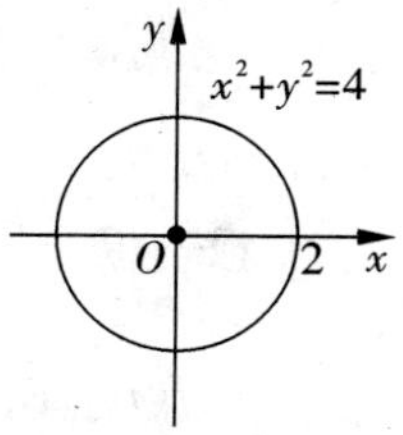

图 9-24

通过前面的讨论可知，选取适当的坐标系对计算二重积分十分重要，一般情况下，当积分区域为圆形、扇形、环形区域，且被积函数中含有 x^2+y^2，$\frac{y}{x}$ 等形式时，采用极坐标计算往往比较简便.

做一做

计算 $\iint\limits_D \sqrt{x^2+y^2}\,\mathrm{d}\sigma$，其中区域 D 是圆域 $x^2+y^2\leqslant 9$.

项目练习 9.3

1. 画出积分区域，把二重积分 $\iint\limits_D f(x,y)\mathrm{d}\sigma$ 表示为极坐标系下的二次积分，其中积分区域 D 是:

(1) 圆域 $x^2+y^2\leqslant1$；　　(2) 圆域 $x^2+y^2\leqslant2x$；

(3) 圆环 $4\leqslant x^2+y^2\leqslant9$.

2. 化下列二次积分为极坐标系下的二次积分：

(1) $\int_0^2 dx\int_0^{\sqrt{4-x^2}} f(x^2+y^2)\,dy$；　　(2) $\int_0^{\sqrt{3}} dy\int_{\frac{y}{\sqrt{3}}}^{\sqrt{4-y^2}} f(x^2+y^2)\,dx$.

3. 化下列二次积分为极坐标系下的二次积分，并计算积分值：

(1) $\int_0^1 dy\int_0^{\sqrt{1-y^2}} \sin(x^2+y^2)\,dx$；　　(2) $\int_0^{\frac{\sqrt{2}}{2}} dx\int_0^x (x^2+y^2)\,dy+\int_{\frac{\sqrt{2}}{2}}^1 dx\int_0^{\sqrt{1-x^2}} (x^2+y^2)\,dy$.

4. 利用极坐标计算下列二重积分：

(1) $\iint\limits_D \ln(1+x^2+y^2)\,d\sigma$，其中区域 D 是圆周 $x^2+y^2=1$ 及坐标轴围成的第一象限的闭区域；

(2) $\iint\limits_D e^{x^2+y^2}\,d\sigma$，其中区域 D 是圆域 $x^2+y^2\leqslant4$.

项目四　二重积分的应用

看一看

在二重积分的应用中，有许多求总量的问题可以用定积分的元素法来处理. 如果所要计算的某个量对于闭区域 D 具有可加性(即当闭区域 D 分成若干个小闭区域时，所求量 U 相应地分成若干个部分量，且 U 等于各部分量之和)，并且在闭区域 D 内任取一个直径很小的闭区域 $d\sigma$ 时，相应的部分量可近似地表示为 $f(x,y)\,d\sigma$ 的形式，其中 (x,y) 在 $d\sigma$ 内. 我们把 $f(x,y)\,d\sigma$ 称为所求量 U 的元素，记作 dU，而它在闭区域 D 上的积分

$$\iint\limits_D f(x,y)\,d\sigma$$

就是所求的量 U.

二重积分的应用非常广，下面仅举几例加以说明.

任务一　利用二重积分计算立体的体积

想一想

在本篇项目一中学过的二重积分的几何意义是什么？

如何利用二重积分计算立体的体积？

试一试

例 1　两个底面圆半径都等于 r 的圆柱直交，求所围成的立体的体积.

解　设两个圆柱面的方程分别为 $x^2+y^2=r^2$ 和 $x^2+z^2=r^2$. 因为所求立体关于坐标面对

称，所以所求立体的体积是它位于第一卦限部分体积 V_1 的 8 倍，如图 9–25 所示.

所求立体在第一卦限部分的积分区域为 $D_1: 0\leqslant x\leqslant r, 0\leqslant y\leqslant \sqrt{r^2-x^2}$，它的曲顶为二次函数 $z=\sqrt{r^2-x^2}$，根据二重积分的几何意义可知

$$V_1=\iint_{D_1}\sqrt{r^2-x^2}\,\mathrm{d}\sigma=\int_0^r\mathrm{d}x\int_0^{\sqrt{r^2-x^2}}\sqrt{r^2-x^2}\,\mathrm{d}y=\int_0^r\sqrt{r^2-x^2}\left[\,y\,\right]_0^{\sqrt{r^2-x^2}}\mathrm{d}x$$

$$=\int_0^r(r^2-x^2)\,\mathrm{d}x=\left[r^2x-\frac{1}{3}x^3\right]_0^r=\frac{2}{3}r^3,$$

所以

$$V=8V_1=\frac{16}{3}r^3.$$

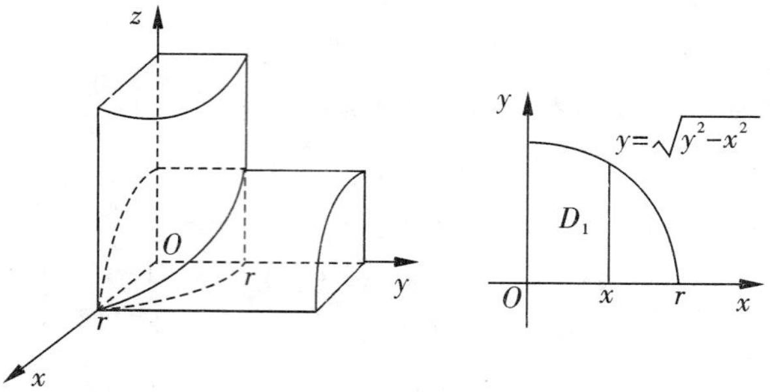

图 9–25

例 2 求球体 $x^2+y^2+z^2\leqslant 4$ 被圆柱面 $x^2+y^2\leqslant 2x$ 所截得的（含在圆柱面内的部分）立体的体积.

解 如图 9–26 所示，根据所给立体的对称性可知

$$V=4\iint_D\sqrt{4-x^2-y^2}\,\mathrm{d}\sigma,$$

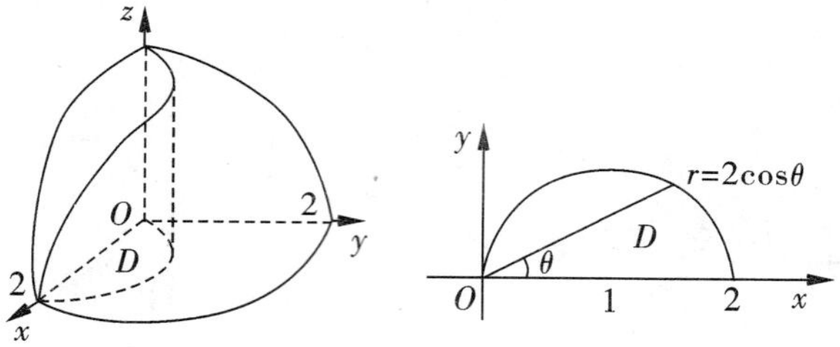

图 9–26

其中 D 为半圆周 $y=\sqrt{2x-x^2}$ 及 x 轴所围成的闭区域. 在极坐标系下，闭区域 D 可用不等式

$$0\leqslant r\leqslant 2\cos\theta,\ 0\leqslant\theta\leqslant\frac{\pi}{2}$$

来表示. 于是

$$V=4\iint\limits_D\sqrt{4-x^2-y^2}\,\mathrm{d}\sigma=4\iint\limits_D\sqrt{4-r^2}\,r\mathrm{d}r\mathrm{d}\theta=4\int_0^{\frac{\pi}{2}}\mathrm{d}\theta\int_0^{2\cos\theta}\sqrt{4-r^2}\,r\mathrm{d}r$$

$$=4\int_0^{\frac{\pi}{2}}\left[-\frac{1}{3}(4-r^2)^{\frac{3}{2}}\right]_0^{2\cos\theta}\mathrm{d}\theta=\frac{32}{3}\int_0^{\frac{\pi}{2}}(1-\sin^3\theta)\,\mathrm{d}\theta=\frac{32}{3}\left(\frac{\pi}{2}-\frac{2}{3}\right).$$

做一做

计算由平面 $x+y+z=1$ 和三个坐标平面所围成的几何体的体积.

任务二　利用二重积分计算平面薄片的质量

学一学

设有一平面薄片,占有 xOy 面上的闭区域 D,在点 (x,y) 处的面密度为 $\rho(x,y)$,假定 $\rho(x,y)$ 在 D 上连续.

在闭区域 D 上任取一直径很小的闭区域 $\mathrm{d}\sigma$(小闭区域的面积也记作 $\mathrm{d}\sigma$),(x,y) 是这个小闭区域上的一个点. 由于 $\mathrm{d}\sigma$ 的直径很小,且 $\rho(x,y)$ 在 D 上连续,所以薄片中相应于 $\mathrm{d}\sigma$ 的部分薄片的质量近似等于 $\rho(x,y)\mathrm{d}\sigma$,于是平面薄片的质量为

$$m=\iint\limits_D\rho(x,y)\,\mathrm{d}\sigma.$$

试一试

例 3　一圆环薄片由半径为 4 和 8 的两个同心圆所围成,其上任一点的面密度与该点到圆心的距离成反比,已知在内圆周上各点处的面密度为 1,求圆环薄片的质量.

解　如图 9-27 所示,积分区域 D 为 $4^2\leqslant x^2+y^2\leqslant 8^2$.

根据题意,薄片的面密度为 $\rho(x,y)=\dfrac{k}{\sqrt{x^2+y^2}}$,因为内圆周上的面密度为 $\dfrac{k}{4}=1$,$k=4$,所以 $\rho(x,y)=\dfrac{4}{\sqrt{x^2+y^2}}$.

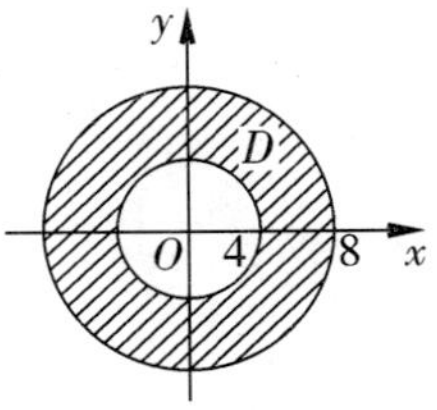

图 9-27

因此,薄片质量为

$$m=\iint\limits_D\rho(x,y)\,\mathrm{d}\sigma=\iint\limits_D\frac{4}{\sqrt{x^2+y^2}}\mathrm{d}\sigma=\int_0^{2\pi}\mathrm{d}\theta\int_4^8\frac{4}{r}r\mathrm{d}r=32\pi.$$

做一做

设一薄片的占有区域为中心在原点,半径为 2 的圆域,面密度为 $\rho=\sqrt{x^2+y^2}$,求该薄片的质量.

任务三　利用二重积分计算平面薄片的质心

学一学

设有一平面薄片，占有区域为 D，在点 (x,y) 处的面密度为 $\rho(x,y)$，平面薄片对 x 轴和 y 轴的静力矩为

$$M_x=\iint\limits_D y\rho(x,y)\,\mathrm{d}\sigma,\quad M_y=\iint\limits_D x\rho(x,y)\,\mathrm{d}\sigma.$$

由物理学知道，平面薄片的质心坐标为

$$\bar{x}=\frac{M_y}{m}=\frac{\iint\limits_D x\rho(x,y)\,\mathrm{d}\sigma}{\iint\limits_D \rho(x,y)\,\mathrm{d}\sigma},\quad \bar{y}=\frac{M_x}{m}=\frac{\iint\limits_D y\rho(x,y)\,\mathrm{d}\sigma}{\iint\limits_D \rho(x,y)\,\mathrm{d}\sigma}.$$

如果平面薄片是均匀的，面密度 $\rho=$ 常数，那么均匀平面薄片的质心坐标为

$$\bar{x}=\frac{\iint\limits_D x\,\mathrm{d}\sigma}{\iint\limits_D \mathrm{d}\sigma},\quad \bar{y}=\frac{\iint\limits_D y\,\mathrm{d}\sigma}{\iint\limits_D \mathrm{d}\sigma}.$$

点 $(\bar{x},\bar{y})$ 称为平面图形 D 的形心.

试一试

例 4　设半径为 1 的半圆形薄片上各点处的密度等于该点到圆心的距离的平方，求此半圆形薄片的质心.

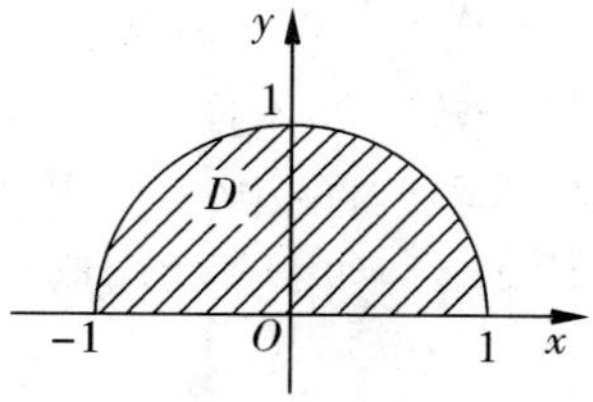

图 9-28

解　建立如图 9-28 所示的坐标系，密度函数为 $\rho(x,y)=x^2+y^2$.

薄片形状和密度函数都是关于 y 轴对称的，所以质心必在 y 轴上，即 $\bar{x}=0$.

$$m=\iint\limits_D (x^2+y^2)\,\mathrm{d}\sigma=\int_0^{\pi}\mathrm{d}\theta\int_0^1 r^3\,\mathrm{d}r=\frac{\pi}{4},$$

$$M_x=\iint\limits_D y(x^2+y^2)\,\mathrm{d}\sigma=\int_0^{\pi}\mathrm{d}\theta\int_0^1 (r\sin\theta)r^3\,\mathrm{d}r=\int_0^{\pi}\sin\theta\,\mathrm{d}\theta\int_0^1 r^4\,\mathrm{d}r=\frac{2}{5},$$

故

$$\bar{y}=\frac{M_x}{m}=\frac{8}{5\pi}.$$

所以，此半圆形薄片的质心坐标为 $(0,\frac{8}{5\pi})$.

做一做

求由坐标轴和直线 $x+y=1$ 所围成的三角形的形心.

项目练习 9.4

1. 计算由平面 $z=0$ 及抛物面 $x^2+y^2=6-z$ 所围成的几何体的体积.

2. 求由曲面 $z=4-x^2$，$2x+y=4$ 以及三个坐标平面所围成的立体在第一卦限部分的体积.

3. 一建筑物占地为长 16 m、宽 8 m 的矩形，侧面墙与地面垂直，屋顶是一个斜平面，屋顶的一个角高 12 m，其相邻的两个角的高度都是 10 m. 试计算此建筑物的体积.

4. 设一薄片的占有区域为中心在原点，半径为 R 的圆域，面密度为 $\rho=x^2+y^2$，求该薄片的质量.

5. 已知一金属薄片的面密度为 $\rho=1+xy$，计算位于 $y=x$ 和 $y=x^2$ 之间的金属薄片的质量.

6. 求位于两圆 $r=2\cos\theta$ 和 $r=4\cos\theta$ 之间的均匀薄片的质心.

7. 求由坐标轴和直线 $2x+3y=6$ 所围成的三角形的形心.

复习与提问

1. 二重积分的概念：

（1）求曲顶柱体体积的四个步骤是________，________，________，________.

（2）设 $z=f(x,y)$ 是有界闭区域 D 上的有界函数，将闭区域 D 任意分成 n 个小闭区域 $\Delta\sigma_1,\Delta\sigma_2,\cdots,\Delta\sigma_i,\cdots,\Delta\sigma_n(i=1,2,3,\cdots,n)$，$\Delta\sigma_i$ 也表示这 n 个小闭区域的面积. 在每个小闭区域上任取一点 (ξ_i,η_i)，作和式________. 如果当各区域的直径中的最大值 λ 趋于 0 时和式极限存在，则称此极限值为函数在闭区域 D 上的________，记作____________，其中 $f(x,y)$ 称为__________，$f(x,y)\mathrm{d}\sigma$ 称为______________，$\mathrm{d}\sigma$ 称为__________，D 称为__________，__________称为积分变量，$\sum\limits_{i=1}^{n} f(\xi_i,\eta_i)\Delta\sigma_i$ 称为__________.

（3）二重积分的值与区域的分法和点 (ξ_i,η_i) 的选取无关，只与________和________有关.

2. 二重积分的几何意义：

（1）当 $f(x,y)\geqslant 0$ 时，二重积分表示________________________________；

（2）当 $f(x,y)\leqslant 0$ 时，二重积分表示________________________________.

3. 二重积分的性质：

（1）$\iint\limits_D kf(x,y)\mathrm{d}\sigma=$____________________；

（2）$\iint\limits_D [f(x,y)\pm g(x,y)]\mathrm{d}\sigma=$____________________________；

（3）若 D 被分割为两个闭区域 D_1 与 D_2，则 $\iint\limits_D f(x,y)\mathrm{d}\sigma=$____________________；

(4) $\iint\limits_D 1\mathrm{d}\sigma=$________;

(5) 如果在区域 D 上,$f(x,y)\leqslant g(x,y)$,则有不等式 $\iint\limits_D f(x,y)\mathrm{d}\sigma$____$\iint\limits_D g(x,y)\mathrm{d}\sigma$;

(6) 设 M 和 m 分别是 $f(x,y)$ 在闭区域 D 上的最大值和最小值,则有估值不等式________________________成立.

4. 利用直角坐标计算二重积分:

(1) 若积分区域 D 可以用不等式表示为 $\varphi_1(x)\leqslant y\leqslant\varphi_2(x)$,$a\leqslant x\leqslant b$,其中函数 $\varphi_1(x)$ 和 $\varphi_2(x)$ 在区间 $[a,b]$ 上连续. 这样的区域称为____________,这时二重积分可以化为二次积分,即 $\iint\limits_D f(x,y)\mathrm{d}\sigma=$______________________.

(2) 若积分区域 D 可以用不等式 $\psi_1(y)\leqslant x\leqslant\psi_2(y)$,$c\leqslant y\leqslant d$ 来表示,其中函数 $\psi_1(y)$ 和 $\psi_2(y)$ 在区间 $[c,d]$ 上连续. 这样的区域称为____________,这时二重积分可以化为二次积分,即 $\iint\limits_D f(x,y)\mathrm{d}\sigma=$______________________.

5. 交换二次积分的次序可分三步进行:

(1) 根据已知二次积分,找出相应的二重积分的积分区域 D 的边界,画出______;

(2) 按照交换后的次序,将区域 D 用____________表示;

(3) 写出交换次序后的________________.

6. 将直角坐标系下的二重积分化为极坐标系下的二重积分的方法如下:

(1) 通过变换__________和__________,将被积函数 $f(x,y)$ 化为 r,θ 的函数;

(2) 将积分区域 D 的边界曲线用______________表示;

(3) 将面积元素 $\mathrm{d}\sigma$ 表示成极坐标系下的面积元素 $\mathrm{d}\sigma=$______________________,于是可得 $\iint\limits_D f(x,y)\mathrm{d}\sigma=$______________________.

7. 把极坐标系下的二重积分化为二次积分:

(1) 极点在积分区域 D 的外面,积分区域可用不等式表示为____________________,于是 $\iint\limits_D f(r\cos\theta,r\sin\theta)r\mathrm{d}r\mathrm{d}\theta=$______________________.

(2) 极点在积分区域 D 的边界上,积分区域可用不等式表示为__________________,于是 $\iint\limits_D f(r\cos\theta,r\sin\theta)r\mathrm{d}r\mathrm{d}\theta=$______________________.

(3) 极点在积分区域 D 的内部,积分区域可用不等式表示为____________________,于是 $\iint\limits_D f(r\cos\theta,r\sin\theta)r\mathrm{d}r\mathrm{d}\theta=$______________________.

8. 设有一平面薄片,占有 xOy 面上的闭区域 D,在点 (x,y) 处的面密度为 $\rho(x,y)$,假定 $\rho(x,y)$ 在 D 上连续,则平面薄片的质量为 $m=$________________;平面薄片的质心坐标为 $\bar{x}=$______________,$\bar{y}=$______________.

如果平面薄片是均匀的,面密度 $\rho=$常数,那么均匀平面薄片的质心坐标为 $\bar{x}=$______,

$\bar{y}=$______.

复习题九

1. 选择题:

(1) 设 D 是由 $\{(x,y)\mid x^2+y^2\leqslant 3\}$ 所确定的闭区域,则 $\iint\limits_D \mathrm{d}x\mathrm{d}y=$(　　).

A. 3π　　B. $\sqrt{3}\pi$

C. 9π　　D. $9\pi^2$

(2) 根据二重积分的几何意义,下列不等式中正确的是(　　).

A. $\iint\limits_{|x|\leqslant 1,\ |y|\leqslant 1}(x-1)\mathrm{d}\sigma>0$　　B. $\iint\limits_{|x|\leqslant 1,\ |y|\leqslant 1}(y-1)\mathrm{d}\sigma>0$

C. $\iint\limits_{|x|\leqslant 1,\ |y|\leqslant 1}(x+1)\mathrm{d}\sigma>0$　　D. $\iint\limits_{x^2+y^2\leqslant 1}(-x^2-y^2)\mathrm{d}\sigma>0$

(3) 设 D 是由 x 轴,y 轴及直线 $x+y-1=0$ 所围成的闭区域,则下列式子正确的是(　　).

A. $\iint\limits_D(x^2+y^2-3)\mathrm{d}\sigma\geqslant 0$　　B. $\iint\limits_D(x+y)\mathrm{d}\sigma<0$

C. $\iint\limits_D(x+y)^2\mathrm{d}\sigma\geqslant\iint\limits_D(x+y)^3\mathrm{d}\sigma$　　D. $\iint\limits_D(x+y)\mathrm{d}\sigma>\frac{1}{2}$

(4) 设 $I=\iint\limits_D\sqrt[3]{x^2+y^2-1}\,\mathrm{d}x\mathrm{d}y$,其中 D 是由 $1\leqslant x^2+y^2\leqslant 2$ 确定的闭区域,则必有(　　).

A. $I>0$　　B. $I<0$

C. $I=0$　　D. $I\neq 0$

(5) 设 D 是由 $|x|=2$, $|y|=1$ 所围成的闭区域,则 $\iint\limits_D xy^2\mathrm{d}x\mathrm{d}y=$(　　).

A. $\frac{16}{3}$　　B. $\frac{8}{3}$

C. $\frac{4}{3}$　　D. 0

(6) 设 D 是由 $0\leqslant x\leqslant 1, 0\leqslant y\leqslant\pi$ 所确定的闭区域,则 $\iint\limits_D y\cos(xy)\mathrm{d}x\mathrm{d}y=$(　　).

A. 0　　B. 2

C. $\pi+1$　　D. 2π

(7) 设 $f(x,y)$ 为连续函数,交换积分 $\int_0^2\mathrm{d}x\int_x^{\sqrt{2x}}f(x,y)\mathrm{d}y$ 的积分次序得(　　).

A. $\int_0^2\mathrm{d}y\int_0^y f(x,y)\mathrm{d}x$　　B. $\int_0^2\mathrm{d}y\int_{\frac{1}{2}y^2}^y f(x,y)\mathrm{d}x$

C. $\int_0^2 dy \int_x^{\sqrt{2x}} f(x,y)dx$　　　　D. $\int_2^0 dy \int_{\frac{1}{2}y^2}^{y} f(x,y)dx$

2. 填空题:

(1) 设 D 是由 $x+y-1=0, x-y+1=0$ 及 x 轴所围成的闭区域,则 $\iint\limits_D dxdy=$________.

(2) 设 D 是由 $1\leqslant x^2+y^2\leqslant 5$ 所围成的闭区域,则 $\iint\limits_D dxdy=$________.

(3) 设 D 是由 $|x+y|=1, |x-y|=1$ 所围成的闭区域,则 $\iint\limits_D dxdy=$________.

(4) 设 D 是由 $y=x, y=x^2$ 所围成的闭区域,则 $\iint\limits_D dxdy=$________.

(5) 设 D 是由 $xy=2, x+y=3$ 所围成的闭区域,则 $\iint\limits_D dxdy=$________.

(6) 设 D 是由 $|x|\leqslant 1, |y|\leqslant 1$ 所围成的闭区域,则 $\iint\limits_D (x-\sin y)dxdy=$________.

(7) 设 D 是由直线 $2x-y-1=0$ 及抛物线 $y^2=x$ 所围成的闭区域,将二重积分 $\iint\limits_D f(x,y)dxdy$ 化为先对 x、后对 y 的二次积分,得________________.

3. 用二重积分表示出下面所给出的曲顶柱体的体积,并化成二次积分:

(1) 以 $z=x+y$ 为顶,底面区域 D 是长方形 $0\leqslant x\leqslant 1, 0\leqslant y\leqslant 2$;

(2) 以 $z=\sqrt{1-x^2-y^2}$ 为顶,底面区域 D 是圆域 $x^2+y^2\leqslant 1$.

4. 画出下列积分区域,并计算二重积分:

(1) $\iint\limits_D xydxdy$,其中 D 是由直线 $y=2x, y=x, x=2$ 和 $x=4$ 所围成的闭区域;

(2) $\iint\limits_D x\sqrt{y}dxdy$,其中 D 是由抛物线 $y=\sqrt{x}$ 和 $x^2=y$ 所围成的闭区域;

(3) $\iint\limits_D xydxdy$,其中 D 是由抛物线 $x=\sqrt{y}$,直线 $x=3-2y$ 及 x 轴所围成的闭区域;

(4) $\iint\limits_D (x^2+y^2-x)dxdy$,其中 D 是由直线 $y=2, y=x$ 及 $y=2x$ 所围成的闭区域;

(5) $\iint\limits_D xe^{xy}dxdy$,其中 D 是由 $1\leqslant x\leqslant 2, 1\leqslant y\leqslant 2$ 所围成的闭区域;

(6) $\iint\limits_D yd\sigma$,其中 D 是由 $x^2+y^2\leqslant 16, x\geqslant 0, y\geqslant 0$ 所围成的闭区域;

(7) $\iint\limits_D e^{x^2+y^2}d\sigma$,其中 D 是圆域 $x^2+y^2\leqslant 1$.

5. 交换下列二次积分的次序:

(1) $\int_0^1 dx \int_{x^3}^{x^2} f(x,y)dy$;　　　　(2) $\int_1^e dx \int_0^{\ln x} f(x,y)dy$;

(3) $\int_{-2}^2 dy \int_0^{\sqrt{4-y^2}} f(x,y)dx$;　　　　(4) $\int_0^1 dy \int_0^{\sqrt{1-y^2}} f(x,y)dx$.

6. 求由曲面 $z=4-x^2-y^2$, $x+y=2$ 及三个坐标平面所围成的立体在第一卦限部分的体积.

7. 求由四个平面 $x=0$, $y=0$, $x=1$ 及 $y=1$ 所围成的柱体被平面 $z=0$ 和 $z=6-2x-3y$ 所截得的立体的体积.

8. 求直线 $y=0$, $y=2-x$ 及 $x=0$ 所围成的均匀薄片的质心坐标.

读一读

二重积分在实际生活中的应用

二重积分可用于数学计算和证明，在几何学、物理学、微分方程中应用较广. 更重要的是，在自然科学、工程技术、经济领域和其他一些领域中，二重积分也有着广泛的应用. 下面举例加以说明.

利用二重积分估算湖泊的体积和平均水深

许多湖泊的湖床形状可以近似看作椭球正弦曲面，假定湖面的边界为椭圆 $\frac{x^2}{a^2}+\frac{y^2}{b^2}=1$，若湖泊的最大水深为 h_{max}，则椭球正弦曲面由下面的函数确定

$$f(x,y)=-h_{max}\cos\left(\frac{\pi}{2}\sqrt{\frac{x^2}{a^2}+\frac{y^2}{b^2}}\right),$$

其中 $\frac{x^2}{a^2}+\frac{y^2}{b^2}\leqslant 1$.

设湖面的椭圆区域为积分区域，即 $D:\frac{x^2}{a^2}+\frac{y^2}{b^2}\leqslant 1$，则湖水的总体积为

$$V=\iint_D |f(x,y)|\mathrm{d}x\mathrm{d}y=\iint_D h_{max}\cos\left(\frac{\pi}{2}\sqrt{\frac{x^2}{a^2}+\frac{y^2}{b^2}}\right)\mathrm{d}x\mathrm{d}y.$$

根据积分区域的形状和被积函数的特性，我们选择在极坐标系下计算二重积分，需进行如下变换

$$x=arccs\theta,\ y=br\sin\theta,\ \mathrm{d}x\mathrm{d}y=abr\mathrm{d}r\mathrm{d}\theta.$$

积分区域为 $D:0\leqslant r<1, 0\leqslant\theta\leqslant 2\pi$.

所以

$$V=\int_0^{2\pi}\mathrm{d}\theta\int_0^1 h_{max}\cos\left(\frac{\pi}{2}r\right)abr\mathrm{d}r=2\pi abh_{max}\int_0^1\cos\left(\frac{\pi}{2}r\right)r\mathrm{d}r=4abh_{max}\int_0^1 r\mathrm{d}\left[\sin\left(\frac{\pi}{2}r\right)\right]$$

$$=4abh_{max}\left\{\left[r\sin\frac{\pi}{2}r\right]_0^1-\int_0^1\sin\left(\frac{\pi}{2}r\right)\mathrm{d}r\right\}=4abh_{max}\left\{1+\left[\frac{2}{\pi}\cos\frac{\pi}{2}r\right]_0^1\right\}=4abh_{max}\left(1-\frac{2}{\pi}\right)$$

$$\approx 1.4535abh_{max}.$$

通过测量 a, b, h_{max} 的值，利用上述公式可估算湖水的体积，即湖泊中的水量. 容易证明湖水的面积为 πab，所以湖水的平均水深为

$$\bar{h}=\frac{V}{\pi ab}=\frac{1}{\pi ab}\iint_D |f(x,y)|\mathrm{d}x\mathrm{d}y==\frac{1.4535abh_{max}}{\pi ab}\approx 0.463h_{max}.$$

即$\dfrac{\overline{h}}{h_{\max}}\approx 0.463$.

实际上,人们通过对世界上107个湖泊进行研究后得到,$\dfrac{\overline{h}}{h_{\max}}$的平均值为0.467.

利用二重积分估算火山喷发后高度变化的百分比

假设一火山的形状可以由曲面$z=he^{-\frac{\sqrt{x^2+y^2}}{4h}}$$(z>0)$来表示,喷发后,有体积为$\Delta V$的熔岩黏附在火山上,使它具有和原来一样的形状,下面求火山高度变化的百分比.

设火山喷发前的体积为V,喷发后的体积为V_1,喷发前的高度为h,喷发后的高度为h_1.计算火山喷发前的体积

$$V=\iint_D he^{-\frac{\sqrt{x^2+y^2}}{4h}}\mathrm{d}x\mathrm{d}y.$$

由于火山的底部很大,把它看成是无限大,在极坐标系下,积分区域为$D:0\leqslant r<+\infty$,$0\leqslant\theta\leqslant 2\pi$,于是

$$V=\int_0^{2\pi}\mathrm{d}\theta\int_0^{+\infty}he^{-\frac{r}{4h}}r\mathrm{d}r=-8\pi h^2\int_0^{+\infty}r\mathrm{d}(e^{-\frac{r}{4h}})=-8\pi h^2\left\{\left[re^{-\frac{r}{4h}}\right]_0^{+\infty}-\int_0^{+\infty}e^{-\frac{r}{4h}}\mathrm{d}r\right\}$$

$$=-8\pi h^2\int_0^{+\infty}e^{-\frac{r}{4h}}\mathrm{d}r=32\pi h^3.$$

所以,火山喷发后的体积为$V_1=32\pi h_1^3$,则

$$\Delta V=V_1-V=32\pi(h_1^3-h^3).$$

由上式可以推出

$$h_1=\left(h^3+\frac{\Delta V}{32\pi}\right)^{\frac{1}{3}},$$

$$\frac{h_1-h}{h}=\frac{1}{h}\left(h^3+\frac{\Delta V}{32\pi}\right)^{\frac{1}{3}}-1.$$

由上面的推理可知,如果知道了火山喷发前后体积的变化ΔV和火山喷发前的高度h,可求得火山喷发后高度变化的百分比.

参考答案

项目练习9.1

1.(1)$V=\iint_D\left(1-\frac{x^2}{4}-\frac{y^2}{9}\right)\mathrm{d}x\mathrm{d}y$, $D=\left\{(x,y)\,\middle|\,\frac{x^2}{4}+\frac{y^2}{9}\leqslant 1\right\}$;

(2)$V=\iint_D 2\sqrt{1-\frac{x^2}{4}-\frac{y^2}{9}}\mathrm{d}x\mathrm{d}y$, $D=\left\{(x,y)\,\middle|\,\frac{x^2}{4}+\frac{y^2}{9}\leqslant 1\right\}$.

2.(1)5π;(2)$\frac{1}{2}$;(3)2.

3. $\iint\limits_D (x+y)^3 d\sigma \leqslant \iint\limits_D (x+y)^4 d\sigma$.

4. $2 \leqslant \iint\limits_D (x+2y+1) d\sigma \leqslant 12$.

项目练习 9.2

1. (1) $\frac{9}{4}$; (2) $\frac{1}{35}$; (3) $\frac{1}{12}$; (4) $\frac{9}{4}$; (5) $\frac{1}{3}$; (6) 0.

2. (1) $\int_1^3 dx \int_{-2}^1 f(x,y)dy$, $\int_{-2}^1 dy \int_1^3 f(x,y)dx$;

(2) $\int_0^1 dx \int_0^{\sqrt{1-x^2}} f(x,y)dy$, $\int_0^1 dy \int_0^{\sqrt{1-y^2}} f(x,y)dx$;

(3) $\int_1^3 dx \int_x^{3x} f(x,y)dy$, $\int_1^3 dy \int_1^y f(x,y)dx + \int_3^9 dy \int_{\frac{y}{3}}^3 f(x,y)dx$;

(4) $\int_0^1 dx \int_{x-1}^{1-x} f(x,y)dy$, $\int_{-1}^0 dy \int_0^{1+y} f(x,y)dx + \int_0^1 dy \int_0^{1-y} f(x,y)dx$.

3. (1) $\int_1^e dx \int_0^{\ln x} f(x,y)dy$ （画图略，下同）； (2) $\int_0^1 dy \int_y^{\sqrt{y}} f(x,y)dx$;

(3) $\int_0^{\frac{1}{4}} dx \int_{2x}^{\sqrt{x}} f(x,y)dy$; (4) $\int_1^2 dx \int_x^{2x} f(x,y)dy$.

项目练习 9.3

1. (1) $\int_0^{2\pi} d\theta \int_0^1 f(r\cos\theta, r\sin\theta) r dr$ （画图略，下同）；

(2) $\int_{-\frac{\pi}{2}}^{\frac{\pi}{2}} d\theta \int_0^{2\cos\theta} f(r\cos\theta, r\sin\theta) r dr$; (3) $\int_0^{2\pi} d\theta \int_2^3 f(r\cos\theta, r\sin\theta) r dr$.

2. (1) $\int_0^{\frac{\pi}{2}} d\theta \int_0^2 f(r^2) r dr$; (2) $\int_0^{\frac{\pi}{3}} d\theta \int_0^2 f(r^2) r dr$.

3. (1) $\int_0^{\frac{\pi}{2}} d\theta \int_0^1 r\sin r^2 dr$, $\frac{\pi}{4}(1-\cos 1)$; (2) $\int_0^{\frac{\pi}{4}} d\theta \int_0^1 r^3 dr$, $\frac{\pi}{16}$.

4. (1) $\frac{\pi}{4}(2\ln 2-1)$; (2) $\pi(e^4-1)$.

项目练习 9.4

1. $V = \int_0^{2\pi} d\theta \int_0^{\sqrt{6}} (6-r^2) r dr = 18\pi$.

2. $V = \int_0^2 dx \int_0^{4-2x} (4-x^2) dy = \frac{40}{3}$.

3. $V = \int_0^{16} dx \int_0^8 (12 - \frac{1}{8}x - \frac{1}{4}y) dy = 1\ 280$.

4. $m=\iint\limits_D (x^2+y^2)\,\mathrm{d}\sigma=\int_0^{2\pi}\mathrm{d}\theta\int_0^R r^3\,\mathrm{d}r=\frac{\pi}{2}R^4$.

5. $m=\iint\limits_D (1+xy)\,\mathrm{d}\sigma=\int_0^1\mathrm{d}x\int_{x^2}^x(1+xy)\,\mathrm{d}y=\frac{5}{24}$.

6. $(\frac{7}{3},0)$.

7. $(1,\frac{2}{3})$.

复习题九

1. (1) A； (2) C； (3) C； (4) A； (5) D； (6) B； (7) B.

2. (1) 1； (2) 4π； (3) 2； (4) $\frac{1}{6}$； (5) $\frac{3}{2}-2\ln2$； (6) 0；

(7) $\int_{-\frac{1}{2}}^1\mathrm{d}y\int_{y^2}^{\frac{y+1}{2}}f(x,y)\,\mathrm{d}x$.

3. (1) $\iint\limits_D (x+y)\,\mathrm{d}\sigma=\int_0^1\mathrm{d}x\int_0^2(x+y)\,\mathrm{d}y$； (2) $\iint\limits_D\sqrt{1-x^2-y^2}\,\mathrm{d}\sigma=\int_0^{2\pi}\mathrm{d}\theta\int_0^1\sqrt{1-r^2}\,r\mathrm{d}r$.

4. (1) 90（画图略，下同）； (2) $\frac{6}{55}$； (3) $\frac{7}{12}$； (4) $\frac{13}{6}$； (5) $\frac{1}{2}e^4-\frac{3}{2}e^2+e$；

(6) $\frac{64}{3}$； (7) $\pi(e-1)$.

5. (1) $\int_0^1\mathrm{d}y\int_{\sqrt{y}}^{\sqrt[3]{y}}f(x,y)\,\mathrm{d}x$； (2) $\int_0^1\mathrm{d}y\int_{e^y}^{e}f(x,y)\,\mathrm{d}x$；

(3) $\int_0^2\mathrm{d}x\int_{-\sqrt{4-x^2}}^{\sqrt{4-x^2}}f(x,y)\,\mathrm{d}y$； (4) $\int_0^1\mathrm{d}x\int_0^{\sqrt{1-x^2}}f(x,y)\,\mathrm{d}y$.

6. $V=\int_0^2\mathrm{d}x\int_0^{2-x}(4-x^2-y^2)\,\mathrm{d}y=\frac{16}{3}$.

7. $V=\int_0^1\mathrm{d}x\int_0^1(6-2x-3y)\,\mathrm{d}y=\frac{7}{2}$.

8. $(\frac{2}{3},\frac{2}{3})$.

第十篇　微分方程及其解法

建立变量之间的函数关系是研究自然科学、经济问题和工程技术问题时经常遇到的问题，但对有些实际问题往往无法直接建立相关变量之间的函数关系，有时却较容易建立含有未知函数的导数（或微分）的关系式，这种关系式通常称为微分方程. 本篇主要介绍微分方程的基本概念和几种常用微分方程的解法.

学习目标

◇ 理解微分方程、阶、解、通解、特解和初始条件的基本概念.
◇ 了解二阶微分方程解的结构.
◇ 掌握可分离变量微分方程的解法.
◇ 掌握一阶线性微分方程的解法.
◇ 掌握二阶常系数齐次线性微分方程的解法.
◇ 掌握两种常见类型的二阶常系数非齐次线性微分方程的解法.

项目一　微分方程的基本概念

任务一　引入微分方程的实例

试一试

例 1　已知曲线上各点的切线斜率等于该点横坐标的两倍，且过点(0,1)，求曲线的方程.

解　设所求曲线的方程为 $y=f(x)$，$M(x,y)$为曲线上任一点，则依题意有

$$\frac{\mathrm{d}y}{\mathrm{d}x}=2x \text{ 或 } \mathrm{d}y=2x\mathrm{d}x,$$

两端对 x 积分，得

$$y=\int 2x\mathrm{d}x=x^2+C.$$

又因为曲线过点(0,1)，即所求曲线应满足

$$y\Big|_{x=0}=1,$$

将其代入到上式得 $C=1$，于是所求曲线的方程为

$$y=x^2+1.$$

例 2　一质量为 m 的质点，在高 h 处，只受重力作用从静止状态自由下落，试求其运

动方程.

解 设质点自由落体运动的位移 s 随时间 t 变化的规律为 $s=s(t)$，由加速度是位移 s 对时间 t 的二阶导数可知

$$\frac{d^2s}{dt^2}=-g,$$

两边对 t 求积分，得

$$\frac{ds}{dt}=-gt+C_1,$$

再求一次积分，得

$$s(t)=-\frac{1}{2}gt^2+C_1t+C_2.$$

又因为函数 $s(t)$ 满足条件

$$s\Big|_{t=0}=h,\quad \frac{ds}{dt}\Big|_{t=0}=0,$$

代入上式解得

$$C_1=0, C_2=h,$$

所以所求运动方程为

$$S=-\frac{1}{2}gt^2+h.$$

上面两个例题，尽管实际意义不相同，但解题的方法都归结为首先建立一个含有未知函数的导数（或微分）的关系式，然后通过此关系式，求出满足所给附加条件的未知函数.

任务二　学习微分方程的基本概念

学一学

含有未知函数的导数（或微分）的方程称为**微分方程**. 如果微分方程中的未知函数是一元函数，则称这种方程为**常微分方程**；如果微分方程中的未知函数是多元函数，则称为**偏微分方程**.

例如$\frac{dy}{dx}=2x$，$\frac{d^2s}{dt^2}=-g$ 都是常微分方程.

微分方程中未知函数的导数（或微分）的最高阶数，称为微分方程的**阶**，例如：

$y''-y=0$ 是二阶微分方程；

$x^3dx+y^3dy=0$ 是一阶微分方程；

$\frac{d^3s}{dt^3}+\frac{ds}{dt}-s=e^t$ 是三阶微分方程.

而 $x^2+y^2=1$ 因不含未知函数的导数，也不含未知函数的微分，所以不是微分方程，而是代数方程.

求微分方程的解的过程即为解微分方程.

若把某个函数代入微分方程后，使该方程成为恒等式，则这个函数称为微分方程的**解**.

如果微分方程的解中含有任意常数,且相互独立的任意常数的个数与微分方程的阶数相同,那么这样的解称为微分方程的**通解**.

如果微分方程的解中不含任意常数,则称此解为微分方程的**特解**.

当自变量取某个特定值时,给出未知函数及导数的已知值,这种特定条件称为微分方程的**初始条件**.

试一试

例 3 验证 $y=C_1e^x+C_2e^{2x}$ 是微分方程 $y''-3y'+2y=0$ 的通解. 求满足初始条件 $y\Big|_{x=0}=0$, $y'\Big|_{x=0}=1$ 的特解.

解 由 $y=C_1e^x+C_2e^{2x}$,得 $y'=C_1e^x+2C_2e^{2x}$, $y''=C_1e^x+4C_2e^{2x}$,代入微分方程,得

$$y''-3y'+2y=C_1e^x+4C_2e^{2x}-3(C_1e^x+2C_2e^{2x})+2(C_1e^x+C_2e^{2x})=0.$$

所以 $y=C_1e^x+C_2e^{2x}$ 是 $y''-3y'+2y=0$ 的解. 由于 C_1, C_2 是相互独立的任意常数,故 $y=C_1e^x+C_2e^{2x}$ 是微分方程 $y''-3y'+2y=0$ 的通解.

将 $y\Big|_{x=0}=0$, $y'\Big|_{x=0}=1$ 代入通解表达式,得

$$\begin{cases}C_1+C_2=0,\\C_1+2C_2=1,\end{cases}$$

解得

$$\begin{cases}C_1=-1,\\C_2=1.\end{cases}$$

因此,所求特解为

$$y=-e^x+e^{2x}.$$

做一做

1. 指出下列微分方程的阶数:

(1) $y''+2y'-2y=3x^2$;　　(2) $x^3dy+y^4dx=0$;

(3) $x(y')^2=8$;　　(4) $xy''-2xy'=e^x$.

2. 验证 $y=\sin 2x$, $y=e^{2x}$, $y=3e^{2x}$ 中哪些是微分方程 $y'-2y=0$ 的解,哪个是满足初始条件 $y\Big|_{x=0}=1$ 的特解.

项目练习 10.1

1. 指出下列方程中哪些是微分方程,并说明它们的阶数:

(1) $dy-y^{\frac{1}{2}}dx=0$;　　(2) $y^2=2y+x$;

(3) $xdy+y^2\sin x dx=0$;　　(4) $\frac{d^2y}{dx^2}+3y=e^{2x}$;

(5) $y''+y'=3x$;　　(6) $dy=\frac{y}{x+y^2}dx$.

2. 验证下列函数(其中 C 为任意常数)是否是相应微分方程的解,若是,指出是通解还是特解:

(1) $xy'=2y$, $y=Cx^2$, $y=x^2$;

(2) $y''=-y$, $y=\sin x$, $y=3\sin x-4\cos x$;

(3) $\frac{dy}{dx}=2y$, $y=e^x$, $y=Ce^{2x}$.

3. 已知一条曲线过点(1,1),且在曲线上任一点 $M(x,y)$ 处切线的斜率等于 $3x^2$,求该曲线的方程.

项目二　可分离变量的微分方程

任务一　认识可分离变量的微分方程

学一学

在一阶微分方程中,形如

$$\frac{dy}{dx}=f(x)\cdot g(y)\quad (g(y)\neq 0) \tag{1}$$

的方程,称为**可分离变量的微分方程**.

其特点是:等式的一边是未知函数的导数,等式的另一边可分解为两个函数之积,其中一个函数是自变量 x 的函数,另一个函数只是未知函数 y 的函数.

将方程(1)变为

$$\frac{dy}{g(y)}=f(x)dx \tag{2}$$

的形式,即方程各边都只含有一个变量及它的微分,这样变量就“分离”开了,再对方程(2)两边分别积分,得

$$\int\frac{1}{g(y)}dy=\int f(x)dx+C.$$

设 $G(y)$ 及 $F(x)$ 依次为 $\frac{1}{g(y)}$ 及 $f(x)$ 的原函数,于是有

$$G(y)=F(x)+C.$$

综上所述,得到求解可分离变量的微分方程的步骤:

(1) 分离变量;

(2) 两边积分.

试一试

例 1　求微分方程$\frac{dy}{dx}=4x^3y$的通解.

解　分离变量,得

$$\frac{dy}{y}=4x^3dx,$$

两边积分,得

$$\ln y=x^4+C_1,$$

即
$$y=e^{x^4+C_1}=e^{C_1}\cdot e^{x^4}.$$

令
$$e^{C_1}=C,$$

得
$$y=Ce^{x^4},$$

即为原方程的通解.

例 2　求微分方程$x(1+y^2)dx-y(1+x^2)dy=0$满足初始条件$y\Big|_{x=0}=0$的特解.

解　原微分方程化为

$$\frac{2y}{1+y^2}dy=\frac{2x}{1+x^2}dx,$$

两边积分,得

$$\ln(1+y^2)=\ln(1+x^2)+C_1,$$

即
$$1+y^2=e^{C_1}(1+x^2).$$

令
$$e^{C_1}=C,$$

得
$$1+y^2=C(1+x^2),$$

由初始条件$y\Big|_{x=0}=0$,得$1+0=C(1+0)$,则$C=1$.

所以,所求特解为

$$y=\pm x.$$

做一做

求下列方程的通解:

(1) $\frac{dy}{dx}=2xy$;　　(2) $y'=e^{2x-y}$.

任务二　学习齐次方程的解法

学一学

形如

$$\frac{dy}{dx}=f\left(\frac{y}{x}\right)$$

的微分方程称为**齐次方程**.

例如 $x\frac{\mathrm{d}y}{\mathrm{d}x}+y=2\sqrt{xy}$ 可变形为

$$\frac{\mathrm{d}y}{\mathrm{d}x}=2\sqrt{\frac{y}{x}}-\frac{y}{x},$$

此方程为齐次方程.

对于齐次方程 $\frac{\mathrm{d}y}{\mathrm{d}x}=f\left(\frac{y}{x}\right)$，令 $u=\frac{y}{x}$，则 $y=ux$. 因此

$$\frac{\mathrm{d}y}{\mathrm{d}x}=u+x\frac{\mathrm{d}u}{\mathrm{d}x}.$$

将此式代入原齐次方程中，得

$$u+x\frac{\mathrm{d}u}{\mathrm{d}x}=f(u),$$

可分离变量为

$$\frac{\mathrm{d}u}{f(u)-u}=\frac{\mathrm{d}x}{x},$$

于是将齐次方程化成了可分离变量的微分方程，可两边积分求解.

试一试

例 3　求解方程 $x\frac{\mathrm{d}y}{\mathrm{d}x}+y=2\sqrt{xy}$.

解　可将原方程化为

$$\frac{\mathrm{d}y}{\mathrm{d}x}=2\sqrt{\frac{y}{x}}-\frac{y}{x}.$$

令 $u=\frac{y}{x}$，则

$$\frac{\mathrm{d}y}{\mathrm{d}x}=u+x\frac{\mathrm{d}u}{\mathrm{d}x}.$$

代入上式中，可得

$$u+x\frac{\mathrm{d}u}{\mathrm{d}x}=2\sqrt{u}-u.$$

因此

$$\frac{\mathrm{d}u}{2(u-\sqrt{u})}=-\frac{\mathrm{d}x}{x}.$$

上式两边分别对 u 和 x 积分，得

$$\int\frac{1}{2\sqrt{u}(\sqrt{u}-1)}\mathrm{d}u=-\int\frac{\mathrm{d}x}{x},$$

从而

$$\ln(\sqrt{u}-1)+\ln x=\ln C,$$

即

$$x(\sqrt{u}-1)=C.$$

将 $u=\dfrac{y}{x}$代回,得原方程的通解为

$$\sqrt{xy}-x=C.$$

当 $u=0$ 时, $y=0$;

当 $u=1$ 时, $y=x$.

$y=0$ 和 $y=x$ 是该方程的两个特解.

例 4 试求微分方程 $xy\dfrac{dy}{dx}=x^2+y^2$ 满足条件 $y(e)=2e$ 的特解.

解 原方程可写成

$$\frac{dy}{dx}=\frac{x}{y}+\frac{y}{x},$$

令 $u=\dfrac{y}{x}$,则

$$\frac{dy}{dx}=u+x\frac{du}{dx},$$

代入上式中,得

$$x\frac{du}{dx}=\frac{1}{u},$$

分离变量,得

$$u\,du=\frac{1}{x}dx,$$

两边积分,得

$$\frac{1}{2}u^2=\ln|x|+C.$$

将初始条件 $y(e)=2e$ 代入,得 $C=1$.

所以,所求特解为

$$y^2=2x^2(\ln|x|+1).$$

想一想

齐次方程与可分离变量的微分方程之间有什么关系?

做一做

求微分方程 $\dfrac{dy}{dx}=\dfrac{y}{x}+\tan\dfrac{y}{x}$的通解.

项目练习 10.2

1. 求下列可分离变量的微分方程的解:

(1) $\frac{dy}{dx}=2xy^2$；

(2) $xydx+(1+x^2)dy=0$；

(3) $e^{x-y}\frac{dy}{dx}=1$；

(4) $\sqrt{1-x^2}\,y'=\sqrt{1-y^2}$；

(5) $\sin x\sin y dx+\cos x\cos y dy=0$, $y\Big|_{x=0}=\frac{\pi}{6}$；

(6) $xyy'=1-x^2$.

2. 求下列齐次方程的通解：

(1) $x\frac{dy}{dx}=y\ln\frac{y}{x}$；

(2) $xy'=\sqrt{x^2-y^2}+y$；

(3) $(x^2+y^2)dx-xydy=0$；

(4) $(y^2-2xy)dx+x^2dy=0$.

项目三　一阶线性微分方程

形如

$$y'+P(x)y=Q(x) \tag{1}$$

的方程称为**一阶线性微分方程**，其中 $P(x)$ 和 $Q(x)$ 是已知的连续函数. 其特点是方程中 y 和 y' 都是一次的. 当 $Q(x)\equiv 0$ 时，方程(1)变为

$$y'+P(x)y=0. \tag{2}$$

方程(2)称为**一阶齐次线性微分方程**，而方程(1)称为**一阶非齐次线性微分方程**.

任务一　学习一阶齐次线性微分方程解法

学一学

由一阶齐次线性微分方程(2)分离变量，得

$$\frac{dy}{y}=-P(x)dx,$$

两边积分，得

$$\ln|y|=-\int P(x)dx+C_1 \quad (C_1\text{ 为任意常数}),$$

$$y=\pm e^{C_1}\cdot e^{-\int P(x)dx},$$

$$y=Ce^{-\int P(x)dx} \quad (C\text{ 为任意常数}).$$

这就是**一阶齐次线性方程的通解公式**.

试一试

例 1　求微分方程 $y'+\frac{y}{x}=0$ 的通解.

解 所给方程为一阶齐次微分方程.

方法一(分离变量法):分离变量,得

$$\frac{1}{y}\mathrm{d}y=-\frac{1}{x}\mathrm{d}x,$$

两边积分,得

$$\int\frac{1}{y}\mathrm{d}y=-\int\frac{1}{x}\mathrm{d}x,$$

$$\ln y=-\ln x+\ln C.$$

所以,$y=\frac{C}{x}$为所求方程的通解.

方法二(通解公式法):因为 $P(x)=\frac{1}{x}$,根据通解公式,得

$$y=Ce^{-\int\frac{1}{x}\mathrm{d}x}=Ce^{-\ln x}=\frac{C}{x},$$

即为所求方程的通解.

想一想

如果已知 $y'+P(x)y=0$ 的一个非零特解,能否确定其通解?

做一做

求方程 $y'+y\sin x=0$ 的通解.

任务二 探讨一阶非齐次线性微分方程解法

设一阶非齐次线性微分方程(1)的解具有以下形式

$$y=C(x)e^{-\int P(x)\mathrm{d}x}, \tag{3}$$

于是 $y'=C'(x)e^{-\int P(x)\mathrm{d}x}-C(x)P(x)e^{-\int P(x)\mathrm{d}x}$.

代入方程(1),得

$$C'(x)e^{-\int P(x)\mathrm{d}x}-C(x)P(x)e^{-\int P(x)\mathrm{d}x}+P(x)C(x)e^{-\int P(x)\mathrm{d}x}=Q(x),$$

即
$$C'(x)e^{-\int P(x)\mathrm{d}x}=Q(x) \text{ 或 } C'(x)=Q(x)e^{\int P(x)\mathrm{d}x},$$

积分可得

$$C(x)=\int Q(x)e^{\int P(x)\mathrm{d}x}\mathrm{d}x+C.$$

将所得 $C(x)$ 代回式(3)中,我们得到**一阶非齐次线性微分方程(1)的通解公式**

$$y=e^{-\int P(x)\mathrm{d}x}\left(C+\int Q(x)e^{\int P(x)\mathrm{d}x}\mathrm{d}x\right).$$

上述通过把齐次线性微分方程通解中的任意常数 C 变为待定函数 $C(x)$,然后求出非齐次线性微分方程通解的方法,称为**常数变易法**.

将一阶非齐次线性微分方程的通解公式展开,得

$$y = Ce^{-\int P(x)\mathrm{d}x} + e^{-\int P(x)\mathrm{d}x}\int Q(x)e^{\int P(x)\mathrm{d}x}\mathrm{d}x.$$

可以看出,一阶非齐次线性微分方程(1)的通解由两部分组成:第一项是对应的一阶齐次线性微分方程(2)的通解,第二项是一阶非齐次线性微分方程(1)的一个特解. 因此,得到如下结论:

定理(一阶非齐次线性微分方程通解的结构)　一阶非齐次线性微分方程(1)的通解等于对应的一阶齐次线性微分方程(2)的通解与一阶非齐次线性微分方程(1)的一个特解之和.

用常数变易法求一阶非齐次线性微分方程通解的步骤为:

(1) 求出对应的齐次微分方程的通解;

(2) 根据齐次微分方程的通解设出非齐次微分方程的通解形式,并代入非齐次微分方程,求出 $C(x)$;

(3) 写出非齐次微分方程的通解.

试一试

例 2　求方程 $(1+x^2)y'-2xy=(1+x^2)^2$ 的通解.

解　将原方程变形为

$$y'-\frac{2x}{1+x^2}y=(1+x^2),$$

这是一阶线性非齐次微分方程.

方法一(常数变易法)　对应的齐次微分方程为

$$y'-\frac{2x}{1+x^2}\cdot y=0,$$

其通解为

$$y = Ce^{-\int\frac{-2x}{1+x^2}\mathrm{d}x} = C(1+x^2).$$

设原一阶非齐次线性微分方程的通解为

$$y=C(x)(1+x^2),$$

则

$$y'=C'(x)\cdot(1+x^2)+2x\cdot C(x).$$

将 y 和 y' 代入原方程,得

$$C'(x)(1+x^2)+2x\cdot C(x)-\frac{2x}{1+x^2}\cdot C(x)\cdot(1+x^2)=1+x^2,$$

即

$$C'(x)=1.$$

两边积分,得

$$C(x)=x+C.$$

由此得原方程的通解为

$$y=(x+C)(1+x^2).$$

方法二（通解公式法） 因为

$$P(x)=\frac{-2x}{1+x^2},\ Q(x)=1+x^2,$$

由一阶非齐次线性微分方程的通解公式，得

$$\begin{aligned}y&=e^{-\int\frac{-2x}{1+x^2}dx}\left[\int(1+x^2)e^{\int\frac{-2x}{1+x^2}dx}dx+C\right]\\&=e^{\ln(1+x^2)}\left[\int(1+x^2)\cdot\frac{1}{1+x^2}dx+C\right]\\&=(1+x^2)(x+C).\end{aligned}$$

例 3 求方程$\frac{dy}{dx}=\frac{y}{x+y^3}$的通解.

解 将原方程变形为

$$\frac{dx}{dy}-\frac{1}{y}x=y^2.$$

因为

$$P(y)=-\frac{1}{y},\ Q(y)=y^2,$$

由通解公式，得原方程通解为

$$\begin{aligned}x&=e^{-\int P(y)dy}\left[\int Q(y)e^{\int P(y)dy}dy+C\right]\\&=e^{\int\frac{1}{y}dy}\left[\int y^2e^{-\int\frac{1}{y}dy}dy+C\right]\\&=y\left(\int ydy+C\right)\\&=\frac{1}{2}y^3+Cy.\end{aligned}$$

以本例可以看出：有时方程不是关于 $y,\frac{dy}{dx}$的线性方程，但若将 x 看成 y 的函数，方程就是关于 $x,\frac{dx}{dy}$的线性方程，这时可以利用前面的通解公式法或常数变易法求解微分方程.

例 4 求微分方程 $xy'+2y=x^4$ 满足条件 $y\Big|_{x=1}=\frac{1}{6}$的特解.

解 将原方程变形为

$$y'+\frac{2}{x}y=x^3.$$

此时

$$P(x)=\frac{2}{x},\ Q(x)=x^3,$$

代入通解公式，得原方程通解

$$y=e^{-\int\frac{2}{x}dx}\left(\int x^3e^{\int\frac{2}{x}dx}dx+C\right)$$

$$=\frac{1}{x^2}\left(\int x^3\cdot x^2\mathrm{d}x+C\right)$$

$$=\frac{1}{6}x^4+\frac{C}{x^2}.$$

将初始条件 $y\Big|_{x=1}=\frac{1}{6}$代入上式,得 $C=0$,

因此,满足初始条件的特解为

$$y=\frac{1}{6}x^4.$$

想一想

如果已知 $y'+P(x)y=Q(x)$的两个不等的特解,能否确定其通解?

做一做

求下列微分方程的通解:

(1) $\frac{\mathrm{d}y}{\mathrm{d}x}+y=\mathrm{e}^{-x}$; (2) $y'-3xy=3x$.

项目练习 10.3

1. 判别下列微分方程属于何种类型:

(1) $x\mathrm{d}y+y^2\sin x\mathrm{d}x=0$; (2) $\frac{\mathrm{d}y}{\mathrm{d}t}+3y=\mathrm{e}^{2t}$;

(3) $\mathrm{d}y=\frac{\mathrm{d}x}{x+y^2}$; (4) $(x+1)y'-3y=\mathrm{e}^x(1+x)^4$;

(5) $\frac{\mathrm{d}y}{\mathrm{d}x}=\frac{y^2}{xy-x^2}$; (6) $(x^2+1)y'+2xy=\cos x$.

2. 求下列微分方程的通解:

(1) $y'+2y=1$; (2) $y'-\frac{2}{x+1}y=(x+1)^2$;

(3) $x^2\mathrm{d}y+(2xy-x^2)\mathrm{d}x=0$; (4) $\frac{\mathrm{d}y}{\mathrm{d}x}-3xy=2x$;

(5) $y'-\frac{2}{x}y=x^2\sin 3x$; (6) $(x^2+1)y'+2xy-\cos x=0$.

3. 求下列微分方程满足所给初始条件的特解:

(1) $(x-2)\frac{\mathrm{d}y}{\mathrm{d}x}=y+2(x-2)^3$, $y\Big|_{x=1}=0$;

(2) $y'+y\cos x=\mathrm{e}^{-\sin x}$, $y\Big|_{x=0}=0$;

(3) $\frac{dy}{dx}-y\tan x=\sec x,\ y\Big|_{x=0}=0.$

4. 设一曲线过原点,且在点(x,y)处的切线斜率等于$2x+y$,求此曲线的方程.

项目四　二阶常系数齐次线性微分方程

任务一　认识二阶齐次线性微分方程的性质通解结构

学一学

形如

$$y''+P(x)y'+Q(x)y=f(x) \tag{1}$$

的微分方程,称为**二阶线性微分方程**. 方程右端的$f(x)$称为自由项.

当$f(x)\equiv 0$时,方程(1)为

$$y''+P(x)y'+Q(x)y=0, \tag{2}$$

称为**二阶齐次线性微分方程**.

当$f(x)\neq 0$时,方程(1)称为**二阶非齐次线性微分方程**.

当函数$P(x)$,$Q(x)$分别为常数p,q时,方程(2)为

$$y''+py'+qy=0, \tag{3}$$

称为**二阶常系数齐次线性微分方程**.

方程

$$y''+py'+qy=f(x)\quad (f(x)\not\equiv 0) \tag{4}$$

称为**二阶常系数非齐次线性微分方程**.

二阶齐次线性微分方程(2)的解具有下面的性质.

定理 1　如果函数$y_1(x)$与$y_2(x)$是方程(2)的两个解,那么

$$y=C_1y_1(x)+C_2y_2(x) \tag{5}$$

也是方程(2)的解,其中C_1,C_2是任意常数.

证明　因为y_1,y_2是方程(2)的解,所以

$$y_1''+P(x)y_1'+Q(x)y_1=0,\ y_2''+P(x)y_2'+Q(x)y_2=0.$$

将式(5)代入方程(2)左端,得

$$\begin{aligned}左端&=(C_1y_1''+C_2y_2'')+P(x)(C_1y_1'+C_2y_2')+Q(x)(C_1y_1+C_2y_2)\\&=C_1[y_1''+P(x)y_1'+Q(x)y_1]+C_2[y_2''+P(x)y_2'+Q(x)y_2]\\&=C_1\cdot 0+C_2\cdot 0\\&=右端.\end{aligned}$$

所以,$y=C_1y_1(x)+C_2y_2(x)$是方程(2)的解.

若函数$y_1(x)$与$y_2(x)$的比值不为常数k,即$\frac{y_1(x)}{y_2(x)}\neq k$,则称函数$y_1(x)$与$y_2(x)$线性无

关;否则,即$\frac{y_1(x)}{y_2(x)}=k$,则称函数 $y_1(x)$ 与 $y_2(x)$ 线性相关.

由两个函数的线性相关性,可知若定理 1 中 y_1,y_2 是方程(2)的两个线性相关的解,设$\frac{y_1}{y_2}=k$,则 $y_1=ky_2$,从而

$$y=C_1y_1+C_2y_2=(C_1k+C_2)y_2=Cy_2 \quad (C=C_1k+C_2\text{ 为任意常数}).$$

这说明 y 是方程(2)的解,但不是通解,因为 y 虽然含有两个任意常数 C_1,C_2,但它们能合并成一个任意常数 C,即 y 不含有两个独立的任意常数. 因此若 $y=C_1y_1+C_2y_2$ 是方程(2)的通解,则 y_1,y_2 必须为线性无关. 从而有如下定理:

定理 2(二阶齐次线性微分方程通解的结构)　若函数 y_1,y_2 是方程(2)的两个线性无关的特解,则 $y=C_1y_1+C_2y_2$(C_1,C_2 为任意常数)是方程(2)的通解.

任务二　学习二阶常系数齐次线性微分方程的解法

想一想

根据齐次线性微分方程通解的结构定理可知,要求二阶常系数齐次线性微分方程(3)的通解,必须求出其两个线性无关的特解. 那么如何求特解呢?

学一学

现在我们研究二阶常系数齐次线性微分方程(3),即

$$y''+py'+qy=0$$

的通解解法. 由于方程左端是未知函数 y 及 y',y''的线性代数和,所以函数必须满足求一、二阶导数后函数形式不变,最多相差常系数,代入左端整理后才可能为0. 因此,我们猜测 $y=e^{rx}$可能是方程的解,其中常数 r 需要待定,它表示了该解的特征.

将 $y=e^{rx},y'=re^{rx},y''=r^2e^{rx}$代入方程(3)中,得

$$(r^2+pr+q)e^{rx}=0.$$

由于 $e^{rx}\neq0$,所以

$$r^2+pr+q=0. \tag{6}$$

这就是说,只要待定常数 r 满足方程(6),所得的函数 $y=e^{rx}$就是微分方程(3)的特解. 我们称一元二次方程(6)为微分方程(3)的**特征方程**,特征方程(6)的根 r 为方程(3)的**特征根**.

由于特征方程(6)是一元二次方程,它的特征根为 $r_{1,2}=\frac{-p\pm\sqrt{p^2-4q}}{2}$,所以特征根 r_1,r_2 有三种不同情形,现分别讨论如下:

(1) 当 $p^2-4q>0$ 时,特征方程(6)有两个不相等的实根:$r_1\neq r_2$.

这时方程(3)有两个特解,$y_1=e^{r_1x},y_2=e^{r_2x}$,且 y_1,y_2 线性无关(即$\frac{y_1}{y_2}=e^{(r_1-r_2)x}\neq$常数),则方程(3)的通解为

$$y=C_1e^{r_1x}+C_2e^{r_2x}.$$

（2）当 $p^2-4q=0$ 时，特征方程（6）有两个相等的实根：$r_1=r_2=-\frac{p}{2}$，这时方程（3）只有一个特解 $y_1=e^{r_1x}$，还要找出与 y_1 线性无关的另一个特解 y_2（即满足 $\frac{y_1}{y_2}\neq$ 常数的解）.

设 $y_2=e^{r_1x}\cdot u(x)$ 是方程的另一个解，其中 $u(x)$ 需要待定，为此将 y_2 及 y_2'，y_2'' 代入微分方程（3）中，得

$$u''+(2r_1+p)u'+(r_1^2+pr_1+q)u=0.$$

因为 r_1 是特征方程的重根，所以有

$$r_1^2+pr_1+q=0$$

及

$$2r_1+p=0 \quad （因为\ r_1=-\frac{p}{2}），$$

于是

$$u''=0.$$

对上式积分两次得 $u=C_1x+C_2$，其中 C_1，C_2 为任意常数，因为只需找出一个与 y_1 线性无关的特解，也就是找出一个不为常数的 $u(x)$，所以可令 $C_1=1$，$C_2=0$，即 $u(x)=x$，由此得到方程（3）的另一特解为

$$y_2=xe^{r_1x}.$$

因此，当特征根 $r_1=r_2$ 时，方程（3）的通解为

$$y=(C_1+C_2x)e^{r_1x},$$

其中 C_1，C_2 是任意常数.

（3）当 $p^2-4q<0$ 时，特征方程（6）有一对共轭复根：$r_1=\alpha+i\beta$，$r_2=\alpha-i\beta$.

这时 $y_1=e^{(\alpha+i\beta)x}$，$y_2=e^{(\alpha-i\beta)x}$ 是方程（3）的两个复值函数的特解，使用起来不方便. 为了得出实值函数形式的特解，根据欧拉公式

$$e^{i\beta}=\cos\beta+i\sin\beta,$$

将 y_1 与 y_2 改写成

$$y_1=e^{(\alpha+i\beta)x}=e^{\alpha x}(\cos\beta x+i\sin\beta x),$$

$$y_2=e^{(\alpha-i\beta)x}=e^{\alpha x}(\cos\beta x-i\sin\beta x).$$

取方程（3）的另两个特解

$$\bar{y}_1=\frac{1}{2}(y_1+y_2)=e^{\alpha x}\cos\beta x,$$

$$\bar{y}_2=\frac{1}{2i}(y_1-y_2)=e^{\alpha x}\sin\beta x.$$

显然 $\bar{y}_1$ 与 $\bar{y}_2$ 线性无关，从而得到当特征根 r_1 与 r_2 为一对共轭复根时，方程（3）的通解为

$$y=e^{\alpha x}(C_1\cos\beta x+C_2\sin\beta x).$$

综上所述，求二阶常系数齐次线性微分方程（3）的通解步骤如下：

（1）写出特征方程 $r^2+pr+q=0$；

（2）求出特征根 r_1，r_2；

（3）按表 10-1 写出微分方程的通解.

表 10-1

特征方程 $r^2+pr+q=0$ 的两个特征根	微分方程 $y''+py'+qy=0$ 的通解
两个不等实根 $r_1 \neq r_2$	$y=C_1e^{r_1x}+C_2e^{r_2x}$
两个相等实根 $r_1=r_2$	$y=(C_1+C_2x)e^{r_1x}$
一对共轭复根 $r_{1,2}=\alpha\pm i\beta$	$y=e^{\alpha x}(C_1\cos\beta x+C_2\sin\beta x)$

注:C_1,C_2 为任意常数.

试一试

例 1 求微分方程 $y''-2y'-3y=0$ 的通解.

解 特征方程是

$$r^2-2r-3=0,$$

即$(r+1)(r-3)=0$,得特征根 $r_1=-1,r_2=3$.

因为 $r_1\neq r_2$,故所求方程的通解为

$$y=C_1e^{-x}+C_2e^{3x} \quad (C_1,C_2\text{ 为任意常数}).$$

例 2 求微分方程

$$4\frac{d^2s}{dt^2}-4\frac{ds}{dt}+s=0$$

满足初始条件 $s\Big|_{t=0}=1,\frac{ds}{dt}\Big|_{t=0}=3$ 的特解.

解 特征方程为

$$4r^2-4r+1=0,$$

即$(2r-1)^2=0$,特征根为 $r_1=r_2=\frac{1}{2}$.

因此,所给方程的通解为

$$s=(C_1+C_2t)e^{\frac{1}{2}t}.$$

为了求特解,将上式对 t 求导,得

$$\frac{ds}{dt}=\frac{1}{2}(C_1+C_2t)e^{\frac{1}{2}t}+C_2e^{\frac{1}{2}t}.$$

将初始条件 $s\Big|_{t=0}=1,\frac{ds}{dt}\Big|_{t=0}=3$ 分别代入以上两式,得

$$C_1=1,C_2=\frac{5}{2}.$$

于是所求满足初始条件的特解为

$$s=\left(1+\frac{5}{2}t\right)e^{\frac{1}{2}t}.$$

例 3 求微分方程 $y''-2y'+5y=0$ 的通解.

解 特征方程为

$$r^2-2r+5=0,$$

解得一对共轭复根 $r_{1,2}=\frac{2\pm4\mathrm{i}}{2}=1\pm2\mathrm{i}$.

因此,微分方程的通解为

$$y=\mathrm{e}^{x}(C_1\cos2x+C_2\sin2x).$$

从上面的讨论可以看出,求解二阶常系数齐次线性微分方程,不必通过积分,只要用代数方法求出特征方程的特征根,就可以求得方程的通解.

做一做

求下列微分方程的通解:

(1) $y''-3y'+2y=0$; (2) $y''+6y'+9y=0$;

(3) $y''+4y'+5y=0$.

项目练习 10.4

1. 求下列微分方程的通解:

(1) $4y''+4y'+y=0$; (2) $y''-4y'+13y=0$;

(3) $y''-5y'=0$; (4) $y''+y=0$;

(5) $y''-10y'-11y=0$.

2. 求下列微分方程满足所给初始条件的特解:

(1) $y''-3y'-4y=0$, $y\big|_{x=0}=0$, $y'\big|_{x=0}=-5$;

(2) $y''+25y=0$, $y\big|_{x=0}=2$, $y'\big|_{x=0}=15$;

(3) $y''+4y'+29y=0$, $y\big|_{x=0}=0$, $y'\big|_{x=0}=15$.

项目五　二阶常系数非齐次线性微分方程

任务一　认识二阶常系数非齐次线性微分方程的通解结构

学一学

二阶非齐次线性微分方程的一般形式为

$$y''+P(x)y'+Q(x)y=f(x). \tag{1}$$

定理　若 y^* 是非齐次方程(1)的一个特解,Y 是方程(1)对应的齐次方程 $y''+P(x)y'+Q(x)y=0$ 的通解,则

$$y=Y+y^* \tag{2}$$

是非齐次方程(1)的通解.

证明 因为 y^* 是非齐次方程(1)的特解,即

$$y^{*\prime\prime}+P(x)y^{*\prime}+Q(x)y^*=f(x),$$

Y 是方程(1)对应的齐次方程的通解,即

$$Y''+P(x)Y'+Q(x)Y=0,$$

所以,把式(2)代入方程(1),得

$$\begin{aligned}\text{左端}&=(Y+y^*)''+P(x)(Y+y^*)'+Q(x)(Y+y^*)\\&=(Y''+P(x)Y'+Q(x)Y)+(y^{*\prime\prime}+P(x)y^{*\prime}+Q(x)y^*)\\&=0+f(x)=\text{右端}.\end{aligned}$$

因此,$y=Y+y^*$ 是方程(1)的解.

又因为 Y 为对应齐次方程的通解,它必含有两个任意常数,则 $y=Y+y^*$ 也必含有两个任意常数,所以它就是方程(1)的通解.

该定理说明方程(1)的通解结构为 $y=Y+y^*$,其中 y^* 是方程(1)的一个特解,Y 是方程(1)对应的齐次方程的通解. 由于前面我们已解决了如何求二阶常系数齐次线性微分方程 $y''+py'+qy=0$ 的通解,因此为了求解二阶常系数非齐次线性微分方程,只需求特解 y^*.

任务二 探究二阶常系数非齐次线性微分方程的求解

学一学

设二阶常系数非齐次线性微分方程为

$$y''+py'+qy=f(x), \tag{3}$$

下面只介绍当方程(3)的 $f(x)$ 取两种常见形式时求特解 y^* 的方法,这种方法的特点是不用积分就可求出 y^*,通常称为**待定系数法**.

第一种形式:$\boldsymbol{f(x)=P_n(x)e^{\lambda x}}$(其中 λ 是常数,$P_n(x)$ 是 x 的一个 n 次多项式).

此时方程(3)变为

$$y''+py'+qy=P_n(x)e^{\lambda x}. \tag{4}$$

我们知道,方程(4)的特解 y^* 是方程(4)成为恒等式的函数. 由于方程(4)的右端是多项式与指数函数 $e^{\lambda x}$ 的乘积,而多项式与指数函数乘积的各阶导数仍是多项式与指数函数的积,根据方程(4)的左端各项的系数均为常数的特点,可以设想方程的特解仍为某个多项式与 $e^{\lambda x}$ 的乘积.

此时特解 y^* 可设为三种形式(见表 10-2).

表 10-2

$f(x)$ 的形式	条件	特解 y^* 的形式
$f(x)=P_n(x)e^{\lambda x}$	λ 不是特征根	$y^*=Q_n(x)e^{\lambda x}$
	λ 是特征单根	$y^*=xQ_n(x)e^{\lambda x}$
	λ 是特征重根	$y^*=x^2Q_n(x)e^{\lambda x}$

注:表中 $Q_n(x)$ 是一个 n 次待定多项式.

试一试

例 1 求微分方程 $y''+y'=2x+3$ 的通解.

解 求对应齐次方程 $y''+y'=0$ 的通解. 其特征方程为 $r^2+r=0$,解得特征根为 $r_1=0$, $r_2=-1$,所以对应齐次方程的通解为

$$Y=C_1+C_2e^{-x}\quad (C_1,C_2 \text{ 为任意常数}).$$

$f(x)=2x+3$ 属于 $P_n(x)e^{\lambda x}$ 型,且 $n=1,\lambda=0$. 因为 $\lambda=0$ 是特征单根,所以可设原方程的一个特解为

$$y^*=x(Ax+B)=Ax^2+Bx\ (\text{其中 } A,B \text{ 为待定常数}).$$

求导得 $y^{*\prime}=2Ax+B$, $y^{*\prime\prime}=2A$. 代入到原方程,得

$$2A+2Ax+B=2x+3,$$

即

$$2Ax+(2A+B)=2x+3.$$

由此得$\begin{cases}2A=2,\\2A+B=3,\end{cases}$解得 $A=1,B=1$.

所以,它的一个特解为 $y^*=x^2+x$.

因此,原方程的通解为

$$y=Y+y^*=C_1+C_2e^{-x}+x^2+x\quad (C_1,C_2 \text{ 为任意常数}).$$

例 2 求微分方程 $y''-2y'-3y=xe^{2x}$ 的通解.

解 求对应齐次方程 $y''-2y'-3y=0$ 的通解. 它的特征方程为 $r^2-2r-3=0$,解得特征根为 $r_1=-1,r_2=3$,所以对应齐次方程的通解为

$$Y=C_1e^{-x}+C_2e^{3x}\quad (C_1,C_2 \text{ 为任意常数}).$$

$f(x)=xe^{2x}$ 属于 $P_n(x)e^{\lambda x}$ 型,且 $n=1,\lambda=2$. 因为 $\lambda=2$ 不是特征方程的根,所以可设原方程的一个特解为

$$y^*=(Ax+B)e^{2x}\quad (A,B \text{ 为待定常数}).$$

求导得

$$y^{*\prime}=Ae^{2x}+2(Ax+B)e^{2x}=(A+2Ax+2B)e^{2x},$$

$$y^{*\prime\prime}=2Ae^{2x}+2(A+2Ax+2B)e^{2x}=(4A+4Ax+4B)e^{2x}.$$

代入到原方程,得

$$(4A+4Ax+4B)-2(A+2Ax+2B)-3(Ax+B)=x,$$

即

$$-3Ax+(2A-3B)=x.$$

由待定函数法,得$\begin{cases}-3A=1,\\2A-3B=0,\end{cases}$解得 $A=-\dfrac{1}{3},B=-\dfrac{2}{9}$. 所以,原方程的一个特解为

$$y^*=\left(-\frac{1}{3}x-\frac{2}{9}\right)e^{2x}=-\frac{1}{3}\left(x+\frac{2}{3}\right)e^{2x}.$$

因此,原方程的通解为

$$y=C_1e^{-x}+C_2e^{3x}-\frac{1}{3}\left(x+\frac{2}{3}\right)e^{2x}\quad (C_1,C_2 \text{ 为任意常数}).$$

例 3 求微分方程 $y''+4y=\dfrac{1}{2}x$ 满足初始条件 $y\Big|_{x=0}=0,y'\Big|_{x=0}=0$ 的特解.

解　特征方程为 $r^2+4=0$，解得特征根为 $r_{1,2}=\pm 2\mathrm{i}$，所以对应齐次方程的通解为

$$y=C_1\cos 2x+C_2\sin 2x \quad (C_1, C_2 \text{ 为任意常数}).$$

因为 $\lambda=0$ 不是方程的特征根，故设 $y^*=ax+b$.

求导得 $y^{*\prime}=a$, $y^{*\prime\prime}=0$.

将 y^*, $y^{*\prime}$, $y^{*\prime\prime}$代入原方程，得

$$4(ax+b)=\frac{1}{2}x.$$

由待定函数法，得$\begin{cases}4a=\dfrac{1}{2},\\ 4b=0,\end{cases}$求得$\begin{cases}a=\dfrac{1}{8},\\ b=0.\end{cases}$所以，$y^*=\dfrac{1}{8}x$.

通解为 $y=C_1\cos 2x+C_2\sin 2x+\dfrac{1}{8}x$.

又由 $y\Big|_{x=0}=0$ 及 $y'\Big|_{x=0}=0$，解得 $C_1=0, C_2=-\dfrac{1}{16}$.

因此，所求满足初始条件的特解为 $y=-\dfrac{1}{16}\sin 2x+\dfrac{1}{8}x$.

做一做

用待定系数法求微分方程 $y''+5y'+4y=3-2x$ 的特解.

学一学

第二种形式：$f(x)=\mathrm{e}^{\alpha x}(A\cos\beta x+B\sin\beta x)$.

这时方程为

$$y''+py'+qy=\mathrm{e}^{\alpha x}(A\cos\beta x+B\sin\beta x),$$

式中 α, β, A, B 为常数.

可以证明其特解 y^* 具有如表 10-3 所示的形式.

表 10-3

$f(x)$的形式	条件	特解 y^* 的形式
$f(x)=\mathrm{e}^{\alpha x}(A\cos\beta x+B\sin\beta x)$	$\alpha\pm\mathrm{i}\beta$ 不是特征根	$y^*=\mathrm{e}^{\alpha x}(a\cos\beta x+b\sin\beta x)$
	$\alpha\pm\mathrm{i}\beta$ 是特征根	$y^*=x\mathrm{e}^{\alpha x}(a\cos\beta x+b\sin\beta x)$

注：a, b 为待定常数.

试一试

例 4　求微分方程 $y''+4y=\cos 2x$ 的一个特解.

解　所给方程的特征方程为 $r^2+4=0$，特征根为 $r_1=-2\mathrm{i}, r_2=2\mathrm{i}$.

由于$f(x)=\cos 2x=\mathrm{e}^{0x}(\cos 2x+0\cdot\sin 2x)$，而 $\alpha\pm\mathrm{i}\beta=\pm 2\mathrm{i}$ 是特征根，所以设特解为

$$y^* = x(a\cos 2x + b\sin 2x).$$

求导得 $$y^{*\prime} = (a\cos 2x + b\sin 2x) + x(-2a\sin 2x + 2b\cos 2x),$$

$$y^{*\prime\prime} = -4a\sin 2x + 4b\cos 2x + x(-4a\cos 2x - 4b\sin 2x).$$

代入原方程，整理得

$$-4a\sin 2x + 4b\cos 2x = \cos 2x.$$

比较等式两端，得 $a=0, b=\dfrac{1}{4}$.

于是，所求特解为 $$y^* = \frac{1}{4}x\sin 2x.$$

例 5 求微分方程 $y''-5y'+6y=\sin x$ 的通解.

解 对应的特征方程为 $r^2-5r+6=0$，特征根为 $r_1=2, r_2=3$，于是对应齐次方程的通解为

$$y = C_1 e^{2x} + C_2 e^{3x}.$$

由于 $f(x)=\sin x = e^{0x}(0\cos x+\sin x)$，其中 $\alpha \pm i\beta = \pm i$ 不是特征根，所以设特解为

$$y^* = a\cos x + b\sin x.$$

求导得 $$y^{*\prime} = -a\sin x + b\cos x,$$

$$y^{*\prime\prime} = -a\cos x - b\sin x.$$

代入所给方程，得

$$(5a-5b)\cos x + (5a+5b)\sin x = \sin x.$$

比较等式两端，得 $\begin{cases} 5a-5b=0, \\ 5a+5b=1, \end{cases}$ 解得 $a=\dfrac{1}{10}, b=\dfrac{1}{10}$.

于是 $$y^* = \frac{1}{10}\cos x + \frac{1}{10}\sin x,$$

则原方程的通解为

$$y = C_1 e^{2x} + C_2 e^{3x} + \frac{1}{10}\cos x + \frac{1}{10}\sin x \ (C_1, C_2 \text{ 为任意常数}).$$

做一做

求微分方程 $y''+y=4\sin x$ 的通解.

项目练习 10.5

1. 求下列各微分方程的通解：

(1) $y''-y'-2y=2e^x$；　(2) $y''-5y'+6y=xe^{2x}$；

(3) $y''+2y'+y=3e^{-x}$；　(4) $y''-y=\cos x$；

(5) $y''-2y'+5y=e^x\sin 2x$；　(6) $y''+2y'+y=\cos 2x$.

2. 求下列微分方程满足初始条件的特解：

（1）$y''+y=\cos x$，$y\Big|_{x=\frac{\pi}{2}}=0$，$y'\Big|_{x=\frac{\pi}{2}}=-\frac{1}{2}$；

（2）$y''-3y'+2y=5$，$y\Big|_{x=0}=1$，$y'\Big|_{x=0}=2$；

（3）$y''-10y'+9y=e^{2x}$，$y\Big|_{x=0}=\frac{1}{7}$，$y'\Big|_{x=0}=\frac{8}{7}$.

复习与提问

1. 含有未知函数的____________的方程称为微分方程. 微分方程中未知函数的导数（或微分）的最高阶数，称为微分方程的______. 微分方程的通解所含相互独立的任意常数的个数等于微分方程的______.

2. 若一阶微分方程可变形为形如____________________或____________________，称为可分离变量的微分方程. 其求解步骤为：(1)____________；(2)______________.

3. 一阶非齐次线性微分方程 $y'+P(x)y=Q(x)$ 的通解为_______________________. 常数变易法的步骤为____.

4. 如果函数 $y_1(x)$，$y_2(x)$ 是微分方程 $y''+P(x)y'+Q(x)y=0$ 的___________________，则该方程的通解为 $y=C_1y_1(x)+C_2y_2(x)$.

5. 二阶常系数齐次线性微分方程 $y''+py'+qy=0$ 的特征方程为___________________，

(1)当有两个不等实根 $r_1\neq r_2$ 时，通解为 $y=$___________________；

(2)当有两个相等实根 $r_1=r_2$ 时，通解为 $y=$___________________；

(3)当有一对共轭复根 $r_{1,2}=\alpha\pm i\beta$ 时，通解为 $y=$___________________.

6. 若 y^* 是非齐次方程 $y''+P(x)y'+Q(x)y=f(x)$ 的一个特解，Y 是对应的齐次方程的通解，则 $y=$_________________是该非齐次方程的通解.

7. 用待定系数法求解 $y''+py'+qy=f(x)$ 的特解时：

(1)若 $f(x)=P_n(x)e^{\lambda x}$，则特解可设为 $y^*=$_________________；

(2)若 $f(x)=e^{\alpha x}(A\cos\beta x+B\sin\beta x)$，则特解可设为 $y^*=$_________________.

复习题十

1. 选择题：

（1）C,C_1,C_2 为任意常数，微分方程 $\frac{d^2y}{dx^2}+\omega^2y=0$ 的通解是（　　）.

A. $y=\cos\omega x$　　　　B. $y=C\sin\omega x$

C. $y=C_1\cos\omega x+C_2\sin\omega x$　　　　D. $y=C\cos\omega x+C\sin\omega x$

(2) 下列方程中(　　)是可分离变量的微分方程.

A. $y'=e^{xy}$　　B. $xy'+y=e^{x}$

C. $(x-xy^2)dx+(y+x^2y)dy=0$　　D. $yy'+y-x=0$

(3) 函数 $y=C\sin x$（其中 C 为任意常数）是微分方程 $y''+y=0$ 的(　　).

A. 解　　B. 通解

C. 特解　　D. 不是解

(4) 微分方程 $\sin x\cos y dy+\cos x\sin y dx=0$ 的通解为(　　).

A. $\cos x\cos y=C$　　B. $\sin x\sin y=C$

C. $\cos x\sin y=C$　　D. $\sin x\cos y=C$

(5) 微分方程 $y'+3y=x$ 的通解为(　　).

A. $y=2x+Ce^{2x}+a$　　B. $y=xe^{x}+Cx-1$

C. $y=3x+Ce^{x}+\frac{1}{9}$　　D. $y=\frac{1}{3}x+Ce^{-3x}-\frac{1}{9}$

(6) 微分方程 $2y''+y'-y=0$ 的通解为(　　).

A. $y=C_1e^{-x}+C_2e^{\frac{x}{2}}$　　B. $y=C_1e^{x}+C_2e^{-2x}$

C. $y=C_1e^{-x}+C_2e^{2x}$　　D. $y=C_1e^{x}+C_2e^{-\frac{x}{2}}$

(7) 微分方程 $y''-2y'=x$ 的特解 y^* 为(　　).

A. ax　　B. $ax+b$

C. λx^2　　D. ax^2+bx

(8) 设函数 $y=f(x)$ 是微分方程 $y''-2y'+4y=0$ 的一个解,且 $f(x_0)>0, f'(x_0)=0$,则 $f(x)$ 在点 x_0 处(　　).

A. 有极大值　　B. 有极小值

C. 某个邻域内单调增加　　D. 某个邻域内单调减少

(9) 微分方程$\frac{dy}{dx}=\frac{\sin x\cos x}{y}$的通解为(　　).

A. $y^2=\cos^2x+C$　　B. $y^2=\sin^2x+C$

C. $y=\sin^2x+C$　　D. $y=\cos^2x+C$

(10) 下列常微分方程中为线性方程的是(　　).

A. $y'=e^{x-y}$　　B. $yy'+y=\sin x$

C. $x^2dx=(y^2+2xy)dy$　　D. $xy'+y-e^{2x}=0$

(11) 设 y_1, y_2 是微分方程 $y''+p(x)y'+q(x)y=0$ 的两个解,则 $y=C_1y_1+C_2y_2$（C_1, C_2 为任意常数)是(　　).

A. 该方程的解　　B. 该方程的通解

C. 该方程的特解　　D. 不一定是方程的解

(12) 微分方程 $y''y'+(y'')^2+y-3x=0$ 的阶数是(　　).

A. 1　　B. 2

C. 3　　D. 4

2. 填空题：

（1）曲线族 $y=C_1e^x+C_2e^{-2x}$ 中满足 $y(0)=1, y'(0)=-2$ 的曲线方程是________.

（2）已知曲线过点（1，2），且其上任一点处的切线斜率为 x^2，则曲线的方程为________.

（3）已知 $y_1=e^x, y_2=e^{\frac{x}{2}}$ 是方程 $2y''-3y'+y=0$ 的解，则方程的通解为________.

（4）以 $y_1=e^x\sin x, y_2=e^x\cos x$ 为特解的二阶常系数齐次线性微分方程为________.

（5）微分方程 $\sec^2x\tan y\mathrm{d}x+\sec^2y\tan x\mathrm{d}y=0$ 的通解为________.

（6）微分方程 $\frac{\mathrm{d}y}{\mathrm{d}x}+2xy=e^{-x^2}$ 满足 $y(0)=0$ 的特解为________.

（7）已知 $y=-\frac{1}{4}xe^{-x}$ 是 $y''-2y'-3y=e^{-x}$ 的特解，则该方程的通解为________.

（8）微分方程 $x\frac{\mathrm{d}y}{\mathrm{d}x}-y\ln y=0$ 的通解为________.

3. 验证下列给出的函数是否为相应微分方程的解：

（1）$y=\cos2x+\sin2x$，$y''+4y=0$；

（2）$y=\sin x$，$y'-2y=0$；

（3）$y=\frac{C-x^2}{2x}$，$(x+y)\mathrm{d}x+x\mathrm{d}y=0$；

（4）$y=C_1e^x+C_2xe^x$，$y''-2y'+y=0$.

4. 求下列一阶微分方程的通解：

（1）$\frac{\mathrm{d}y}{\mathrm{d}x}=-\frac{e^{y^2+3x}}{y}$；

（2）$xy'+y=2\sqrt{xy}$；

（3）$\frac{\mathrm{d}y}{\mathrm{d}x}+\frac{y}{x}-\sin x=0$；

（4）$\frac{\mathrm{d}y}{\mathrm{d}x}=\frac{1}{2x-y^2}$.

5. 求下列二阶微分方程的通解：

（1）$y''+y'-2y=0$；　　（2）$y''+5y'+4y=3-2x$；

（3）$y''+3y=2\sin x$；　　（4）$4y''+4y'+y=0$.

6. 求下列各微分方程满足所给初始条件的特解：

（1）$(x^2-1)\frac{\mathrm{d}y}{\mathrm{d}x}+2xy^2=0$，$y\big|_{x=0}=1$；

（2）$y''-3y'+2y=5e^{5x}$，$y\big|_{x=0}=1$，$y'\big|_{x=0}=2$；

（3）$y''+y+\sin2x=0$，$y\big|_{x=0}=0$，$y'\big|_{x=0}=10$；

（4）$\mathrm{d}y-(3x-2y)\mathrm{d}x=0$，$y\big|_{x=0}=0$.

7. 一曲线过点（1，1），且曲线上任意点 $M(x,y)$ 处的切线与过原点的直线 OM 垂直，求此曲线的方程.

8. 已知物体在空气中冷却的速率与该物体及空气两者温度的差成正比. 设有一瓶热水,水温原来是 100 ℃,空气的温度为 20 ℃,经过 20 h 后,瓶内水温降到 80 ℃,求瓶内水温的变化规律.

9. 方程 $y''+4y=\sin x$ 的一条积分曲线过点(0,1),并在这一点与直线 $y=1$ 相切,求该由线方程.

读一读

微分方程的发展过程

微分方程是常微分方程与偏微分方程的总称,即含自变量、未知函数及其微商(或偏微商)的方程. 它主要起源于 17 世纪对物理学的研究. 当数学家们谋求用微积分解决愈来愈多的物理学问题时,他们很快发现,不得不对付一类新的问题,解决这类问题,需要专门的技术,这样,微分方程这门学科就应时兴起了.

意大利科学家伽利略(G. Galilei,1564—1642)发现,若做自由落体运动的物体在时间 t 内下落的距离为 h,则加速度 $h''(t)$ 是一个常数. 求微分方程 $h''(t)=g$ 的解而得到自由落体运动规律 $h(t)=\frac{1}{2}gt^2$,成为微分方程求解的最早例证,同时也是微积分学的先驱性工作. 牛顿和莱布尼茨创造微分和积分学时,指出了它们的互逆性,事实上这解决了微分方程 $y'=f(x)$ 的求解问题.

荷兰数学家、物理学家惠更斯(C. Huygens,1629—1695)研究钟摆问题,用几何方法得出摆的一些性质. 用微积分研究摆的问题,可以得到摆的运动方程 $\frac{\mathrm{d}^2\theta}{\mathrm{d}t^2}+\frac{g}{t}\sin\theta=0$. 天文学中的二体问题,物理学中的弹性理论等都是当时的热门课题,是微分方程建立的直接诱因.

瑞士数学家雅科布·伯努利(Jakob Bernoulli, 1654—1705)是最早用微积分求解常微分方程的数学家之一. 他在 1690 年给出了关于等时问题的解答,即求一条曲线,使得一个摆沿着它做一次完全的振动,都取得相等的时间,而与所经历的弧长无关. 雅科布·伯努利在同一篇文章中提出"悬链线问题",即将一根柔软而不能伸长的弦悬挂于两固定点,求这根弦所形成的曲线. 类似的问题早在 1687 年已由莱布尼茨提过,雅科布重新提出后,这种曲线称为悬链线,第二年,莱布尼茨、惠更斯和约翰·伯努利都给出了各自的解答,其中约翰的解答建立在微分方程 $\frac{\mathrm{d}y}{\mathrm{d}x}=\frac{s}{c}$ 的基础上(s 是曲线中心点到任一点的弧长,c 依赖于弦在单位长度内的重量). 该方程的解是 $y=c\cosh\frac{x}{c}$.

1691 年,莱布尼茨在给惠更斯的一封信中,提出了常微分方程的变量分离法. 1695 年当雅科布·伯努利提出"伯努利方程" $\frac{\mathrm{d}y}{\mathrm{d}x}=P(x)y+Q(x)y^n$ 时,莱布尼茨利用变量替换 $z=y^{1-n}$,将原方程化为线性方程,雅科布利用变量分离法给出解答. 此外,几何中正交轨线问题，物理学中有阻力抛射体运动都引起了数学家们的兴趣. 到1740年，积分因子理论建立后，一阶常微分方程求解的方法已经明晰.

1734年，法国数学家克莱罗解决了以他名字命名的方程 $y=xy'+f(y')$，得到通解 $y=cx+f(c)$ 和一个新的解——奇解，即通解的包络. 后来瑞士数学家欧拉(L. Euler, 1707—1783)给出一个从特殊积分鉴别奇解的判别法，法国数学家拉普拉斯(PS. Laplace, 1749—1827)给出把奇解概念推广到高阶方程和三个变量的方法. 到1774年，拉格朗日(J. L. Lagrange, 1736—1813)给出从通解中消去常数得到奇解的一般方法. 奇解的完整理论发表于19世纪，由柯西与达布等人完成.

二阶常微分方程在17世纪末已经出现. 约翰·伯努利(Johann Bernoulli, 1667—1748)处理膜盖问题引出方程 $\frac{d^2x}{ds^2}=\left(\frac{dy}{ds}\right)^3$，英国数学家泰勒(B. Taylor, 1685—1731)由一根伸长的振动弦的基频导出方程 $a^2x''=s'yy'$，其中 $s'=(x'^2+y'^2)^{\frac{1}{2}}$. 1727年，欧拉利用变量替换将一类二阶方程化为一阶方程，开始了二阶方程的系统研究. 1736年，他又得到一类二阶方程的级数解，还求出用积分表示的解.

1734年，丹尼尔·伯努利(Daniel Bernoulli, 1700—1782)得到四阶微分方程，1739年欧拉给出其解答. 1743年，欧拉又讨论了 n 阶齐次微分方程并给出其解. 1762～1765年，拉格朗日研究变系数的方法，得到降阶的方法，证明了一个非齐次常微分方程的伴随方程，就是原方程对应的齐次方程，拉格朗日还发现，知道 n 阶齐次方程 m 个特解后，可以把方程降低 m 阶. 此外，微分方程组的研究也在18世纪发展起来，但多涉及分析力学.

自从牛顿时代起，物理问题就成为数学发展的一个重要源泉. 18世纪数学和物理的结合点主要是常微分方程. 随着物理学科所研究的现象从力学向电学以及电磁学的扩展，到19世纪，偏微分方程的求解成为数学家和物理学家关注的重心，对它们的研究又促进了常微分方程的发展.

参考答案

项目练习 10.1

1. (1) 是,1； (2) 不是； (3) 是,1； (4) 是,2；
   (5) 是,2； (6) 是,1.
2. (1) 通解,特解； (2) 特解,特解； (3) 不是,通解.
3. $y=x^3$.

项目练习 10.2

1. (1) $y=-\frac{1}{x^2+C}$； (2) $y=\frac{C}{\sqrt{1+x^2}}$； (3) $e^y=\frac{e^x}{1+Ce^x}$；
   (4) $\arcsin y=\arcsin x+C$； (5) $\sin y=\frac{1}{2}\cos x$；

（6）$Cx^2=e^{x^2+y^2}$.

2.（1）$\ln\frac{y}{x}=Cx+1$；（2）$x=Ce^{\arcsin\frac{y}{x}}$；

（3）$y^2=x^2(2\ln|x|+C)$；（4）$x(y-x)=Cy$.

项目练习 10.3

1.（1）一阶可分离变量的微分方程；（2）一阶非齐次线性微分方程；

（3）关于 x,x' 的一阶非齐次线性微分方程；（4）一阶非齐次线性微分方程；

（5）一阶齐次微分方程；（6）一阶非齐次线性微分方程.

2.（1）$y=Ce^{-2x}+\frac{1}{2}$；（2）$y=(x+C)(1+x)^2$；

（3）$y=\frac{x}{3}+\frac{C}{x^2}$；（4）$y=Ce^{\frac{3}{2}x^2}-\frac{2}{3}$；

（5）$y=x^2(C-\frac{1}{3}\cos3x)$；（6）$y=\frac{\sin x+C}{x^2+1}$.

3.（1）$y=(x-2)^3-(x-2)$；（2）$y=xe^{-\sin x}$；（3）$y=x\sec x$.

4. $y=-2x-2+2e^x$.

项目练习 10.4

1.（1）$y=e^{-\frac{1}{2}x}(C_1+C_2x)$；（2）$y=e^{2x}(C_1\cos3x+C_2\sin3x)$；

（3）$y=C_1+C_2e^{5x}$；（4）$y=C_1\cos x+C_2\sin x$；

（5）$y=C_1e^{-x}+C_2e^{11x}$.

2.（1）$y=-e^{4x}+e^{-x}$；（2）$y=2\cos5x+3\sin5x$；

（3）$y=3e^{-2x}\sin5x$.

项目练习 10.5

1.（1）$y=C_1e^{-x}+C_2e^{2x}-e^x$；（2）$y=C_1e^{2x}+C_2e^{3x}-(\frac{1}{2}x^2+x)e^{2x}$；

（3）$y=(C_1+C_2x)e^{-x}+\frac{3}{2}x^2e^{-x}$；（4）$y=C_1e^x+C_2e^{-x}-\frac{1}{2}\cos x$；

（5）$y=e^x(C_1\cos2x+C_2\sin2x)-\frac{1}{4}xe^x\cos2x$；

（6）$y=(C_1+C_2x)e^{-x}-\frac{3}{25}\cos2x+\frac{4}{25}\sin2x$.

2.（1）$y=\cos x-\frac{\pi}{4}\sin x+\frac{x}{2}\sin x$；（2）$y=-5e^x+\frac{7}{2}e^{2x}+\frac{5}{2}$；

（3）$y=\frac{1}{7}(e^x+e^{9x})-\frac{1}{7}e^{2x}$.

复习题十

1. (1) C；　(2) C；　(3) A；　(4) B；　(5) D；　(6) A；
   (7) D；　(8) A；　(9) B；　(10) D；　(11) A；　(12) B.

2. (1) $y=e^{-2x}$；　(2) $y=\frac{1}{3}x^3+\frac{5}{3}$；
   (3) $y=C_1e^x+C_2e^{\frac{x}{2}}$；　(4) $y''-2y'+2y=0$；
   (5) $\tan x\tan y=C$；　(6) $y=xe^{-x^2}$；
   (7) $y=C_1e^{3x}+C_2e^{-x}-\frac{1}{4}xe^{-x}$；　(8) $y=e^{Cx}$.

3. (1) 是；(2) 否；(3) 是；(4) 是.

4. (1) $2e^{3x}-3e^{-y^2}=C$；　(2) $x-\sqrt{xy}=C$；
   (3) $y=\frac{C}{x}-\cos x+\frac{\sin x}{x}$；　(4) $x=Ce^{2y}+\frac{1}{4}(2y^2+2y+1)$.

5. (1) $y=C_1e^x+C_2e^{-2x}$；　(2) $y=C_1e^{-x}+C_2e^{-4x}-\frac{1}{2}x+\frac{11}{8}$；
   (3) $y=C_1\cos\sqrt{3}x+C_2\sin\sqrt{3}x+\sin x$；(4) $y=e^{-\frac{1}{2}x}(C_1+C_2x)$.

6. (1) $y\ln|x^2-1|+y=1$；　(2) $y=\frac{5}{12}e^{5x}+\frac{5}{4}e^x-\frac{2}{3}e^{2x}$；
   (3) $y=\frac{1}{3}\sin 2x+\frac{28}{3}\sin x$；　(4) $y=\frac{3}{4}(2x-1+e^{-2x})$.

7. $x^2+y^2=2$.

8. $T=80e^{-0.014t}+20$.

9. $y=\frac{1}{3}\sin x-\frac{1}{6}\sin 2x+\cos 2x$.

第十一篇　无穷级数

无穷级数是高等数学的重要内容，它是研究无限个离散量之和的数学模型，也是研究函数的性质与进行数值计算的工具. 本篇将在极限理论的基础上，先介绍数项级数的概念、性质及其敛散性的判别方法，然后讨论幂级数及如何将函数展开成幂级数.

学习目标

◇ 知道数项级数、函数项级数的概念，理解级数收敛与发散的概念.
◇ 掌握正项级数的敛散性的判定方法.
◇ 会判断简单的交错级数的敛散性，理解级数的条件收敛与绝对收敛的概念.
◇ 会计算幂级数的收敛半径，并会求收敛域与和函数.
◇ 能将函数展开成幂级数.

项目一　数项级数的概念与性质

任务一　学习数项级数的概念

看一看

在初等数学中我们遇到的都是求有限项和的问题，而在现实生活中经常需要求无穷项和的情形.《庄子·天下篇》中有"一尺之棰，日取其半、万世不竭"，很明显地体现了极限思想. 如果我们把每天截下来的那部分木棍的长度加起来，即

$$\frac{1}{2}+\frac{1}{2^2}+\frac{1}{2^3}+\cdots+\frac{1}{2^n}+\cdots,$$

就是无穷项和的例子，显然上面的和应该等于 1.

学一学

设有无穷数列 $\{u_n\}$，则称和式

$$u_1+u_2+\cdots+u_n+\cdots$$

为**无穷级数**，记作 $\sum\limits_{n=1}^{\infty} u_n$，即

$$\sum_{n=1}^{\infty} u_n=u_1+u_2+\cdots+u_n+\cdots,$$

其中，u_1，u_2，$\cdots$，u_n，$\cdots$ 称为无穷级数的**项**，u_n 称为**一般项或通项**.

级数的定义只是一个形式上的定义,如何理解级数中无穷多个数相加呢?我们可以从有限项和出发,观察它们的变化趋势,进而理解无穷多个数相加的含义.

设级数的前 n 项和为 S_n,即

$$S_n=\sum_{i=1}^{n}u_i=u_1+u_2+\cdots+u_n,$$

称之为级数的部分和.

若当 n 无限增大时,级数 $\sum\limits_{n=1}^{\infty}u_n$ 的部分和 S_n 有极限 S,即 $\lim\limits_{n\to\infty}S_n=S$,则称 S 为级数 $\sum\limits_{n=1}^{\infty}u_n$ 的和,即 $\sum\limits_{n=1}^{\infty}u_n=S$,此时称级数**收敛**;若部分和 S_n 的极限不存在,则称级数 $\sum\limits_{n=1}^{\infty}u_n$ **发散**.

试一试

由以上定义看出,为研究级数的收敛或发散,先构造部分和数列 $\{S_n\}$,由 $\lim\limits_{n\to\infty}S_n$ 是否存在,即部分和数列 $\{S_n\}$ 是收敛或发散的,来确定级数是收敛的还是发散的.

例 1 证明级数 $\sum\limits_{n=1}^{\infty}\dfrac{1}{n(n+1)}$ 收敛且其和等于 1.

证明 级数的通项

$$u_n=\frac{1}{n(n+1)}=\frac{1}{n}-\frac{1}{n+1},$$

部分和

$$\begin{aligned}S_n&=\frac{1}{1\cdot2}+\frac{1}{2\cdot3}+\cdots+\frac{1}{n\cdot(n+1)}\\&=\left(1-\frac{1}{2}\right)+\left(\frac{1}{2}-\frac{1}{3}\right)+\cdots+\left(\frac{1}{n}-\frac{1}{n+1}\right)\\&=1-\frac{1}{n+1},\end{aligned}$$

所以

$$\lim_{n\to\infty}S_n=\lim_{n\to\infty}\left(1-\frac{1}{n+1}\right)=1,$$

从而级数是收敛的,且级数和 $S=1$.

例 2 讨论等比级数(几何级数)

$$\sum_{n=1}^{\infty}aq^{n-1}=a+aq+aq^2+\cdots+aq^{n-1}+\cdots$$

的敛散性,其中 $a\neq0$.

解 (1) 当 $q\neq1$ 时,等比级数的部分和为

$$S_n=a+aq+aq^2+\cdots+aq^{n-1}=\frac{a(1-q^n)}{1-q}.$$

若 $|q|<1$,则 $\lim\limits_{n\to\infty}S_n=\lim\limits_{n\to\infty}\dfrac{a(1-q^n)}{1-q}=\dfrac{a}{1-q}$,此时级数收敛,其和为 $\dfrac{a}{1-q}$.

若 $|q|>1$,则 $\lim\limits_{n\to\infty}q^n=\infty$,所以 $\lim\limits_{n\to\infty}S_n=\infty$,此时级数发散.

(2)当 $|q|=1$ 时,有以下两种情况:

若 $q=1$,则 $S_n=na$,$\lim\limits_{n\to\infty}S_n=\infty$,此时级数发散.

若 $q=-1$,则 $S_n=a-a+a-a+\cdots+(-1)^n a=\begin{cases}0, & n\text{ 为偶数},\\ a, & n\text{ 为奇数}.\end{cases}$部分和数列的极限不存在,此时级数发散.

综上所述,当 $|q|<1$ 时,等比级数 $\sum\limits_{n=1}^{\infty}aq^{n-1}$ 收敛,其和为 $\dfrac{a}{1-q}$;当 $|q|\geqslant 1$ 时,等比级数 $\sum\limits_{n=1}^{\infty}aq^{n-1}$ 发散.

做一做

依据级数收敛与发散的定义,判断下列级数的收敛性:

(1) $\sum\limits_{n=1}^{\infty}\ln\dfrac{n+1}{n}$; (2) $\sum\limits_{n=1}^{\infty}\dfrac{1}{n(n+2)}$.

任务二 掌握无穷级数的基本性质

学一学

根据无穷级数收敛、发散以及和的概念,可以得出收敛级数的几个基本性质.

性质 1 若级数 $\sum\limits_{n=1}^{\infty}u_n$ 收敛,其和为 S,k 为常数,则级数 $\sum\limits_{n=1}^{\infty}ku_n$ 也收敛,且其和为 kS.

由这个性质可知:级数的每一项同乘一个不为 0 的常数,它的敛散性(或称收敛性)不会改变.

性质 2 若级数 $\sum\limits_{n=1}^{\infty}u_n$,$\sum\limits_{n=1}^{\infty}v_n$ 都收敛,其和分别为 S 与 σ,则级数 $\sum\limits_{n=1}^{\infty}(u_n\pm v_n)$ 也收敛,其和为 $S\pm\sigma$.

这个性质说明了两个收敛级数的和或差仍为收敛级数,即 $\sum\limits_{n=1}^{\infty}(u_n\pm v_n)=\sum\limits_{n=1}^{\infty}u_n\pm\sum\limits_{n=1}^{\infty}v_n$.

性质 3 在级数中删除、增加或改变前面的有限项,不会改变其敛散性.

性质 4 若级数 $\sum\limits_{n=1}^{\infty}u_n$ 收敛,将级数中的项任意合并(即加上括号)后所成的级数仍收敛且其和不变.

注意:一个级数合并项后所成的级数收敛,并不能保证原级数收敛. 例如,级数

$$(1-1)+(1-1)+\cdots+(1-1)+\cdots$$

是收敛的,其和为 0,但去掉括号后,级数

$$1-1+1-1+\cdots+1-1+\cdots$$

是发散的.

性质 5(级数收敛的必要条件) 若级数 $\sum\limits_{n=1}^{\infty} u_n$ 收敛,则当项数 n 趋于无穷大时,通项 u_n 必趋于0,即 $\lim\limits_{n\to\infty} u_n=0$.

$\lim\limits_{n\to\infty} u_n=0$ 只是级数 $\sum\limits_{n=1}^{\infty} u_n$ 收敛的必要条件,不是充分条件,不能由 $\lim\limits_{n\to\infty} u_n=0$ 断言 $\sum\limits_{n=1}^{\infty} u_n$ 收敛.

推论 若级数 $\sum\limits_{n=1}^{\infty} u_n$ 的通项 u_n 当 $n\to\infty$ 时不趋于0,即 $\lim\limits_{n\to\infty} u_n\neq 0$,则级数 $\sum\limits_{n=1}^{\infty} u_n$ 是发散的.

试一试

例 3 判定级数 $\sum\limits_{n=1}^{\infty}\left(\frac{1}{2^n}+\frac{2}{3^n}\right)$ 的敛散性.

解 由本项目例2知,等比级数 $\sum\limits_{n=1}^{\infty}\frac{1}{2^n}$ 和 $\sum\limits_{n=1}^{\infty}\frac{1}{3^n}$ 均收敛,又由性质1知,级数 $\sum\limits_{n=1}^{\infty}\frac{2}{3^n}$ 收敛,再由性质2知,级数 $\sum\limits_{n=1}^{\infty}\left(\frac{1}{2^n}+\frac{2}{3^n}\right)$ 收敛.

例 4 讨论级数 $\sum\limits_{n=1}^{\infty}\sin\frac{n\pi}{2}$ 的收敛性.

解 注意到级数 $\sum\limits_{n=1}^{\infty}\sin\frac{n\pi}{2}=1+0-1+0+1+0-1+0+\cdots$.

通项 $u_n=\sin\frac{n\pi}{2}$,当 $n\to\infty$ 时,极限不存在,所以级数发散.

例 5 证明调和级数 $\sum\limits_{n=1}^{\infty}\frac{1}{n}$ 是发散的.

证明 取前 2^n 项和

$$\begin{aligned}
S_{2^n} &= 1+\frac{1}{2}+\frac{1}{3}+\cdots+\frac{1}{2^n}\\
&= 1+\frac{1}{2}+\left(\frac{1}{3}+\frac{1}{4}\right)+\left(\frac{1}{5}+\frac{1}{6}+\frac{1}{7}+\frac{1}{8}\right)+\cdots+\left(\frac{1}{2^{n-1}+1}+\cdots+\frac{1}{2^n}\right)\\
&> \frac{1}{2}+\left(\frac{1}{4}+\frac{1}{4}\right)+\left(\frac{1}{8}+\frac{1}{8}+\frac{1}{8}+\frac{1}{8}\right)+\underbrace{\left(\frac{1}{16}+\cdots+\frac{1}{16}\right)}_{8项}+\cdots+\\
&\quad \underbrace{\left(\frac{1}{2^n}+\frac{1}{2^n}+\cdots+\frac{1}{2^n}\right)}_{2^{n-1}项}\\
&= \underbrace{\frac{1}{2}+\frac{1}{2}+\cdots+\frac{1}{2}}_{n项}=\frac{n}{2}.
\end{aligned}$$

因为 $$\lim_{n\to\infty} S_{2^n} \geqslant \lim_{n\to\infty}\frac{n}{2}=+\infty,$$

所以级数是发散的.

想一想

如果级数 $\sum\limits_{n=1}^{\infty} u_n$ 收敛,但级数 $\sum\limits_{n=1}^{\infty} v_n$ 发散,那么级数 $\sum\limits_{n=1}^{\infty}(u_n \pm v_n)$ 一定发散吗?为什么?

做一做

1. 判别下列级数的敛散性:

(1) $\sum\limits_{n=1}^{\infty}\sqrt{\dfrac{n+1}{n}}$;　　(2) $\sum\limits_{n=1}^{\infty}\dfrac{2+(-1)^n}{2^n}$;

(3) $\sum\limits_{n=1}^{\infty}(-1)^n 2$;　　(4) $\sum\limits_{n=1}^{\infty}\dfrac{1}{n+3}$.

项目练习 11.1

1. 写出下列级数的前三项:

(1) $\sum\limits_{n=1}^{\infty}\dfrac{1}{(n+1)\cdot 2^n}$;　　(2) $\sum\limits_{n=1}^{\infty}\dfrac{n+1}{n^2+1}$;

(3) $\sum\limits_{n=1}^{\infty}(-1)^{n-1}\dfrac{3^n}{n!}$;　　(4) $\sum\limits_{n=1}^{\infty}(-1)^{n-1}\cdot\dfrac{1}{n^n}$.

2. 写出下列级数的通项:

(1) $\dfrac{1}{1\cdot 3^2}+\dfrac{1}{3\cdot 5^2}+\dfrac{1}{5\cdot 7^2}+\dfrac{1}{7\cdot 9^2}+\cdots$;

(2) $\dfrac{1}{4\cdot 1!}+\dfrac{1}{4^2\cdot 2!}+\dfrac{1}{4^3\cdot 3!}+\dfrac{1}{4^4\cdot 4!}+\cdots$;

(3) $\dfrac{2}{1}+\sqrt{\dfrac{3}{2}}+\sqrt[3]{\dfrac{4}{3}}+\sqrt[4]{\dfrac{5}{4}}+\cdots$;

(4) $x-\dfrac{x^2}{2}+\dfrac{x^3}{3}-\dfrac{x^4}{4}+\cdots$.

3. 依据级数的收敛与发散的定义,判断下列级数的收敛性:

(1) $\sum\limits_{n=1}^{\infty}\dfrac{1}{(2n-1)(2n+1)}$;　　(2) $\sum\limits_{n=1}^{\infty}(\sqrt{n+1}-\sqrt{n})$;

(3) $\sum\limits_{n=1}^{\infty}(-1)^{n-1}\left(\dfrac{2}{3}\right)^n$;　　(4) $\sum\limits_{n=1}^{\infty}(-1)^{n-1}\cdot\dfrac{2n+1}{n(n+1)}$.

4. 判断下列级数的收敛性：

(1) $\sqrt{\frac{1}{3}}+\sqrt{\frac{2}{5}}+\sqrt{\frac{3}{7}}+\sqrt{\frac{4}{9}}+\cdots$;

(2) $\left(\frac{2}{5}-\frac{2}{7}\right)+\left(\frac{2}{5^2}-\frac{2}{7^2}\right)+\left(\frac{2}{5^3}-\frac{2}{7^3}\right)+\cdots$;

(3) $2+(-2)+2+(-2)+\cdots$;

(4) $-\frac{8}{9}+\frac{8^2}{9^2}-\frac{8^3}{9^3}+\cdots$.

项目二　正项级数及其收敛性

任务一　学习正项级数收敛基本定理

学一学

常数项级数的每一项都是常数，当其各项皆为非负常数时，称级数为**正项级数**，正项级数是一类重要的级数，在研究其他级数的收敛性问题时，常常归结为正项级数的收敛性.

正项级数

$$\sum_{n=1}^{\infty} u_n=u_1+u_2+\cdots+u_n+\cdots$$

的每一项都是非负的. 因此，部分和数列 $\{S_n\}$ 是一个单调增加数列，$S_n \geqslant S_{n-1}$. 根据单调有界数列必有极限的准则，可以得到判定正项级数收敛性的一个基本定理.

定理 1　正项级数 $\sum\limits_{n=1}^{\infty} u_n$ 收敛的充要条件是它的部分和数列 $\{S_n\}$ 有界.

试一试

例 1　判定正项级数 $\sum\limits_{n=1}^{\infty} \dfrac{\sin\frac{\pi}{2n}}{2^n}$ 的收敛性.

解　由于该级数是正项级数，且部分和

$$\begin{aligned}S_n &=\frac{1}{2}+\frac{\sin\frac{\pi}{4}}{4}+\frac{\sin\frac{\pi}{6}}{8}+\cdots+\frac{\sin\frac{\pi}{2n}}{2^n}\\ &<\frac{1}{2}+\frac{1}{4}+\frac{1}{8}+\cdots+\frac{1}{2^n}\\ &=\frac{\frac{1}{2}\left(1-\frac{1}{2n}\right)}{1-\frac{1}{2}}<1,\end{aligned}$$

即其部分和数列有界，因此正项级数 $\sum\limits_{n=1}^{\infty}\dfrac{\sin\frac{\pi}{2n}}{2^n}$收敛.

任务二　学习正项级数的比较审敛法

学一学

定理 2（比较审敛法）　设 $\sum\limits_{n=1}^{\infty}u_n$ 和 $\sum\limits_{n=1}^{\infty}v_n$ 都是正项级数，且 $u_n\leqslant v_n(n=1,2,\cdots)$，若级数 $\sum\limits_{n=1}^{\infty}v_n$ 收敛，则级数 $\sum\limits_{n=1}^{\infty}u_n$ 收敛；反之，若级数 $\sum\limits_{n=1}^{\infty}u_n$ 发散，则级数 $\sum\limits_{n=1}^{\infty}v_n$ 发散.

证明从略.

比较审敛法指出，判断一个正项级数的敛散性，可以把它和一个敛散性已知的正项级数作比较，从而得出结论.

试一试

例 2　讨论 p-级数

$$\sum\frac{1}{n^p}=1+\frac{1}{2^p}+\frac{1}{3^p}+\cdots+\frac{1}{n^p}+\cdots$$

的收敛性，其中常数 $p>0$.

解　设 $p\leqslant 1$ 时，这时$\dfrac{1}{n^p}\geqslant\dfrac{1}{n}$，而调和级数 $\sum\limits_{n=1}^{\infty}\dfrac{1}{n}$发散，由比较审敛法知，当 $p\leqslant 1$ 时级数 $\sum\limits_{n=1}^{\infty}\dfrac{1}{n^p}$发散.

设 $p>1$，对于 $n-1\leqslant x\leqslant n$，有$\dfrac{1}{x^p}\geqslant\dfrac{1}{n^p}$.

$$\frac{1}{n^p}=\int_{n-1}^{n}\frac{1}{n^p}\mathrm{d}x\leqslant\int_{n-1}^{n}\frac{1}{x^p}\mathrm{d}x$$
$$=\frac{1}{p-1}\left[\frac{1}{(n-1)^{p-1}}-\frac{1}{n^{p-1}}\right]\quad(n=2,3,\cdots).$$

对于级数 $\sum\limits_{n=2}^{\infty}\left[\dfrac{1}{(n-1)^{p-1}}-\dfrac{1}{n^{p-1}}\right]$，其部分和

$$S_n=\left[1-\frac{1}{2^{p-1}}\right]+\left[\frac{1}{2^{p-1}}-\frac{1}{3^{p-1}}\right]+\cdots+\left[\frac{1}{n^{p-1}}-\frac{1}{(n+1)^{p-1}}\right]$$
$$=1-\frac{1}{(n+1)^{p-1}}.$$

因为　$\lim\limits_{n\to\infty}S_n=\lim\limits_{n\to\infty}\left[1-\dfrac{1}{(n+1)^{p-1}}\right]=1$，

所以级数 $\sum\limits_{n=2}^{\infty}\left[\dfrac{1}{(n-1)^{p-1}}-\dfrac{1}{n^{p-1}}\right]$收敛，从而根据比较审敛法可知，级数 $\sum\limits_{n=1}^{\infty}\dfrac{1}{n^p}$当 $p>1$ 时

收敛.

综上所述,p-级数 $\sum_{n=1}^{\infty}\frac{1}{n^p}$当 $p>1$ 时收敛,当 $p\leqslant 1$ 时发散.

例 3 判定级数 $\sum_{n=1}^{\infty}\frac{n+1}{n^3+1}$的收敛性.

解
$$\frac{n+1}{n^3+1}\leqslant\frac{2n}{n^3}\leqslant\frac{2}{n^2}.$$

级数 $\sum_{n=1}^{\infty}\frac{1}{n^2}$是收敛的 p-级数. 由级数的性质知,级数 $\sum_{n=1}^{\infty}\frac{2}{n^2}$也是收敛的. 由比较审敛法知,级数 $\sum_{n=1}^{\infty}\frac{n+1}{n^3+1}$是收敛的.

学一学

定理 3(比较审敛法的极限形式) 设 $\sum_{n=1}^{\infty}u_n$ 和 $\sum_{n=1}^{\infty}v_n$ 是两个正项级数,如果$\lim_{n\to\infty}\frac{u_n}{v_n}=l$ $(0<l<+\infty)$,则级数 $\sum_{n=1}^{\infty}u_n$ 和 $\sum_{n=1}^{\infty}v_n$ 同时收敛或同时发散.

试一试

例 4 判定级数 $\sum_{n=1}^{\infty}\frac{1}{\sqrt{2n+1}}$的收敛性.

解 取 $v_n=\frac{1}{\sqrt{n}}$,因为
$$\lim_{n\to\infty}\frac{u_n}{v_n}=\lim_{n\to\infty}\frac{\sqrt{n}}{\sqrt{2n+1}}=\frac{1}{\sqrt{2}},$$
级数 $\sum_{n=1}^{\infty}\frac{1}{\sqrt{n}}\left(p=\frac{1}{2}\right)$发散. 所以级数 $\sum\frac{1}{\sqrt{2n+1}}$ 发散.

做一做

用比较审敛法或它的极限形式判定下列级数的收敛性:

(1) $\sum_{n=1}^{\infty}\ln\left(1+\frac{1}{n^2}\right)$; (2) $\sum_{n=1}^{\infty}\frac{1}{2n\cdot(2n+1)}$;

(3) $\sum_{n=1}^{\infty}\frac{1}{3n-1}$; (4) $\sum_{n=1}^{\infty}\frac{\cos\frac{\pi}{n}}{2^n}$.

任务三　学习正项级数的比值审敛法

学一学

定理4(比值审敛法)　设 $\sum\limits_{n=1}^{\infty} u_n$ 是正项级数,若 $\lim\limits_{n\to\infty}\frac{u_{n+1}}{u_n}=\rho$,则当 $\rho<1$ 时,级数 $\sum\limits_{n=1}^{\infty} u_n$ 收敛;当 $\rho>1$ 时,级数 $\sum\limits_{n=1}^{\infty} u_n$ 发散;当 $\rho=1$ 时,级数 $\sum\limits_{n=1}^{\infty} u_n$ 的收敛性不能确定.

利用比值审敛法,只需通过级数本身就可进行,无须像比较审敛法那样找敛散性已知的级数作比较.当然,当 $p=1$ 时,比值审敛法失效,就要用其他判别法了.

试一试

例5　判别级数 $\sum\limits_{n=1}^{\infty}\frac{n^2}{2^n}$ 的敛散性.

解　由于 $u_n=\frac{n^2}{2^n}$,且

$$\lim_{n\to\infty}\frac{u_{n+1}}{u_n}=\lim_{n\to\infty}\frac{(n+1)^2}{2^{n+1}}\cdot\frac{2^n}{n^2}=\frac{1}{2}<1,$$

所以,由比值审敛法知,$\sum\limits_{n=1}^{\infty}\frac{n^2}{2^n}$ 是收敛的.

例6　判别级数 $\sum\limits_{n=1}^{\infty}\frac{3^n\cdot n!}{n^n}$ 的敛散性.

解　由于 $u_n=\frac{3^n\cdot n!}{n^n}$,且

$$\lim_{n\to\infty}\frac{u_{n+1}}{u_n}=\lim_{n\to\infty}\frac{3^{n+1}\cdot(n+1)!}{(n+1)^{n+1}}\cdot\frac{n^n}{3^n\cdot n!}$$

$$=3\lim_{n\to\infty}\frac{1}{\left(1+\frac{1}{n}\right)^n}=\frac{3}{\mathrm{e}}>1,$$

所以,由比值审敛法知,级数 $\sum\limits_{n=1}^{\infty}\frac{3^n\cdot n!}{n^n}$ 是发散的.

做一做

利用比值审敛法,判定下列级数的敛散性:

(1) $\sum\limits_{n=1}^{\infty}\frac{n}{3^n}$;　　　　(2) $\sum\limits_{n=1}^{\infty}\frac{n!}{n^n}$.

项目练习 11.2

1. 用比较审敛法或它的极限形式判定下列级数的收敛性：

(1) $\sum_{n=1}^{\infty} \frac{1}{2n-1}$;

(2) $\sum_{n=1}^{\infty} \frac{1}{n\cdot(2n+1)}$;

(3) $\sum_{n=2}^{\infty} \frac{1}{\ln n}$;

(4) $\sum_{n=1}^{\infty} \sin\frac{1}{n^2}$;

(5) $\sum_{n=1}^{\infty} \frac{n+1}{n(n+2)}$;

(6) $\sum_{n=1}^{\infty} \frac{1}{n^2-3n+3}$.

2. 用比值审敛法判定下列级数的收敛性：

(1) $\sum_{n=1}^{\infty} \frac{3^n}{n\cdot 2^n}$;

(2) $\sum_{n=1}^{\infty} \frac{4^n}{n^2}$;

(3) $\sum_{n=1}^{\infty} \frac{n^n}{n!}$;

(4) $\sum_{n=1}^{\infty} n^2\sin\frac{\pi}{2^n}$.

3. 判定下列级数的收敛性：

(1) $\sum_{n=1}^{\infty} \frac{2^n}{1+3^n}$;

(2) $\sum_{n=1}^{\infty} \frac{n+3}{n^2(n+2)}$;

(3) $\sum_{n=1}^{\infty} \frac{1}{\sqrt{(2n+1)(2n-1)}}$;

(4) $\sum_{n=1}^{\infty} \frac{n\cos^2\left(\frac{n\pi}{3}\right)}{2^n}$.

项目三　绝对收敛与条件收敛

任务一　探讨交错级数的敛散性

学一学

各项正负相间的级数称为**交错级数**，它的表示形式如下

$$\sum_{n=1}^{\infty}(-1)^{n-1}u_n \text{ 或 } \sum_{n=1}^{\infty}(-1)^n u_n\text{，其中 } u_n>0(n=1,2,3,\cdots).$$

如 $\sum(-1)^{n-1}\frac{1}{n}=1-\frac{1}{2}+\frac{1}{3}-\frac{1}{4}+\cdots+(-1)^{n-1}\frac{1}{n}+\cdots$就是一个交错级数，关于交错级数有如下的判别法.

定理 1（莱布尼茨判别法）　如果交错级数 $\sum_{n=1}^{\infty}(-1)^{n-1}u_n$ 满足条件：

(1) $u_n\geqslant u_{n+1}(n=1,2,3,\cdots)$;

(2) $\lim\limits_{n\to\infty}u_n=0$,

则级数收敛且其和 $S \leqslant u_1$.

证明从略.

若交错级数不满足上面定理中条件(2),即 $\lim\limits_{n \to \infty} u_n \neq 0$,则由级数收敛的必要条件知级数一定是发散的.

试一试

例 1 判断级数 $\sum\limits_{n=1}^{\infty} (-1)^{n-1} \dfrac{1}{\sqrt{n}}$ 的敛散性.

解 因为 $u_n = \dfrac{1}{\sqrt{n}} > \dfrac{1}{\sqrt{n+1}} = u_{n+1}$,

$$\lim_{n \to \infty} u_n = \lim_{n \to \infty} \frac{1}{\sqrt{n}} = 0,$$

所以 $\sum\limits_{n=1}^{\infty} (-1)^{n-1} \dfrac{1}{\sqrt{n}}$ 收敛.

例 2 判别级数 $\sum\limits_{n=1}^{\infty} (-1)^{n-1} \dfrac{n}{n+1}$ 的敛散性.

解 由于 $\lim\limits_{n \to \infty} u_n = \lim\limits_{n \to \infty} \dfrac{n}{n+1} = 1 \neq 0$,故级数发散.

做一做

判定下列交错级数的收敛性:

(1) $\sum\limits_{n=1}^{\infty} (-1)^{n} \dfrac{1}{n}$;　　(2) $\sum\limits_{n=1}^{\infty} (-1)^{n-1} \dfrac{1}{\ln(n+1)}$.

任务二　寻求绝对收敛与条件收敛的判定方法

学一学

对于一般项级数

$$\sum_{n=1}^{\infty} u_n = u_1 + u_2 + \cdots + u_n + \cdots,$$

它的各项为任意实数,显然 $\sum\limits_{n=1}^{\infty} |u_n|$ 是一个正项级数.

如果级数 $\sum\limits_{n=1}^{\infty} |u_n|$ 收敛,则称级数 $\sum\limits_{n=1}^{\infty} u_n$ **绝对收敛**.

如果级数 $\sum\limits_{n=1}^{\infty} u_n$ 收敛,而级数 $\sum\limits_{n=1}^{\infty} |u_n|$ 发散,则称级数 $\sum\limits_{n=1}^{\infty} u_n$ **条件收敛**.

显然,级数 $\sum\limits_{n=1}^{\infty} (-1)^{n-1} \dfrac{1}{n}$ 是条件收敛的.

级数的绝对收敛与收敛有下面的重要关系:

定理 2 若级数 $\sum u_n$ 绝对收敛,则级数 $\sum_{n=1}^{\infty} u_n$ 必定收敛.

试一试

例 3 判定级数 $\sum_{n=1}^{\infty}(-1)^{n-1}\frac{1}{n\cdot 3^n}$是绝对收敛还是条件收敛.

解 级数各项取绝对值后的正项级数为 $\sum_{n=1}^{\infty}|u_n|=\sum_{n=1}^{\infty}\frac{1}{n\cdot 3^n}$.

因为
$$\lim_{n\to\infty}\left|\frac{u_{n+1}}{u_n}\right|=\lim_{n\to\infty}\frac{n\cdot 3^n}{(n+1)3^{n+1}}=\frac{1}{3}<1,$$
由比值审敛法知,级数 $\sum_{n=1}^{\infty}\frac{1}{n\cdot 3^n}$收敛,所以原级数 $\sum_{n=1}^{\infty}\frac{(-1)^{n-1}}{n\cdot 3^n}$绝对收敛.

例 4 判别级数 $\sum_{n=1}^{\infty}\frac{\sin n\alpha}{n^2}$($\alpha$ 为正常数)的收敛性.

解 对于给定的 α,随着 n 的不同取值,$\sin n\alpha$ 可取正值也可取负值,故级数 $\sum_{n=1}^{\infty}\frac{\sin n\alpha}{n^2}$ 是任意项级数.

现考察正项级数 $\sum_{i=1}^{n}|u_n|=\sum_{n=1}^{\infty}\frac{|\sin n\alpha|}{n^2}$.

显然
$$|u_n|=\frac{|\sin n\alpha|}{n^2}\leqslant\frac{1}{n^2}.$$

级数 $\sum_{n=1}^{\infty}\frac{1}{n^2}$收敛,由比较审敛法知,$\sum_{n=1}^{\infty}\left|\frac{\sin n\alpha}{n^2}\right|$收敛.

因此,级数 $\sum_{n=1}^{\infty}\frac{\sin n\alpha}{n^2}$绝对收敛.

想一想

级数 $\sum_{n=1}^{\infty}(-1)^n\frac{1}{n^p}$在什么条件下收敛?在什么条件下绝对收敛?

做一做

判定下列级数是否收敛,如果收敛,指出是绝对收敛还是条件收敛:

(1) $\sum_{n=1}^{\infty}(-1)^{n-1}\frac{n}{3^{n-1}}$;　　(2) $\sum_{n=1}^{\infty}(-1)^{n-1}\frac{2n}{n+1}$;

(3) $\sum_{n=1}^{\infty}(-1)^{n-1}\frac{1}{\ln(2n+1)}$.

项目练习 11.3

1. 判断下列交错级数的敛散性：

(1) $\sum_{n=1}^{\infty}(-1)^{n-1}\frac{n}{2^n}$　　(2) $\sum_{n=1}^{\infty}\frac{(-1)^{n-1}n}{6n-5}$;

(3) $\sum_{n=1}^{\infty}(-1)^n\frac{1}{2n+1}$;　　(4) $\sum_{n=1}^{\infty}(-1)^{n-1}\frac{1}{3^n+1}$.

2. 判定下列级数是否收敛，如果收敛，指出是绝对收敛还是条件收敛：

(1) $\sum_{n=1}^{\infty}(-1)^n\frac{1}{\sqrt{2n-1}}$;　　(2) $\sum_{n=1}^{\infty}(-1)^n\frac{1}{(2n-1)(2n+1)}$;

(3) $\sum_{n=1}^{\infty}(-1)^{n-1}\frac{n}{3^{n-1}}$;　　(4) $\sum_{n=1}^{\infty}(-1)^{n-1}\frac{1}{(2n-1)\cdot 2^n}$;

(5) $\sum_{n=1}^{\infty}(-1)^{n-1}\frac{1}{\ln(n+1)}$;　　(6) $\sum_{n=1}^{\infty}(-1)^{n-1}\cdot 2^n\sin\frac{\pi}{3^n}$;

(7) $\sum_{n=1}^{\infty}\frac{\cos n\pi}{\sqrt{n(n^2+1)}}$;　　(8) $\sum_{n=2}^{\infty}\frac{(-1)^n}{n-\ln n}$.

项目四　幂级数

任务一　学习幂级数的收敛半径与收敛域

学一学

前面研究的级数是常数项级数，即级数的各项都是常数，如果一个级数的各项都是定义在某一个区间 I 上的函数，则称该级数为**函数项级数**，一般可表示为

$$u_1(x)+u_2(x)+\cdots+u_n(x)+\cdots\quad(x\in I).\tag{1}$$

当给 x 以确定值，例如 $x_0\in I$，则函数项级数(1)成为一常数项级数

$$u_1(x_0)+u_2(x_0)+\cdots+u_n(x_0)+\cdots.$$

若这个常数项级数收敛，则称 x_0 为函数项级数(1)的**收敛点**；若这个常数项级数发散，则称 x_0 为函数项级数(1)的**发散点**，函数项级数(1)的收敛点的全体称为它的**收敛域**. 对于收敛域的任意一点 x，函数项级数(1)成为一个收敛的常数项级数，因而有一个确定的和. 因此，收敛域上函数项级数(1)的和是 x 的函数，记作 $s(x)$，称 $s(x)$ 为函数项级数(1)的**和函数**. 和函数 $s(x)$ 的定义域就是级数的收敛域，即在收敛域上

$$s(x)=u_1(x)+u_2(x)+\cdots+u_n(x)+\cdots.$$

若用 $s_n(x)$ 表示级数(1)的前 n 项和

$$s_n(x)=u_1(x)+u_2(x)+\cdots+u_n(x),$$

则在级数(1)的收敛域上,有

$$\lim_{n\to\infty}s_n(x)=s(x),$$

记

$$r_n(x)=s(x)-s_n(x).$$

称 $r_n(x)$ 为函数项级数(1)的余项,在级数(1)的收敛域上

$$\lim_{n\to\infty}r_n(x)=0.$$

当函数项级数(1)的各项为幂函数时,即 $u_n=a_nx^n(n=0,1,2,\cdots)$,得级数

$$a_0+a_1x+a_2x^2+\cdots+a_nx^n+\cdots, \tag{2}$$

称之为**幂级数**,称 $a_0,a_1,a_2,\cdots,a_n,\cdots$ 为幂级数的**系数**.

幂级数的更一般形式为

$$a_0+a_1(x-x_0)+a_2(x-x_0)^2+\cdots+a_n(x-x_0)^n+\cdots. \tag{3}$$

在幂级数(3)中令 $x-x_0=t$,则幂级数(3)就化为幂级数(2)的形式.

现在讨论对于一个给定的幂级数 $\sum\limits_{n=0}^{\infty}a_nx^n$,如何求出它的收敛域,$x$ 轴上的哪些点使幂级数收敛.

定理 1 设有幂级数 $\sum\limits_{n=0}^{\infty}a_nx^n$,如果

$$\lim_{n\to\infty}\left|\frac{a_{n+1}}{a_n}\right|=\rho,$$

则有

(1) 当 $\rho\neq0$ 时,有 $|x|<\dfrac{1}{\rho}$ 时,幂级数绝对收敛;当 $|x|>\dfrac{1}{\rho}$ 时,幂级数发散.

(2) 当 $\rho=0$ 时,对任意的 x,幂级数都绝对收敛;

(3) 当 $\rho=+\infty$ 时,只在 $x=0$ 处幂级数收敛.

证明 考察正项级数 $\sum\limits_{n=0}^{\infty}|a_nx^n|$,即

$$\lim_{n\to\infty}\left|\frac{u_{n+1}}{u_n}\right|=\lim_{n\to\infty}\left|\frac{a_{n+1}x^{n+1}}{a_nx^n}\right|=\lim_{n\to\infty}\left|\frac{a_{n+1}}{a_n}\right||x|=\rho|x|.$$

(1)当 $\rho\neq0$ 时,必有 $\rho>0$,若 $\rho|x|<1$,即 $|x|<\dfrac{1}{\rho}$,正项级数 $\sum\limits_{n=1}^{\infty}|a_nx^n|$ 收敛,级数 $\sum\limits_{n=0}^{\infty}a_nx^n$ 绝对收敛,当 $|x|>\dfrac{1}{\rho}$ 时,级数 $\sum\limits_{n=0}^{\infty}a_nx^n$ 发散.

(2)当 $\rho=0$ 时,对任意 x,恒有

$$\lim_{n\to\infty}\frac{|a_{n+1}x^{n+1}|}{|a_nx^n|}=0<1,$$

故级数 $\sum\limits_{n=0}^{\infty}a_nx^n$ 对任意 x 绝对收敛.

(3)当 $\rho=+\infty$,则当 $x\neq0$ 时

$$\lim_{n\to\infty}\frac{|a_{n+1}x^{n+1}|}{|a_nx^n|}=+\infty ,$$

故级数 $\sum_{n=0}^{\infty} a_n x^n$ 除点 $x=0$ 外处处是发散的，仅在 $x=0$ 处收敛.

这个定理说明，当 $0<\rho<+\infty$ 时，幂级数 $\sum_{n=0}^{\infty} a_n x^n$ 在开区间 $\left(-\frac{1}{\rho},\frac{1}{\rho}\right)$ 内绝对收敛，在 $\left(-\infty,-\frac{1}{\rho}\right)$，$\left(\frac{1}{\rho},+\infty\right)$ 内发散，在点 $x=\frac{1}{\rho}$ 及 $x=-\frac{1}{\rho}$ 两点处级数可能收敛，也可能发散，这两点是使幂级数绝对收敛的点与使幂级数发散的点的分界点，这两点到原点的距离都是 $\frac{1}{\rho}$.

令 $R=\frac{1}{\rho}$，称 R 为幂级数 $\sum_{n=0}^{\infty} a_n x^n$ 的**收敛半径**，开区间 $(-R,R)$ 称为幂级数的**收敛区间**，再由幂级数在 $x=\pm R$ 处的收敛性确定它的收敛域.

试一试

例 1 求幂级数 $\sum_{n=1}^{\infty} (-1)^{n-1}\frac{x^n}{n}$ 的收敛区间.

解 求收敛半径 R. 因为

$$\rho=\lim_{n\to\infty}\left|\frac{a_{n+1}}{a_n}\right|=\lim_{n\to\infty}\left|\frac{(-1)^n\frac{1}{n+1}}{(-1)^{n-1}\frac{1}{n}}\right|=\lim_{n\to\infty}\frac{n}{n+1}=1,$$

得收敛半径 $R=\frac{1}{\rho}=1$，级数的收敛区间为 $(-1,1)$.

例 2 求幂级数 $\sum_{n=1}^{\infty}\frac{(-1)^n}{\sqrt{n(n+1)}}(x+1)^n$ 的收敛区间.

解 设 $x+1=t$，所给幂级数变形为 $\sum_{n=1}^{\infty}\frac{(-1)^n}{\sqrt{n(n+1)}}t^n$. 因为

$$\rho=\lim_{n\to\infty}\left|\frac{a_{n+1}}{a_n}\right|=\lim_{n\to\infty}\left|\frac{\frac{(-1)^{n+1}}{\sqrt{(n+1)(n+2)}}}{\frac{(-1)^n}{\sqrt{n(n+1)}}}\right|=\lim_{n\to\infty}\sqrt{\frac{n}{n+2}}=1,$$

故收敛半径 $R=1$，级数 $\sum_{n=1}^{\infty}\frac{(-1)^n}{\sqrt{n(n+1)}}t^n$ 的收敛区间为 $(-1,1)$，即 $-1<t<1$，以 $t=x+1$ 回代，得 $-1<x+1<1$，即 $-2<x<0$，故原级数 $\sum_{n=1}^{\infty}\frac{(-1)^n}{\sqrt{n(n+1)}}(x+1)^n$ 的收敛区间为 $(-2,0)$.

级数 $\sum_{n=0}^{\infty} a_n(x-x_0)^n$ 在点 $x=x_0$ 处必收敛，其和为 a_0，且收敛区间为以 x_0 为中心的区间 (x_0-R,x_0+R)，其中 R 为级数的收敛半径.

例 3 求幂级数 $\sum_{n=1}^{\infty}\frac{n^2}{3^n}x^{2n-1}$ 的收敛区间.

解 所给级数缺少 x 的偶次幂项，用比值审敛法来讨论

$$\lim_{n\to\infty}\left|\frac{u_{n+1}}{u_n}\right|=\lim_{n\to\infty}\left|\frac{\frac{(n+1)^2}{3^{n+1}}x^{2n+1}}{\frac{n^2}{3^n}x^{2n-1}}\right|=\lim_{n\to\infty}\frac{1}{3}\left(\frac{n+1}{2}\right)^2x^2=\frac{1}{3}x^2.$$

当$\frac{1}{3}x^2<1$，即$|x|<\sqrt{3}$时，级数绝对收敛，当$\frac{1}{3}x^2>1$，即$|x|>\sqrt{3}$时，级数发散，所以级数的收敛半径$R=\sqrt{3}$，收敛区间为$(-\sqrt{3},\sqrt{3})$.

想一想

幂级数的收敛区间与收敛域有什么区别？

做一做

求下列幂级数的收敛区间：

（1）$\sum\limits_{n=1}^{\infty}\frac{2^{n-1}}{2^{2n-1}}x^n$；　　（2）$\sum\limits_{n=0}^{\infty}\frac{(x-2)^n}{\sqrt{n+1}}$.

任务二　掌握幂级数的运算与性质

学一学

设幂级数$\sum\limits_{n=0}^{\infty}a_nx^n$与$\sum\limits_{n=0}^{\infty}b_nx^n$的收敛半径分别为$R_1,R_2$，记$R=\min\{R_1,R_2\}$.

（1）两个幂级数可以进行加、减法运算，即在区间$(-R,R)$内，有

$$\sum_{n=0}^{\infty}a_nx^n\pm\sum_{n=0}^{\infty}b_nx^n=\sum_{n=0}^{\infty}(a_n\pm b_n)x^n.$$

（2）两个幂级数可以进行乘法运算，即在区间$(-R,R)$内，有

$$\sum_{n=0}^{\infty}a_nx^n\cdot\sum_{n=0}^{\infty}b_nx^n=a_0b_0+(a_0b_1+a_1b_0)x+(a_0b_2+a_1b_1+a_2b_0)x^2+\cdots+(a_0b_n+a_1b_{n-1}+\cdots+a_nb_0)x^n+\cdots.$$

可以看出，两个幂级数的加、减、乘法运算与两个多项式的相应运算完全相同，除代数运算外，幂级数在收敛域内还可以进行微分与积分运算.

定理2　设幂级数$\sum\limits_{n=0}^{\infty}a_nx^n$的收敛半径为$R$，和函数为$s(x)$，则有：

（1）和函数$s(x)$在收敛区间$(-R,R)$内连续，若幂级数在$x=R$(或$x=-R$)也收敛，则和函数$s(x)$在$(-R,R]$(或$[-R,R)$)内连续.

（2）和函数$s(x)$在收敛区间$(-R,R)$内可导，且有函数求导公式

$$s'(x)=\left(\sum_{n=0}^{\infty}a_nx^n\right)'=\sum_{n=0}^{\infty}(a_nx^n)'=\sum_{n=1}^{\infty}na_nx^{n-1}.$$

（3）和函数$s(x)$在收敛区间$(-R,R)$内可积，且

$$\int_0^x s(x)\mathrm{d}x=\int_0^x\left(\sum_{n=0}^{\infty}a_nx^n\right)\mathrm{d}x=\sum_{n=0}^{\infty}\int_0^x a_nx^n\mathrm{d}x=\sum_{n=0}^{\infty}\frac{a_n}{n+1}x^{n+1}.$$

从定理可以看出,逐项求导后所得的幂级数为 $\sum_{n=1}^{\infty}na_nx^{n-1}$,它的收敛区间仍为 $(-R,R)$. 由此可得:若幂级数 $\sum_{n=0}^{\infty}a_nx^n$ 的收敛半径为 R,则其和函数 $s(x)$ 在 $(-R,R)$ 内具有任意阶导数. 逐项积分后所得的幂级数为 $\sum_{n=0}^{\infty}\frac{a_n}{n+1}x^{n+1}$,它的收敛半径仍为 R,和函数为 $\int_0^x s(x)\mathrm{d}x$.

试一试

例 4 求幂级数 $\sum_{n=1}^{\infty}\frac{x^n}{n}$ 的和函数.

解 所给级数的收敛半径为

$$R=\lim_{n\to\infty}\left|\frac{a_n}{a_{n+1}}\right|=\lim_{n\to\infty}\frac{n+1}{n}=1.$$

在 $(-1,1)$ 内设所给函数的和函数为 $s(x)$,即

$$s(x)=\sum_{n=1}^{\infty}\frac{x^n}{n}.$$

由幂级数的性质可知,在 $(-1,1)$ 内,有

$$s'(x)=\left(\sum_{n=1}^{\infty}\frac{x^n}{n}\right)'=\sum_{n=1}^{\infty}x^{n-1}=\frac{1}{1-x}.$$

两边同时积分,得

$$\int_0^x s'(x)\mathrm{d}x=\int_0^x\frac{1}{1-x}\mathrm{d}x,$$

则 $s(x)-s(0)=-\ln(1-x)\Big|_0^x=-\ln(1-x)$.

又由于 $s(0)=0$,于是 $s(x)=\sum_{n=1}^{\infty}\frac{x^n}{n}=-\ln(1-x)$.

因为级数 $\sum_{n=1}^{\infty}\frac{x^n}{n}$ 在 $x=-1$ 处收敛,和函数 $-\ln(1-x)$ 在 $x=-1$ 处有定义且连续,故在 $[-1,1)$ 内 $\sum_{n=1}^{\infty}\frac{x^n}{n}=-\ln(1-x)$.

例 5 求幂级数 $\sum_{n=0}^{\infty}(2n+1)x^{2n}$ 的收敛域与和函数.

解 所给幂级数的收敛半径为

$$R=\lim_{n\to\infty}\left|\frac{a_n}{a_{n+1}}\right|=\lim_{n\to\infty}\frac{2n+1}{2n+3}=1.$$

当 $x=\pm1$ 时,幂级数变为 $\sum_{n=0}^{\infty}(2n+1)$,发散.

因此,所求幂级数的收敛域为 $(-1,1)$.

设幂级数 $\sum_{n=0}^{\infty}(2n+1)x^{2n}$ 的和函数为 $s(x)$，即在 $(-1,1)$ 内

$$s(x)=\sum_{n=0}^{\infty}(2n+1)x^{2n}.$$

两边积分，得

$$\int_0^x s(x)\,\mathrm{d}x=\sum_{n=0}^{\infty}\int_0^x(2n+1)x^{2n}\,\mathrm{d}x=\sum_{n=0}^{\infty}x^{2n+1}=\frac{x}{1-x^2}.$$

两边求导，得
$$s(x)=\left(\frac{x}{1-x^2}\right)'=\frac{1+x^2}{(1-x^2)^2}.$$

做一做

求幂级数 $\sum_{n=1}^{\infty}\frac{x^n}{n\cdot 4^n}$ 的收敛域与和函数.

项目练习 11.4

1. 求下列幂级数的收敛半径与收敛域：

(1) $\sum_{n=1}^{\infty}\frac{1}{n!}x^n$；　　(2) $\sum_{n=0}^{\infty}(-1)^n x^n$；

(3) $\sum_{n=0}^{\infty}\frac{2^n}{n+2}x^n$；　　(4) $\sum_{n=1}^{\infty}\frac{4^n}{\sqrt{n}}x^n$；

(5) $\sum_{n=1}^{\infty}\frac{(-1)^{n-1}}{n}x^n$；　　(6) $\sum_{n=1}^{\infty}\frac{1}{n^2}x^n$.

2. 求下列幂级数的和函数：

(1) $\sum_{n=1}^{\infty}nx^{n-1}$；　　(2) $\sum_{n=1}^{\infty}\left[\frac{(-1)^n}{2^n}+3^n\right]x^n$.

项目五　函数展开成幂级数

任务一　学习泰勒级数

前面讨论了幂级数在其收敛域内收敛，且收敛于它的和函数的问题. 与此相反，我们研究对于给定的函数 $f(x)$，能否存在一个幂级数以 $f(x)$ 为它的和函数问题，如果这样的幂级数能够找到，则称已知函数 $f(x)$ 能够展开成幂级数.

学一学

如果函数$f(x)$在点x_0的某个邻域内具有任意阶导数，则幂级数$\sum_{n=0}^{\infty}\frac{f^{(n)}(x_0)}{n!}(x-x_0)^n$称为$f(x)$在点$x_0$处的**泰勒级数**.

特别当$x_0=0$时，上式变为$\sum_{n=0}^{\infty}\frac{f^{(n)}(0)}{n!}x^n$，称为函数$f(x)$的**麦克劳林级数**.

设$p_n(x)=f(x_0)+f'(x_0)(x-x_0)+\frac{f''(x_0)}{2!}(x-x_0)^2+\cdots+\frac{f^{(n)}(x_0)}{n!}(x-x_0)^n$为$f(x)$的泰勒级数的前$n+1$项之和，称$R_n(x)=f(x)-p_n(x)$为余项.

显然，只要函数$f(x)$在$x=x_0$的某邻域内有任意阶导数，它就可以写成泰勒级数的形式，但是这个泰勒级数是否在x_0的这个邻域内收敛？如果收敛，它的和函数是否为$f(x)$？下面的定理解决了这些问题.

定理 如果函数$f(x)$在点$x=x_0$的某邻域内有任意阶导数，则$f(x)$的泰勒级数

$$f(x_0)+f'(x_0)(x-x_0)+\frac{f''(x_0)}{2!}(x-x_0)^2+\cdots+\frac{f^{(n)}(x_0)}{n!}(x-x_0)^n+\cdots$$

收敛于$f(x)$的充分必要条件是

$$\lim_{n\to\infty}R_n(x)=\lim_{n\to\infty}[f(x)-P_n(x)]=0,$$

其中余项$R_n(x)$具有如下形式

$$R_n(x)=\frac{f^{(n+1)}(\xi)}{(n+1)!}(x-x_0)^{n+1}(\xi\text{ 在 }x\text{ 与 }x_0\text{ 之间}),$$

称为$f(x)$的拉格朗日余项.

任务二　将函数展开成幂级数

学一学

下面介绍如何将$f(x)$在$x_0=0$处展开成x的幂级数，即麦克劳林级数，其方法有两种：直接展开法和间接展开法.

直接展开法，可以按以下步骤进行：

第一步，求出$f(x)$在x_0处的各阶导数值，$f'(0),f''(0),\cdots,f^{(n)}(0),\cdots$，若$f(x)$在$x=0$处的某阶导数值不存在，就停止进行，说明$f(x)$不能展开成$x$的幂级数.

第二步，写出幂级数

$$f(0)+f'(0)x+\frac{f''(0)}{2!}x^2+\cdots+\frac{f^n(0)}{n!}x^n+\cdots,$$

并求出它的收敛半径.

第三步，讨论当x在区间$(-R,R)$内时的余项$R_n(x)$的极限，$\lim_{n\to\infty}R_n(x)=\lim_{n\to\infty}\frac{f^{n+1}(\xi)}{(n+1)!}x^{n+1}$（$\xi$在0与$x$之间）是否为0，如果为0，则$f(x)$在区间$(-R,R)$内的幂级数展开式为

$$f(x)=f(0)+f'(0)x+\frac{f''(0)}{2!}x^2+\cdots+\frac{f^n(0)}{n!}x^n+\cdots \quad (-R<x<R).$$

如果不为0，则$f(x)$不能展开成x的幂级数.

试一试

例1 将函数$f(x)=e^x$展开成x的幂级数.

解 因为$f^{(n)}(x)=e^x$ $(n=1,2,3,\cdots)$，
所以$f^{(n)}(0)=1$ $(n=1,2,3,\cdots)$，这里$f^{(0)}(0)=f(0)=1$，于是得到幂级数

$$1+x+\frac{1}{2!}x^2+\cdots+\frac{1}{n!}x^n+\cdots.$$

它的收敛半径$R=+\infty$.

对于任意有限数x，ξ（ξ在0与x之间），有$e^{|\xi|}<e^{|x|}$，于是余项$R_n(x)$的绝对值的极限为

$$\lim_{n\to\infty}|R_n(x)|=\lim_{n\to\infty}\left|\frac{e^{\xi}}{(n+1)!}x^{n+1}\right|\leqslant\lim_{n\to\infty}e^{|x|}\cdot\frac{x^{n+1}}{(n+1)!}=0.$$

因此，e^x可以展开成x的幂级数，即

$$e^x=\sum_{n=0}^{\infty}\frac{x^n}{n!}=1+x+\frac{1}{2!}x^2+\cdots+\frac{1}{n!}x^n+\cdots \quad (-\infty<x<+\infty).$$

常用的幂级数展开式有：

(1) $e^x=\sum\limits_{n=0}^{\infty}\frac{x^n}{n!}=1+x+\frac{1}{2!}x^2+\cdots+\frac{1}{n!}x^n+\cdots \quad (-\infty<x<+\infty)$；

(2) $\frac{1}{1-x}=\sum\limits_{n=0}^{\infty}x^n=1+x+x^2+\cdots+x^n+\cdots \quad (-1<x<1)$；

(3) $$\ln(1+x)=\sum_{n=0}^{\infty}\frac{(-1)^n}{n+1}x^{n+1}$$
$$=x-\frac{1}{2}x^2+\frac{1}{3}x^3-\cdots+\frac{(-1)^{n-1}}{n}x^n+\cdots \quad (-1<x\leqslant 1)；$$

(4) $$\sin x=\sum_{n=0}^{\infty}\frac{(-1)^n}{(2n+1)!}x^{2n+1}$$
$$=x-\frac{1}{3!}x^3+\frac{1}{5!}x^5-\cdots+\frac{(-1)^n}{(2n+1)!}x^{2n+1}+\cdots \quad (-\infty<x<+\infty)；$$

(5) $$\cos x=\sum_{n=0}^{\infty}\frac{(-1)^n}{(2n)!}x^{2n}$$
$$=1-\frac{1}{2!}x^2+\frac{1}{4!}x^4-\cdots+\frac{(-1)^n}{(2n)!}x^{2n}+\cdots \quad (-\infty<x<+\infty).$$

间接展开法就是利用已知函数的幂级数展开式和幂级数的运算性质来求函数的幂级数展开式的方法.

例2 将函数$\frac{1}{1+x^2}$展开成关于x的幂级数.

解 已知 $\frac{1}{1-x}=1+x+x^2+\cdots+x^n+\cdots \quad (-1<x<1)$，

将 x 换成 $-x^2$，得

$$\frac{1}{1+x^2}=1-x^2+x^4+\cdots+(-1)^n x^{2n}+\cdots$$

$$=\sum_{n=0}^{\infty}(-1)^n x^{2n} \quad (-1<x<1).$$

例 3 将函数 $f(x)=\ln(1+x)$ 展开成 x 的幂级数.

解 因为 $\frac{1}{1+x}=1-x+x^2-x^3+\cdots+(-1)^n x^n+\cdots \quad (-1<x<1)$，

所以将上式从 0 到 x 逐项积分得

$$\ln(1+x)=\int_0^x \frac{dx}{1+x}=x-\frac{1}{2}x^2+\frac{1}{3}x^3-\frac{1}{4}x^4+\cdots+(-1)^{n-1}\frac{x^n}{n}+\cdots$$

$$=\sum_{n=1}^{\infty}\frac{(-1)^{n-1}}{n}x^n(-1<x\leqslant 1).$$

上述展开式对 $x=1$ 也成立，这是因为上式右端的幂级数，当 $x=1$ 时收敛，而 $\ln(1+x)$ 在 $x=1$ 处有定义且连续.

例 4 将函数 $\sin x$ 展开式$\left(x-\frac{\pi}{4}\right)$的幂级数.

解 因为 $\sin x=\sin\left[\frac{\pi}{4}+\left(x-\frac{\pi}{4}\right)\right]$

$$=\sin\frac{\pi}{4}\cos\left(x-\frac{\pi}{4}\right)+\cos\frac{\pi}{4}\sin\left(x-\frac{\pi}{4}\right)$$

$$=\frac{\sqrt{2}}{2}\left[\cos\left(x-\frac{\pi}{4}\right)+\sin\left(x-\frac{\pi}{4}\right)\right],$$

又因为 $\cos\left(x-\frac{\pi}{4}\right)=1-\frac{1}{2!}\left(x-\frac{\pi}{4}\right)^2+\frac{1}{4!}\left(x-\frac{\pi}{4}\right)^4-\cdots \quad (-\infty<x<+\infty)$，

$$\sin\left(x-\frac{\pi}{4}\right)=\left(x-\frac{\pi}{4}\right)-\frac{1}{3!}\left(x-\frac{\pi}{4}\right)^3+\frac{1}{5!}\left(x-\frac{\pi}{4}\right)^5-\cdots \quad (-\infty<x<+\infty),$$

所以 $\sin x=\frac{\sqrt{2}}{2}\left[1+\left(x-\frac{\pi}{4}\right)-\frac{1}{2!}\left(x-\frac{\pi}{4}\right)^2-\frac{1}{3!}\left(x-\frac{\pi}{4}\right)^3+\cdots\right] \quad (-\infty<x<+\infty).$

做一做

将下列函数展开为 x 的幂级数：

(1) $f(x)=e^{-\frac{x}{2}}$； (2) $f(x)=\ln(1-x)$.

项目练习 11.5

1. 将下列函数展开成 x 的幂级数：

（1）$\dfrac{x^4}{1-x}$；（2）$\dfrac{1+x}{(1-x)^2}$；

（3）e^{x^2}.

2. 将下列函数在指定点处展开成泰勒级数：

（1）$f(x)=\dfrac{1}{2-x}, x_0=1$；（2）$f(x)=\ln x, x_0=2$；

（3）$f(x)=\sin x, x_0=\dfrac{\pi}{2}$.

复习与提问

1.（1）设无穷级数 $\sum\limits_{n=1}^{\infty} u_n$ 的部分和数列为 $\{S_n\}$，若 $\lim\limits_{n\to\infty} S_n$______，则级数收敛.

（2）若级数 $\sum\limits_{n=1}^{\infty} u_n$ 收敛，则任意加上括号所得级数仍然______且其和不变.

（3）级数 $\sum\limits_{n=1}^{\infty} u_n$ 收敛的必要条件是 $\lim\limits_{n\to\infty} u_n=$______.

2.（1）正项级数 $\sum\limits_{n=1}^{\infty} u_n$ 收敛的充要条件是它的部分和数列 $\{S_n\}$______.

（2）设 $\sum\limits_{n=1}^{\infty} u_n$ 和 $\sum\limits_{n=1}^{\infty} v_n$ 是两个正项级数，且 $\lim\limits_{n\to\infty}\dfrac{u_n}{v_n}=l$，若 $0<l<+\infty$，则级数 $\sum\limits_{n=1}^{\infty} u_n$ 和级数 $\sum\limits_{n=1}^{\infty} v_n$ 具有相同的______.

（3）设 $\sum\limits_{n=1}^{\infty} u_n$ 为正项级数，若 $\lim\limits_{n\to\infty}\dfrac{u_{n+1}}{u_n}=\rho$，则当______时，级数 $\sum\limits_{n=1}^{\infty} u_n$ 收敛；当________时，级数 $\sum\limits_{n=1}^{\infty} u_n$ 发散；当________时，级数 $\sum\limits_{n=1}^{\infty} u_n$ 的收敛性不能确定.

3. 若交错级数 $\sum\limits_{n=1}^{\infty}(-1)^{n-1}u_n$ 满足条件：（1）____________________；（2）$\lim\limits_{n\to\infty} u_n=0$，则级数收敛.

4. 若级数 $\sum\limits_{n=1}^{\infty}|u_n|$ 收敛，则称级数 $\sum\limits_{n=1}^{\infty} u_n$______________；若级数 $\sum\limits_{n=1}^{\infty} u_n$ 收敛，而级数 $\sum\limits_{n=1}^{\infty}|u_n|$ 发散，则称级数 $\sum\limits_{n=1}^{\infty} u_n$____________.

5. 若幂级数 $\sum_{n=0}^{\infty} a_n x^n$ 满足 $\lim_{n\to\infty}\frac{a_{n+1}}{a_n}=\rho$，则

(1) $0<\rho<+\infty$ 时，收敛半径 $R=$__________，收敛区间为__________；

(2) $\rho=0$ 时，收敛半径 $R=$__________，收敛区间为__________；

(3) $\rho=+\infty$ 时，收敛半径 $R=$__________，级数仅在 $x=0$ 处收敛.

6. 函数 $f(x)$ 在 $x=0$ 处展开式中系数 $a_n=$__________.

7. 几个常用函数的麦克劳林展开式：

$\frac{1}{1-x}=$______________________________.

$e^x=$______________________________.

$\sin x=$______________________________.

复习题十一

1. 选择题：

(1) 设级数 $\sum_{n=1}^{\infty} u_n$ 收敛，下列级数必定收敛的是(　　).

A. $\sum_{n=1}^{\infty} |u_n|$　　B. $\sum_{n=1}^{\infty} u_n^2$

C. $\sum_{n=1}^{\infty} u_{2n-1}$　　D. $\sum_{n=1}^{\infty} (u_n+u_{n+1})$

(2) 下列级数条件收敛的是(　　).

A. $\sum_{n=1}^{\infty} (-1)^n \frac{1}{n^2}$　　B. $\sum_{n=1}^{\infty} \sin\frac{1}{n^2}$

C. $\sum_{n=1}^{\infty} (-1)^n \frac{1}{\sqrt{n}}$　　D. $\sum_{n=1}^{\infty} (-1)^n \frac{1}{2^n}$

(3) 下列命题中错误的是(　　).

A. 若 $\sum_{n=1}^{\infty} u_n$ 与 $\sum_{n=1}^{\infty} v_n$ 都收敛，则 $\sum_{n=1}^{\infty} (u_n+v_n)$ 必收敛

B. 若 $\sum_{n=1}^{\infty} u_n$ 收敛，$\sum_{n=1}^{\infty} v_n$ 发散，则 $\sum_{n=1}^{\infty} (u_n+v_n)$ 必定发散

C. 若 $\sum_{n=1}^{\infty} u_n$ 与 $\sum_{n=1}^{\infty} v_n$ 都发散，则 $\sum_{n=1}^{\infty} (u_n+v_n)$ 不一定发散

D. 若 $\sum_{n=1}^{\infty} (u_n+v_n)$ 收敛，则 $\sum_{n=1}^{\infty} u_n$ 与 $\sum_{n=1}^{\infty} v_n$ 都收敛

(4) 当(　　)时，正项级数 $\sum_{n=1}^{\infty} n^\alpha$ 收敛.

A. $\alpha<-1$　　B. $\alpha>-1$

C. $\alpha<1$　　D. $\alpha>1$

(5) 幂级数 $\sum_{n=1}^{\infty} nx^n$ 的收敛域为(　　).

A. $(-1,1)$　　B. $(-1,1]$

C. $[-1,1)$　　D. $[-1,1]$

(6) 若级数 $\sum_{n=1}^{\infty} a_n(x-1)^n$ 在 $x=-1$ 处收敛,则其在 $x=2$ 处(　　).

A. 条件收敛　　B. 绝对收敛

C. 发散　　D. 不能确定

(7) 已知级数 $\sum_{n=1}^{\infty} (-1)^{n-1}a_n=2$, $\sum_{n=1}^{\infty} a_{2n-1}=5$,则级数 $\sum_{n=1}^{\infty} a_n$ 等于(　　).

A. 3　　B. 7

C. 8　　D. 9

(8) 下列级数收敛的是(　　).

A. $\sum_{n=2}^{\infty} \frac{1}{\ln n}$　　B. $\sum_{n=1}^{\infty} \frac{1}{2n+1}$

C. $\sum_{n=1}^{\infty} \frac{1}{4\sqrt{n^5}}$　　D. $\sum_{n=1}^{\infty} \frac{n+1}{n^2}$

(9) 下列各选项正确的是(　　).

A. $\sum_{n=1}^{\infty} u_n^2$ 和 $\sum_{n=1}^{\infty} v_n^2$ 都收敛,则 $\sum_{n=1}^{\infty} (u_n+v_n)^2$ 收敛

B. 若 $\sum_{n=1}^{\infty} |u_nv_n|$ 收敛,则 $\sum_{n=1}^{\infty} u_n^2$ 与 $\sum_{n=1}^{\infty} v_n^2$ 都收敛

C. 若正项级数 $\sum_{n=1}^{\infty} u_n$ 发散,则 $v_n \geqslant \frac{1}{n}$

D. 若级数 $\sum_{n=1}^{\infty} u_n$ 收敛,且 $u_n \geqslant v_n$,则 $\sum_{n=1}^{\infty} v_n$ 也收敛

(10) 若级数 $\sum_{n=1}^{\infty} u_n$ 收敛,记 $s_n=\sum_{n=1}^{n} u_i$,则(　　).

A. $\lim_{n\to\infty} s_n=0$　　B. $\lim_{n\to\infty} s_n$ 存在

C. $\lim_{n\to\infty} s_n$ 可能不存在　　D. $\{s_n\}$ 是单调数列

2. 填空题:

(1) 若级数 $\sum_{n=1}^{\infty} u_n$ 收敛于 s,则级数 $\sum_{n=1}^{\infty} (u_n+u_{n+1})$ 收敛于__________.

(2) 级数 $\sum_{n=1}^{\infty} (-1)^n \frac{1}{n^p}$ 收敛时,p 的范围是__________.

(3) 若数项级数 $\sum_{n=1}^{\infty} u_n$ 收敛,则 $\lim_{n\to\infty} u_n=$__________.

(4) 级数 $\sum_{n=1}^{\infty}\left(\frac{1}{3^n}+\frac{1}{\sqrt{n}}\right)$ 是__________级数.

(5) 幂级数 $\sum_{n=1}^{\infty}\frac{x^n}{n!}$的收敛半径为 $R=$__________.

(6) 已知数项级数 $\sum_{n=1}^{\infty}\frac{1}{n!}$收敛,则其和 $s=\sum_{n=1}^{\infty}\frac{1}{n!}=$__________.

(7) $\ln(1+2x)$的麦克劳林展开式是______________,它的收敛域是__________.

(8) 已知幂级数 $\sum_{n=1}^{\infty}a_ny^n$ 的收敛域为$(-9,9]$,则幂级数 $\sum_{n=1}^{\infty}a_n(x-3)^{2n}$的收敛域为__________.

(9) 函数$f(x)=\frac{1}{2x+1}$在 $x=0$ 处的幂级数展开式为__________.

(10) 若级数 $\sum_{n=1}^{\infty}y_n$ 的前 n 项部分和 $s_n=\frac{2n+5}{n+3}$,则级数 $\sum_{n=1}^{\infty}y_n$ 的和为__________.

3. 判定下列正项级数的收敛性:

(1) $\sum_{n=1}^{\infty}\frac{1}{n^2-4n+5}$;　　(2) $\sum_{n=1}^{\infty}\frac{1}{\sqrt{4n^2+n}}$;

(3) $\sum_{n=1}^{\infty}\frac{3^n}{n^3\cdot 2^n}$;　　(4) $\sum_{n=1}^{\infty}\sin\frac{\pi}{2^n}$;

(5) $\sum_{n=1}^{\infty}\left(1-\cos\frac{\alpha}{n}\right)$;　　(6) $\sum_{n=1}^{\infty}\frac{1\cdot 3\cdot 5\cdot\cdots\cdot(2n-1)}{n!}$;

(7) $\sum_{n=1}^{\infty}\frac{1}{n^2-\ln n}$;　　(8) $\sum_{n=1}^{\infty}\frac{1}{n^2(\sqrt{n+1}-\sqrt{n-1})}$;

(9) $\sum_{n=1}^{\infty}\frac{2^n}{4^n+3^n}$;　　(10) $\sum_{n=1}^{\infty}n\tan\frac{1}{n}$.

4. 判定下列级数是绝对收敛,还是条件收敛或发散:

(1) $\sum_{n=1}^{\infty}\frac{(-1)^{n-1}n}{3^{n-1}}$;　　(2) $\sum_{n=1}^{\infty}\frac{(-1)^{n-1}}{\sqrt{n^2+2}}$;

(3) $\sum_{n=1}^{\infty}(-1)^{n-1}\frac{\ln n}{n!}$;　　(4) $\sum_{n=1}^{\infty}(-1)^{n-1}\frac{\sin\frac{\pi}{n}}{n^n}$;

(5) $\sum_{n=1}^{\infty}(-1)^{n-1}\frac{\sqrt{n}}{n+a}(a>0)$;　　(6) $\sum_{n=1}^{\infty}(-1)^{n-1}\frac{n+1}{(2n-1)!}$;

(7) $\sum_{n=1}^{\infty}(-1)^{n-1}\frac{n+1}{n}$;　　(8) $\sum_{n=1}^{\infty}\frac{(-1)^{n-1}\cdot n}{(n+1)\ln(1+n)}$.

5. 求下列幂级数的收敛区间:

(1) $\sum_{n=0}^{\infty}(-1)^n\frac{x^n}{2^n\cdot n!}$;　　(2) $\sum_{n=0}^{\infty}\frac{2^n}{n^2+4}x^n$;

(3) $\sum_{n=1}^{\infty}\frac{x^n}{n^p}(p>0)$;　　(4) $\sum_{n=1}^{\infty}\frac{(2x+1)^n}{n}$;

(5) $\sum_{n=0}^{\infty} 2^n(x+1)^{2n}$；　　(6) $\sum_{n=1}^{\infty} \frac{1}{n-\ln n}(x-3)^n$.

6. 将下列函数展开成 x 的幂级数：

(1) $\ln(3+x)$；　　(2) x^2e^x；

(3) $\sin\frac{x}{2}$；　　(4) $\arctan x$.

7. 将 $f(x)=\frac{1}{x}$ 展开成 $x-2$ 的幂级数.

8. 求下列幂级数的收敛域与和函数：

(1) $\sum_{n=1}^{\infty} \frac{(-1)^{n-1}}{n(2n-1)}x^{2n}$；　　(2) $\sum_{n=1}^{\infty} \frac{(x-2)^n}{n\cdot 2^n}$.

读一读

级数趣题

在我国古代数学著作中，对级数作了大量的研究，很早就建立了正确的等差级数的理论. 早在《周髀算经》中就已有了级数的运用. 例如，在天文数学上曾以直径2×(19 832 里200 步)递进“七衡”(日、月运行的圆周，用七个同心圆表示)；二十四节气以 9 寸 9 $\frac{1}{6}$ 分递为加减，等等. 在《九章算术》中，给出了等差级数问题：“今有女子善织，日自倍，五日织五尺，问日织几何？”早在《庄子 · 天下篇》中就有“一尺之棰，日取其半，万世不竭”的论述，这都是有名的关于等比数列的例子.

古人常常把生活中的一些趣闻编成数学题目，以提高人们对数学的兴趣. 下面我们来看几个这样的题目.

“耗子穿墙”(《九章算术》)

今有恒厚 5 尺，两鼠相对. 大鼠日一尺，小鼠亦一尺. 大鼠日自倍，小鼠日自半. 问几何日相逢？各穿几何？

《九章算术》的作者将这个问题变为“盈不足求”问题，“盈”为“多余”.“亏”为“不足”. 这实际上是一个等比级数求和的问题. 他的解法也很简单. 答案是两天不足，三天有余. 请同学自己完成.

如果将墙厚改为 100 尺，问题就不是一眼就能看出的. 这个问题实际上是一个等比数列求和问题. 小鼠第一天打 1 尺，接下去无论打多少天也超不过 1 尺. 我们要计算的只是大鼠的情况. 设等比数列 a_n 为

$$1,2^1,2^2,\cdots,2^n,\cdots.$$

解不等式

$$S_{n-1}<100<S_n-1,$$

就可以得出答案.

《张邱建算经》题

今有女善织，日益功疾，初日织五尺，今一月，日织九匹三丈. 问日益几何？该题的大意是说，有一女子很会织布，一天比一天织得快，而且每天增加的长度都是一样的. 已知第一天织了五尺，一个月后共织布 390 尺，问该女子织布每天增加多少？

这是一道利用等差数列求和公式求解的题. 答案是 $5\frac{15}{29}$寸.

我国古代数学家在级数方面的成就是很高的，这里就不一一列举了，仅介绍杨辉在《详解九章算法》中给出的我们学习过的三个高阶等差数列求和公式：

$$1^2+2^2+3^2+\cdots+n^2=\frac{1}{6}n(n+1)(2n+1),$$

$$a^2+(a+1)^2+(a+2)^2+\cdots+[a+(n-1)]^2=\frac{n}{3}\left(a^2+a_n^2+aa_n+\frac{a_n-a}{2}\right)(a_n=a+n-1),$$

$$1+3+6+10+\cdots+\frac{n(n+1)}{2}=\frac{1}{6}n(n+1)(n+2).$$

后来，宋代沈括继续对级数进行研究，以上这三个公式只是沈括的一个公式的特例，由此可见我国古代数学成就之高.

参考答案

项目练习 11.1

1. (1) $\frac{1}{2\cdot 2}+\frac{1}{3\cdot 2^2}+\frac{1}{4\cdot 2^3}+\cdots$；　(2) $\frac{2}{2}+\frac{3}{5}+\frac{4}{10}+\cdots$；

(3) $\frac{3}{1!}-\frac{3^2}{2!}+\frac{3^3}{3!}-\cdots$；　(4) $\frac{1}{1}-\frac{1}{2^2}-\frac{1}{3^3}-\cdots$.

2. (1) $\frac{1}{(2n-1)\cdot(2n+1)^2}$；　(2) $\frac{1}{4^n\cdot n!}$；　(3) $\sqrt[n]{\frac{n+1}{n}}$；　(4) $(-1)^{n-1}\frac{x^n}{n}$.

3. (1) 收敛；(2) 发散；(3) 收敛；(4) 收敛.

4. (1) 发散；(2) 收敛；(3) 发散；(4) 收敛.

项目练习 11.2

1. (1) 发散；(2) 收敛；(3) 发散；(4) 收敛；(5) 发散；(6) 收敛.

2. (1) 发散；(2) 发散；(3) 发散；(4) 收敛.

3. (1) 收敛；(2) 收敛；(3) 发散；(4) 收敛；

项目练习 11.3

1. (1) 收敛；(2) 发散；(3) 收敛；(4) 收敛.

2. (1) 条件收敛；(2) 绝对收敛；(3) 绝对收敛；(4) 绝对收敛；

（5）条件收敛；（6）绝对收敛；（7）绝对收敛；（8）条件收敛.

项目练习 11.4

1.（1）$(-\infty,+\infty)$，$R=+\infty$；（2）$(-1,1)$，$R=1$；（3）$\left[-\frac{1}{2},\frac{1}{2}\right)$，$R=\frac{1}{2}$；

（4）$\left[-\frac{1}{4},\frac{1}{4}\right)$，$R=\frac{1}{4}$；（5）$(-1,1]$，$R=1$；（6）$[-1,1]$，$R=1$.

2.（1）$\frac{1}{(1-x)^2}$，$-1<x<1$；（2）$\frac{x(6x+5)}{(1-3x)(2+x)}$，$-\frac{1}{3}<x<\frac{1}{3}$.

项目练习 11.5

1.（1）$\frac{x^4}{1-x}=\sum_{n=4}^{\infty}x^n$，$-1<x<1$；（2）$\frac{1+x}{(1-x)^2}=\sum_{n=1}^{\infty}(2n-1)x^n$，$-1<x<1$；

（3）$e^{x^2}=\sum_{n=0}^{\infty}\frac{x^{2n}}{n!}$，$-\infty<x<+\infty$.

2.（1）$\frac{1}{2-x}=\sum_{n=0}^{\infty}(x-1)^n$，$0<x<2$；（2）$\ln x=\ln 2+\sum_{n=1}^{\infty}\frac{(-1)^{n-1}}{n\cdot 2^n}(x-2)^n$，$0<x\leqslant 4$；

（3）$\sin x=\sum_{n=0}^{\infty}(-1)^n\frac{1}{(2n)!}\left(x-\frac{\pi}{2}\right)^{2n}$，$-\infty<x<+\infty$.

复习题十一

1.（1）D；（2）C；（3）D；（4）A；（5）A；
（6）B；（7）C；（8）C；（9）A；（10）B.

2.（1）$2s-u_1$；（2）$p>0$；（3）0；（4）发散；（5）$+\infty$；

（6）$e-1$；（7）$\sum_{n=0}^{\infty}\frac{(-1)^{n-1}\cdot 2^{n+1}}{n+1}x^{n+1}$，$-\frac{1}{2}<x\leqslant\frac{1}{2}$；（8）$[0,6]$；

（9）$\sum_{n=0}^{\infty}(-2)^n x^n$，$-\frac{1}{2}<x<\frac{1}{2}$；（10）2.

3.（1）收敛；（2）发散；（3）发散；（4）收敛；（5）收敛；
（6）发散；（7）收敛；（8）收敛；（9）收敛；（10）发散.

4.（1）绝对收敛；（2）条件收敛；（3）绝对收敛；（4）绝对收敛；
（5）条件收敛；（6）绝对收敛；（7）发散；（8）条件收敛.

5.（1）$(-\infty,+\infty)$；（2）$\left(-\frac{1}{2},\frac{1}{2}\right)$；（3）$p>1$ 时为 $[-1,1]$，$p\leqslant 1$ 时为 $(-1,1)$；

（4）$(-1,0)$；（5）$\left(-1-\frac{1}{\sqrt{2}},-1+\frac{1}{\sqrt{2}}\right)$；（6）$(2,4)$.

6.（1）$\ln(3+x)=\ln 3+\sum_{n=0}^{\infty}\frac{(-1)^n}{(n+1)\cdot 3^{n+1}}x^{n+1}$，$-3<x\leqslant 3$；（2）$x^2e^x=\sum_{n=0}^{\infty}\frac{x^{n+2}}{n!}$，$-\infty<x<+\infty$；

（3）$\sin\frac{x}{2}=\sum_{n=0}^{\infty}(-1)^n\frac{1}{(2n+1)!\cdot 2^{2n+1}}x^{2n+1}$，$-\infty<x<+\infty$；

(4) $\arctan x=\sum\limits_{n=0}^{\infty}(-1)^n\frac{1}{2n+1}x^{2n+1}, -1<x<1.$

7. $\sum\limits_{n=0}^{\infty}\frac{(-1)^n}{2^{n+1}}(x-2)^n, 0<x<4.$

8. (1) $2x\arctan x-\ln(1+x^2), -1\leqslant x\leqslant 1$; (2) $\ln\frac{2}{4-x}, 0\leqslant x\leqslant 4.$

参 考 文 献

［1］同济大学，等. 高等数学（上、下）［M］. 3版. 北京：高等教育出版社，2008.

［2］段彩云. 应用数学［M］. 郑州：黄河水利出版社，2008.

［3］吕保献. 高等数学［M］. 西安：西北工业大学出版社，2010.

［4］秦体恒. 高等数学［M］. 北京：高等教育出版社，2010.

［5］郑桂梅. 高等数学［M］. 长沙：国防科技大学出版社，2008.

［6］王德印，崔永新. 高等数学［M］. 北京：中国传媒大学出版社，2010.